금형설계

이하성 지음

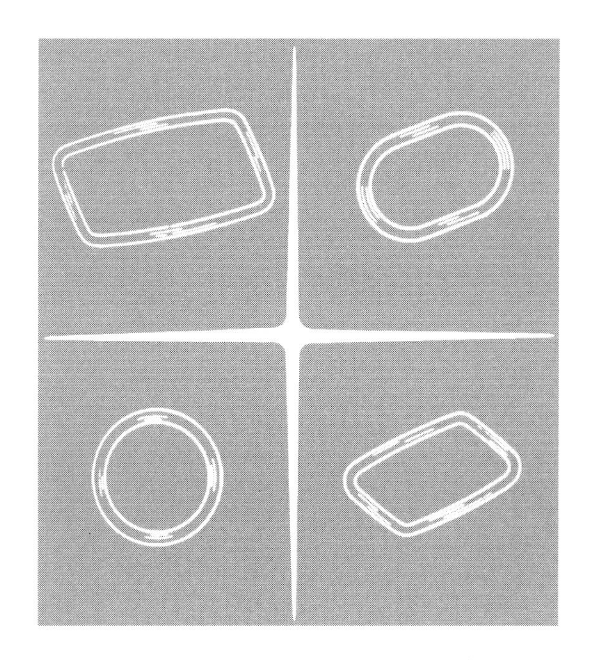

preface

머리말

금형공업의 발전이 현대 공업경제의 필수적인 요소인 대량생산수단의 첩경임에도 불구하고 그 실정에 있어선 영세성을 벗어나지 못하고 있는 점은 고도성장을 지향하고 있는 우리나라 공업 분야가 지닌 커다란 문제점인 것이다.

오늘날 우리의 공업이 재래적인 방법이나 추세에서 벗어나 고도의 정밀성과 체계적인 생산방법을 필요로 하게 됨에 따라 가공의 방법 역시 절삭에서 소성가공으로 변모하는 것이 바람직한 일이기 때문에 금형공업 분야에 고급 인력을 양성해야 한다는 점은 재론의 여지가 없을 것이다.

프레스 가공 금형이 우리나라에 도입된 것은 상당히 오래 되었지만 금형을 체계적으로 설계하기 위한 이론적인 교육이 대학에서 시작된 것은 불과 몇 년 전부터의 일이다.

설계란 제품도와 제작 공정도를 정확히 분석하여 수량과 요구 정도에 알맞은 제품을 생산하기 위한 가장 중요한 작업이기 때문에 현대 공업분야에서 차지하는 비중이나 그 과정의 중요성을 새삼스럽게 밝힐 필요는 없을 것으로 믿는다.

이 책은 우리나라 금형 공업분야의 실태를 감안하여 기초적인 이론과 설계순서에 따른 문제점 분석 및 응용과제 순으로 집필하였는데, 이는 프레스 금형을 처음 접하는 사람일지라도 쉽게 이해하고 응용할 수 있도록 하기 위함이다.

필자는 이 나라 공업중흥의 밑거름이라는 사명감을 가지고 이 책의 수정 보완에 미력을 다할 것이다.

끝으로 본 교재는 한 개인의 독자적인 연구서가 아니고 이제까지 금형공업을 발전시켜 온 공업인 모두의 피땀어린 결정이기에 그동안 많은 지도와 함께 성심을 다하여 도와주신 선배님들에게 이 영광을 돌리고 싶다.

아울러 오늘의 결과가 있기까지 협조해주신 성안당 출판사의 이종춘 회장님과 편집부 여러분께 깊은 감사를 드린다.

저자

contents

차 례

제1편 금형설계의 기초

제1장 개 론

제2장 프레스가공의 특성

제3장 프레스기계

제4장 공정계획

제5장 프레스 금형의 구성요소

제6장 금형용 재료

contents

[제2편 금형의 설계]

제1장 금형설계의 순서

제2장 재료의 판취전개법

제3장 다이블록의 설계

제4장 타발펀치의 설계

제5장 피어싱펀치의 적용

contents

제6장 펀치 고정판의 설계

제7장 파이럿핀의 설계

제8장 위치결정 게이지의 설계

제9장 수동정지구의 설계

contents

제13장 다이세트의 선택법

제14장 치수와 주기

제15장 재질목록의 작성

제3편 금형도면의 완성

제1장 각종 프레스 금형의 단면도

제2장 금형설계과제

contents

제 1 편

金型設計의 基礎

第1章 概 論

1-1 金型과 工業의 趨勢

金型이란 材料의 塑性, 展延性, 流動性 等을 이용하여 재료를 成形加工하여 제품을 얻는, 주로 金屬材料를 素材로 하여 만든 型을 말하며, 프레스金型, 鍛造用 金型, 粉末冶金用 金型, 鑄造用金型, 다이캐스트 金型, 플라스틱 金型, 고무용 金型, 유리용 金型 및 窯業用 金型 등으로 구분된다.

金型의 주요 용도로는 輸送用 機械, 家庭用 電氣 電子製品, 產業機械, 電氣機器, 事務用 機械, 光學機械, 유리用器, 玩具類, 建築資材를 비롯하여 雜貨에 이르기까지 多樣하다. 이것들은 주로 사용량이 많은 제품 또는 부품 등이므로 金型은 이들 제품을 생산하는 모든 企業에 필요하게 된다. 이와 같이 金型工業은 量產工業을 배경으로 하고 있는 데도 불구하고 金型工業自体의 생산형태는 성격상 受注에 의존하고 또 개별생산형태를 취할 수 밖에 없다. 더우기 金型工業에서는 發注者의 기술적 의도를 완전히 이해하고 이것을 충실하게 金型 제작에 반영해야 하므로 이를 위한 技術協助, 金型圖面의 設計製圖, 金型製作에서 試驗, 檢査, 納品에 이르기까지 생산의 一聯經營시스템이나 金型製造의 技術, 品質管理 및 保證을 위한 生產技術 또는 주로 工程管理를 중심으로 한 生產管理面 등의 확립에 대해서 개선해야 할 수 많은 문제점을 안고 있다.

切削加工法에서 塑性加工法으로의 점진적인 이행은 제조공업 전반에 걸친 추세이며, 지금까지의 많은 機械工業의 고도성장의 과정은 塑性加工法의 導入과 확대를 주축으로 하여 발전한 것이라 할 수 있을 것이다. 또 자동차 등의 重工業이나 玩具, 雜貨 등 輕工業製品의 생산에 있어서 또는 국민생활에 밀접한 수 많은 생활필수품의 제조과정에 있어서 金型은 뺄 수 없는 존재가 되었다. 국민총생산액에 비해 金型需要額은 얼마되지 않지만 金型工業이 국가경제 혹은 국민생활 향상에 끼치는 역할은 대단히 큰 것이다. 또 앞으로 金型의 수요환경은 각종 제조업의 量產規模 증대에 의한 塑性加工法의 이용증대, 새로운 塑性加工材料, 塑性加工技術의 개발 및 실용화에 따라서 金型需要量의 증대와 精度向上 혹은 機構의 複雜化 등의 質的인 高度化가 예상된다.

1-2 프레스金型의 種類

1-2-1 剪斷加工型

적당한 공구를 사용하여 板材, 線材, 또는 棒材에 큰 剪斷應力을 일으켜서 필요한 치수와 형상으로 材料를 切斷하는 가공법을 총칭하여 剪斷加工이라고 하며, 打拔, 피어싱(穴拔), 전단, 分斷, 노치가공, 슬리팅, 트리밍, 쉐이빙 및 브로우치 절삭 등이 이에 포함된다.

剪斷加工型 金型에는 작업특성에 따라 다음과 같이 11種으로 구분할 수 있다.

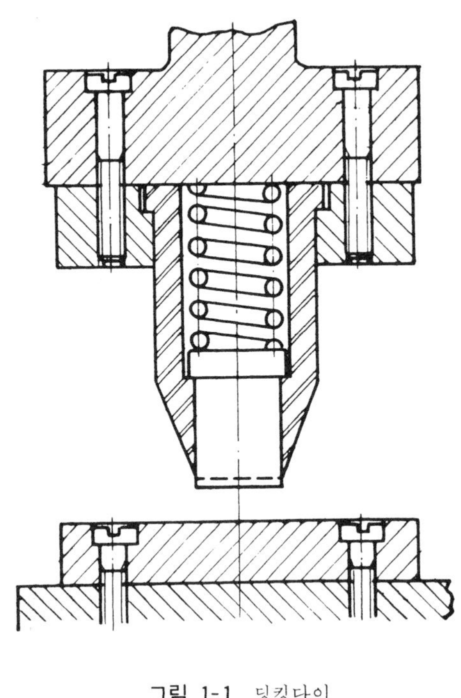

그림 1-1 딩킹다이

(1) 딩킹다이 (dingking die)

종이, 고무, 가죽 등을 각종의 형으로 잘라 내는데 도마 위에 물건을 칼로 자르는 것과 같은 切斷方式을 채택하고 있다. 펀치의 날끝 각은 작고 예리하게 하며, 날끝 각은 가공물의 재질에 따라 셀룰로이드, 두꺼운 종이는 10° 정도, 가죽, 연질 종이, 코르크 등에서는 16°~18°를 주며, 재료는 주로 工具鋼, 合金 工具鋼을 사용하고 다이는 平板狀이며, 재료로는 木材, 파이버 및 알미늄, 황동 등의 경금속이 주로 사용된다.

(2) 절단형 (cut-off die, parting die)

이 형은 판재나 가공물을 剪斷하여 잘라내기 위한 것이며, 전단형과 분단형으로 나눌 수 있다. 블랭크가 작을 경우 윤곽선의 직선부분이 평행일 때 그 블랭크는 띠강을 사용하면 띠강의 폭이 윤곽선의 일부가 되어 그 만큼 剪斷量이 적어진다. 따라서 切斷型을 사용하면 재료비를 절약할 수 있고 金型은 全周打拔보다 간단하게 된다.

切斷型에 의한 블랭크 板取를 그림 1-2에 나타낸다.

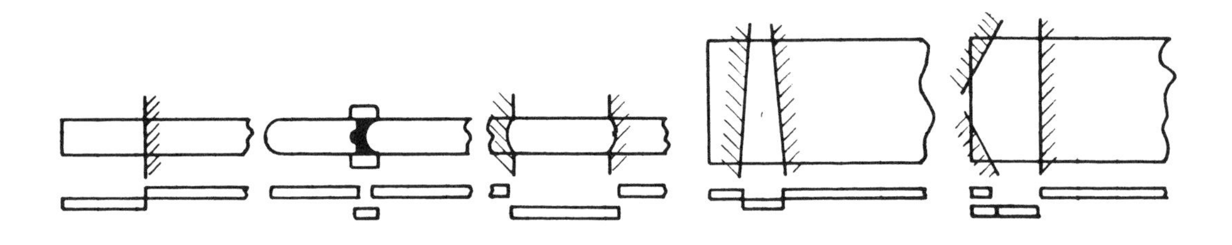

그림 1-2 절단형에 의한 판취

(3) 노치형 (notching die)

전단윤곽은 일반적으로 재료를 완전히 절단분리하나 노치가공은 끝에서 시작하여 같은 쪽 끝으로 개방되는 윤곽절단이다. 이것은 주로 2차 가공으로 행해진다.

(4) 타발형 (blanking die)

재료에서 閉曲輪廓을 뽑아내는 가공을 블랭킹이라 하며 전단가공 중 대표적인 것이다. 이 切斷分離된 閉曲輪廓을 통칭 블랭크라 하며 輪廓外部를 스크랩이라 한다.

打拔型은 분류방식에 따라 여러가지로 분류되나 가장 많이 사용되는 것은 고정 스트리퍼가 달린 것, 가동 스트리퍼가 달린 것과 펀치를 하형으로 하고 다이를 上型으로 한 逆打拔型이 있다.

그림 1-3은 逆打拔型을 나타낸다.

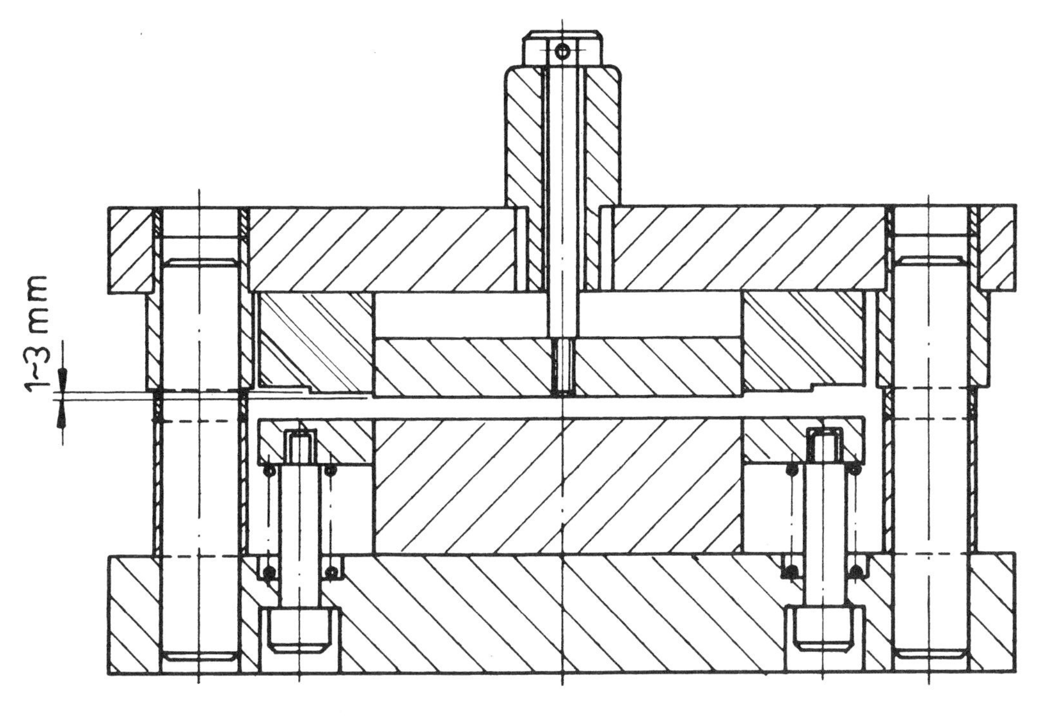

그림 1-3 역타발형의 일례

(5) 피어싱형 (piercing die)

閉曲線인 윤곽을 따라서 板材를 剪斷한다고 하는 점에서는 피어싱형이 打拔型과 같으나 打拔된 내측의 板이 스크랩이 되며, 외측은 제품이 된다. 피어싱형 사용시 주의해야 할 점은 블랭크의 위치결정, 지지, 取出機構, 스크랩의 처리, 구멍의 판두께에 비하여 작을 때의 펀치파손의 방지 및 하나의 형에 장착되는 펀치의 수가 늘어난 경우의 구조 등을 들 수 있다. 프레스 제품에 구멍을 뚫을 경우 최초에 생각해야 할 것은 피어싱형을 절단형이나 타발형에 장치할 것인가, 구멍뚫기를 별도의 공정으로 할 것인가 하는 점이다. 블랭크가 굽힘이나 드로오잉의 성형가공을 받는 것이라면 구멍뚫기는 별도의 피어싱형으로 하는 것이 보통이다.

(6) 트리밍형 (trimming die)

드로오잉 등의 성형가공을 한 제품의 가장자리는 불균일한 모양이 되므로 성형가공 후 가장자리를 잘라 소요의 형상으로 한다.

그림 1-4는 원통용기의 플랜지 부분의 일부를 제거하는 일종의 트리밍형을 보여준다.

(7) 순차이송형 (progressing die)

예를 들어 구멍이 뚫린 블랭크를 가공하는데 구멍뚫기형과 打拔型을 띠강이 이송되는 방향으로 동일 다이세트 안에 장치하여 구멍뚫기형으로 구멍을 뚫은 다음 띠강을 이송하여 打拔型에서 외형을 빼내면 프레스의 1行程으로 구멍이 뚫린 블랭크가 된다. 이와 같이 몇 組의 펀치, 다이를 일

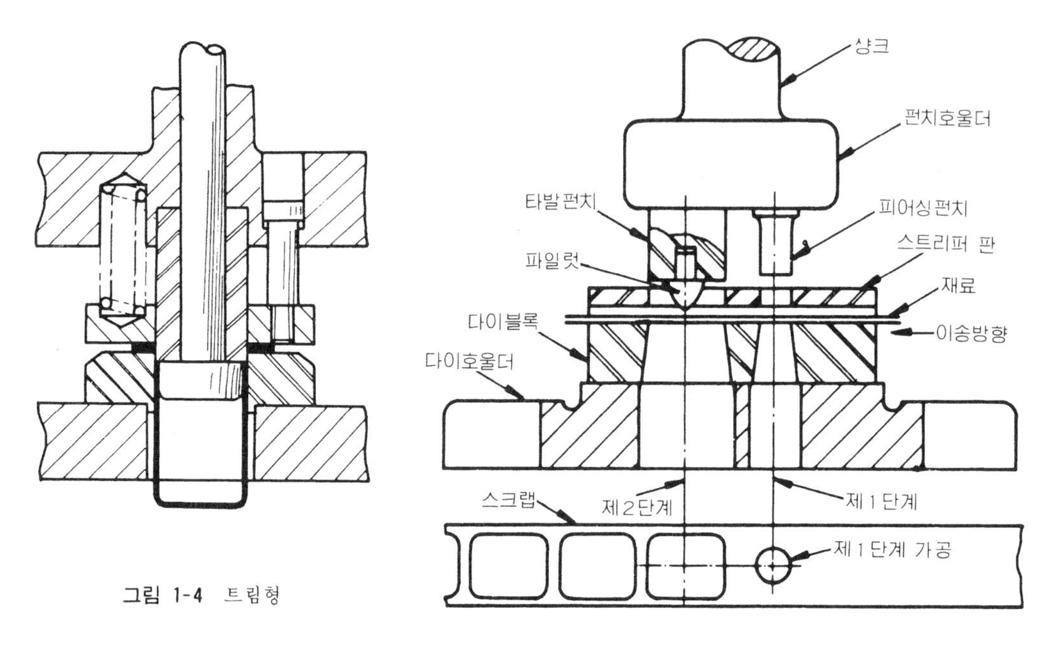

그림 1-4 트림형

그림 1-5 순차이송형(피어싱 및 타발용)

례로 줄지어 떠강을 이송하여 가공하는 것을 順次移送型이라고 한다.

(8) 복합형(compound die)

피어싱型 및 打拔型을 복합시켜 1개소 1행정으로 구멍이 있는 블랭크를 가공하는 型을 말한다. 이 型을 順次移送型과 비교하면 복합형은 블랭크의 精度가 높고 平面度가 양호하며, 內外輪廓의 버어(burr)가 동일 방향으로 오고, 재료 사용면에서 우수하나 型이 약하게 되고, 型의 구조가 복잡하여 가공이 곤란하며, 제품 및 스크랩의 取出除去에 문제점이 있다.

(9) 쉐이빙형(shaving die)

앞에 설명한 剪斷加工에서의 절단면은 剪斷 특유의 절단면을 형성하고 있으므로 이 面을 절삭다듬질과 똑같은 직각면으로 하고 또 치수精度를 정확하게 다듬질하는 것이다. 아주 적은 다듬질 여유를 붙이고 가공하므로 다듬질면은 아주 고운 광택면이 된다. 이것은 칩을 내는 절삭가공에 가까운 것으로서 다이와 펀치의 클리어런스는 거의 주지 않는다.

(10) 분할형(sectional die)

대형의 금형, 또는 복잡한 금형에서 분할형을 사용하면 금형자체의 가공이 용이하고 파손 등의 경우에 수리가 간단하다. 대형인 경우에는 그만큼 큰 재료를 사용하지 않아도 되며 열처리시 담금질균열이 감소하고 열처리에 의한 비틀림도 적게 된다.

(11) 정밀타발형(fine blanking die)

외형 치수를 정밀하게 하기 위하여 스트리퍼에 쐐기모양의 돌기를 내서 블랭크 외주의 스크랩을 강하게 눌러서 절단부에 높은 압력을 발생시키고 또 블랭크의 아래쪽에 녹아웃을 설치하여 가압하면서 블랭킹하는 방법으로 그림 1-6은 정밀타발형의 작업공정을 나타낸다.

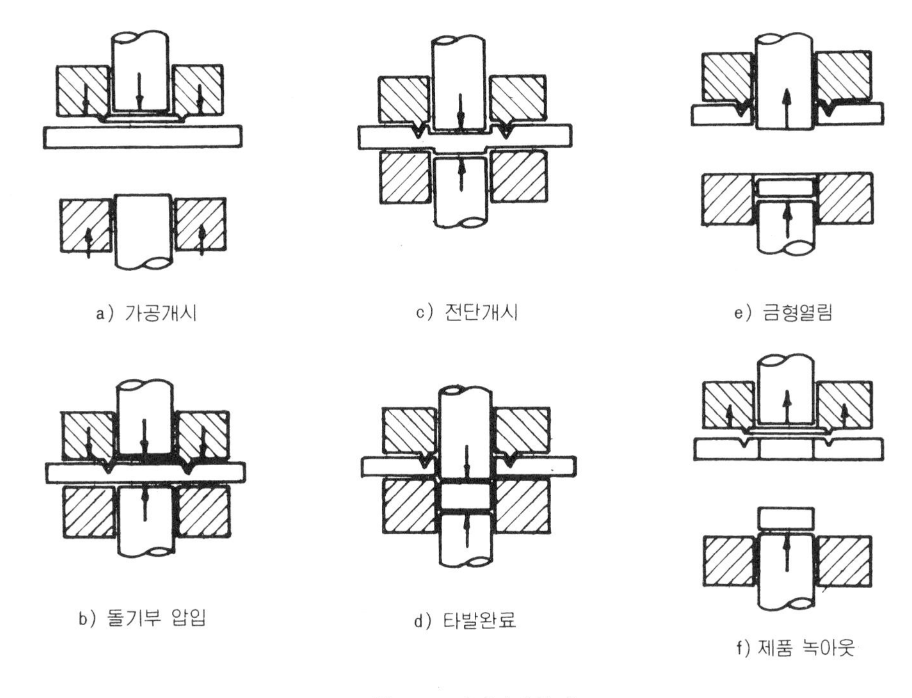

그림 1-6 정밀타발공정

1-2-2 굽 힘 형

(1) V자 굽힘형

굽힘 변형의 기본을 이루는 형식이며, 다음의 6가지로 분류된다.

① 단순 V자 굽힘형 : 판누름 기구(스트리퍼)나 캠기구를 갖지 않고 단순히 굽힘만을 하므로 금형 구조가 간단하기 때문에 많이 쓰여지고 있는 형식이다. 특히 V자 굽힘형의 대부분은 이 형식에 의해 만들어진다.

② 표준 V자 굽힘형 : 그림 1-7에서 $W_P = W_D = 8t$로 취하고 각도는 上下의 각도를 같게 만들어 어느 정도 펀치와 다이를 충돌시켜서 재료에 항복점 응력이상의 면압을 가하여 안정된 굽힘 상태를 얻는 금형구조이다. 각도는 제품의 결과에 따라 다소의 수정을 하는 것이 보통이고 일반적으로는 제품의 각도보다 약간 작은 각도이지만 상하형의 각도는 같아야 하며 그것으로 인해 제품의 사면도 정도가 높은 V자 굽힘가공이 된다.

③ 88° V자 굽힘형 : 그림 1-8과 같이 펀치만 2°정도의 銳角으로 하여 펀치선단부를 강하게 눌러 제품을 약간 더 굽히는 상태로 하고 금형에서 일단 떨어졌을 때 요구하는 제품이 되는 착상으로 만들어진 형식이다. 일반적으로 90° 굽힘형에 반하여 88° V자 굽힘형이라고 말한다. 실제적으로는 표준 V자 굽힘형보다 많이 쓰인다.

④ 다중 V자 굽힘형 : 그림 1-9는 V자 굽힘의 다중형이지만 각 곳에서 일제히 굽힘이 개시되기 때문에 미끄럼이 거의 발생하지 않는다. 이것은 재료의 신장에 영향이 크므로 鈍角으로 얕은 굽힘가공이면 가능하나 깊은 다중 V자 굽힘형이면 파단되고 만다. 이러한 때에는 중

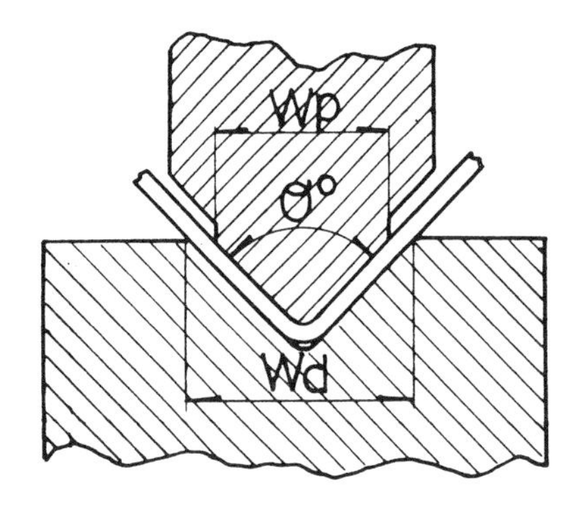

그림 1-7 표준 V자 굽힘형

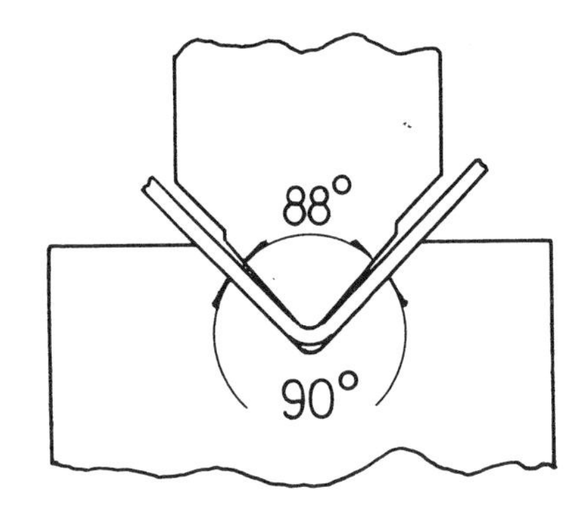

그림 1-8 88° V자 굽힘형

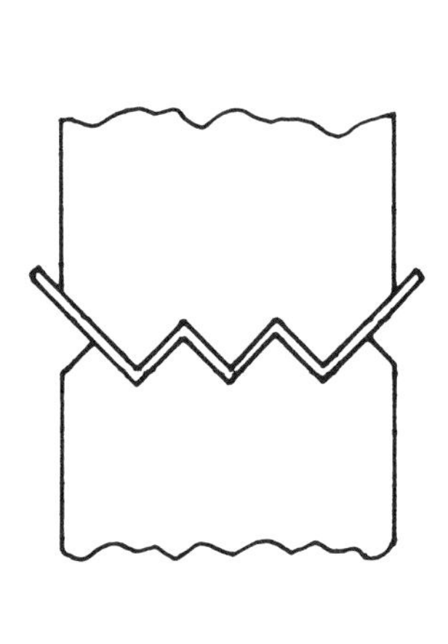

그림 1-9 다중 V자 굽힘형

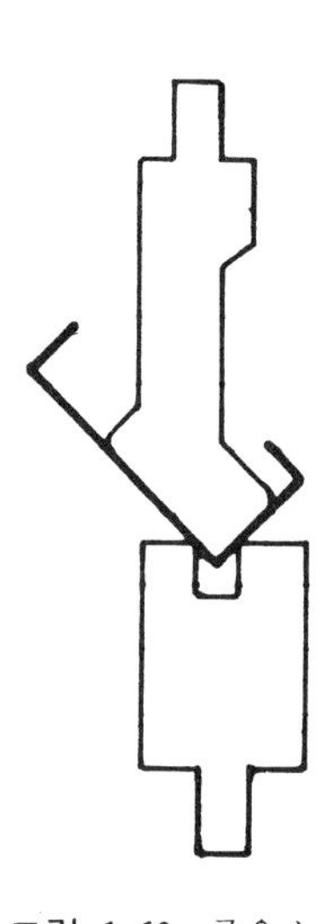

그림 1-10 구우스 형

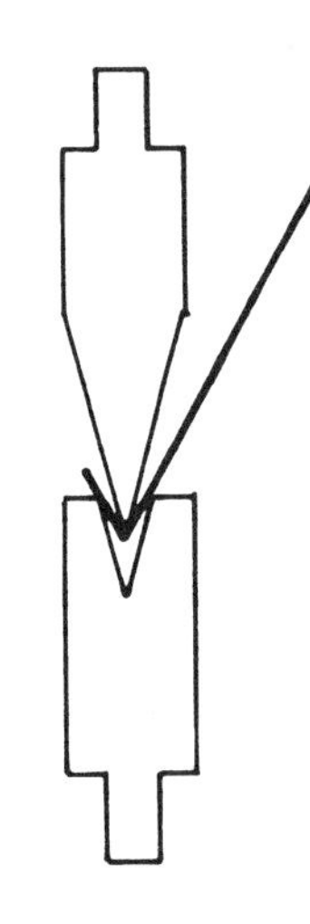

그림 1-11 에어밴드 형

앙으로부터 가공을 시작하여 順次外側을 굽혀가는 방법을 취하든가 한쪽 끝에서부터 1산씩 굽혀가는 가공법을 취해야 할 것이다.

⑤ 구우스형(goosen neck die) : 거위의 목을 닮았다 하여 구우스 네크형(goose neck die)이라 부른다. 이 형은 C채널이나 해트단면 등을 가공하는 데는 반드시 필요한 형으로 프레스 브레이크용 굽힘형으로서 대표적인 것이다.

⑥ 에어밴드형(air bending die) : 이 금형은 상하형이 모두 銳角(30°~60°)으로 된 V자 굽힘형이다. 이 금형으로 굽힘가공을 할 때에는 그림 1-11과 같이 도중에서 상형을 정지시켜 공기 중에서 굽힘가공을 하므로 에어밴드형이라고 한다. 금형형상이 예각이므로 예각형(acute-angle die)이라고도 한다. 이 형식은 프레스 브레이크용으로서 독특한 것이며, 상형의 정지위치에 따라 90° 굽힘 뿐만 아니라 더욱 예각 또는 더욱 鈍角으로 굽힐 수가 있어 편리한 것이지만 精度높은 프레스 브레이크를 필요로 한다.

(2) U자 굽힘형

U자 굽힘제품은 V자 굽힘제품과 같이 대단히 많이 사용되고 있는 것으로 프레스 브레이크 가공에 있어서는 V자 굽힘의 연속으로 U자형이 만들어지나 일반 프레스 작업에 있어서는 1회 굽힘으로 가공되고 있다. 이 U자굽힘은 간단하게 보이나 실제로는 결코 간단하지 않다. 제품은 내측으로 오므라지거나 외측으로 벌어짐으로 제품이 펀치에 달라 붙거나 만들어진 제품의 각도가 불균일하게 되기 때문에 새로운 금형을 만들 때 각별한 주의가 필요하다.

(3) 복합굽힘형

복합굽힘이란 굽힘가공과 打拔加工 또는 굽힘가공과 드로오잉가공 등 하나의 제품의 굽힘고정과 타 공정을 조합하여 하나의 금형으로 만든 구조이다. 그림 1-12는 복합굽힘형의 예를 圖示하고 있다.

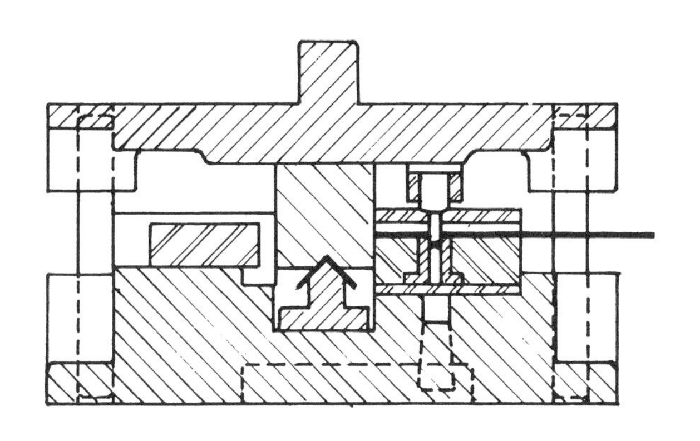

그림 1-12 절단과 굽힘이 이루어지는 복합굽힘형

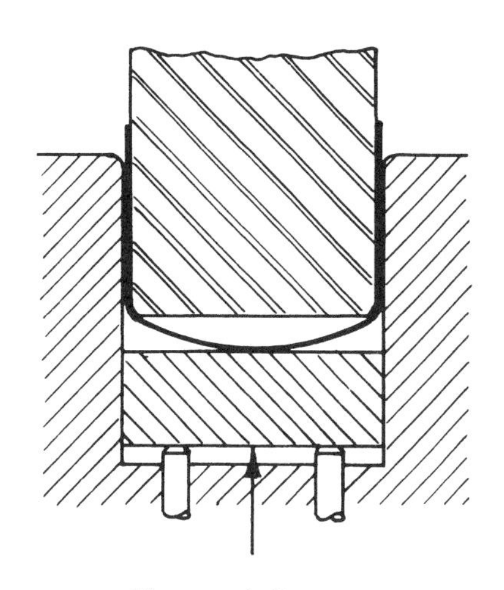

그림 1-13 누름굽힘형의 예

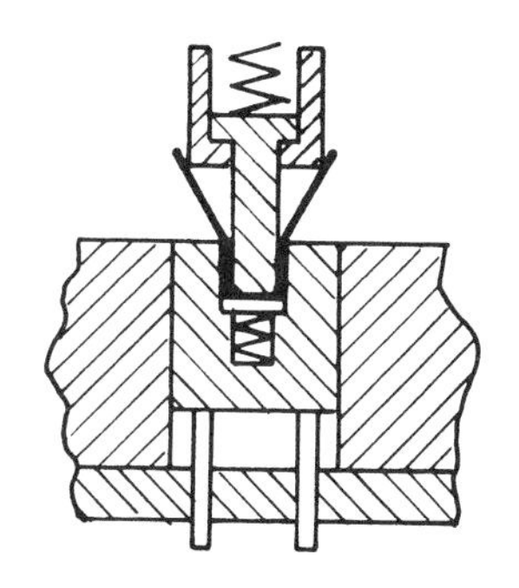

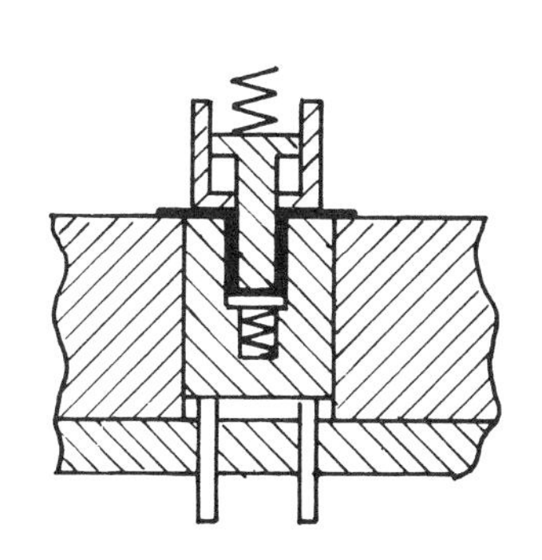

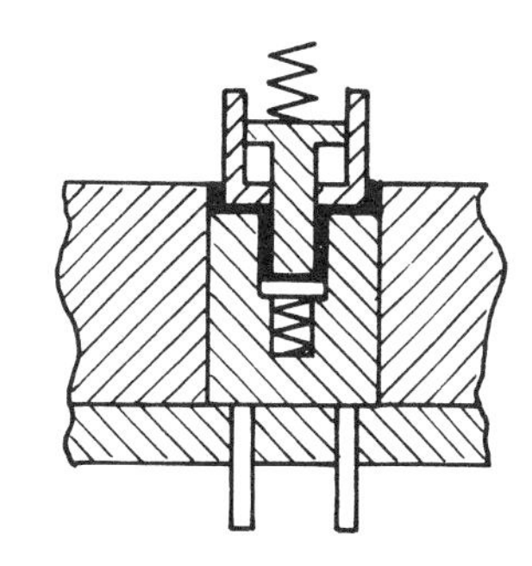

그림 1-14 6점동시가공의 누름굽힘형

(4) 누름굽힘형

가공중에 있는 재료가 밀려 나가지 않기 때문에 스프링이나 공기 등의 힘을 이용하여 누르면서 굽히는 構造로서 정도가 양호한 제품을 가공할 수 있다. 누름굽힘방식을 이용하면 1회의 단순 굽힘으로 불가능한 6점 직각굽힘이나 상하형 동시굽힘과 같은 가공도 1회의 가공으로 되며 비대칭형인 굽힘도 안정된 가공이 될 수 있다.

(5) 복동굽힘형

굽힘의 형상에 따라서는 형이 상하로 작동되는 것만으로는 목적이 달성되지 못할 경우가 있다. 이럴 때에는 금형의 일부분을 다시 복동시켜서 요구되는 형상으로 가공할 수 있는 구조를 생각해야 할 것이다.

그림 1-15는 복동굽힘형의 예들을 보여준다.

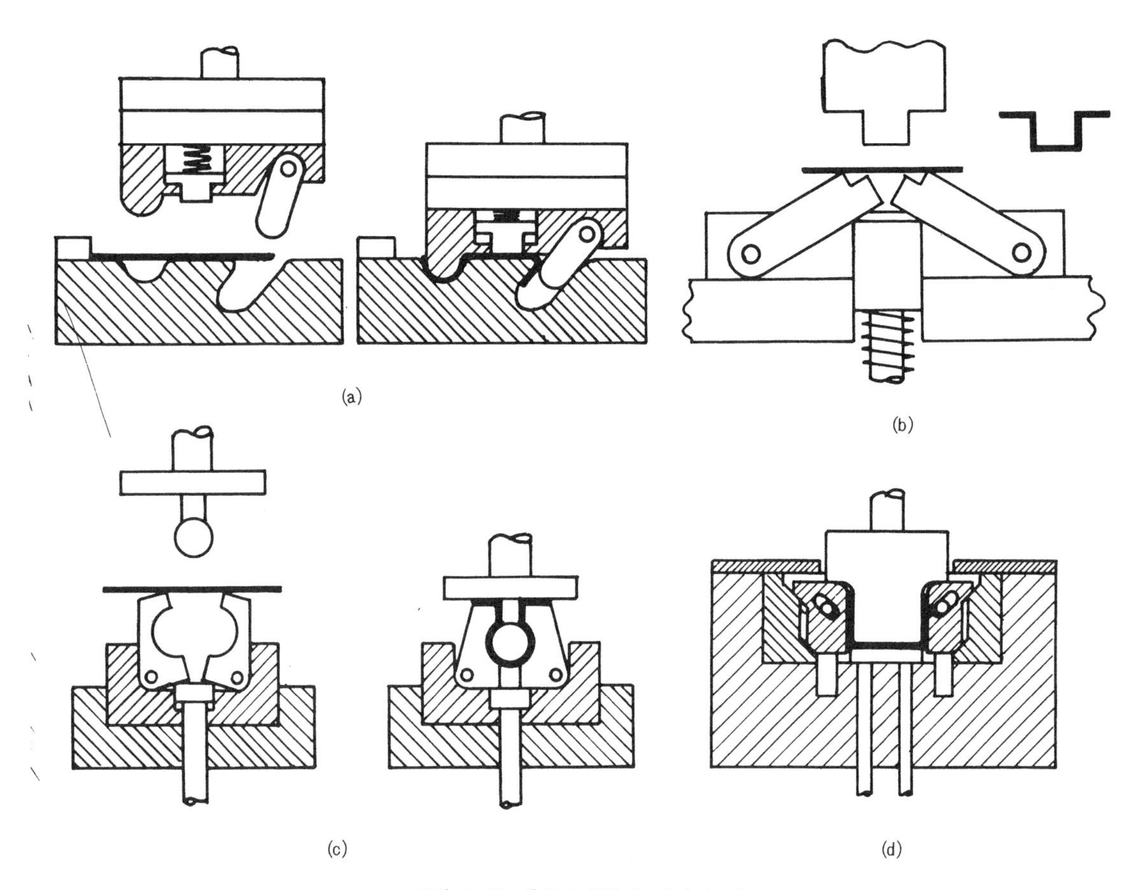

그림 1-15 복동굽힘형의 몇가지 예

(6) 캠식 굽힘형

프레스기계 그 자체의 운동은 단순한 상하운동이므로 대부분의 금형도 상형 또는 하형이 단순하게 상하로 움직일 뿐이다. 그러나 제품에 따라서는 상하운동 뿐 아니라 좌우 양측에서 중앙으로 움직이는 수평운동이 필요한 경우도 있을 것이다. 또 제품의 형상에 따라서 경사운동 또는 더욱 복잡한 운동을 필요로 할 것이다. 그와 같은 운동을 프레스기계의 수직운동에 의해 발휘시키는 것은 주로 캠기구가 사용되고 있다. 이 캠기구를 금형 안에 장치하여 여러가지 굽힘가공을 하는 기구가 캠식 굽힘형이다.

(7) 커어링형

드로오잉가공이나 인발가공에 의하지 않고 판을 프레스작업으로 관, 원통, 밴드 등을 만들 때 사용되는 것이 커어링형이다. 둥글게 한 제품의 상태는 보통 굽힘 변형과 다르게 생각될 것이나, 굽힘 반경을 크게 하여 360°로 굽힌 경우이며, 본질적으로는 보통의 굽힘변형과 다를 바 없다. 대부분의 커어링형은 예비굽힘공정이 병행된다.

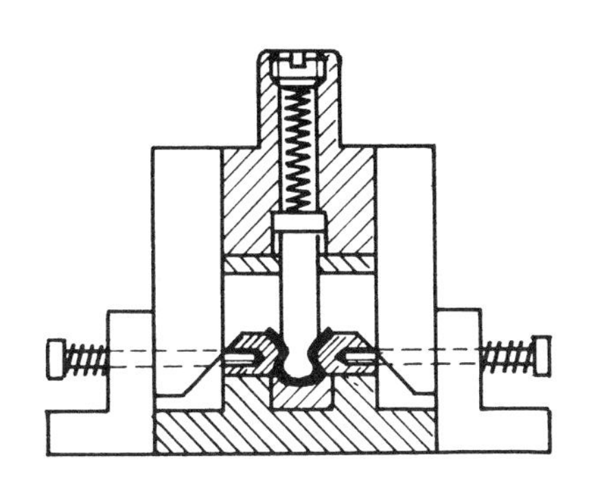

그림 1-16 스프링식 캠 굽힘형

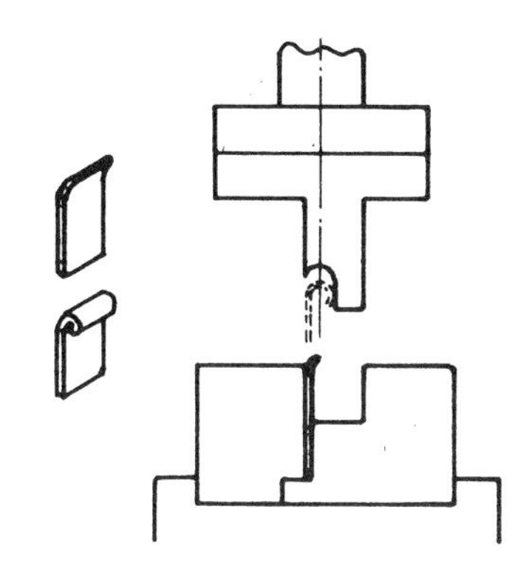

그림 1-17 커어링형의 예

1-2-3 드로오잉형

두께가 같은 평판으로 각종 형상의 용기를 성형할 경우 요구되는 製品形狀을 얻기 위해서는 형의 구조, 가공방식, 치수精度, 工具材料, 블랭크形狀, 프레스機械, 被加工材料의 諸性質, 加工 때의 潤滑狀態 등 여러가지 요인이 복잡하게 조합되어서 결정된다.

다음은 제품형상에 따라 드로오잉형을 3가지로 분류하였다.

(1) 원통형 드로오잉형

원통형 드로오잉형은 플랜지 없는 원통형용과 플랜지 있는 원통형용으로 대별된다.

① 플랜지 없는 원통용형 : 블랭크의 크기 및 판두께의 비율이 적당하면 플랜지가 없는 원통용기를 드로오잉성형 할 수 있다. 플랜지 없는 원통형용에는 다시 4가지로 분류된다.

i) 원추형 다이 드로오잉형 : 그림 1-18과 같은 원추형 다이를 가진 형에 의해 드로오잉할 경우 블랭크는 원추형 다이 위에 마련된 가이드 링 내에 놓여진다. 펀치의 하강에 따라 블랭크는 다이 내로 삽입되고 다이구멍을 통하여 드로오잉성형된다. 원추형 다이의 각도는 통상 60° 정도가 취해지며 드로오잉율은 펀치레디어스(r_p)에 영향을 받는다.

ii) 블랭크 호울더가 달린 다이 드로오잉형 : 대부분의 경우가 이 형식에 의해 드로오잉성형된다. 그림 1-19에 나타낸 것은 單動프레스機를 사용하는 경우로 다이部를 裝着한 램이 空氣, 液壓, 고무, 스프링 등의 쿠션으로 블랭크호울더를 누르고 동시에 펀치가 다이 내로 삽입되어 드로오잉성형된다.

iii) 逆式드로오잉형 : 事前에 成形된 바닥있는 용기의 외부 밑바닥에서 펀치를 삽입하여 성형되는 가공에 사용되는 형이 逆드로오잉형이다. 이 방식은 같은 방향 再드로오잉과 같이 被加工材料에 있어서 압축응력의 차가 커지는 일이 없어 균열발생이 없으며 1회 변형량을 크게 할 수가 있다.

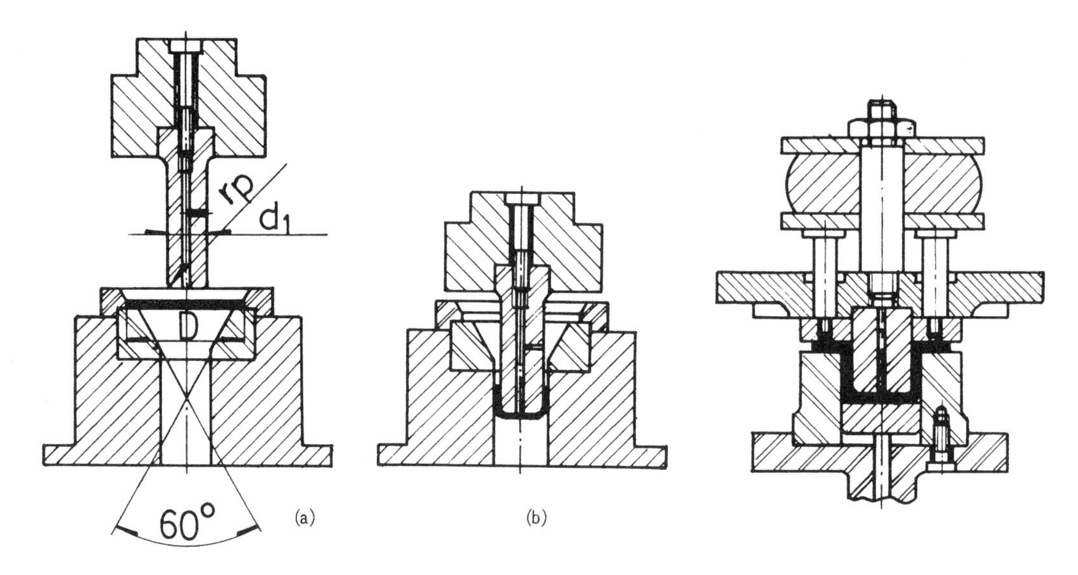

그림 1-18 단종형 다이의 드로오잉형

그림 1-19 블랭크 호울더가 달린 금형

iv) 再드로오잉형 : 제품형상이 직경에 비하여 극도로 깊은 경우에는 1공정으로는 드로오잉 성형이 되지 않으므로 再드로오잉가공을 행한다. 그림 1-20은 再드로오잉형의 일례를 나타낸다. 보통 再드로오잉가공에 있어서는 드로오잉에 의한 용기측벽 두께의 증대에 따라 훑기가공을 수반하는 일이 많기 때문에 특히 다이의 재료에는 주의를 요한다.

두께가 두꺼울 경우에는 그림 1-20(a)와 같이 원추다이를 사용할 수 있다. 다이각 α는 60° 정도가 취해진다. 판두께가 얇을 경우에는 再드로오잉을 위해 그림 1-20(b)와 같이 블랭크 호울더가 사용된다. 다이각 α는 90~120°가 취해지며, 판두께가 얇을수록 크게 취한다.

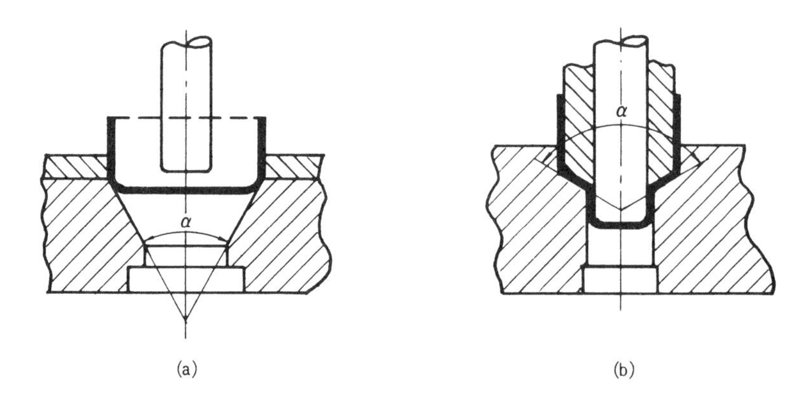

그림 1-20 재드로오잉형의 예

② 플랜지가 달린 원통형용 : 플랜지가 달린 용기의 드로오잉형은 플랜지가 없는 드로오잉형과 거의 다를 바 없으나 보통 블랭크 호울더가 달린 다이가 쓰인다. 통상 용기직경의 3/4 정도

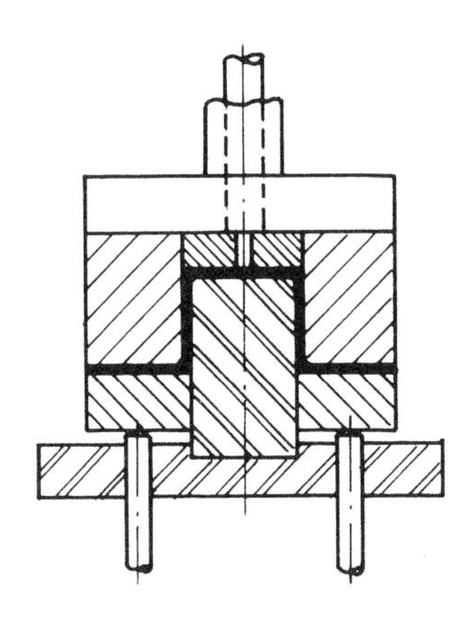

그림 1-21 드로오잉형의 구조

의 깊이가 사용된다. 얕은 경우에는 공구의 형상치수는 자유롭게 취해지지만 드로오잉 깊이가 용기직경의 3/4 정도에서는 펀치 레디어스(r_p) 및 다이 레디어스(r_d)는 被加工材 판두께의 4배가 요구된다. 그러나 이와 같은 것은 被加工材의 기계적 성질 등에 영향을 받으며 신장률이 크다든가 또는 加工硬化가 큰 재료일수록 r_p, r_d를 작게 할 수 있다.

(2) 원추형 드로오잉형

원추형 용기의 드로오잉성형은 원통에 비하여 여러가지 문제점이 있다. 원추형 용기도 얕은 것은 1공정으로 드로오잉되나 얕은 용기라 할지라도 넓은 플랜지를 가진 경우 또는 원추 꼭대기 부분의 면적이 작은 경우에는 펀치력을 받는 부분이 적으므로 破斷을 일으키기 쉽다. 또한 펀치와 다이의 간격이 클 경우 몸체에 주름이 생기기 쉽다. 이 때문에 원추형 용기에서는 1공정으로 드로오잉되는 깊이는 직경의 1/2 이하로 된다. 깊은 원추형 용기의 드로오잉성형에는 수 공정의 再드로오잉가공이 필요하게 된다.

그림 1-22에 원추형 용기의 드로오잉공정을 나타낸다.

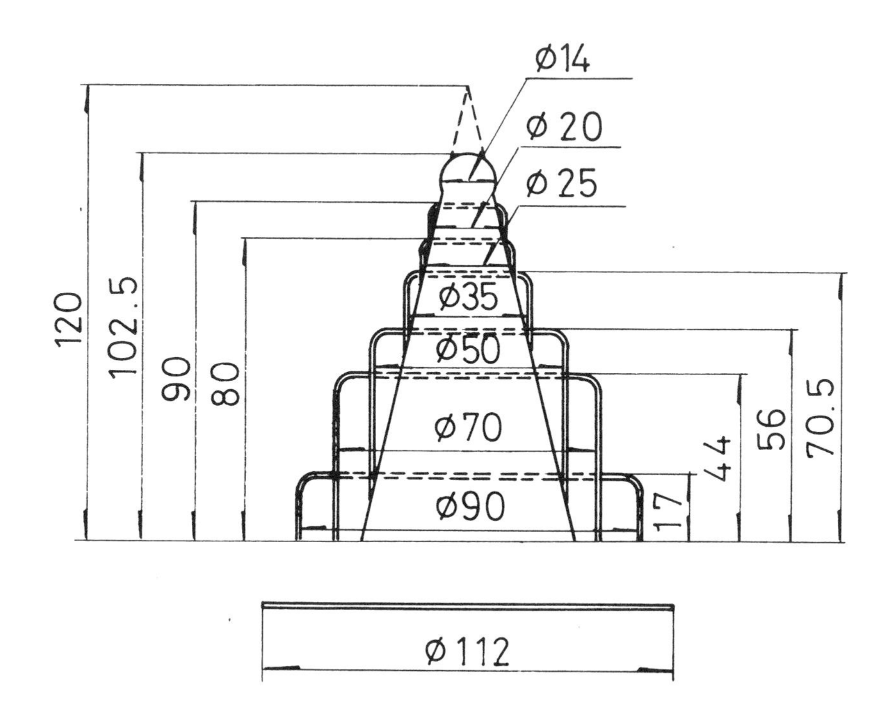

그림 1-22 원추형 용기의 드로오잉 공정

(3) 각통드로오잉형

각통드로오잉가공에서 가장 중요한 것은 直邊部, 曲邊部 및 펀치 레디어스의 선정이며. 기본적으로는 원통형과 큰 차이가 없다. 곡변부 곡률반경 R이 작은 것, 용기 밑부분의 레디어스가 작은 것, 또는 깊은 것 등 1공정으로 성형되지 못할 경우에는 再드로오잉을 한다. 2공정으로 성형할 경우에는 제1공정의 드로오잉 용기의 치수는 길이 및 폭이 소망의 형상보다도 曲邊部 반경 R의 3배 크게 하고, 曲邊部 반경 R은 4～5배 크게 취한다. R을 크게 함에 따라 제1공정에서의 큰 곡률반경을 가진 곡변부는 제2공정에서의 작은 R로 드로오잉되고 제1공정에서 압축된 곡변부의 대부분은 직변부가 되어 드로오잉성형을 하기 쉽게 된다.

여러 공정의 재드로오잉을 필요로 하는 정사각통은 원통용기를 재드로오잉함에 따라 성형된다. 그 예를 그림 1-23에 나타낸다.

1-2-4 연속가공형

프레스 가공제품의 생산방식이 점차 自動化, 量産化됨에 따라 프레스작업의 생산성향상, 합리화 개선대책이.중요시되어 연구, 개발이 강력하게 추진되고 고안 또는 개선에 따라 눈부시게 진보되고 있다. 종래의 단일가공형 대신 연속가공형이 각광을 받게 되어 그 사용율이 급속하게 증대되고 있다. 이와 동시에 사용범위도 다방면으로 점차 확대되어 가고 있다.

오늘날 많은 프레스형의 형식중에서 素材(후우프材, 코일材, 線材)의 자동공급에 따라 2회 이상의 프레스가공을 필요로 하는 제품을 프레스 램의 1행정마다 완성품을 연속 自動量産加工할 수가 있다. 재료를 공정순에 따라서 이송진행한다는 의미에서 順次移送型 또는 플로우 다이(flow die)라고 보통 불리우며 다공정을 가지고 연속조합가공이 가능하다는 의미에서 多段移送型 또는

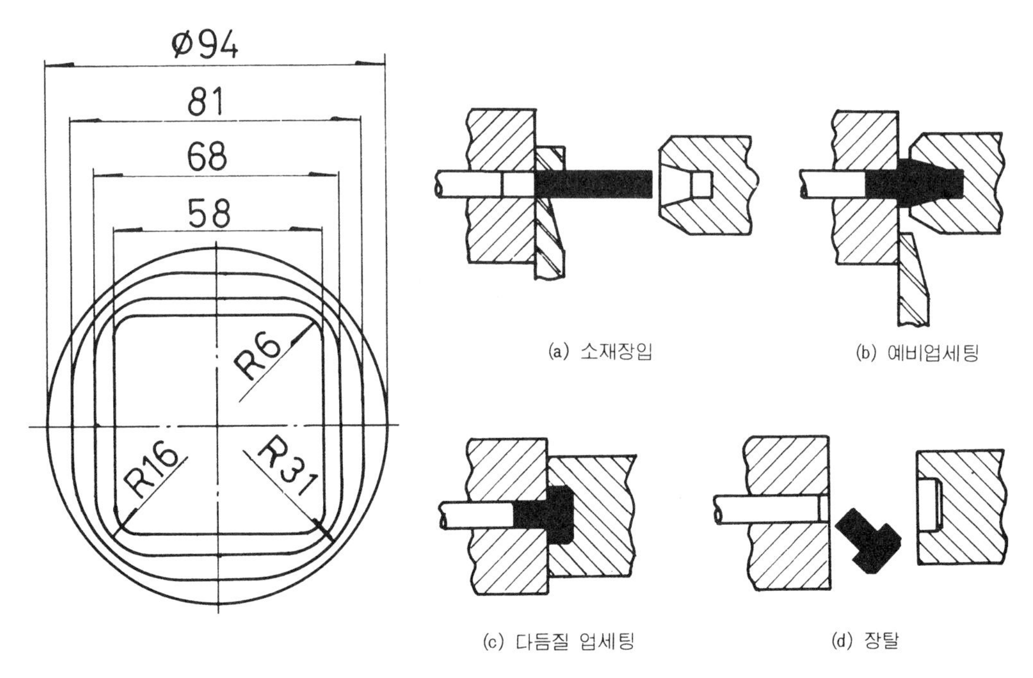

그림 1-23 정사각통의 드로오잉공정의 일례

그림 1-24 보울트머리 업세팅 가공공정

갱 다이(gang die)라고도 불리우고 있다.

이 종류의 형에 사용되는 재료는 대부분 코일재이기 때문에 이송기구가 간단하며 고속운전이 가능하다. 자동이송장치로는 로울러에 의한 이송기구가 많이 사용된다.

연속가공형의 기본형식에는 타발연속형, 타발굽힘, 드로오잉연속형, 트랜스퍼형, 멀티슬라이드형 등이 있다.

1-2-5 압축가공형

(1) 업세팅 가공형(upsetting die)

업세팅가공은 압축가공의 영역에 있어서 가장 대표적인 가공법으로 素材의 일부 또는 전부를 가공하는 힘에 직각방향으로 크게 유동시켜서 요구되는 형상으로 제작한다. 대표적인 제품은 보울트, 리벳류가 있으며 가공공정을 그림 1-24에 나타낸다. 코일재로 공급되는 선재는 소정길이로 절단되어 예비업세팅공정을 거쳐 다듬질 업세팅가공에 보울트狀으로 成形된다.

(2) 스웨이지 가공형(swaging die)

스웨이지가공은 반경방향으로 짧게 왕복운동을 하면서 회전하는 해머가 달린 다이에 의해 円形, 四角, 六角 등의 素材나 원통을 연속적으로 鍛造하는 가공법이다. 이때 素材는 단면이 감소되면서 축방향으로 늘어난다. 그림 1-25는 素材의 내측을 스웨이지 가공한 예이며, 제품은 내면형상에 일치한 심봉을 사용함으로서 용이하게 제작된다.

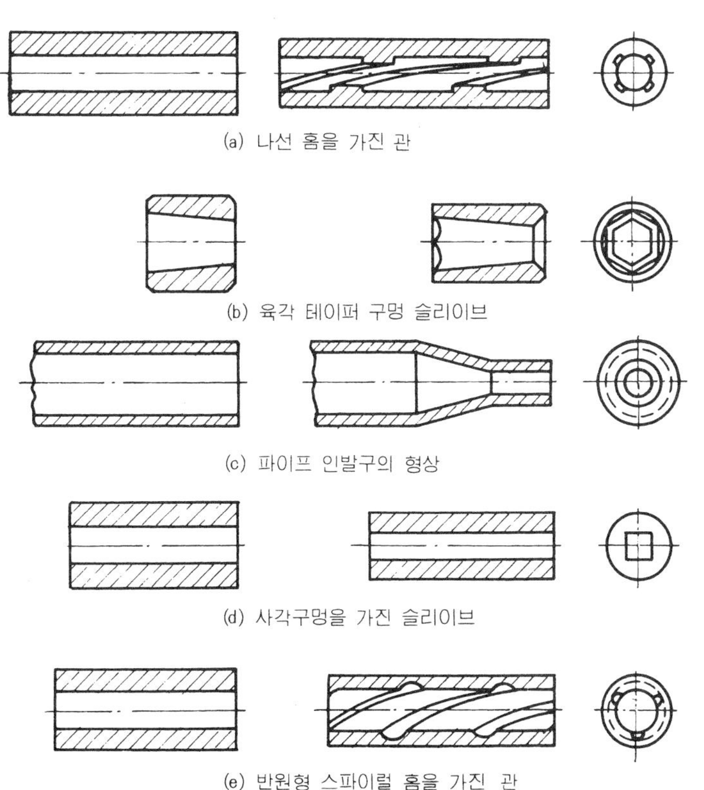

(a) 나선 홈을 가진 관

(b) 육각 테이퍼 구멍 슬리이브

(c) 파이프 인발구의 형상

(d) 사각구멍을 가진 슬리이브

(e) 반원형 스파이럴 홈을 가진 관

그림 1-25 스웨이지가공에 의해 제작된 각종부품

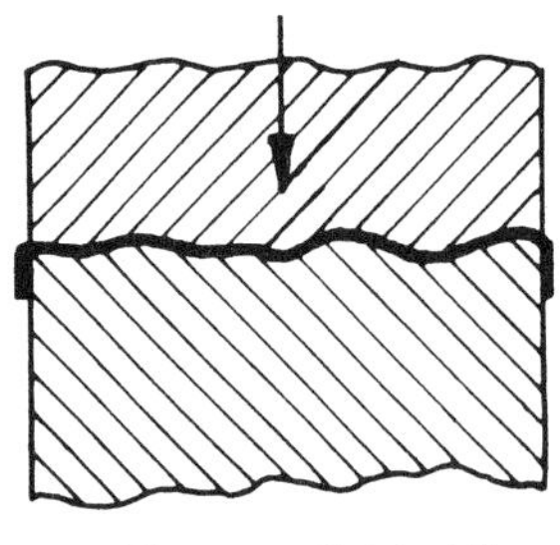

그림 1-26 엠보스가공

(3) 엠보스 가공형(embossing die)

엠보스가공은 薄板의 표면에 앞뒤가 서로 반대로 되는 凹凸을 내는 가공을 총괄하며 통조림 통이나 薄板의 刻印, 보강을 위한 리브내기 등이 이 가공에 속한다.

이 가공은 壓印加工의 일종이며 리브(rib)의 높이는 板두께의 몇 배까지 가능하다.

(4) 압인 가공형(coining die)

貨幣, 메달, 金屬裝飾品, 機械部品의 표면에 얕은 凹凸을 내는 가공을 壓印加工이라고 한다. 그림 1-27은 개방형 壓印가공의 예를 나타낸다.

이상과 같이 프레스용 金型을 대체로 분류하였으나 제품특성에 따라 분류하면 그 종류는 상당히 많을 것이다.

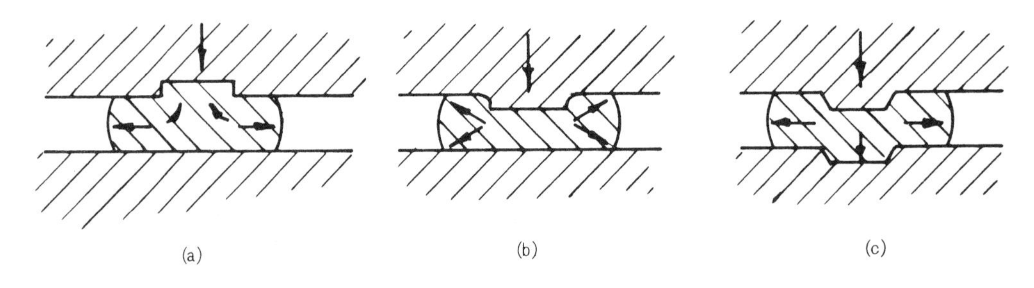

그림 1-27 압인가공과 재료의 흐름

第 2 章　프레스加工의 特性

앞에서 기술한 내용은 여러가지 프레스 작업의 종류를 나열한 것에 불과하므로 본 장에서는 각 작업에 있어서 가공면과 제품의 치수, 형상, 정도를 요구하는 수준으로 가공하기 위해 각 작업의 특성을 알아보기로 한다.

가공된 제품과 가공하는 工具, 材料, 機械에 의한 가공조건 사이에는 많은 가공요인이 잠재하며 서로 밀접한 관련을 지니고 있다.

2-1　剪斷加工

(1) 전단현상(剪斷現象)

상하 1쌍의 절단날(cutting edge)을 사용하는 기본적인 과정을 설명하려고 한다. 그림 1-28과 같이 펀치가 다이 위의 재료에 接觸加壓되면 재료는 우선 소성변형하고 이어 전단과정을 거쳐 결국 파단되어 블랭크로서 절단 분리된다.

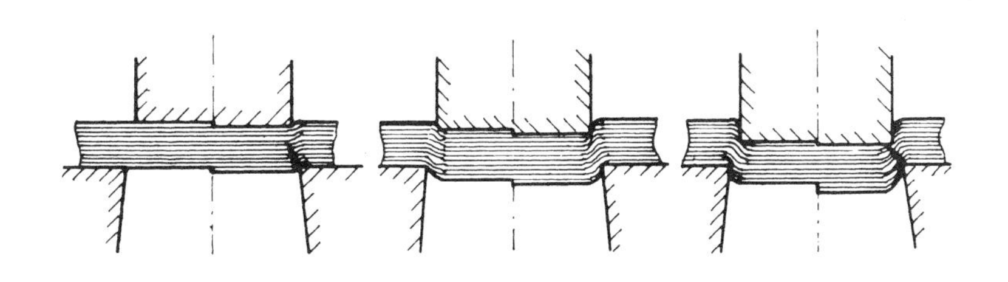

그림 1-28 전단가공과정

펀치가 재료 표면에 수직으로 압축력을 가하면 응력은 날끝(edge)부분에 집중적으로 커지게 되고 재료의 표면은 인장응력을 받게 된다. 이 응력은 가공이 진행됨에 따라 재료의 탄성한도를 넘으면 塑性變形을 일으키게 된다. 이때 커팅에지부분의 표면이 밀려서 성형되는 面이 시어 드루우프(shear droop)이다.

펀치의 가공이 더욱 진척되면 이 커팅에지 부근의 압축집중응력이 전단의 한계를 넘어 이 부분의 재료가 절단되기 시작한다. 이 경우 커팅에지(cutting edge) 끝에는 가로 세로방향으로 집중하중이 작용하여 집중압축력에 의한 굽힘 모멘트가 반작용으로서 펀치, 다이의 측면에서 재료의 절단면에 대해 횡압력을 작용시켜 剪斷面을 버어니싱하게 된다.

이 전단과정 마지막에 횡압력과 집중압축력은 일종의 쐐기작용을 나타내며 이것이 최대로 되면 재료의 파괴강도에 이른다. 이것은 그림 1-29에 나타난 것과 같이 재료의 압연가공방향이 θ 방향으로 인장하는 현상으로 이 인장하중이 날카로운 커팅에지 때문에 파괴를 일으켜 크랙이 생기기 시작한다고 생각된다. 따라서 크랙의 발생이 가공의 진행에 따라 성장하며 적당한 위치에서 완전한 인장파단을 완료하여 절단면에서의 거친 파단면이 생기게 된다.

또한 크랙의 발생은 재료 섬유의 인장방향 θ에 대해서 크랙의 방향이 일치하는 적절한 클리어런스(clearance)이면 좋으나 너무 작으면 그림 1-30과 같이 크랙이 서로 엇갈려 클랙의 선단끼리 다시 2회째의 파단현상이 일어나 제2차 전단면이 생기는 파단면이 된다. 이 부분을 텅(Tongue)이라 한다. 반면 클리어런스가 너무 크면 크랙은 반대로 엇갈려 역시 곱지 못한 파단면이 된다.

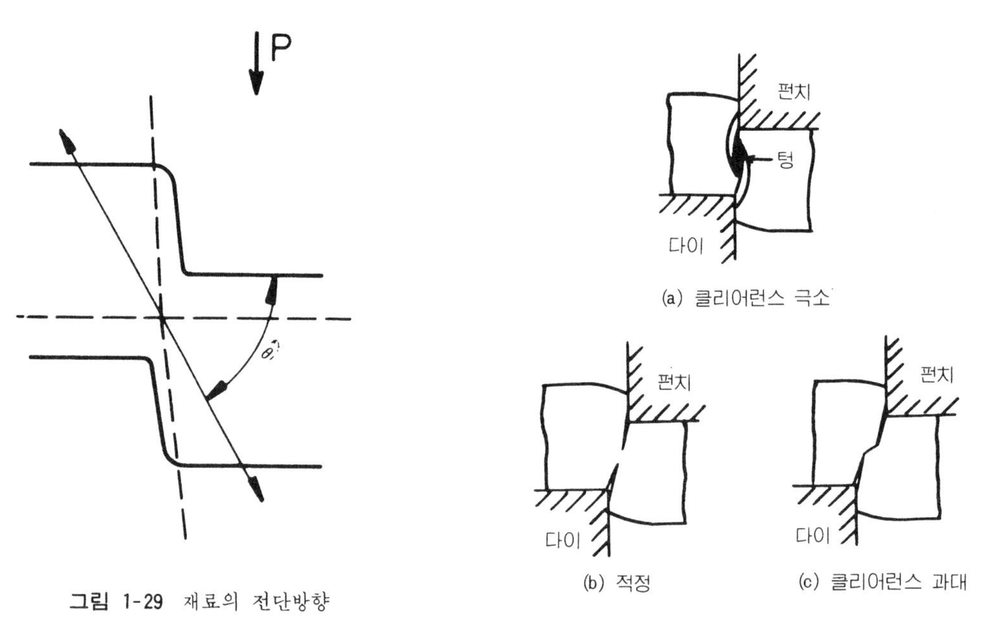

그림 1-29 재료의 전단방향

그림 1-30 크랙의 발생상태

(2) 전단면의 형상

전단과정을 거쳐 절단 분리된 블랭크의 전단면은 대체로 다음 4부분으로 나누어진다.

① 시어드루우프 : 가공재료가 완전강체가 아닌 한 시어드루우프가 없을 수 없다. 클리어런스를 작게 해서 그 양을 줄일 수는 있으나 일반적으로 판 두께의 10~20% 정도이다.

② 전단면 : 고운면은 넓은 것이 바람직하며 그림 1-31와 같이 α의 값이 90°이어야 한다. 절단과정에서는 90°이나 블랭크호울더가 없으면 打拔스프링백(spring back)에 의해 α는 90° 보다 약간 작아진다.

③ 파단면 : 인장파단 부분으로 미소한 요철이 심하다. 파단면의 각도 γ는 일반적으로 둔각이 되나 클리어런스가 아주 작거나 블랭크호울더가 없을 때는 예각이 되는 경우도 있다.

④ 버어 : 전단현상에서 버어를 없애는 것은 거의 불가능하리라고 생각된다. 일반적으로 판두께의 10% 이하로 규제하는 조건이 적용되어야 할 것이다.

취약한 재료이면 시어드루우프와 전단면은 작아지고 파단면은 커진다. 반면 연하고 인성이 높은 재료는 광택있는 전단면이 많고 시어드루우프와 버어가 크다. 같은 재료에서도 클리어런스의 크기에 따라 변화된다.

블랭크호울더를 붙여 고정지지로 하면 클리어런스를 같게 한 자유지지에 비해 전단면은 커지고 시어드루우프도 조금 커진다. 펀치에 대하여 녹아웃을 붙이면 전단면은 커지고 시어드루우프는 작아져서 절단면의 성질이 좋아진다.

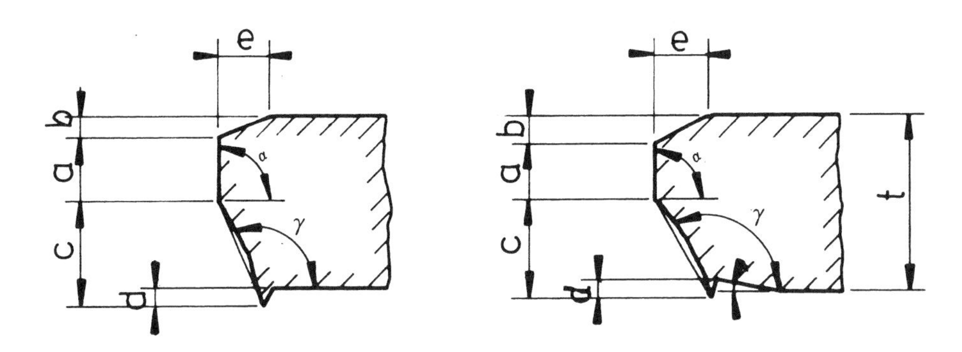

그림 1-31 절단면의 형상

(3) 전단저항

전단가공에 필요한 압력이 어느 정도인가를 알지 못하면 적당한 프레스를 선정할 수가 없다. 打拔時 펀치가 재료를 누르면 펀치가 판에 들어가면서 하중이 급격하게 상승하여 어느 점에서 최대의 전단력이 되고 크랙이 발생하면 점차적으로 감소한다. 이 전단과정에서 생기는 최대하중을 절단구면적으로 나눈 값을 그 재료의 전단저항이라 한다. 펀치와 다이의 클리어런스, 날끝의 형상, 재료의 크기, 전단속도, 윤활제의 사용 유무 등의 가공조건에 따라 다르나 일반적으로 사용되고 있는 각종 재료의 전단저항 및 인장강도를 표 1-1에 나타난다.

剪斷抵抗値에 영향을 주는 요인을 보면

① 클리어런스의 영향 : 클리어런스가 커지면 전단저항은 직선적으로 저하한다.

② 날끝의 형상 : 그림 1-32에서 날끝에 경사각 γ를 주거나 틈새각 α를 주면 전단저항은 감소한다.

③ 전단속도 : 전단속도가 어느 한도 이내일 때 저항값은 속도에 비례해서 증대된다.

④ 윤활제의 유무 : 재료와 날끝과의 마찰을 감소시키기 위해 적당한 윤활제를 사용하면 전단저항은 상당히 저하한다.

그밖에 재료의 지지방법, 재료의 경도, 전단윤곽 등에 의해서도 영향을 받는다.

(4) 블랭킹력과 측압력

剪斷輪廓 길이를 l, 판두께를 t, 재료의 剪斷抵抗을 s라 하면 블랭킹에 필요한 힘 P는 다음식으로 나타낼 수 있다.

$$P = l \cdot t \cdot s \ \mathrm{kg} \quad \cdots\cdots (1\text{-}1)$$

블랭킹력을 계산하여 사용프레스를 지정할 때는 최저 20~30%의 여유를 두어야 한다. 그러나 블랭킹력이 프레스機械能力의 50%를 넘게 되면 시어각을 검토해야 할 것이다.

시어를 주면 전단이 局部的으로 진행되기 때문에 하중은 적어도 되고 충격도 경감된다. 그러나 펀치의 행정은 시어각을 붙인 만큼 증대하고 재료가 날끝과 평행으로 미끄러지는 것을 방지하기 위해 강력한 블랭크호울더가 필요하다.

표 1-1 각종재료의 전단저항 및 인장강도

재 료	전단 저항(kg/mm²)		인장 강도(kg/mm²)	
	연 질	경 질	연 질	경 질
납	2~3	—	2.5~4	—
주 석	3~4	—	4~5	—
알루미늄	7~11	13~16	8~12	17~22
듀랄루민	22	38	26	48
아 연	12	20	15	25
구 리	18~22	25~30	22~28	30~40
황 동	22~30	35~40	28~35	40~60
청 동	32~40	40~60	40~50	50~75
양 은	28~36	45~56	35~45	55~70
철 판	32	40	—	45
디이프드로오잉용 철판	30~35	—	32~38	—
강 철 판	45~50	55~60	—	60~70
강 철 0.1%C	25	32	33	40
〃 0.2%〃	32	40	40	50
〃 0.3%〃	36	48	45	60
〃 0.4%C	45	56	56	72
〃 0.6%〃	56	72	72	90
〃 0.8%〃	72	90	90	110
〃 1.0%〃	80	105	100	130
규소강판	45	56	55	65
스테인레스강판	52	56	65~70	—
니 켈	25	—	44~50	57~63

블랭킹 때의 일량은 그림 1-33과 같은 펀치공정하중선도에서 하중곡선을 적분함으로서 얻을 수 있다. 따라서 시어각의 영향을 받지 않는다.

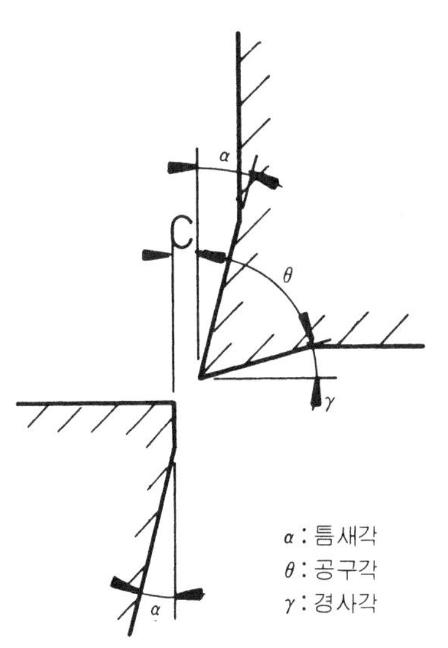

그림 1-32 공구날끝의 형상

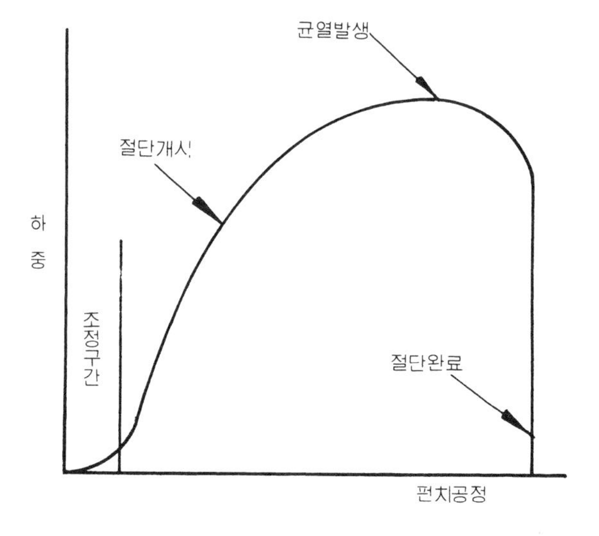

그림 1-34 펀치공정-하중선도

두께 t mm인 소재를 블랭킹하는 힘이 P kg인 경우 일량 E는

$$E=\frac{kPt}{1000}\ \text{kg}\cdot\text{m} \cdots\cdots (1\text{-}2)$$

k는 에너지보정계수로 펀치압력이 최대전단력으로 될 때의 페니트레이팅율이나 마찰력에 의해 파생되는 압력율을 합한 상수로 표 1-2에 표시한다.

표 1-2 에너지 보정 계수

재 질	보 정 계 수 k
일반 재료	0.63
경질재(스프링강)	0.45
압연 경질재	0.30
알루미늄(연질)	0.76
납, 주석(연질), 아연(연질), 구리(연질), 황동(연질) 강철판(연질) 0.2%C까지 강철판(경질) 0.1%C까지	0.64
알루미늄(경질), 구리(경질) 규소강판(연질) 강철판(연질) 0.2~0.3%C까지	0.50
아연(경질), 황동(경질) 강철판(연질) 0.3~0.6%C 강철판(경질) 0.2~0.3%C	0.45
강철판(경질) 0.4%C 이상 강철판(연질) 0.6%C 이상	0.40

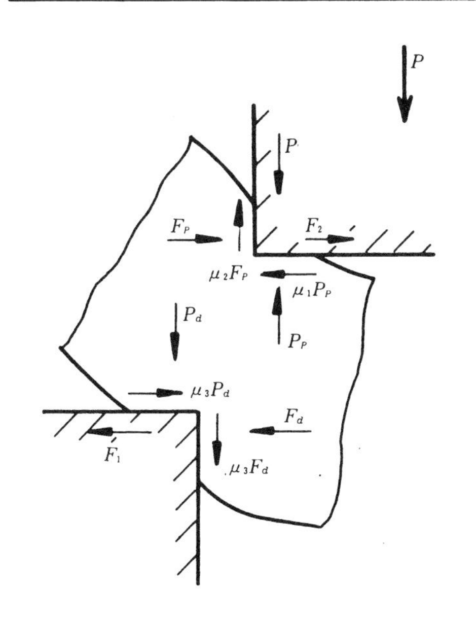

그림 1-34 날끝에 작용하는 힘

剪斷時에 재료가 주는 저항력은 工具進行方向의 剪斷荷重만이 아니고 工具側面方向에도 상당히 큰 힘이 작용한다는 것이 알려져 있다. 이것이 측압력이다.

측압력은 블랭킹 때의 재료중 날끝이 닿는 부분에 발생하는 내부응력은 그림 1-34와 같으나 그 중 측압력은 수평분력의 합이다.

다이側壓力 : $F_1=F_d-\mu_3P_d \cdots\cdots (1\text{-}3)$

펀치側壓力 : $F_2=F_p-\mu_1P_p \cdots\cdots (1\text{-}4)$

側壓力은 클리어런스가 커지면 감소되나 통상 전단력의 33~35% 정도이다. 절단형, 노치형과 같이 개방윤곽의 절단에서는 이 측압력에 대한 펀치 및 다이의 물러남에 유의하여야 한다.

(5) 클리어런스

절단면의 형상이 다양하게 변하는 것은 펀치와 다이 사이의 클리어런스에 좌우된다는 것은 이미 설명한 바와 같다. 이와 같은 클리어런스는 그림 1-28에 나타난 바와 같이 한쪽 방향의 틈새를 말하며 클리어런스

$$C=\frac{A-B}{2t}\times 100 \quad \cdots\cdots (1\text{-}5)$$

으로 표시된다.

이와 같은 클리어런스는 打拔(blanking)加工에서는 펀치에 주고 피어싱 가공에서는 다이측에 주어야 한다.

표 1-3은 클리어런스의 실용치를 나타낸다.

시어드루우프가 적어야 할 때나 절단구면이 가급적 평탄하고 판면에 수직일 것이 바람직할 때는 표 1-3의 값의 하한치를 적용하고 두께가 비교적 두꺼운 경우에는 해당 클리어런스 값의 상한치를 적용하는 것이 좋다.

또한 그림 1-32에서와 같이 공구의 날끝이 마모된다든가 재연마시 자동적으로 클리어런스가 커지기 때문에 틈새각을 작게 해준다든지 클리어런스값을 최초에 작게 취해야 할 것이다.

(6) 打拔製品의 寸數精度

실제적으로는 打拔에서 얻을 수 있는 최고의 정도보다는 무리를 하지 않고 얻을 수 있는 精度가 생산적이라고 볼 수 있다. 이 경우 금형의 구조나 작업조건 등에 따라 변하지만 일반적으로 얻을

표 1-3 클리어런스의 실용치 단위(%×t/한쪽 커팅 에지에 대하여)

	재 질	정밀 블랭킹 또는 극박판	일반 블랭킹 또는 박판, 중후판
금 속	순 철	2~4	4~8
	연 강	2~5	5~10
	고탄소강	4~8	8~13
	규소강판 T급	5~6	7~12
	규소강판 B급	4~5	6~10
	스테인레스강	3~6	7~11
	구 리	1~3	3~7
	황 동	1~4	4~9
	인 청 동	2~5	5~10
	양 은	2~5	5~10
	알루미늄(연질)	1~3	4~8
	알루미늄·알루미늄 합금(경질)	2~5	6~10
	아연·납	1~3	4~6
	퍼어멀로이	2~4	5~8
비금속	에보나이트 셀룰로이드 베이클라이트 운 모	1~3	
	와니스크로스 종이·파이버	no-clearance (0.01~0.03mm)	

표 1-4 타발제품의 외경치수의 표준공차(mm)

판 두 께 구 분 (mm)	보통얻어지는정도				정밀한 가공에 의한 정도				쉐이빙에의한정도		
	부품외형의치수구분										
	10이하	10을초과 50이하	50을초과 150이하	150을초과 300이하	10이하	10을초과 50이하	50을초과 105이하	150을초과 300이하	10이하	10을초과 50이하	50을초과 100이하
0.2을초과 0.5이하	0.08	0.1	0.14	0.20	0.025	0.03	0.05	0.08	—	—	—
0.5 〃 1.0 〃	0.12	0.16	0.22	0.30	0.03	0.04	0.06	0.10	0.012	0.015	0.025
1.0 〃 2.0 〃	0.18	0.22	0.30	0.50	0.04	0.06	0.08	0.12	0.015	0.02	0.03
2.0 〃 4.0 〃	0.24	0.28	0.40	0.70	0.06	0.08	0.10	0.15	0.25	0.03	0.04
4.0 〃 6.0 〃	0.30	0.35	0.50	1.00	0.10	0.12	0.15	0.20	0.04	0.05	0.06

표 1-5 타발구멍의 내경치수에 대한 표준공차

판 두 께 구 분 (mm)	보통얻어지는정도			정밀한타발가공에의한정도			쉐이빙에의한정도	
	구멍경의치수구분							
	10이하	10을초과 50이하	50을초과 100이하	10이하	10을초과 50이하	50을초과 105이하	10이하	10을초과 50이하
0.2를초과 1이하	0.05	0.08	0.12	0.02	0.04	0.08	0.01	0.015
1 〃 〃	0.06	0.10	0.16	0.03	0.06	0.10	0.015	0.02
2 〃 2 〃	0.08	0.12	0.20	0.04	0.08	0.12	0.025	0.03
4 〃 6 〃	0.10	0.15	0.25	0.06	0.10	0.15	0.04	0.05

표 1-6 타발구멍간의 표준공차

판 두 께 구 분 (mm)	보통얻어지는정도			정밀한타발가공에의한정도		
	중심간거리의치수구분					
	50이하	50을초과 150이하	150을초과 300이하	50이하	50을초과 150이하	150을초과 300이하
1 이 하	±0.1	±0.15	±0.2	±0.03	±0.05	±0.08
1을초과 2이하	±0.12	±0.20	±0.3	±0.04	±0.06	±0.10
2 〃 4 〃	±0.15	±0.25	±0.35	±0.06	±0.08	±0.12
4 〃 6 〃	±0.2	±0.30	±0.4	±0.08	±0.10	±0.15

수 있는 精度는 위의 몇가지 표와 같다. 表 1-4는 打拔製品의 외형치수에 대한 標準公差를, 표 1-5에는 타발된 구멍의 내경치수에 대한 표준공차를, 표 1-6에는 타발구멍간의 표준공차를 각각 나타내고 있다.

2-2 굽힘加工

(1) 굽힘에 의한 판의 변형

판재의 굽힘응력이 가해지면 길이방향으로는 판의 바깥쪽엔 인장력이 안쪽엔 압축력이 작용한다. 이 판재에서 인장과 압축이 작용하지 않는 경계면을 중립면이라 한다. 이 중립면의 외측 부분은 인장력이 작용하기 때문에 폭방향 및 두께방향으로 収縮되고 내측부분은 압축력이 작용하기 때문에 폭방향 및 두께방향으로 팽창한다. 이 폭방향의 변형때문에 비교적 판이 좁은 경우에는 처음의 장방향단면이 扇形이 되고 전체로는 안장형의 휨이 생긴다. 폭이 두께에 비하여 넓은 판일 때는 휨은 폭 가장자리에만 생기고 중앙부에서는 변형이 거의 없다. 판의 일부분에 굽힘변형을 주는 일반굽힘가공에 있어서 모서리부에 굽힘변형된 휨은 그것에 인접하는 플랜지부에 구속되고 있다.

더우기 형을 사용한 굽힘에서는 형과의 접촉압력에 의해 휨은 적어진다.

예를 들면 V자 굽힘의 경우, 다이의 斜面에 눌리어져서 플랜지부에 인접한 부분의 휨이 평탄화된다.

다이의 底部에 레디어스 R_B를 붙이고 펀치의 굽힘반경 R과의 사이에서 판두께방향으로 가압하면 휨은 거의 나타나지 않는다. 이때 다이底部 레디어스 R_B는 펀치의 굽힘 반경 R, 판두께 t_0에 의해 다음 식으로 표시된다.

$$R_B = R + (1.25 \sim 1.30)\, t_0 \qquad \cdots\cdots (1\text{-}6)$$

여기서 鋼板 등 重金屬은 작은 편의 값을, 알미늄板, 銅板 등의 輕金屬은 큰 쪽의 값을 택한다.

(2) 블랭크의 길이

굽힘가공된 제품이 희망하는 치수가 되는 블랭크의 길이는 중립면의 길이와 같도록 취함으로서 결정된다. 중립면은 굽힘加工度 및 가공법에 따라 그 위치가 변함으로서 두께가 감소되는 경우가 있다. 또한 굽힘모서리가 같은 반경이라도 플랜지부와의 경계 부근은 변형이 똑같지 않고 천이구역(遷移區域)이 존재하므로 굽힘각도가 작을 때는 같은 加工度라도 중립면의 이동량도 적다.

素材의 길이를 정하는 방법은 굽힘의 中立面이 내측표면에서 어느 정도 떨어진 곳에 있는가를 고려하여 기하학적으로 굴곡부분의 판두께 감소로부터 판이 늘어난 양을 계산하는 것이 보통이다. 그러기 위해서 굽힘반경과 굽힘부분의 판두께 감소와의 관계를 구해 둘 필요가 있다.

판의 늘어남은 굽힘반경외에도 재질, 가공조건, 가공력에 따라 달라진다. 현재 많이 쓰이고 있는 몇가지 계산법을 데이터를 중심으로 소개한다.

① 개략적 계산법

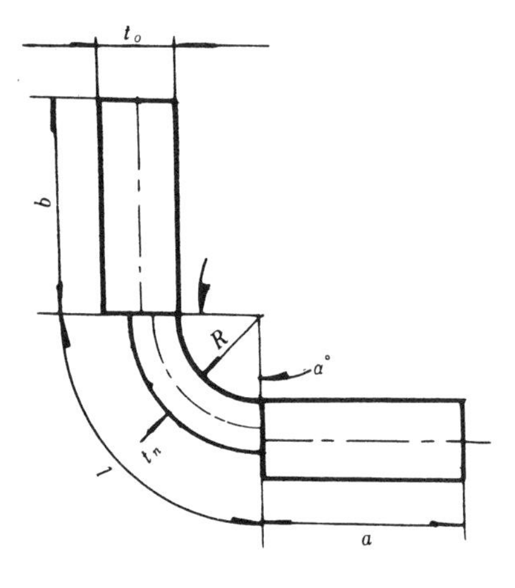

그림 1-35 중립면의 변위

표 1-7 λ의 값

굴곡형식	R/t	λ
V굽힘	0.5 이하	0.2
	0.5～1.5	0.3
	1.5～3.0	0.33
	3～5	0.4
	5 이상	0.5
U굽힘	0.5 이하	0.25～0.3
	0.5～1.5	0.33
	1.5～5.0	0.4
	5 이상	0.5

$$L = a + b + \frac{\pi\alpha^{\circ}}{180}(R + \lambda t) \quad \cdots\cdots (1\text{-}7)$$

λ는 내측반경 R로부터 중심축까지 거리의 최초판 두께에 대한 비율로 표 1-7을 참조한다.

② 외측치수 가산법

$$L = (l_1 + l_2 + \cdots\cdots + l_n) - \{(n-1)C\} \quad \cdots\cdots (1\text{-}8)$$

$n-1$: 굽힘개소의 수

C : 늘어남 보정계수

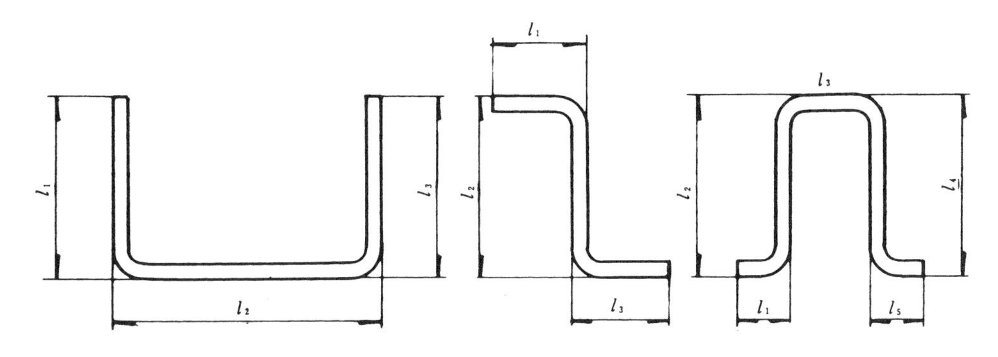

C : 늘어남 보정계수

(a) (b) (c)

그림 1-36 외측치수 가산법

③ 커얼굽힘

$$L = 1.5\pi\rho + 2R - t \quad \cdots\cdots (1\text{-}9)$$

$$\rho = R - yt \quad \cdots\cdots (1\text{-}10)$$

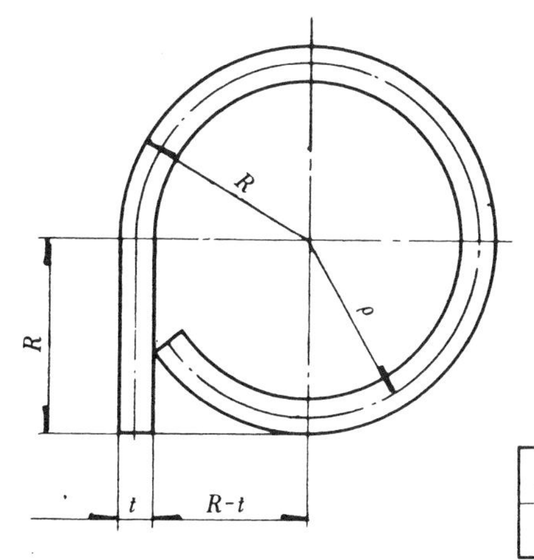

그림 1-37 커얼굽힘

표 1-8 늘어남 보정계수 90°굴곡일때

판두께	1.0	1.2	1.6	2.0	2.3	3.2
C	1.5	1.8	2.5	3.0	3.5	5.0

표 1-9 커얼굽힘 보정계수

R/t	2.0	2.2	2.4	2.6	2.8	3.0	3.2
y	0.44	0.46	0.48	0.49	0.5	0.5	0.5

④ 굽힘반경이 다른 경우의 계산

$$L=l_1+l_2+\cdots\cdots+l_n+1.57\{(R_1+\lambda_1 t)+(R_1+\lambda_2 t)+\cdots\cdots+(R_{n-1}+\lambda_{n-1}t)\}\cdot \quad (1\text{-}11)$$

$\lambda_1, \lambda_2, \lambda_3$……의 수치는 각각에 대하여 표 1-8을 적용.

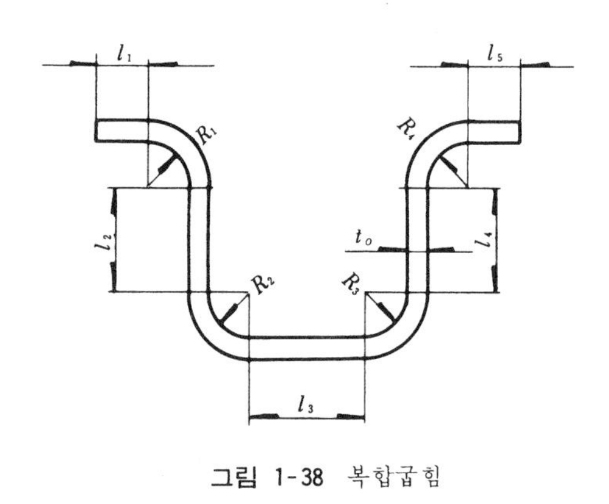

그림 1-38 복합굽힘

(3) 스프링백 현상 (spring back)

延性材料에 있어서 破斷에 의한 가공력의 한계는 spring 재를 제외하고는 큰 문제로 되지 않고 있다. 굽힘가공의 문제점은 거의가 製品精密度의 문제이다. 가장 문제가 되는 것은 제품을 형에서 분리하면 근소하나마 판의 변형이 생겨 그 형태가 목적한 형태와 일치하지 않게 된다. 이러한 현상에 영향을 주는 인자로서는 재료의 판두께, 종탄성계수, 彈性限界, 형의 형상, 굽힘반경, 가압력 등이 영향을 준다. 특히 가장 큰 영향을 주는 것은 가압력인데 이것을 조절하기란 그리 쉬운 일은 아니다.

2-3 드로오잉 加工

드로오잉이란 평면블랭크를 원통형, 각통형, 반구형 등의 용기로 가공성형하는 프레스 작업으로 프레스가공분야에서 커다란 비중을 차지하고 있다.

(1) 드로오잉가공 조건

① 플랜지 부분에 주름살이 생기지 않아야 한다.

드로오잉 가공에서 주름살이 생기는 것은 중대한 문제로서 발생원인 및 대책에 대한 세심한 주의가 필요하다. 다이 레디어스(die radius)란 그림 1-39에서와 같이 다이의 둥글기 반지름으로 이 값이 클수록 블랭크가 다이 속으로 드로오잉되어갈 때 받는 구부림 저항이 감소된다.

그러나 드로오잉의 끝에 가서는 틈새 삼각형이 커서 블랭크 호울더로부터 빨리 떨어져 플랜지 부분에 주름살이 생기게 된다.

첫번째 드로오잉에서 R_D의 값은 표 1-10을 적용하는 것이 좋다.

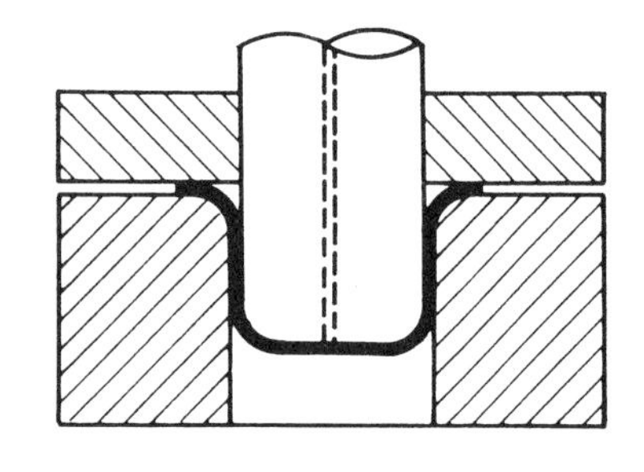

그림 1-39 드로오잉 다이의 다이레이디어스

여기서 t는 판두께, D는 블랭크의 직경이다.

② 하중 견인부의 강도를 유지해야 한다.

하중 견인부란 블랭크가 변형하여 펀치레디어스와 맞닿는 부분으로 대부분의 드로오잉 하중이 집중하므로 이곳의 강도를 유지할 수 있는 대책을 고려하지 않으면 좋은 드로오잉을

표 1-10 첫번째 드로오잉에서 R_D의 값

	블랭크지름과 판두께의 상대관계 $t/D\times 100$		
	0.1~0.3	0.3~1.0	1.0~2.0
플랜지 없음	(10~15) t	(8~10) t	(6~8) t
플랜지 있음	(20~30) t	(15~20) t	(10~15) t

기대할 수 없다. 큰 지름의 블랭크로 작은 지름의 용기를 만들려고 하면 재료는 파단된다.

그러므로 드로오잉률을 적용하여 여러 차례 드로오잉을 해야 한다.

드로오잉률이란 용기 직경 d를 블랭크의 직경 D로 나눈 값으로 드로오잉률

$$m=\frac{d}{D} \text{ 이다.} \quad \cdots\cdots (1\text{-}12)$$

표 1-11은 각종 재료의 원통 드로오잉에서의 드로오잉률을 나타낸다.

표 1-11 원통 드로오잉의 드로오잉률

재료명	최초의 드로오잉	재드로오잉
연강판	0.50~0.55	0.75~0.80
스테인레스강판	0.50~0.55	0.80~0.85
함석	0.58~0.65	0.88~0.95
구리	0.55~0.60	0.80~0.85
아연	0.65~0.70	0.85~0.90
황동	0.50~0.55	0.75~0.80
연질알미늄	0.53~0.60	0.80~0.85
듀랄루민	0.55~0.60	0.90~0.95
니켈	0.50~0.55	0.75~0.80

(2) 원통용기의 드로오잉에 필요한 힘

어떤 제품이 파손되지 않고서 드로오잉 되었다고 하면 결과적으로 최대 인장강도에는 도달되지 않은 것으로 알 수 있다. 최대 인장강도와 같은 심한 드로오잉 힘이 소재에 가해졌다면 파손되었을 것이다.

항복점응력 σ_S, 인장강도 σ_B의 평균치를 취하여 응력으로 한 방법이 널리 쓰인다. 즉,

$$P=\pi\cdot d\cdot t\cdot\frac{\sigma_S+\sigma_B}{2} \quad \cdots\cdots (1\text{-}13)$$

여기서 t는 판두께, d는 평균직경으로 $d=\frac{\text{다이구멍의 직경}+\text{펀치의 직경}}{2}$ 이다.

또는 최대 파괴응력치에 보정계수를 곱한 방법도 쓰인다. 즉,

$$P=\pi\cdot d\cdot t\cdot\sigma_B\cdot n \quad \cdots\cdots (1\text{-}14)$$

여기서 n은 드로오잉률 d/D에 따라 변하는 값으로 표 1-12와 같다.

표 1-12 보정계수 n의 값

드로오잉률 d/D	0.55	0.6	0.65	0.7	0.75	0.8
보정계수 n	1.0	0.86	0.72	0.6	0.5	0.4

(3) 각통 용기의 드로오잉에 필요한 힘

각통 용기를 드로오잉하는데 필요한 힘을 계산하는 식을 발표한 예는 드물다. Crane에 의해 다음 식이 발표되었는데 드로오잉력 P는

$$P=\sigma_B \cdot t \cdot (2\pi RC_1+LC_2) \quad \cdots\cdots (1\text{-}15)$$

이다.

여기서 R은 코오너 레디어스(corner radius)이고, L은 직선부분의 전길이, C_1은 상수로 얕은 용기에서는 0.5를, 깊이가 깊어질수록 2.0에 가까운값으로 적용한다.

C_2도 상수로, 충분한 간격이 있고 블랭크호울더가 없는 경우는 0.2, 블랭크호울더 압력이 $P/3$ 정도에서는 0.3, 드로오잉이 매우 어려운 경우에는 1.0을 적용한다.

(4) 드로오잉가공에 필요한 일량

소요 일량은 드로오잉 힘이 드로오잉 깊이 전 길이에 걸쳐 작용하여 비로소 드로오잉이 되는 것이므로 드로오잉 힘 P와 드로오잉 깊이 h의 곱에 의하여 계산된다.

따라서 소요일량은

$$E=f \cdot P \cdot h \quad \cdots\cdots (1 \cdot 16)$$

로 구할 수 있다.

윗 식에서 f는 드로오잉률에 의해 변하는 가공중의 실제 동력소비계수로서 표 1-13에 그 값을 보여준다.

표 1-13 소비동력 계수

$m=d/D$	0.55	0.60	0.65	0.70	0.75	0.80
f	0.80	0.77	0.74	0.70	0.67	0.64

윗 식은 복동식 프레스인 경우의 일량으로 블랭크호울더 압력 P_s를 따로 필요로 할 때의 일량은

$$E_s=(f \cdot P+P_s)h \quad \cdots\cdots (1 \cdot 17)$$

가 된다.

(5) 블랭크호울더 압력(스트리핑力)

드로오잉한 제품의 주름살을 없애려면 적당한 압판의 가압력이 필요하다. 재료별 단위면적당의 블랭크호울더 압력을 p_s라 하고 소재의 지름을 D, 다이 내경을 d라 하면 총 블랭크호울더 압력 P_s는

$$P_s=\frac{\pi}{4}(D^2-d^2)\, p_s \quad \cdots\cdots (1 \cdot 18)$$

가 된다.

여기서 p_s는 재료에 따라 그 값이 다르다. 표 1-14는 재료별 블랭크호울더 압력을 나타낸다.

표 1-14 블랭크호울더 압력 최소치

재 질	p_s kg/mm²
연 강	0.16~0.18
스 테 인 레 스 강	0.18~0.20
알 루 미 늄	0.03~0.07
구 리	0.08~0.12
황 동	0.11~0.16

표 1-15 제품의 표면적과 블랭크의 치수

드로오잉제품의 형상	블랭크치수의 계산식 주 (A : 제품의 표면적, D : 블랭크의 지름)	드로오잉제품의 형상	블랭크치수의 계산식 주 (A : 제품의 표면적, D : 블랭크의 지름)
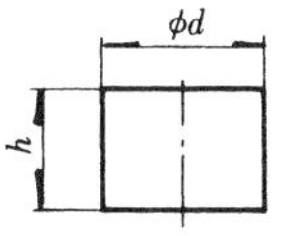 ϕd, h	$A=\frac{\pi d^2}{4}+\pi dh$ $D=\sqrt{d^2+4dh}$	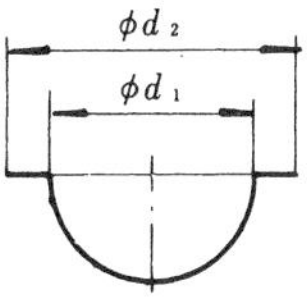 ϕd_2, ϕd_1	$A=\frac{\pi d_1^2}{2}+\frac{\pi}{4}(d_2^2-d_1^2)$ $D=\sqrt{d_1^2+d_2^2}$
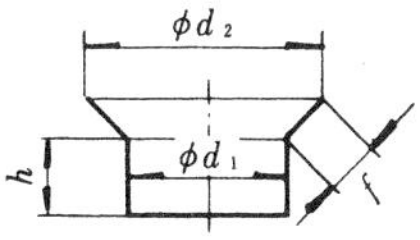 ϕd_2, ϕd_1, h, f	$A=\frac{\pi d_1^2}{4}+\pi d_1 h+\pi f\frac{d_1+d_2}{2}$ $D=\sqrt{d_1^2+4d_1 h+2f(d_1+d_2)}$	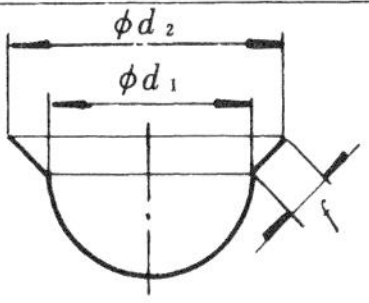 ϕd_2, ϕd_1, f	$A=\frac{\pi d_1^2}{2}+\pi f\frac{d_2+d_1}{2}$ $D=1.414\sqrt{d_1^2+f(d_2+d_1)}$
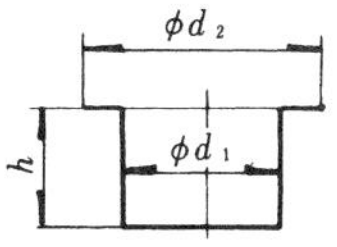 ϕd_2, ϕd_1, h	$A=\frac{\pi d_1}{4}+\pi d_1 h+\frac{\pi}{4}(d_2^2-d_1^2)$ $D=\sqrt{d_2^2+4d_1 h}$	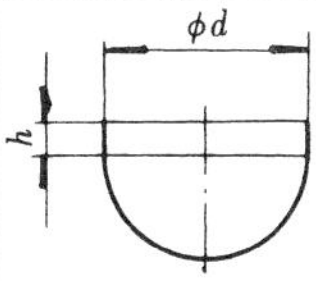 ϕd, h	$A=\frac{\pi d^2}{2}+\pi dh$ $D=1.414\sqrt{d^2+2dh}$
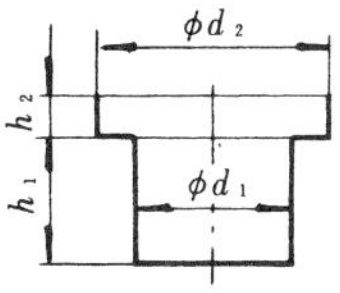 ϕd_2, ϕd_1, h_2, h_1	$A=\frac{\pi d_1^2}{4}+\pi d_1 h_1+\frac{\pi}{4}(d_2^2-d_1^2)+\pi d_2 h_2$ $D=\sqrt{d_2^2+4(d_1 h_1+d_1 h_2)}$	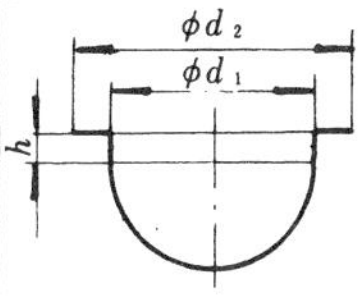 ϕd_2, ϕd_1, h	$A=\frac{\pi d_1^2}{2}+\pi d_1 h+\frac{\pi}{4}(d_2^2-d_1^2)$ $D=\sqrt{d_1^2+d_2^2+4d_1 h}$
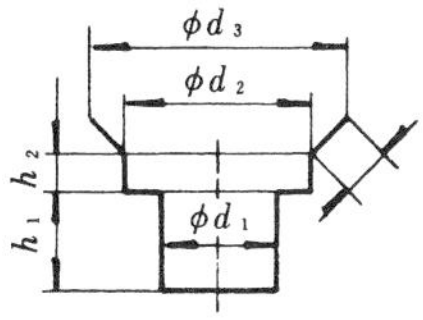 ϕd_3, ϕd_2, ϕd_1, h_2, h_1	$A=\frac{\pi d_1^2}{4}+\pi d_1 h_1+\frac{\pi}{4}(d_2^2-d_1^2)+\pi d_2 h_2+\pi f\frac{d_2+d_3}{2}$ $D=\sqrt{d_2^2+4(d_1 h_1+d_2 h_2)+2f(d_2+d_3)}$	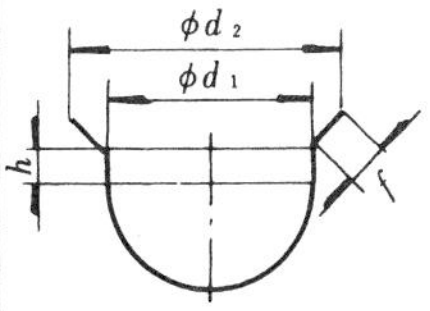 ϕd_2, ϕd_1, h, f	$A=\frac{\pi d^2}{2}+\pi d_1 h+\pi f\frac{d_1+d_2}{2}$ $D=1.414\sqrt{d_1^2+2d_1 h+f(d_1+d_2)}$
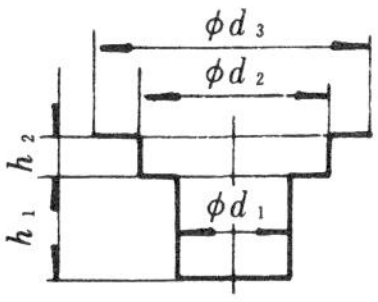 ϕd_3, ϕd_2, ϕd_1, h_2, h_1	$A=\frac{\pi d_1^2}{4}+\pi d_1 h_1 \frac{\pi}{4}(d_2^2-d_1^2)+\pi d_2 h_2+\frac{\pi}{4}(d_1^2-d_2^2)$ $D=\sqrt{d_3^2+4(d_1 h_1+d_2 h_2)}$	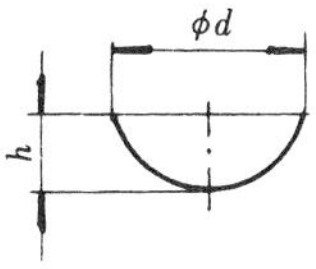 ϕd, h	$A=\frac{\pi}{4}(d^2+4h^2)$ $D=\sqrt{d_2+4h^2)}$
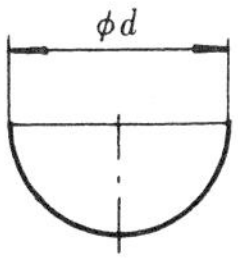 ϕd	$A=\frac{\pi d^2}{4}$ $D=\sqrt{2d^2}=1.414d$	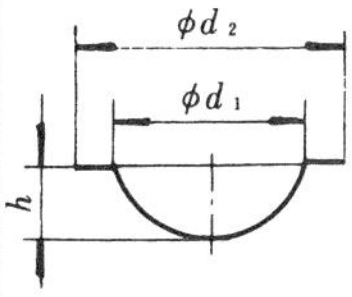 ϕd_2, ϕd_1, h	$A=\frac{\pi}{4}(d_1^2+4h^2)+\frac{\pi}{4}(d_2^2-d_1^2)$ $D=\sqrt{d_2^2+4h^2)}$
		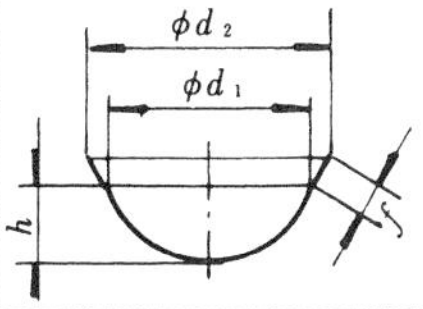 ϕd_2, ϕd_1, h, f	$A=\frac{\pi}{4}(d_1^2+4h^2)+\pi f\frac{d_1^2+d_2}{2}$ $D=\sqrt{d_1^2+4h^2+2f(d_1+d_2)}$

드로오잉제품의 형상	블랭크치수의 계산식 주$\left(\begin{matrix} A: 제품의\ 표면적 \\ D: 블랭크의\ 지름 \end{matrix}\right)$	드로오잉제품의 형상	블랭크치수의 계산식 주$\left(\begin{matrix} A: 제품의\ 표면적 \\ D: 블랭크의\ 지름 \end{matrix}\right)$
ϕd, h_2, h_1	$A=\frac{\pi}{4}(d^2+4h_1^2)+\pi d h_2$ $D=\sqrt{d^2+4(h_1^2+dh_2)}$	ϕd_2, r, ϕd_1	$A=\frac{\pi d_1^2}{4}+\frac{\pi^2 h}{2}(d_1+1.274r)$ $=\frac{\pi}{4}(d_2-2h)^2+\frac{\pi^2 r}{2}(d_2-0.726r)$ $D=\sqrt{d_2^2+2.28rd_2-0.56r^2}$
ϕd_2, ϕd_1, h_2, h_1, f	$A=\frac{\pi}{4}(d_1^2+4h_1^2)+\pi d_1 h_2$ $+\pi f\frac{d_1+d_2}{2}$ $D=\sqrt{d_1^2+4\{h_1^2+d_1 d_2+\frac{f}{2}(d_1+d_2)\}}$	ϕd_2, h, r, ϕd_1	$A=\frac{\pi}{4}(d_2-2r)^2+\frac{\pi^2 r}{2}(d_2$ $-0.726r)+\pi h d_2$ $D=\sqrt{d_2^2+4d_2(h+0.57r)-0.56r^2}$
ϕd_2, ϕd_1, h_2, h_1	$A=\frac{\pi}{4}(d_1^2+4h_1^2)+\pi d_1 h^2$ $+\frac{\pi}{4}(d_2^2-d_1^2)$ $D=\sqrt{d_2^2+4(h_2^2+d_1 h_2)}$	ϕd_3, ϕd_2, r, f, ϕd_1	$A=\frac{\pi}{4}(d_2-2r)^2+\frac{\pi^2 r}{2}(d_2$ $-0.726r)+\pi f\frac{d_2+d_3}{2}$ $D=\sqrt{d_2^2+2.28rd_2+2f(d_2+d_3)-0.56r^2}$
ϕd_2, S, ϕd_1	$A=\frac{\pi d_1^2}{4}+\pi S\frac{d_1+d_2}{2}$ $D=\sqrt{d_1^2+2S(d_1+d_2)}$	ϕd_3, ϕd_2, r, ϕd_1	$A=\frac{\pi}{4}(d_2-2r)^2+\frac{\pi^2 r}{2}$ $(d_2-0.726r)\frac{\pi}{4}(d_3^2-d_2^2)$ $D=\sqrt{d_3^2+2.28rd_2-0.56r^2}$
ϕd_3, ϕd_2, S, f, ϕd_1	$A=\frac{\pi d_1^2}{4}+\pi S\frac{d_1+d_2}{2}$ $+\pi f\frac{d_2+d_3}{2}$ $D=\sqrt{d_1^2+2\{S(d_1+d_2)+f(d_2+d_3)\}}$	ϕd_3, ϕd_2, h, r, ϕd_1	$A=\frac{\pi}{4}(d_2-2r)^2+\frac{\pi^2 r}{2}(d_2-$ $0.726r)+\pi d_2 h+\frac{\pi}{4}(d_3^2-d_2^2)$ $D=\sqrt{d_3^2+4d_2(0.57r+h)-0.56r^2}$
ϕd_3, ϕd_2, S, ϕd_1	$A=\frac{\pi d_1^2}{4}+\pi S\frac{d_1+d_2}{2}$ $+\frac{\pi}{4}(d_3^2-d_2^2)$ $D=\sqrt{d_1^2+2S(d_1+d_2)+d_3^2-d_2^2}$	ϕd_3, ϕd_2, h, r, f, ϕd_1	$A=\frac{\pi}{4}(d_2-2r)^2+\frac{\pi^2 r}{2}(d_2-$ $0.726r)+\pi d_2 h+\pi f\frac{d_3+d_2}{2}$ $D=\sqrt{d_2^2+4d_2(0.57r+h+\frac{f}{2})+2d_3 f-0.56r^2}$
ϕd_2, h, S, ϕd_1	$A=\frac{\pi d_1^2}{4}+\pi S\frac{d_1+d_2}{2}+\pi d_2 h$ $D=\sqrt{d_1^2+2\{S(d_1+d_2)+2d_2 h\}}$	ϕd_2, r_2, h, r_1, ϕd_1	$A=\frac{\pi}{4}(d_1^2+\pi d_1\{h-0.43(r_1$ $+r_2)\}+0.44(r_2^2-r_1^2)$ $D=\sqrt{d_2^2+4d_1\{h-0.43(r_1+r_2)\}+0.57(r_2-r_2^2)}$

(6) 소재의 치수

① 원형 드로오잉의 블랭크 치수

드로오잉 금형설계를 할 때 먼저 해야 할 것은 블랭크의 모양 및 치수를 알아 둘 필요가 있다. 소재의 크기가 결정되면 표 1-11에 의해 드로오잉률을 적응시켜 순차적으로 직경을 줄여 나가는 것이다.

표 1-15는 각종 원형 드로오잉 제품의 표면적과 블랭크의 치수를 나타내는 식이다.

② 복잡한 원형 드로오잉의 블랭크치수

임의의 축을 中心으로 회전하는 임의의 형태의 곡선을 가진 회전체의 표면적은 다음 식으로 계산할 수가 있다.

$A=2\pi r_a L$ ………………………………………………………………………… (1·19)

여기서 A는 회전체의 표면적을, r_a는 회전축으로부터 회전체 중심까지의 거리를 말하며, L은 회전축으로부터 드로오잉 제품 외단까지의 총길이를 말한다.

그리고 어떤 제품의 표면적을 A이라 하고 드로오잉 전의 블랭크 지름이 D였다면 다음 식이 성립하게 된다.

$$A=\frac{\pi D^2}{4}$$

따라서

$D=\sqrt{4A/\pi}$ ………………………………………………………………………… (1·20)

가 된다.

(1·19)式을 (1·20)式에 대입하면

$D=\sqrt{8 r_a L}$ ………………………………………………………………………… (1·21)

r_a와 L을 구하려면 작도법에 의해 구하는 법과 계산에 의해 푸는 방법이 있는데 그림 1-40에는 작도법을 소개하기로 한다.

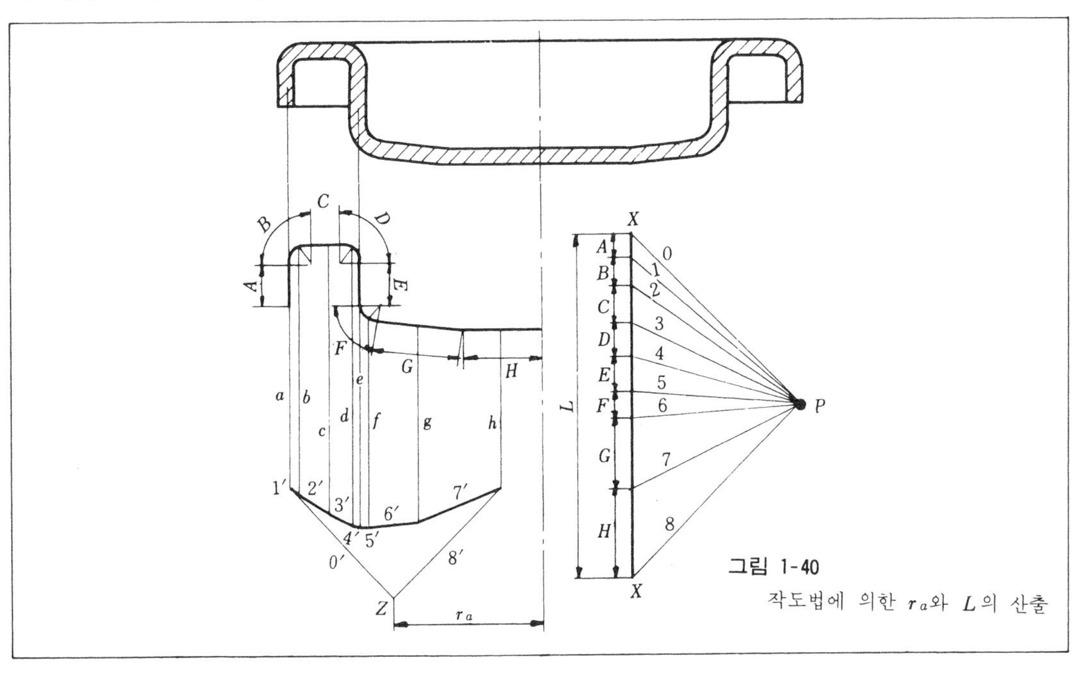

그림 1-40
작도법에 의한 r_a와 L의 산출

i) 용기의 단면을 정확하게 그리고 축심을 지나는 선을 긋는다.

ii) 용기의 단면을 몇개의 부분으로 나누어 *A*, *B*, *C*,……*H* 등의 기호를 부여한다.

iii) 각 부분의 무게 중심을 지나고 축심과 평행한 선 *a*, *b*, *c*,……*h*를 긋는다.

iv) 축심에 평행인 직선 *X*−*X*를 긋고 그 선위에 각 부분의 길이 *A*, *B*, *C*,……*H*를 옮겨 길이 *L*을 얻는다.

v) 임의의 점 *P*를 정하고 *X*−*X*선 위에 표시한 각 부분의 길이 *A*, *B*, *C*,……*H*의 끝과 *P*를 연결하여 직선 0, 1, 2,…… 8을 긋는다.

vi) 선 1에 평행인 선 1′를 선 *a*, *b* 사이에 긋고 *b*선과 1′선이 교점에 선 2와 평행인 선 2′를 긋는다. 이러한 순서로 7′선까지 긋는다.

vii) 다음 1′선과 *a*의 교점에서 0선에 평행인 0′선을, 7′선과 *h*선의 교점에서 선 8에 평행인 선 8′를 그어 양 선의 교점을 *Z*라 하면 축심으로부터 *Z*까지가 r_a를 나타낸다.

이상의 작도법에 의해 구한 r_a와 *L*을 공식 (1·21)에 대입하여 블랭크의 직경을 구한다.

(7) 드로오잉 다이의 클리어런스

소재는 드로오잉 과정에서 판 두께가 변하므로 적절한 틈새를 두지 않으면 안된다. 클리어런스를 정할 때는 재질이나 판두께보다도 제품의 치수 정밀도나 공차 또는 외면 다듬질 정도에 더욱 주의를 기울여야 할 것이다.

표 1-16은 연강판을 드로오잉할 때의 클리어런스의 값을 나타낸다.

표 1-16 원통 드로오잉의 클리어런스

판 두 께	최초의 드로오잉	재 드 로 오 잉	다듬질 드로오잉
0.4 이하	1.07~1.09*t*	1.08~1.10*t*	1.04~1.05*t*
0.4~1.3	1.08~1.10*t*	1.09~1.12*t*	1.05~1.06*t*
1.3~3.2	1.10~1.12*t*	1.12~1.14*t*	1.07~1.09*t*
3.2 이상	1.12~1.14*t*	1.15~1.20*t*	1.08~1.10*t*

황동 및 청동판에는 값을 적용하고 스테인레스 강판 및 함석판은 위 값의 1.1~1.3배를, 알미늄판은 두께 1.3mm 이상은 윗 표를 1.3mm 이하는 표 값의 0.96배를 적용한다.

2-4 壓縮加工

(1) 재료의 변형

압축가공에 있어서의 변형은 마찰과 마찰에 의한 전단응력의 발생으로 인해 대단히 복잡하게 나타난다. 그림 1-41에서 (a)는 원소재를 보여준다. 마찰이 없을 때. 즉, 이상적인 변형상태를 (b)에 보여 주었으나 실용적이지 못하다. 또한 재료표면 또는 내부조직에 마찰력이 작용할 경우에 재료는 (c)에서와 같이 공구면에 대해 미끄러지지 않고 밀착되어 표면층에는 주로 전단변형이 일어

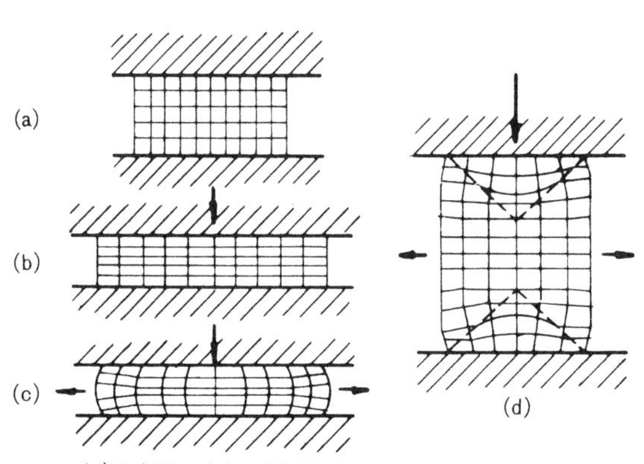

(a) : 소재 (b) : 마찰력이 없을때 (c) : 마찰력이 클때
(d) 마찰력이 크고 소재가 높으면 변형하지 않는 부분이 생긴다.

그림 1-41 압축을 받는 금속의 내부변형

나게 된다. 특히 재료의 높이가 높고 마찰력이 크게 작용할 경우, 공구면에 접하는 재료의 일부분은 거의 변형하지 않는 원추형 부분이 나타나게 될 것이다. (d)에서와 같이 소성변형 영역내에서 변형하지 않는 부분을 데드 메탈(dead metal)이라고 부른다.

(2) 변형 저항

일반적으로 원형 소재를 상하면에서 평탄한 면으로 누를 경우 마찰이 없다고 하면 압축력 P는

$$P = K_f \cdot A \qquad (1 \cdot 22)$$

로 나타난다.

여기서 K_f는 압축 변형저항으로 $(h_0 - h_1)/h_0$의 함수로서 재질에 따라 그 값이 다르다. A는 소재의 단면적이고 h_0는 소재의 높이, h_1은 변형 후의 높이이다.

그러나 실제로는 누르는 면에 마찰이 있어 공구에 접하는 재료의 바깥쪽으로는 유동이 방해되므로 중앙부만이 팽창하여 통모양으로 변형을 받게 된다.

따라서 겉보기 상의 압축 변형저항을 K_f'라고 하면

$$K_f' = K_f\left(1 + \frac{1}{3}\mu\frac{d_1}{h_1}\right) \qquad (1 \cdot 23)$$

로 계산될 수 있다.

여기서 d_1은 압축된 재료의 직경을 말하고 μ는 누른 면의 마찰계수로 보통 0.05～0.15를 적용한다.

따라서 실제 압축력

$$P' = K'_f \cdot A \qquad (1 \cdot 24)$$

가 된다.

第3章 프레스機械

금형설계를 보다 쉽게 이해하려면 프레스의 구조와 작동 및 금형을 설치하여 작업을 하게 될 여러 종류의 프레스에 관하여 알아둘 필요가 있다. 그렇게 되면 여러가지 부품으로 구성되는 금형과, 금형이 설치되어 프레스 제품을 만들어 내는 프레스의 작동부와의 관계를 알게 될 것이므로 더욱 쉽게 금형을 설계할 수가 있을 것이다. 이 장에서는 프레스 뿐만 아니라 전 프레스 공정과 관련되는 여러가지 부속도 함께 공부할 것이다.

3-1 프레스기계와 일반사항

(1) 프레스의 종류

프레스를 분류하는 방법은 동력원에 따른 분류, 프레임(frame) 형상에 따른 분류, 가공방법에 따른 분류 및 구조 형식에 따른 분류로 대별할 수 있으나 서로 연관성이 많으므로 여기서는 프레임 형상에 따른 분류 방법에 의해 분류하였으며, 대체로 다음과 같은 다섯 종류가 있다.

① C형 프레임 프레스 ② 직주형 프레스 ③ 4주형 프레스
④ 하부작동 프레스 ⑤ 초고속 프레스

각 종류마다 다양한 용량과 형태로 분류된다.

(2) 프레스의 구조

프레스는 두가지 구조로 제작된다. 주물구조와 용접구조이다. 소형의 프레스는 대개 주물로 만들고 대형 프레스는 주물구조 또는 강을 용접해서 만든다.

(3) 프레스의 동력원

프레스를 작동시키기 위한 동력원은 4가지가 있다.

① 수동식 : 손이나 발로 작동된다.
② 기계식 : 모우터로 작동되며 플라이 휠(fly wheal)과 변속기어장치가 들어 있다.
③ 유압식 : 유압 또는 수압으로 작동된다.
④ 공압식 : 압축공기로 작동된다.

3-2 C형 프레임 프레스

(1) 특 징

C형 프레임 프레스는 가장 널리 이용되는 종류로서 소형의 기계부품으로부터 대형장비 및 자동차부품에 이르기까지 수 많은 종류의 부품을 생산한다. 이것으로 할 수 있는 작업의 종류도 타발, 트리밍, 굽힘, 성형 및 드로오잉 등 다양하다.

프레임은 C자형으로 되어 있어 공작물을 쉽게 장착 및 장탈할 수 있다. 이들 프레스는 1톤에서부터 300톤급 규모의 용량범위내에서 제작된다. 그 형식도 프레임을 경사시킬 수 있는 것과 고정된 것, 단동식과 복동식 및 백 기어식(back gear type) 등이 있다.

可傾式 C形 프레임은 30° 정도까지 뒤로 경사시킬 수 있다. 프레임을 경사지게 고정시킨 후 가공하면 완성된 공작물이 프레스 뒷쪽으로 배출된다.

單動式 프레스는 단일 램으로 작동된다. 複動式 프레스는 외측 램속에서 미끄럼운동을 하는 내측 램이 있다. 이것은 정밀도가 높은 성형 및 드로오잉작업에 사용된다. 백기어 프레스는 저속고압을 목적으로 작동되는 기어장치가 들어 있다.

C형 프레임 프레스에 대한 이해를 증대시키기 위해 그림 1-42에 일반적인 플라이 휠 프레스를 보여준다.

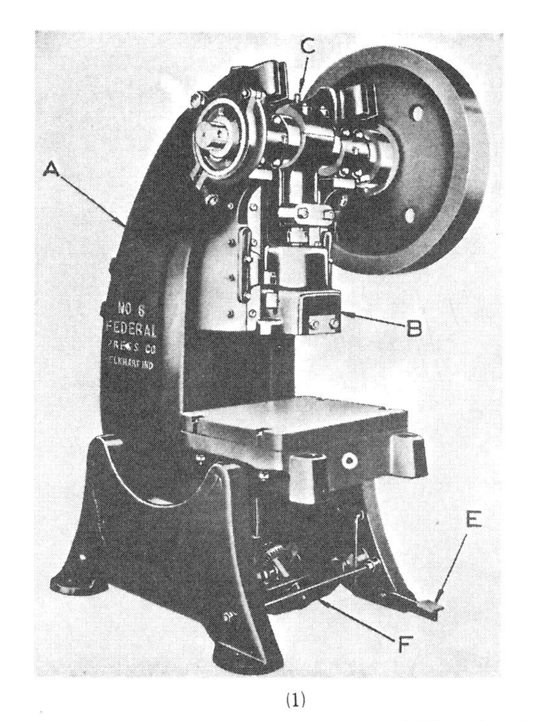

(1)

(2)

그림 1-42 C형 프레임 프레스

플라이 휠이 한번 회전하면 램은 완전한 1행정의 상하운동을 한다. 그림 (2)는 백기어 프레스를 보여준다. 그림에서 A는 프레임, B는 램, C는 크랭크축, D는 백기어장치, E는 작동페달이고, F는 프레임 경사 조절기구를 보여준다.

(2) 프레임

그림 1-43의 A는 플라이 휠 프레스의 프레임 조립체 분해도를 보여주고 B는 백기어식 프레스의 프레임 장치를 보여주고 있다.

프레임 ②는 연접봉 ⑮로 다리 ⑭에 고정된다. 받침판(bolster plate) ⑨는 슬러그(slug)와 블랭크의 배출을 위해 기계가공된 후 프레임의 테이블에 고정된다. 프레임의 윗 부분에는 크랭크축

이 들어갈 자리가 가공되어 있고 베어링캡 ⑥이 그 위치에 끼워진다. 각 부품의 명칭과 형상을 도해에서 찾아 익숙시켜야 할 것이다.

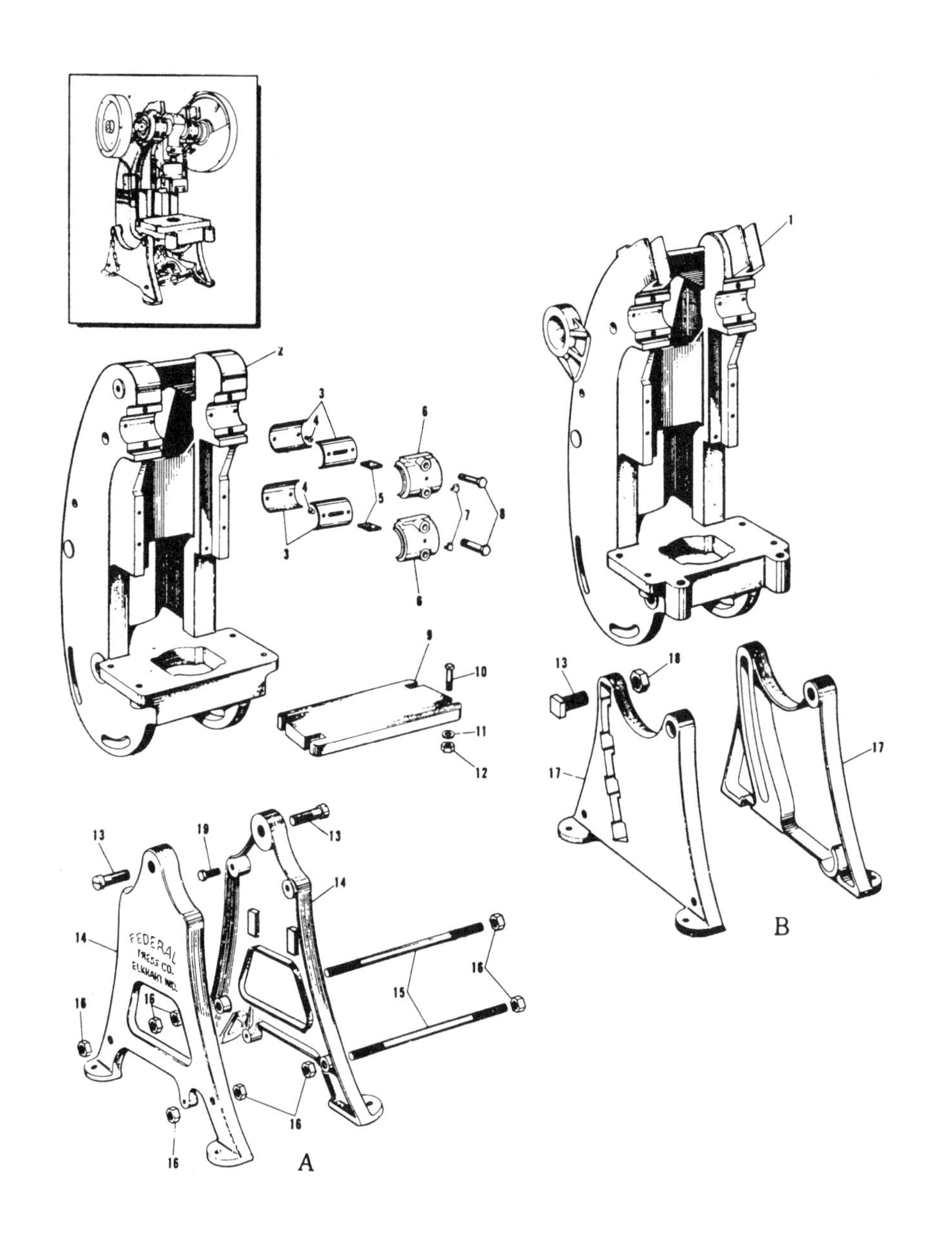

그림 1-43 프레임 분해도

①,② 프레임
③ 청동 부시
④ 부시 고정나사
⑤ 毛氈(felt) 받침
⑥ 베어링 캡
⑦ 베어링 캡 주유구 덮개
⑧ 베어링 캡나사
⑨ 받침판
⑩ 받침판 고정 보울트
⑪ 받침판 고정용 와셔
⑫ 받침판 고정 너트
⑬ 다리고정 보울트
⑭ 다리
⑮ 연접봉
⑯ 연접봉 너트
⑰ 다리
⑱ 다리고정 너트

(3) 램

그림 1-44에는 램에 조립되어 있는 모든 구조품을 보여준다. 램 ㉗은 프레스의 주역이며 金型設計에 큰 영향을 미치므로 그 구조를 잘 이해하는 것이 중요하다. 램은 V홈이 가공된 블록⑰과 ㉝에 의해 안내를 받으며 連動桿(pitman) ⑥과 연결된 크랭크에 의해 상하로 왕복운동을 하게 된다.

이들 블록 ⑰과 ㉝은 프레임에 고정되어 있다. 램 조절나사 ⑪은 끝이 球形으로 되어 있고 보올시트(ball seat) ⑬에 맞춰진다. 이 둘은 램속에서 렌치 ⑩으로 너트 ⑨를 조절하여 설치된다.

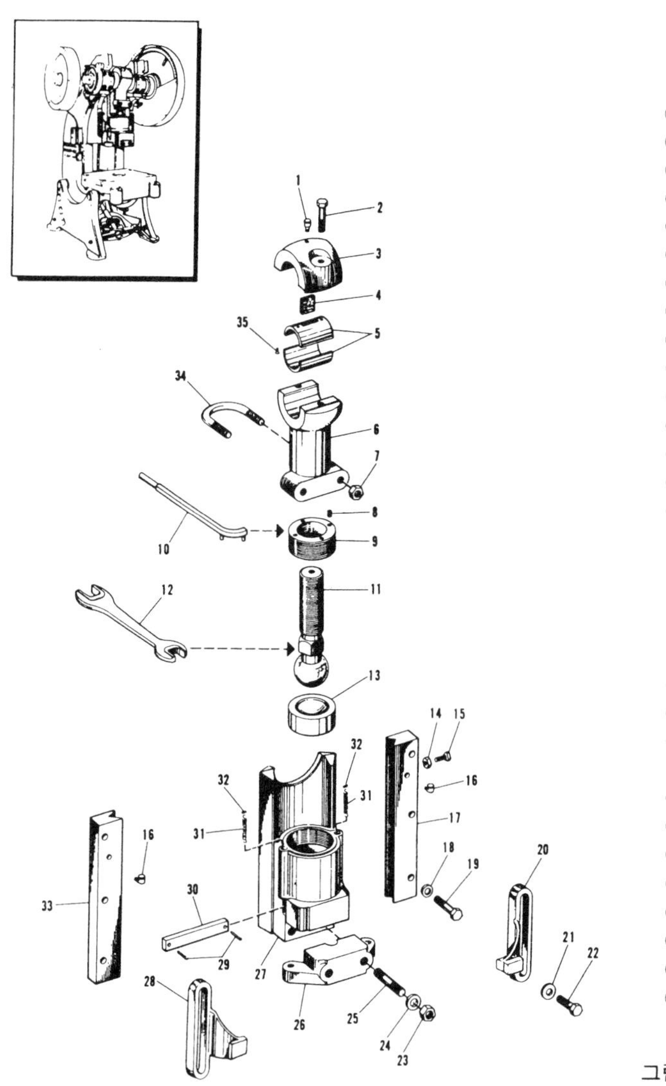

① 연동간 주유구덮개
② 연동간 캡나사
③ 연동간 캡
④ 펠트 받침
⑤ 청동 부시
⑥ 연동간
⑦ 클램프 너트
⑧ 세트스크류
⑨ 램보올 너트
⑩ 렌치
⑪ 램조절나사
⑫ 조절나사 렌치
⑬ 램보올 시트
⑭, ⑮ V블록 조립보울트 너트
⑯ V블록 주유구 컵
⑰, ㉝ V블록
⑱ 와셔
⑲ V블록 고정나사
⑳, ㉘ 녹아웃 브라켓
㉑ 와셔
㉒ 브라켓 나사
㉓ 램클램프 너트
㉔ 램클램프 와셔
㉕ 램클램프 보울트
㉖ 램클램프
㉗ 램
㉙ 녹아웃봉 클립
㉚ 녹아웃
㉛ 녹아웃봉 스프링
㉜ 녹아웃봉 스프링클립
㉞ 연동간 클램프
㉟ 연동간 부시 고정나사

그림 1-44 램의 분해도

램 조절나사 ⑪은 連動桿 밑의 나사구멍에 조립된다. 連動桿에는 홈이 있어서 클램프 ㉞와 너트 ⑦로 이것을 견고하게 고정한다. 램을 조절할 때는 너트 ⑦을 풀고 렌치 ⑫로 램 조절나사를 돌려 램을 올리거나 내린다. 클램프 ㉖은 다이세트의 생크를 고정시켜 금형의 상형을 상하로 왕복운동시킨다.

(4) 크랭크축

램의 연동간(pitman)과 연접되어 있는 크랭크축 ㉕의 축심은 램 행정거리의 ½정도 축의 다른 부분으로부터 편심되어 있다. 그 한쪽 끝에는 브레이크드럼 ㉖이 브레이크슈(brake shoe)㉚과 ㉟에 의해 구속된다. 제동작용은 클러치 핀 ㉑이 구동 플라이 휠 ㊺로부터 빠져나올 때 즉시 축을

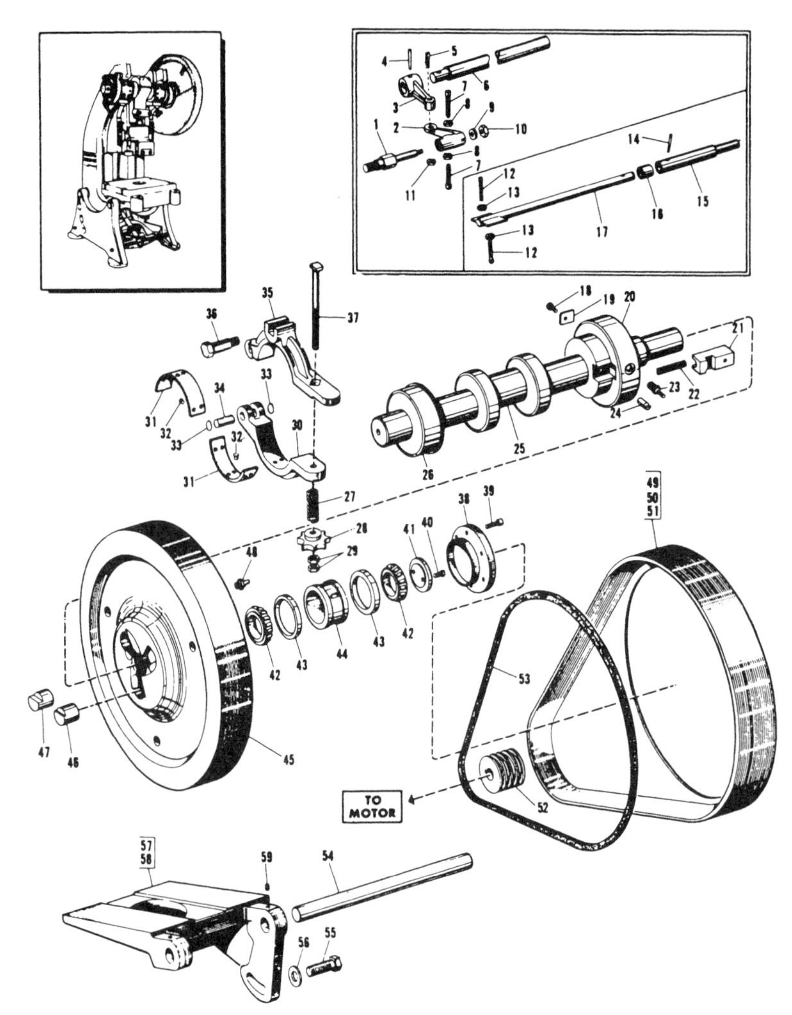

① 캠 스투드 보울트
② 캠
③ 캠 레버
④ 테이퍼 핀
⑤ 캠 레버 나사
⑥ 브레이크 해방축
⑦ 밴드 고정나사
⑧ 잼 너트
⑨ 와셔
⑩ 캠 스투드 너트
⑪ 캠 레버 너트
⑫ 밴드 고정나사
⑬ 잼 너트
⑭ 걸쇠 스투드 테이퍼핀
⑮ 걸쇠 스투드
⑯ 후레임 부시
⑰ 브레이크 해방축
⑱ 캠 나사
⑲ 캠
⑳ 크랭크 샤프트 링
㉑ 클러치 핀
㉒ 클러치핀 스프링
㉓ 클러치핀 안전스톱
㉔ 클러치핀 스프링 지지구
㉕ 크랭크 축
㉖ 브레이크 드럼
㉗ 브레이크 스프링
㉘ 장력 조정 손잡이
㉙ 잼 너트
㉚ 하부 브레이크 밴드
㉛ 브레이크 라이닝

그림 1-45 크랭크 축장치의 분해도

㉜ 라이닝 리벳
㉝ 힌지핀 고정용 멈춤링
㉞ 힌지 핀
㉟ 상부 브레이크 밴드
㊱ 상부 브레이크 나사
㊲ 밴드 조정나사
㊳ 허브 캡
㊴ 캡 나사
㊵ 크랭크축 받침판나사
㊶ 크랭크축 받침판
㊷ 베어링
㊸ 베어링 컵
㊹ 플라이휠 베어링 스페이서
㊺ 플라이휠
㊻ 플라이휠 받침핀
㊼ 플라이휠 구동핀
㊽ 고정핀
㊾ 기어 보호장치
㊿ 플라이휠 보호장치
51 풀리 보호장치
52 모우터 로우프 풀리
53 브이 벨트
54 모우터 브라켙 힌지핀
55 브라켙 조정나사
56 와셔
57, 58 모우터 브라켙
59 모우터 브라켙 고정나사

정지시킨다. 전동모우터가 브라켓 ⑰ 또는 ㊽위에 설치된다. 로우프 풀리(pully) ㊷는 모우터 주축에 키이로 끼워진다.

V벨트 ㊸을 통해 플라이 휠을 구동한다. 베어링의 위치, 브레이크의 구조, 클러치의 구성부 등을 자세히 연구해 볼 필요가 있다.

(5) 백기어장치

백기어식 프레스에서는 상당한 기계적 장점이 있고 램도 더 많은 힘을 내게 된다. 그림 1-46에서 플라이 휠 ㉖은 크랭크축을 직접적으로 구동시키는 것이 아니라 백기어축 ㉓에 끼워진다. 이 축의 한쪽 끝에는 기어 ⑤를 구동시키기 위한 피니온기어 ④가 설치된다. 모든 기어는 축과 키이로 조립되어 있다.

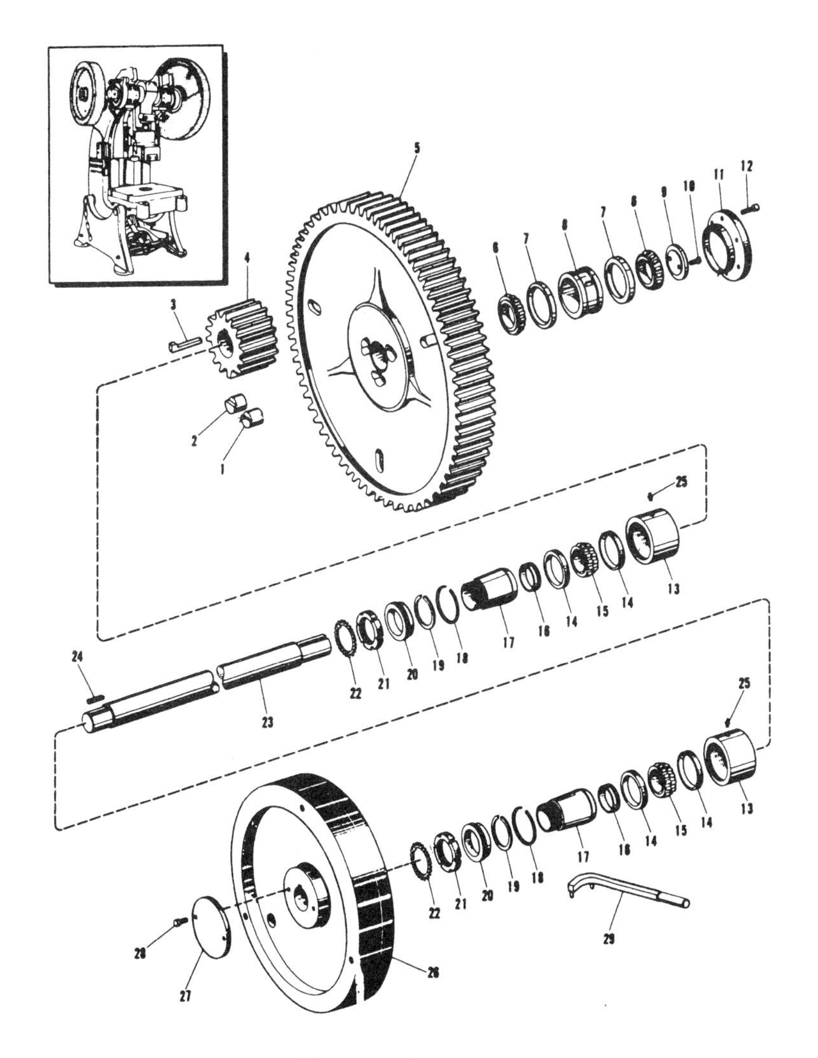

① 큰 기어 받침핀
② 큰 기어 구동핀
③ 백기어 피니온 키이
④ 백기어 피니온
⑤ 큰 기어
⑥ 베어링
⑦ 베어링 컵
⑧ 베어링 스페이서
⑨ 크랭크축 받침판
⑩ 크랭크축 받침판 나사
⑪ 큰기어 허브(hub)캡
⑫ 허브 캡나사
⑬ 하우징
⑭ 베어링컵
⑮ 베어링
⑯ 스페이서링
⑰ 아답타
⑱ 큰 피스톤 링
⑲ 작은 피스톤 링
⑳ 조절 너트
㉑ 아답타 너트
㉒ 잠금 와셔
㉓ 백기어 축
㉔ 키이
㉕ 고정핀
㉖ 풀리
㉗ 백기어축 받침판
㉘ 백기어축 받침판나사
㉙ 아답타 너트 스패너렌치

그림 1-46 백기어 장치

(6) 작동페달

작동페달은 프레스를 작동시키기 위해 클러치 핀을 끼웠다 뺐다 하는 링크기구이다. 작동페달 ㉝을 밟으면 연결봉 ㉒를 통하여 걸쇠(latch) ㉕, ㉖이 작동된다. 작업자가 밟고 있는 페달을 늦출 때 프레스는 페달을 눌렀다가 속히 놓아주면 된다. 그러면 클러치핀이 플라이 휠에 걸려 크랭크를 한 바퀴만 회전시키고 곧 빠져서 프레스는 멈춘다.

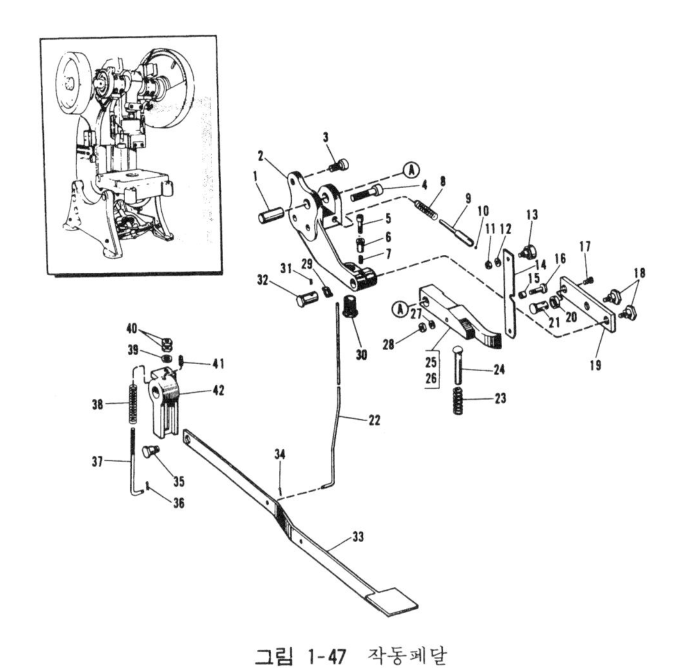

그림 1-47 작동페달

① 걸쇠 스투드 보울트
② 걸쇠 브라켙
③, ④ 걸쇠 브라켙 나사
⑤ 지레 고정나사
⑥ 걸쇠 작동봉 지레 고정구
⑦ 지레 잠금 스프링
⑧ 걸쇠 해방 레버 스프링
⑨ 해방레버 스프링 안내핀
⑩ 강구
⑪ 로울러 너트
⑫ 로울러 와셔
⑬ 해방레버용 로울러
⑭ 해방 레버
⑮ 걸쇠 로울러
⑯ 걸쇠 로울러 스투드 보울트
⑰ 연결봉 고정용 회전나사
⑱ 걸쇠연결판 스투드 보울트
⑲ 걸쇠 연결판
⑳ (연결봉 회전) 스페이서
㉑ 연결봉용 회전핀
㉒ 연결봉
㉓ 걸쇠 스프링
㉔ 걸쇠 스프링 안내핀
㉕, ㉖ 걸쇠
㉗ 와셔
㉘ 너트
㉙ 걸쇠스프링안내부시 잠금쇠
㉚ 걸쇠 스프링 안내부시
㉛ 지레 고정나사
㉜ 걸쇠 연결판 지레
㉝ 페달
㉞ 연결봉 지지핀
㉟ 페달지지 나사
㊱ 페달 스프링 안내핀 지지핀
㊲ 페달 스프링 안내핀
㊳ 페달 스프링
㊴ 와셔
㊵ 잼 너트
㊶ 페달 지지구 고정나사
㊷ 페달 지지구

(7) 경사 조절기구

경사조절기구는 일정한 각도로 프레임을 경사시키는데 사용된다. 이것은 상형에 설치된 녹아웃이 다이와 일직선이 되었을 때 적용될 수 있다. 떨어진 블랭크는 프레스 뒷쪽으로 미끄러 떨어진다. 그림 1-48에서 주물 브라켓 ①이 나사 ②와 물려 있고 이것이 기어 ③에 나사로 체결되어 있다. 경사 레버 ④는 피니온 기어 ⑦의 노치 중 하나에 맞물려 그것을 돌린다. 그러면 이것이 기어 ③을 회전시켜 나사 ②를 움직이게 한다. 프레임은 피니온 기어 ⑦이 경사레버 ④로 돌려지는 방향에 따라 올라가거나 내려간다.

다른 형식은 그림의 오른쪽 구석에 있는 바와 같이 워엄기어 ⑪이 워엄축 ⑨로 돌려져서 프레임을 기울게 한다. 대형 프레스는 유압장치를 적용하여 경사시키는 것이 좋을 것이다.

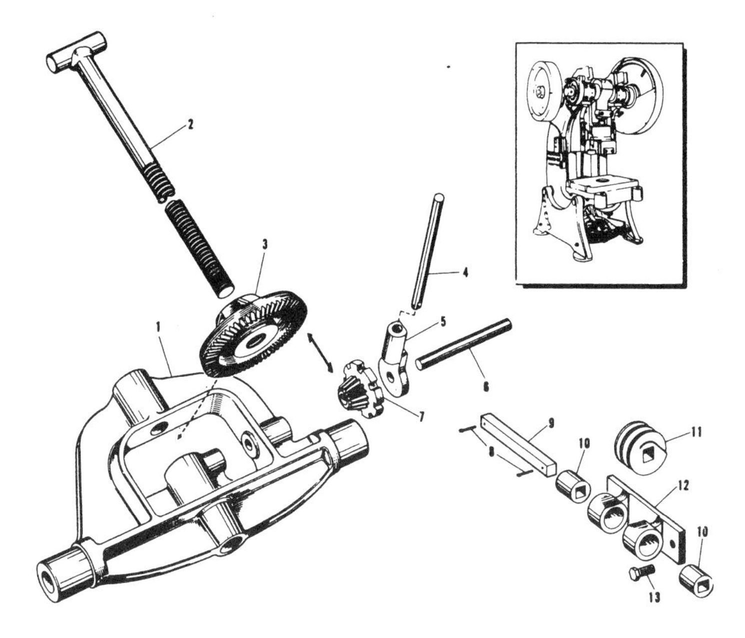

① 브라켙
② 경사 나사
③ 기어 너트
④ 경사 레버
⑤ 레버 브라켙
⑥ 피니온 축
⑦ 경사 피니온
⑧ 워엄축 클립
⑨ 워엄축
⑩ 워엄축 부시
⑪ 워엄
⑫ 경사 브라켙
⑬ 브라켙 나사

그림 1-48 경사조절기구

(8) 다이얼 프레스 (dial press)

그림 1-49과 같은 C형 프레임 프레스는 그것이 공작물을 장착 및 장탈하는 데 안전도를 높이기 위해 특별히 다이얼 또는 터릿(turret)이 설치되어 있다.

다이얼 프레스는 피어싱가공, 굽힘, 성형, 조립 등과 같은 2차작업에서 주로 이용된다. 부품은 프레스 전면에서 장착되고 다이얼에 의해 램의 밑으로 회전된다. 따라서 작업자의 손이 램 밑으로 들어갈 필요가 없게 된다. 다이얼 프레스에는 이젝터(ejector) 또는 추출장치가 있어서 부품을 다이얼로부터 자동적으로 들어낸다.

(9) 유압 프레스

유압프레스는 그 작용이 기계식 프레스와는 다른 특성을 갖는다. 작동에 있어서 램이 공작물까지 신속하게 운동하고 조절된 시간동안 멈추었다가 신속히 귀환한다. 사전에 조정해 놓으면 공작물과 접촉하는 순간 예정된 가압력이 발생한다. 이 가압력이 미치면 그 순간 램이 후퇴한다. 이러한 특징은 특히 두께가 다른 공작물의 조립작업에 아주 유리하다. 유압프레스의 특징을 들어보면

① 행정 전체에 걸쳐 최대의 힘을 이용할 수 있다.
② 행정의 모든 작동부분에 작용순간의 힘을 정확하게 사전 조정할 수 있다.
③ 작업조건에 따라 진행속도를 조절할 수 있다.
④ 작업조건에 따라 행정거리를 조절할 수 있다.

유압프레스는 조립, 브로우칭, 냉간성형 등의 작업에 사용하면 이점이 많다. 대형의 유압프레스가 성형 및 드로오잉 공장에서 많이 사용되는 것을 볼 수 있다.

그림 1-50는 일종의 C형 프레임 유압프레스의 구조를 보여주고 있다. 아래쪽에 유체 용기가 있고 윗쪽에 있는 모우터는 펌프를 돌려 유체를 피스톤으로 보낸다. 이 피스톤이 바로 프레스의 램

인 것이다. 유체가 피스톤 실린더의 윗쪽으로 보내지면 램은 내려가고 아래쪽으로 공급되면 램이 올라간다. 유압밸브는 그 방향과 압력을 조절한다.

그림 1-49 다이얼 프레스

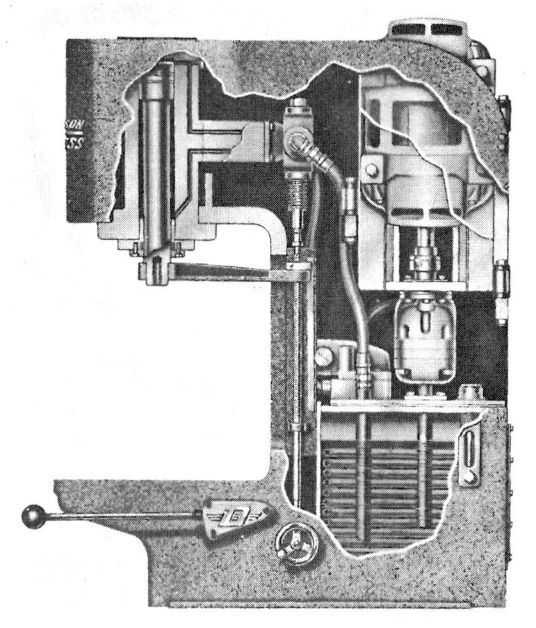

그림 1-50 유압프레스의 단면도

(10) 공기압 프레스

압축공기로 작동되는 프레스는 소형부품의 리베팅 절단 등의 작업에 이용된다. 단동형으로 충격작업과도 이용되고 복동형으로는 누르기와 밀기로 이용할 수 있다. 실린더와 램의 속도조절은 공기조절밸브의 사용으로 가능하다. 그림 1-51은 공기프레스를 보여 준다.

(11) 전기 프레스

소형부품이나 조립작업에 이용되는 프레스로 전기프레스가 있다. 펀치는 전자석 충격 햄머이며, 솔레노이드(solenoid)와 플런저(plunger)로 구성되어 단일 브라켓에 설치되어 있다. 전원 스위치를 넣으면 전기가 솔레노이드를 작용시켜 플런저가 금형을 잡고 있는 램에 충격을 준다. 스위치를

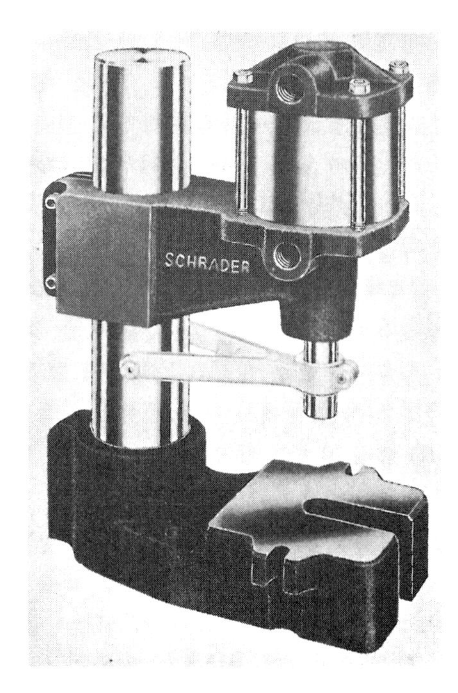

그림 1-51 공기압 프레스

내리면 스프링작동에 의해 플런저가 신속히 후퇴하고 다음 작업준비가 된다. 자동 릴레이(relay)를 작동시켜 펀치의 반복작업을 가능하게 하면 리베팅, 스웨이징, 피이닝(peening)과 같은 신속한 반복동작을 요하는 곳에 유리하게 이용할 수 있다. 그림 1-52은 일종의 전기프레스를 보여준다.

3-3 直柱型 프레스

직주형 프레스는 밑판에 수직으로 된 두 기둥과 상부에 크라운(crown)이라는 부분으로 구성된다. 이런 구조는 변형없이 큰 작동하중에도 견딜 수 있는 용량을 가질 수 있다. 직주형 프레스는 타발, 트리밍, 굽힘, 성형, 드로오잉 및 대형 금형으로 중량물의 작업을 하는 모든 프레스 작업에 이용된다. 재료는 앞에서 뒤로 송급한다. 이것도 C형 프레임 프레스와 같이 플라이 휠식과 변환 기어식이 있다. 그림 1-53는 직주형 프레스를 보여준다.

직주형 프레스에서도 다이얼식 송급장치를 할 수 있고 유압으로 작동될 수 있다.

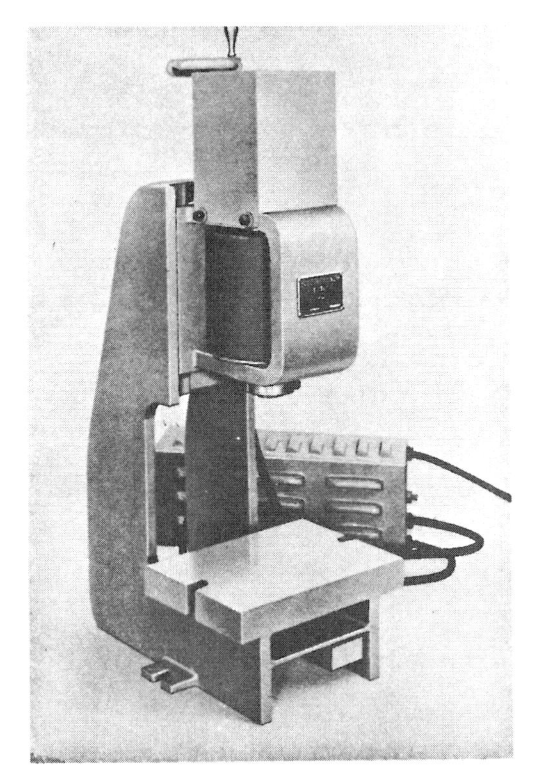

그림 1-52 전기 프레스

그림 1-53 직주형 프레스

3-4 四柱型 프레스

4주형 프레스는 밑판에 4개의 기둥이 서 있고 그 위에 크라운을 받치고 있다. 기둥으로 되어 있기 때문에 작업면적이 넓고 작업하기에 편리하다. 4주형 프레스는 그림 1-54와 같이 중형의 고속작업용으로부터 최대의 프레스 제품을 성형 또는 드로오잉하는 대형의 것까지 그 용량과 형식이

다양하다.

그림 1-54는 기계식 4주 프레스이며, 띠강판이 자동으로 金型을 통과하도록 롤 송급장치(roll feed)를 부착하고 있다.

띠강은 좌우방향으로 또는, 전후방향으로 4주 프레스를 지나갈 수 있다. 대부분의 4주 프레스는 유압으로 작동된다.

그림 1-55는 거대한 4주 프레스로 대형 항공기, 미사일 부품 등의 성형 및 드로오잉 또는 대형 프레스 제품 생산에 이용된다.

그림 1-54 사주형 프레스의 예

그림 1-55 대형 사주 프레스

3-5 下部作動 프레스

하부작동 프레스는 작동장치가 램의 상부에 있지 않고 받침판(bolster plate) 밑에 위치하고 있다. 상부의 장치는 단순히 하나의 판이며 지주에 의해 상하 왕복운동을 한다. 그림 1-56는 双柱式 하부작동 프레스를 보여준다.

그림 1-57은 4주식 하부작동 프레스를 보여준다.

3-6 超高速 프레스

이런 종류의 프레스는 소형 프레스제품의 양산용으로 띠강판이 계속해서 金型속으로 송급될 수 있는 장치를 갖고 있어야 한다. 띠강판이 계속해서 송급되는 동안 펀치와 다이는 고속 반복운동으

그림 1-56 쌍주식 하부작동 프레스

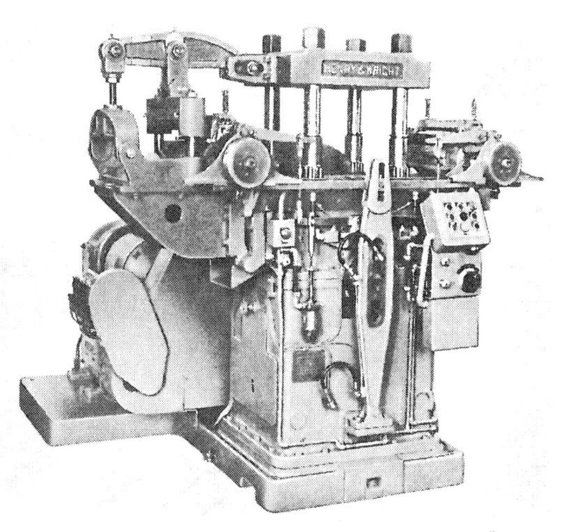

그림 1-57 사주식 하부작동 프레스

로 블랭크를 떼어낸다. 그림 1-58은 일종의 고속프레스로 분당 600행정을 왕복운동하도록 설계되어 있다.

3-7 프레스 부속장치

(1) 다이 쿠션(die cushion)

다이쿠션은 프레스의 밑으로부터 추력을 가하는데 사용된다. 금형설계자가 그 구조와 작용을 잘 알아야 할 필요가 있는데 그것은 다이쿠션으로 작동되는 녹아웃이 설치된 금형이 많이 있기 때문이다. 쿠션은 그림 1-59에서와 같이 커다란 실린더와 플런저 및 4개의 연접봉으로 구성되어 있다. 이것은 콤프레샤(compressor)에 의해 압축공기를 공급받는다.

그림 1-58 초고속 프레스

그림 1-59 받침판 밑에 설치된 다이쿠션

(2) 자동송급장치

떠강판을 자동으로 송급하는 방법은 여러가지가 있다. 그림 1-60은 기어로 작동되는 대표적인 롤 송급기의 작용을 보여준다.

래크B는 크랭크 축 위의 드라이빙 원판(driving disc)으로 작동된다. 그것이 아래로 움직이면 피니온X를 돌리고 이것이 슬리이브를 통해 드럼D를 돌린다. 여기서 드럼D, 피니온X 및 연결 슬리이브는 일체로 연결되어 있다.

래크가 아래쪽으로 내려가는 동안 축C는 돌아가지 않는다. 이것은 로울러Y가 돌아가기 때문이다. 래크가 위로 올라가면 드럼D와 블록Z 사이에 로울러Y가 쐐기 역할을 하여 축C를 움직이게 되어 소재가 이송된다.

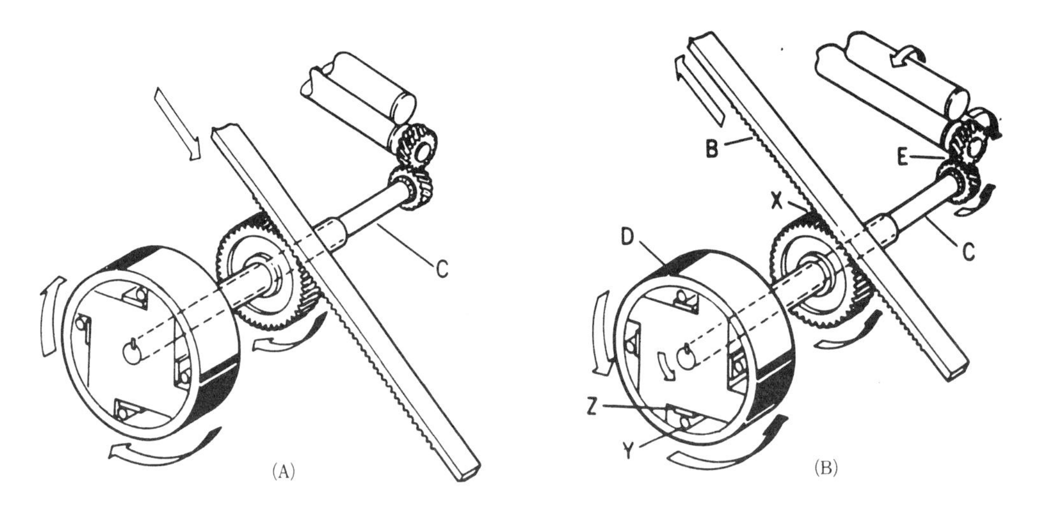

그림 1-60 소재를 롤송급하는 장치

그림 1-61은 롤 송급기에 의해 떠강판이 송급되는 것을 보여준다.

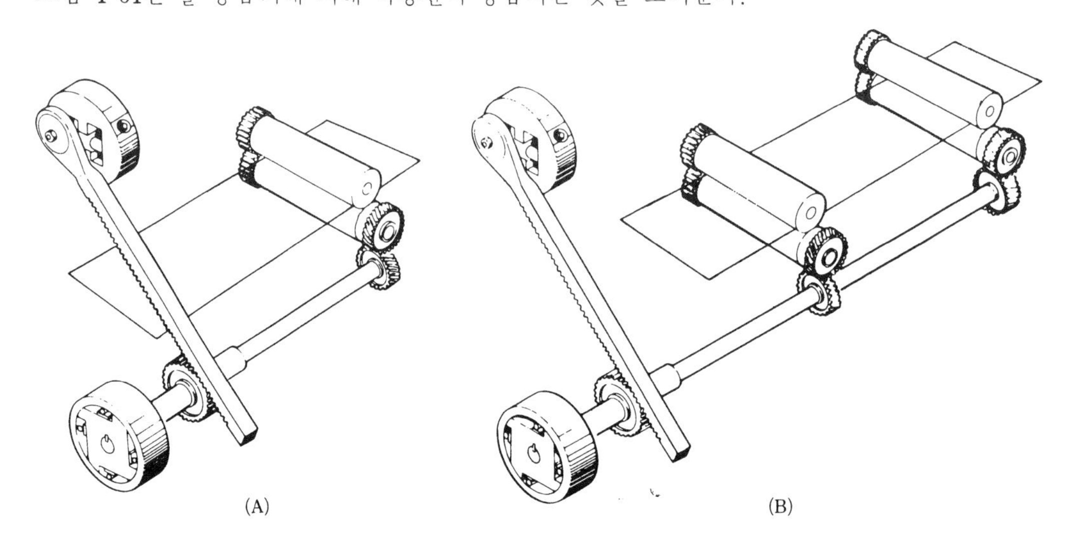

그림 1-61 2중 롤 송급기의 구동

(3) **스톡 릴** (stock reel)

대형 코일로부터 띠강을 金型으로 送給할 때는 코일을 스톡 릴에 걸고 띠강판을 프레스로 송급한다.

그림 1-62는 모우터 구동의 스톡 릴을 보여주는 것으로 그 속에 코일이 물려 있다. 띠강 앞쪽으로 보이는 아암은 스위치를 동작시켜 모우터를 시동 및 정지시킨다.

띠강판이 과도하게 공급되면 아암이 내려가 스위치를 작동하여 모우터의 구동을 정지한다. 이렇게 해서 롤 송급기는 재료를 무거운 코일로부터 직접 당겨 쓰는 것이 아니라 루우프로부터 끌어쓰게 된다.

띠강판이 평탄하지 못하거나 코일의 제일 속에 감겨있는 띠강은 정판기를 사용하여 평탄하게 하여야 한다.

프레스에 자동송급장치, 정판기, 스톡 릴을 설치하면 완전 자동프레스가 될 것이다. 그림 1-63은 정판기 (straightener)를 보여준다.

그림 1-62 모우터 구동식 스톡 릴

그림 1-63 정판기

第4章 工程計劃

어떠한 부품에 대한 가장 유익한 제조방법을 선정하여 제품의 품질 및 치수정도를 높이고 가장 저렴한 생산비로 가공할 수 있는 방법을 연구하는 것이 공정을 계획하는 사람이 할 일이다.

주어진 제품을 가공하기 위하여 원자재, 장비 및 가장 효율적인 공정의 선택을 위해서는 공작법에 관한 다양한 지식이 필요하다. 우선 제품의 요구되는 정도, 생산량, 사용장비에 대한 기술적인 사항 등이다.

이 章에서는 제품생산에 따른 제반 제조공정전개법과 공정이 전개되었을 때 공구 및 금형 등을 주문 및 청구하는 방법을 다루기로 한다.

4-1 生產体制

(1) 생산의 3요소

어떠한 제품을 만들기 위해서는 첫째로 물질이 필요할 것이다. 물질은 다시 그 제품을 만드는데 직접적으로 사용되는 원자재와 간접적으로 소비되는 부자재로 나뉘어 질 것이다. 경우에 따라서는 원자재 그대로의 상태가 바로 제품이 되는 경우도 있으나 흔치 않은 일이다.

둘째로 필요한 것은 시설 및 장비가 될 것이다. 이것은 공장의 각종 부대시설이라든가, 가공용 기계 및 공구 등이 여기에 속할 것이다.

끝으로 인력이 있어야 제품이 생산될 것이다. 최근에 자동화 및 공업용 로보트의 출현으로 작업자가 없이 가공되는 제품이 있기는 하지만 인력이 없이는 제품이 생산될 수가 없다.

인력은 업무면에서 크게 분류하여 보면 과학자, 기술자, 기술공, 조작공 등으로 나눌 수 있을 것이다. 과학자들에 의해 새로운 학문이 연구를 통하여 발표되면 기술자는 이들 연구결과를 공업적인 차원에서 산업에 적응시키고 기술공은 보다 세분된 분야에 대한 기술축적으로 문제점 해결 및 작업상태를 관리한다.

조작공은 장비조작으로 모든 제품을 실제로 제작하게 된다. 작업을 자동으로 할 경우에는 조작공에 대한 인력감소가 가장 클 것이다.

(2) 생산활동의 8단계

그림 1-64는 생산활동이 이루어지는 싸이클(cycle)을 나타내고 있다.

시장조사단계는 발명품에 대한 착상이라든가 장래에 유망하다고 인정되는 제품에 대한 생각 또는 소비자들의 의견수집 등을 말하며 제품설계단계는 시장조사단계를 통하여 제작하고자 하는 제품의 구체적인 치수, 형상, 중량, 색상 등을 결정하는 단계이다.

공정설계단계는 위에서 제품에 대한 구체적인 사항이 정하여졌으므로 그 제작순서의 결정, 장비 및 공구의 선정 및 설계요구 원자재의 선정, 재료 및 장비의 구매 요구, 특수공정의 설정, 제품생

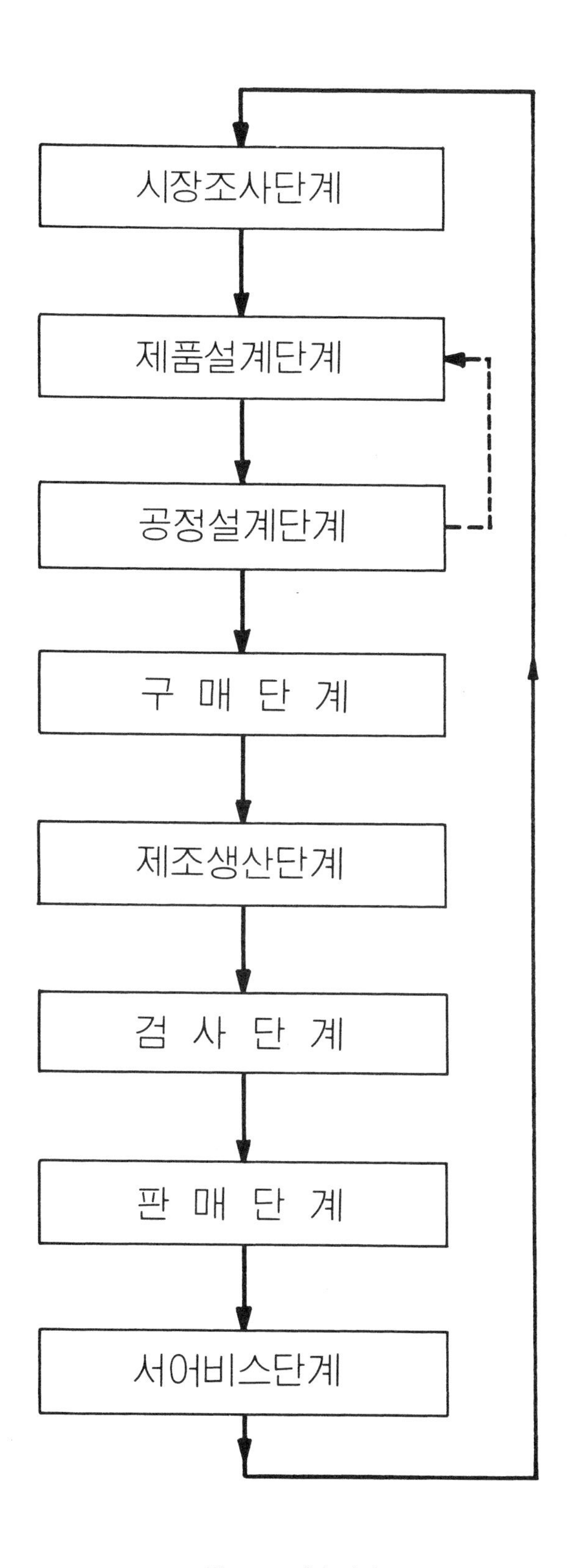

그림 1-64 생산 사이클

산을 위한 생산분석 및 제조비를 절감할 수 있도록 제품설계변경의뢰를 하여 가장 최선의 작업순서를 결정한다.

구매단계에서는 공정설계에서 나타난 각 공정작업에 필요한 재료, 장비 및 공구 등을 구매하여 제조단계로 넘겨주어야 한다.

제조단계에서는 공정설계단계에서 작성된 공정작업도 또는 생산계획서에 의거 기존장비와 구매된 자재를 가지고 제품생산을 하게 된다. 제작된 제품은 그 치수, 형상들이 제품도면과 같은가, 공차내에 있는가를 검사하여 합격된 제품은 포장하여 시장으로 팔려나간다. 일단 판매된 제품은 서어비스를 강화하여 소비자로 하여금 신뢰도를 높여야 하며 발견되는 결함은 제품설계에 반영하여야 할 것이다.

(3) 공정설계

앞서 거듭 언급되었거니와 공정설계는 제품을 생산하기 위한 제반공정을 설계하는 것이다. 공정설계는 7가지 단계로 나누어 생각할 수 있다.

① **기술제원 분석단계**: 첫째, 제품사양에 대한 분석으로 제품도면, QC 및 QA 지침서, 관련규격서, 기술제원 변경사항 및 기타 참고로 할 수 있는 사항들을 분석하며, 둘째, 생산계획에 대한 분석으로 연간 생산량, 생산납기 등을 고려한다.

② **공정분류 및 공정전개단계**: 제품에 관한 일반적인 제원이 분석되었으므로 우선 원자재는 어떤 것을 쓸 것인가, 즉 원자재의 치수, 표면상태 및 열처리조건 등을, 제품의 기능, 제조원가, 기계가공성 및 최초공정에 사용될 장비의 특성을 고려하여 가장 경제적인 재료를 선택하여야 할 것이다.

두번째로 장비의 능력은 그 제품가공에 적당한 정밀도를 보장할 수 있는가, 일일생산 능력은 얼마나 되는가, 유휴장비가 있는가 없는가, 기존장비를 개조하거나 특수 장치를 사용하면 그 제품을 가공할 수 있는가 또한 나아가서 작업자의 능력 및 기술수준은 어떤가 하는 것들을 검토해 보아야 할 것이다.

세번째로 공구는 어떤 것을 쓸 것인가? 제품에 따라서는 그것을 주물로 생산해야 하는 것도 있을 것이고, 절삭가공 또는 성형가공에 의한 것도 있을 것이다.

가공방법이 다르면 그 제품을 가공하기 위한 장비나 공구도 다를 것이다. 주물품인 경우엔 주형 및 목형이, 기계절삭 가공의 경우엔 절삭공구나 치공구가, 성형가공엔 금형이 각각 사용될 것이다.

마지막으로 공정순서를 결정해야 하는데 치수 관리를 적절히 하여 공차의 누적을 방지해야겠으며, 순서가 이미 정해져 있는 즉, 기계가공을 한 후에 경화처리를 한다든가, 드릴링 작업 후에 리이밍을 하는 등의 순서는 필연적인 것이므로 관례대로 따르면 될 것이다. 또한 공정간에 열처리작업은 언제쯤 할 것인가 표면처리는 어떻게 할 것인가를 생각하여야 할 것이다.

③ **제조공정도 작성단계 :** 제조공정도는 공정총괄표와 공정작업도로 나누어진다. 공정 총괄표에는 공정번호, 장비번호, 장비명 및 작업내용에 대한 간단한 설명, 작업을 하는 직장명 또는 직장번호, 수정 또는 변경사항 및 날짜, 부품 명칭 및 부품번호가 기재된다.

공정작업도에는 공정번호, 부품번호, 제조직장, 부품명, 도면번호, 공정설명, 장비번호 및 장비명, 공작물 부품도, 간단한 공구 배치도, 공구번호 및 공구명, 절삭유, 수정사항, 주요운영물자, 설계기사의 서명 등이 기재된다. 이들 공정총괄표와 공정작업도는 제조, 구매, 공구설계, 품질관리 부서에 넘겨져 필요한 조치를 취하게 된다.

④ **공구선정 및 공구설계단계 :** 그 공정에 필요한 공구의 치수, 형상 등을 분석하여 구매 또는 설계할 것인가를 결정해야 한다. 표준규격공구 또는 유명 메이커의 전용공구는 설계제작하는 것보다 구매하는 쪽이 대부분 경제적이다. 공구설계는 주로 특수 목적용 공구로 금형, 치공구, 게이지 등을 말하며 공정설계기사는 생산량 위치 결정장치, 고정 및 지지장치 등의 위치를 표시해 주면 공구설계기사에 의해 형태와 크기 등이 결정된다.

⑤ **공구제작 및 시운전단계 :** 공구설계기사에 의해 설계된 공구도면은 공구제작실로 보내진다. 제작된 공구는 공구 검사실에서 설계도면의 치수와 대조한 후 시운전을 거쳐 공구관리실로 보내게 된다. 공구 관리실은 그 공장내에서 사용되는 모든 공구를 중앙관리하게 된다.

⑥ **시험생산단계 :** 모든 작업을 시작하기 전에 생산라인 전부를 점검하지 않으면 불량품이 계속 생산될지도 모른다. 시제품을 생산하여 시험 분석하여 결함이 없을 때 모든 작업을 시작할 수 있는 것이다.

⑦ **기술제원화단계 :** 제품사양으로부터 시험생산에 이르는 모든 사항에 결함이 없으므로 앞으로 유사제품 생산에 있어서 공정을 전개하는데 이들 사항들은 모두 참고자료가 될 것이다.

이상과 같이 제품이 생산되기까지의 여러가지 사항들을 다루어 보았는데 간단하게 그림으로 나타내면 그림 1-65와 같다.

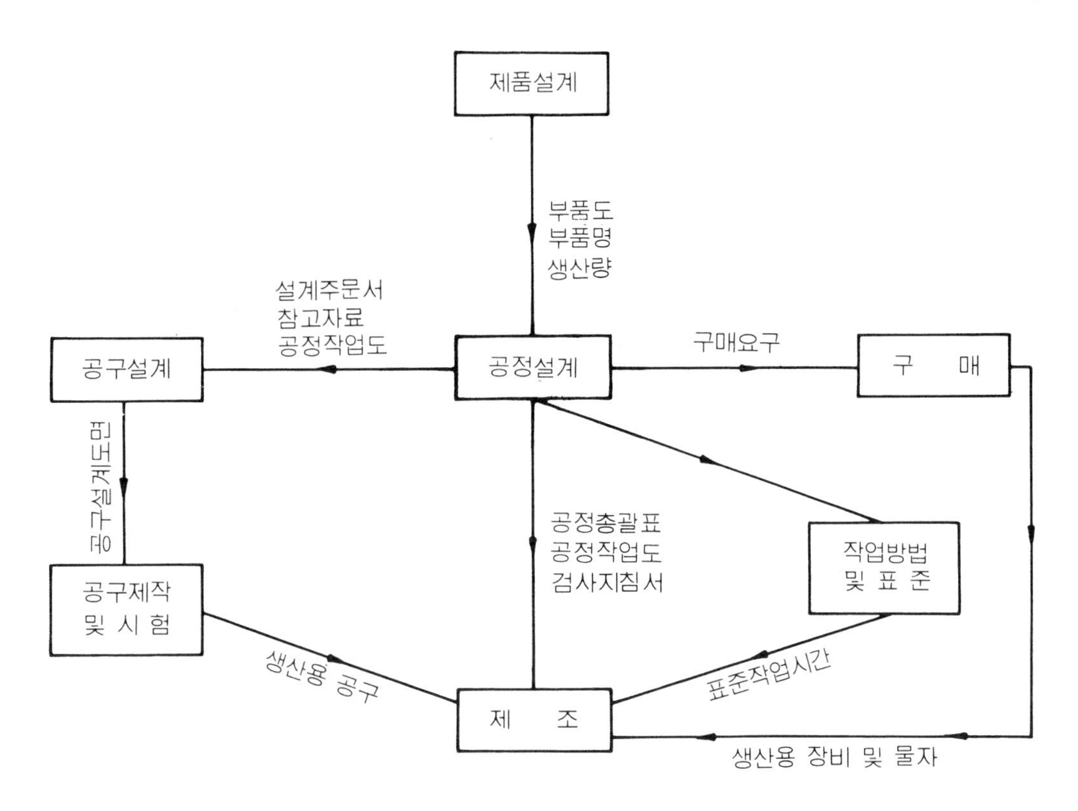

그림 1-65 제품생산 체제

4-2 金型 製作

이제는 금형의 설계와 제작 및 검사과정에 대하여 알아보기로 한다. 그러면 프레스가공공장, 금형제작실, 생산공장 등의 운영실태를 파악할 수 있어 금형과 생산공정에 대한 이해를 도울 것이다.

(1) 제품도면

먼저 생산하게 될 제품을 알아본다. 생산과에서 제품설계를 할 때는 기능, 고객의 취향, 경제성, 신뢰성 및 인간 공학적인 요소 등을 고려하여 제품을 개발 또는 개량해 나갈 것이다. 새로운 제품에 대한 설계 및 생산량 등이 결정되면 공정계획부에서는 제조공정을 계획하여 무엇이 필요한가를 결정한다. 그리고 공구설계부에 요청하여 그 부품생산에 필요한 모든 치공구, 금형 등의 특수 공구설계를 진행시킨다.

그림 1-66은 일종의 제품도면을 보여준다.

(2) 공정의 전개

공정작업표는 작업순서에 따라 번호를 부여하는데——5, 10, 15,…… 또는 10, 20, 30,……등 5나 10의 배수로——이것은 공정설계기사가 공정설계를 끝낸 후에 새로 추가할 공정 또는 제품의 설계변경으로 인한 변경 사항을 추가할 수 있게 하기 위한 것이다.

공정작업표는 앞서 설명된 공정작업도에 포함되는 사항이 적용된다.

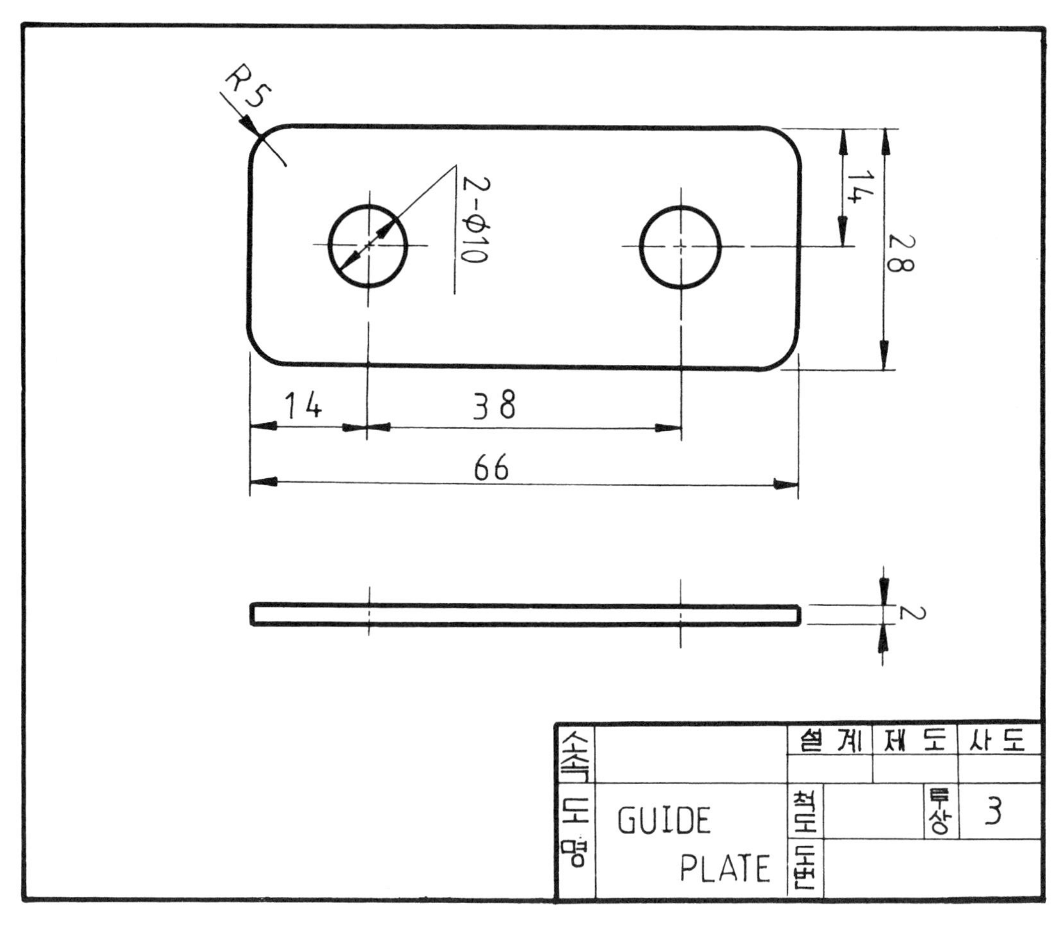

그림 1-66 부 품 도

표 1-17은 그림 1-66에서 나온 부품을 가공하기 위한 공정작업표를 보여준다. 이미 그림 1-65에서 공정작업표 또는 공정작업도를 배포해야 할 부서들에 대한 설명이 되었으므로 다시 논하지 않기로 한다. 프레스제품 가공공정은 일반 기계 가공공정보다는 공정수나 제품의 정밀도로 보아 공정전개에 커다란 어려움은 없을 것으로 본다.

표 1-17 공정작업표

No. 79－01	공 정 작 업 표					
공정번호	작 업 명	사 용 장 비	장비번호	공 구 명	공구번호	비 고
10	원자재 절단	통일전단기	37			
20	피어싱 및 타발가공	연방프레스 A형	442	피어싱 및 타발형	T-3073	
30	텀 블 링	동양텀블링 바렐기	337			
40	운반 및 저장	트 럭				
부품명 GUIDE PLATE		부품번호 10568		재질 SPH 1		
수 량 500,000		일 자 79.12.8				
설 계		검 토				

프레스작업을 쉽게 공정전개하는 또다른 방법은 공정작업도를 적용하는 것이다. 그림 1-67은 공정작업도 밑의 제품을 가공하기 위한 공정작업도로서 금형의 형식, 가공상태 등을 이해하는데 더욱 도움을 줄 것이다. 이 공정작업도에 쓰이는 프레스 금형의 분류 기호를 표 1-18에 나타낸다.

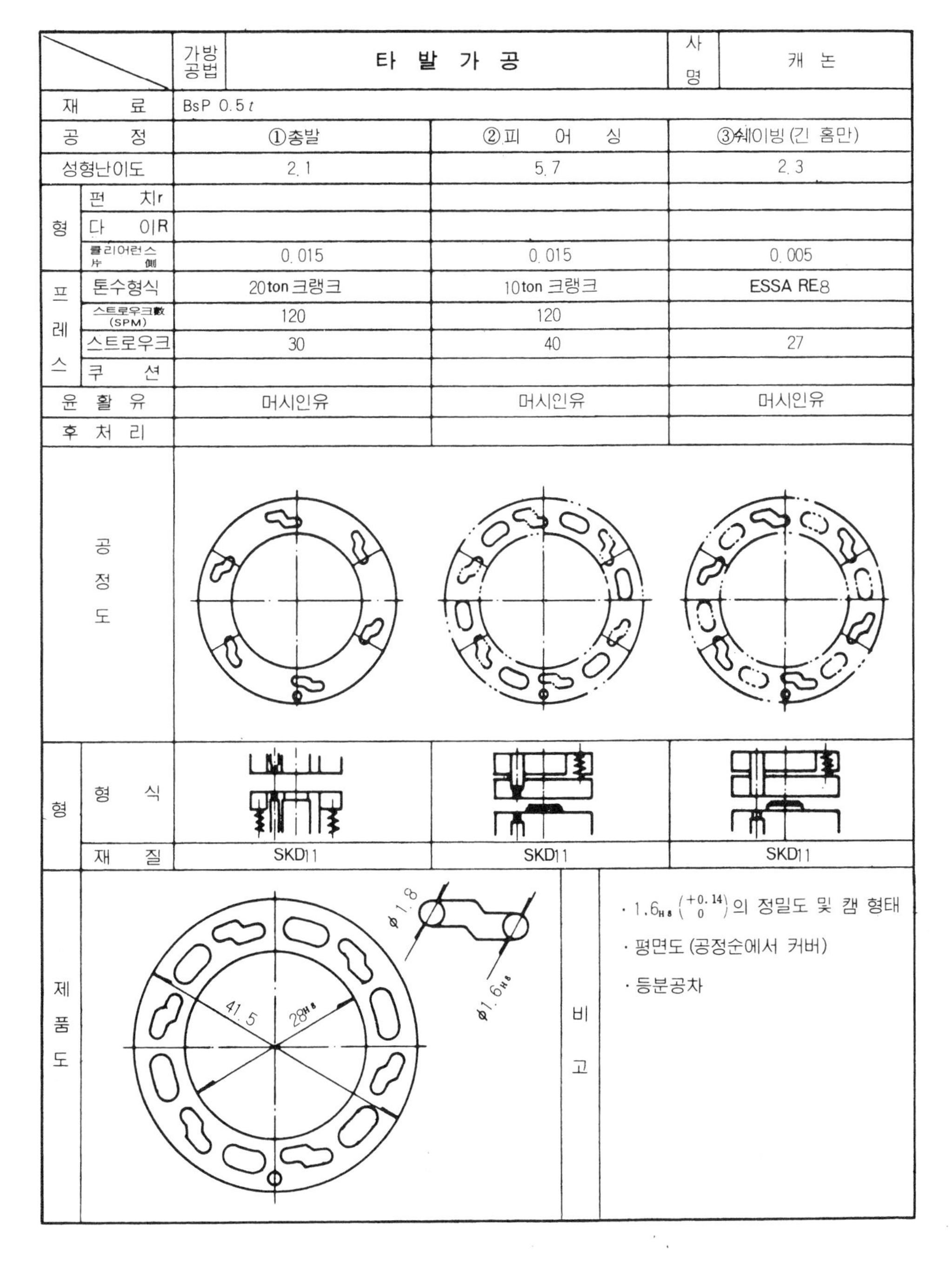

		가공방법	타 발 가 공		사명	캐 논
재료		BsP 0.5t				
공정		①총발		②피 어 싱	③쉐이빙(긴 홈만)	
성형난이도		2.1		5.7	2.3	
형	편 치r					
	다 이R					
	클리어런스 片 側	0.015		0.015	0.005	
프레스	톤수형식	20ton 크랭크		10ton 크랭크	ESSA RE8	
	스트로우크數 (SPM)	120		120		
	스트로우크	30		40	27	
	쿠 션					
윤활유		머시인유		머시인유	머시인유	
후처리						
공정도						
형	형 식					
	재 질	SKD11		SKD11	SKD11	
제품도				비고	· $1.6_{H8}\left(^{+0.14}_{0}\right)$의 정밀도 및 캠 형태 · 평면도 (공정순에서 커버) · 등분공차	

그림 1-67 프레스가공 공정작업도

표 1-18 프레스 금형의 분류기호

금형의 명칭		기 호	금형의 명칭		기 호
딩킹 다이			성형형		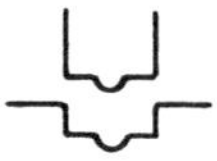
단일 다이			플래트닝 다이		
스트리퍼 가이드 타발형			플런저 펀치		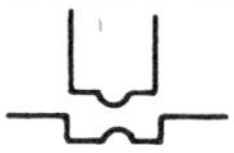
스트리퍼 가이드 순차이송형		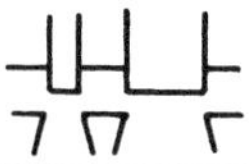	드로오잉형	블랭크 홀더 달림	
가이드 바아달린 타발형		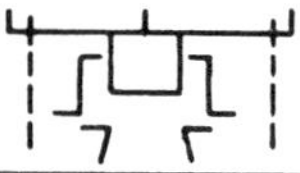	드로오잉형	보텀 슬라이드 프레스용	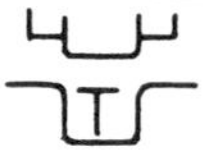
가이드 바아달린 순차이송형		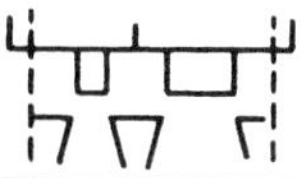	드로오잉형	역펀치식 단동 프레스용	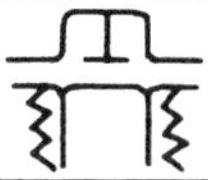
가이드 바아달린 복합형		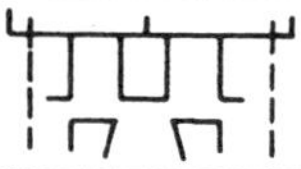	블랭크 앤드 컵형	복동 프레스용	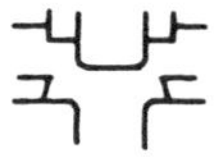
굽힘형	단일형	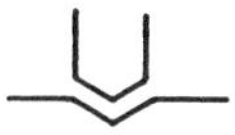	블랭크 앤드 컵형		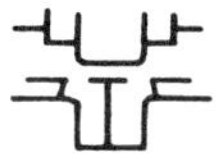
굽힘형	녹아웃 달린 단일형	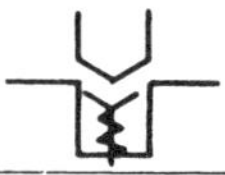	블랭크 앤드 컵형	역펀치식 단동 프레스용	
굽힘형	하형 가동식	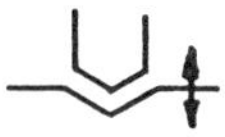	드로오잉 뽑기 단동, 복동 프레스용		
굽힘형	녹아웃 달린 하형 가동식	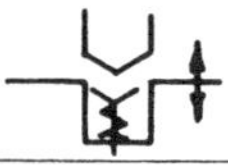	블랭크 앤드 컵 뽑기 복동 프레스용		
굽힘형	캠식	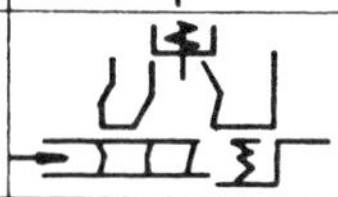	블랭크 드로오 벤딩, 단동 프레스용 블랭킹		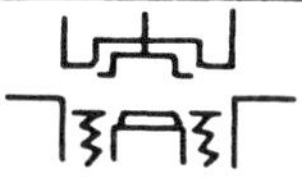
커얼링형	단일	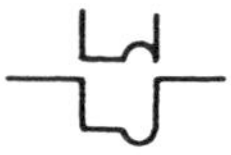	블랭킹 벤딩, 단동 프레스용		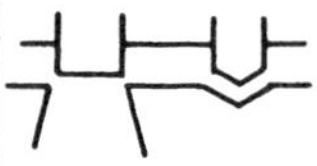
커얼링형	녹아웃 달림		드로오 벤딩 단동, 복동 프레스용		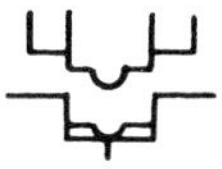
커얼링형	캠식	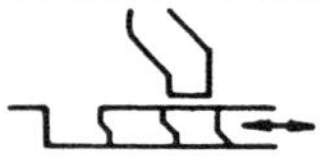			

(3) 설계 주문서

설계 주문서는 실제 설계업무를 정식으로 주문하는 서류이다. 필요한 금형의 숫자만큼 작성되며 설명은 공정작업표 또는 공정작업도에서 보충된다.

표 1-19는 설계주문서의 일례를 나타낸다.

표 1-19 설계 주문서

설 계 주 문 서

번호 : 79-01　　일자 : 79. 12. 8.

요구부서 : 금형 설계과

금형의 명칭 : 피어싱 및 打拔型　　공구번호 : T-3073

용　　도 : ϕ10 구멍뚫기 및 外形打拔加工

부 품 명 : GUIDE PLATE　　부품번호 : 10568

생 산 량 : 500,000

사용장비 : 연방프레스 A형　　장비번호 : 442

작 성 자 :　　검　　토 :

(4) 금형의 설계

공구설계기사는 공정설계기사로부터 부품청사진, 공정작업표 또는 공정작업도, 설계주문서, 프레스 자료기록표 및 참고도면 등을 받게 된다. 새로운 금형의 설계를 착수할 때는 우선 요구된 금형의 스케치를 하는 일이다. 이것은 다른 부분품들과의 위치 및 치수관계에서 무리가 없을 때 설계도면을 작성하는 기준이 되는 것이다. 스케치를 착수하기 전에 먼저 부품 청사진, 공정작업도, 설계주문서를 테이블앞에 놓고 이 세가지를 함께 검토하여 문제를 정확하게 해석해야 할 것이다.

이 검토를 통하여 그 작업 수행에 적합한 금형의 영상이 떠오를 것이다. 스케치를 한 것이 퍽 단순하거나 아주 복잡한 것이 될 수도 있다. 어떻든 스케치는 정식설계도를 그리기 전에 설계자의 생각을 명확히 나타내 보여주는 것이다.

금형을 설계하는 데는 그 구성부의 위치와 형상을 나타낼 수 있는 방법으로 3면도를 전개해 나가야 한다. 프레스금형은 금형 내부구조의 특수성 때문에 평면도를 상형과 하형으로 나누어 그리게 된다. 잘 설계된 금형 조립도에는 여섯가지 사항이 들어 있어야 한다.

① 소재를 포함한 모든 구성부의 윤곽을 보여줄 수 있는 단면도
② 조립치수, 이것은 각 부품을 조립하는데 필요한 치수 또는 조립 후의 기계가공을 위한 치수를 말한다.
③ 기계 가공면의 가공방법 또는 표면거칠기 표시
④ 재질목록
⑤ 필요한 주기
⑥ 표제란 등이 적절히 기재되어 있어야 한다.

조립도의 설계가 완성되면 간단한 금형에서처럼 모든 치수가 조립도에 표시되어 있지 않는 한 부품도를 만들어야 한다. 부품도는 각 부분품의 설계도이며 조립도나 다른 부품도를 보지 않고도 모든 치수, 주기, 보조자료들이 기재된다. 보조자료 중에는 다듬질면의 표시 부품의 명칭과 번호, 재료, 수량, 척도, 설계자의 서명, 날짜 등이 포함되어야 한다.

설계가 완전히 끝난 도면은 검도를 받게 된다. 검도에서 합격된 도면은 청사진을 만든다.

청사진 1부를 창고에 보내 필요량의 강재를 절단한다. 이 절단된 블록 및 판재는 재고로 있는 표준부품 및 구매된 재료와 함께 금형제작실로 보내진다. 이때 금형제작실에는 금형청사진과 부품도면이 보내져야 한다.

청사진 하나는 구매부서로 보낸다. 금형제작에 필요한 구성부는 구매를 하여야 한다. 금형 전체를 외부금형업자에게 주문할 때에는 구매요구서를 함께 보내야 한다. 구매부서에서는 금형을 제작하는 날짜에 맞춰서 모든 구성품이 납품되도록 계획한다.

이렇게 하여 모든 제작준비가 끝나면 공구제작자는 금형을 만들기 시작한다. 공구제작실에서는 숙련공이 공구제작을 맡게 되는데 이것은 상당한 기술을 요하기 때문이다.

(5) 금형의 검사

금형이 제작된 후 검사부는 청사진과 대조하여 표시된 규격대로 제작되었나 여부를 검사하게 된다. 금형을 외부 공장에서 제작했을 때는 납품과 동시에 검사부에서 같은 절차를 검사하여 그 금형에 의해 생산될 제품이 부품 또는 제품도에 규정된 허용치 내에 들 것인가를 검토한다.

금형검사부에서 금형의 구조 및 정밀도에 대한 승인이 나오면 그 금형을 사용하는 부서로 보낸다. 그 부서에서는 그것을 사용할 프레스에 설치하고 금형이 실제 작업하는 것과 같은 조건으로 몇개의 부품을 뽑아본다.

이것을 제품 검사부로 보내 치수 적격여부를 검사하여 합격되어야만 비로소 제품생산이 가능한 것이다.

第5章 프레스 金型의 構成要素

본 장에서는 금형의 여러가지 구성부의 명칭과 각 부분품이 조립되어 작동하는 내용에 관한 기초적인 사항만을 다루기로 하고 금형의 각 구성부의 설계에 대한 상세한 것은 제 2 편에서 설명하기로 한다.

5-1 金型의 構成

다이세트는 금형을 구성하는 모든 부분품이 그 속에 조립되며 대표적인 다이세트를 그림 1-68에 나타내었다. 다이세트는 국가규격으로 표준화되어 있으며 여러가지 형태와 치수로 생산되고 있다. 펀치샹크(shank) A는 프레스의 램(ram)에 고정되며 작동할 때는 다이세트의 윗 부분 B가 램과 함께 상하로 움직인다. 이 펀치샹크가 고정된 다이세트의 윗부분 B를 펀치호울더(punch holder)라고 부른다. 펀치호울더에 억지 끼워맞춤된 가이드부싱 C는 다이호울더 E에 설치된 가이드포스트(guide post) D를 따라 미끄럼운동을 하면서 금형가공의 정밀도를 유지한다.

다이호울더 E는 홈 F를 통하여 받침판 위에서 보울트로 체결된다.

그림 1-70은 그림 1-69에 나타난 부품가공을 위한 금형 조립체의 입체도를 보여주며 그림 1-71은 분해도를 나타내고 있다.

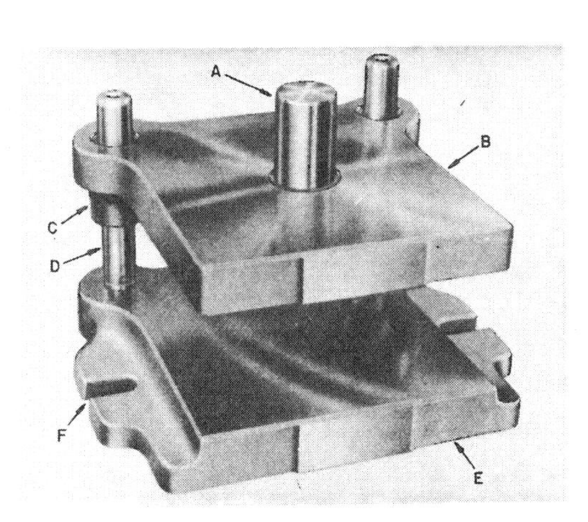

그림 1-68 다이 세트

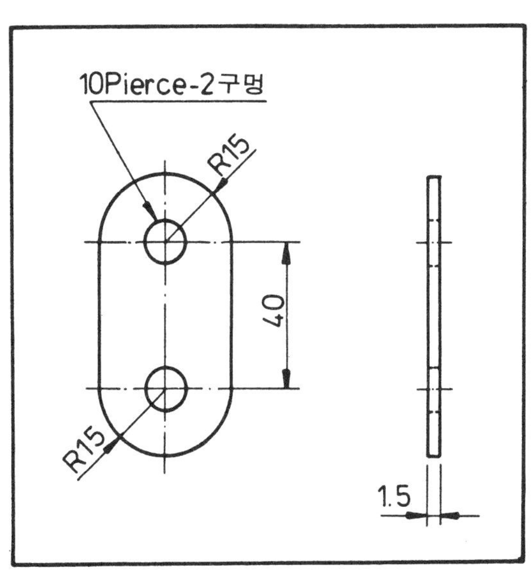

그림 1-69 부품도의 일례

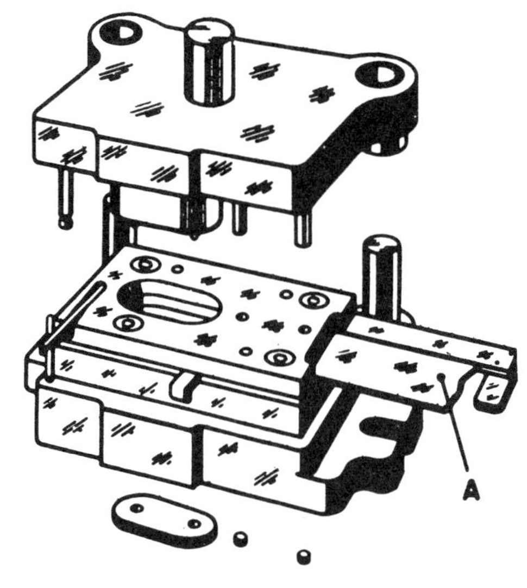

그림 1-70 입 체 도

A : 펀치호울더(punch holder)
B : 피어싱 펀치(piercing punch)
C : 파이럿 고정너트(pilot nut)
D : 사각머리 세트스크류(set screw)
E : 잼 너트(jam nut)
F : 타발펀치(blanking punch)
G : 펀치 고정판(punch plate)
H : 파이럿(pilot)
I : 스트리퍼판(stripper plate)
J : 자동정지구(automatic stop)
K : 수동정지구(finger stop)
L : 위치결정 게이지(back gauge)
M : 전면 스페이서(front spacer)
N : 다이블록(die block)
O : 다이호울더(die holder)

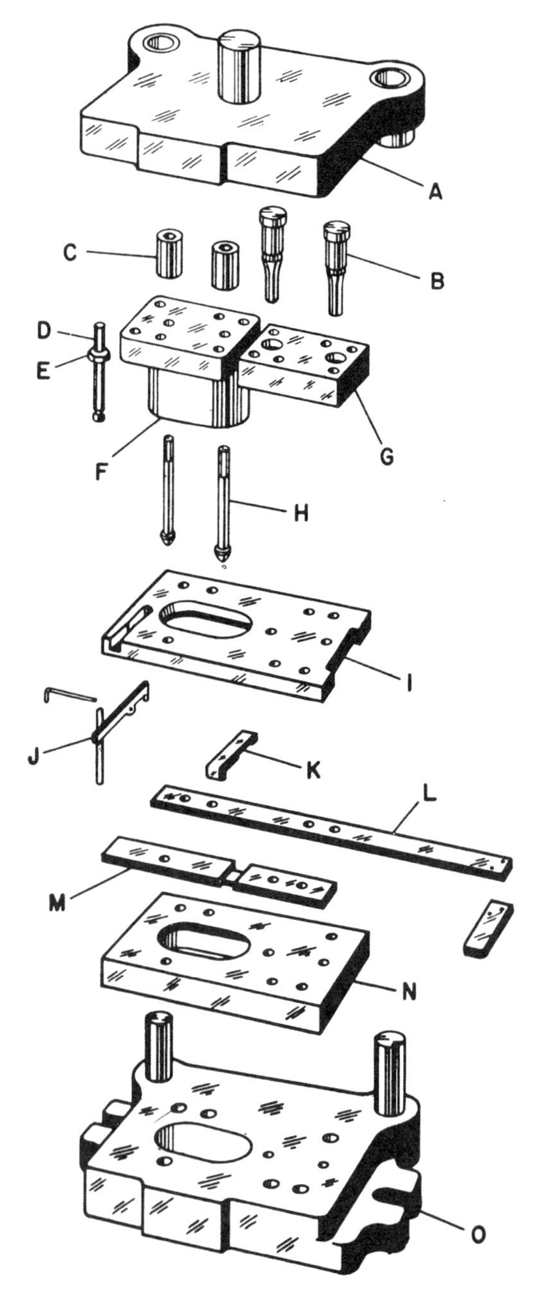

그림 1-71 금형 분해도

이 금형은 2단 순차이송다이로 첫단계에서 두개의 구멍을 뚫고 다음 단계에서 완전한 부품이 가공된다.

띠강은 수동정지구 K에 닿을 때까지 로울러 또는 사람에 의해 전진된다. 프레스가 작동하여 피어싱펀치 B가 띠강에 두개의 구멍을 뚫는다. 그 다음 수동정지구는 후퇴되며 띠강은 앞으로 전진되어 자동정지구 J에 닿게 한다. 다시 프레스가 작동하여 1단계에서는 두개의 구멍이 뚫리게 되고 동시에 2단계에서는 타발펀치 F가 띠강에서 완제품을 따내어 다이블록 N의 구멍으로 밀어 넣는다. 도토리 모양의 안내구 H는 가공이 이루어지기 전에 판을 정확히 유도하기 위해 미리 뚫린 구멍에 들어간다.

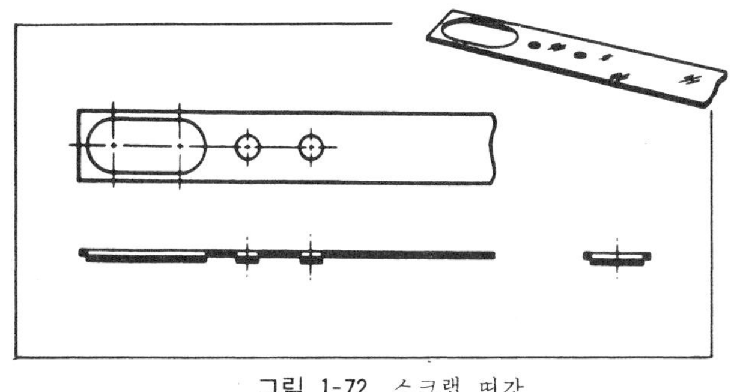

그림 1-72 스크랩 띠강

5-2 스크랩띠강 (scrap strip)

그림 1-72는 스크랩띠강의 3면도를 보여주고 있다. 대부분 띠강은 금형의 각 구성요소를 의미하는 많은 선으로부터 구별되기 위해 색선으로 그려진다.

5-3 다이블록(die block)

다이블록은 경화공구강으로 만들며 경화처리하기 전에 피어싱단계와 타발단계에서의 구멍을 기계가공으로 뚫는다. 이것은 블랭크 구멍 및 윤곽과 같은 치수와 형상이다. 태핑된 4개의 구멍은 다이블록을 다이호울더에 고정시키는데 이용된다. 또한 리이밍된 두개의 구멍은 다우웰(dowel)핀을 끼워 다이부품과의 위치를 맞추게 되어 있다. 그림 1-73은 다이블록의 삼면도이다.

45° 각도의 사선들은 단면선이라고 부르며 다이블록을 中心에서 절단한 상태를 나타내는 것이다. 금형의 단면도, 즉 금형의 뚫린 곳의 윤곽을 보여주기 위해 일부를 절단해 낸 것처럼 보여주는 것은 보편화된 방법이다. 실제적으로 금형이 이와 같이 단면도로 그려짐으로 해서 금형제작자는 더욱 쉽게 해독할 수가 있을 것이다.

5-4 打拔펀치(blanking punch)

그림 1-74은 띠강으로부터 블랭크를 따내는 타발펀치의 3면도이다.

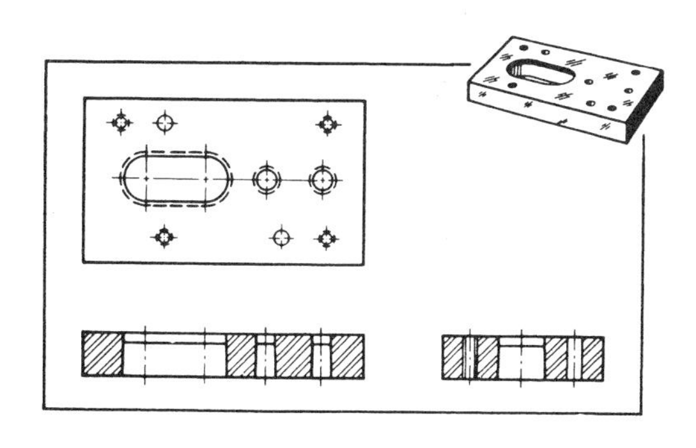

그림 1-73 다이블록

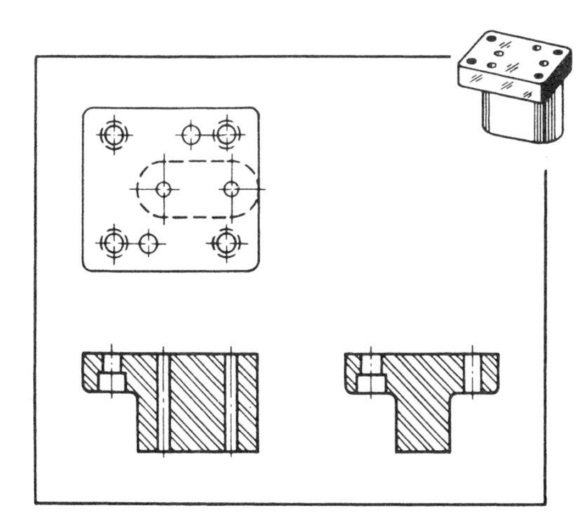

그림 1-74 타발펀치

펀치의 아래쪽 부분은 가공할 블랭크의 형상과 치수를 나타낸다. 윗쪽에 달린 플랜지는 이 타발펀치를 다이세트의 펀치호울더에 나사와 다우웰핀으로 고정시키는 부분이다. 펀치 중심부에 뚫려있는 두개의 관통된 구멍은 리이밍가공되어 있으며 이 속에는 파이럿핀이 들어가 타발가공에 앞서 띠강의 위치를 잡아준다.

5-5 피어싱 펀치(piercing punch)

피어싱 펀치는 스크랩띠강 또는 블랭크에 구멍을 뚫는 것이다. 통상 둥글고 턱이 있어 펀치 고정판에 끼우게 되어 있다.

5-6 펀치 固定板(punch plate)

펀치를 펀치호울더에 고정시키기 위해 사용되는 판으로 4개의 나사와 두개의 다우웰핀이 사용된다. 펀치의 턱이 펀치고정판의 카운터 보오링된 구멍에 끼워지고 4개의 육각 홈붙이 나사에 의해 고정되며 두개의 다우웰핀은 정확한 위치를 잡아준다.

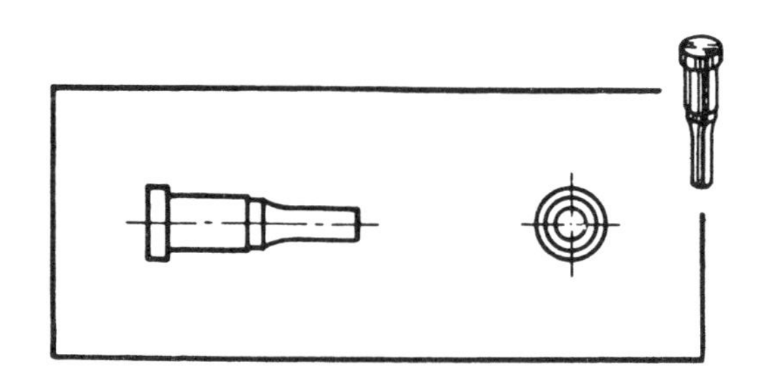

그림 1-75 피어싱 펀치

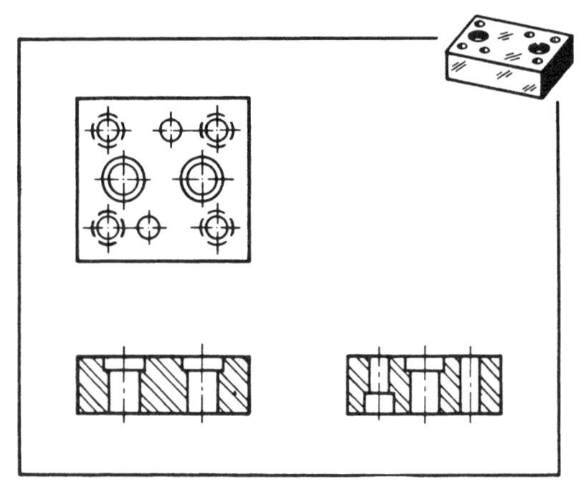

그림 1-76 펀치 고정판

5-7 파이럿핀(pilot pin)

파이럿핀은 도토리 모양의 머리가 미리 뚫린 구멍에 들어가게 된다. 이때 스크랩 띠강이 도토리 형상의 파이럿핀에 의해 정확한 위치에 맞춰진다.

5-8 位置決定 게이지(back gage)

작업자가 재료를 금형속에 밀어 넣을 때 이것에 대어놓고 전진시킨다. 띠강은 일반적으로 좌측으로부터 우측으로 이송되는데 다이블록에 얹혀서 게이지와 전면 스페이서(front spacer) 사이를 따라 들어간다. 게이지와 전면 스페이서 사이의 폭은 재료의 폭보다 약간 크고 게이지와 전면 스페이서의 높이는 역시 재료의 높이보다 약간 높다.

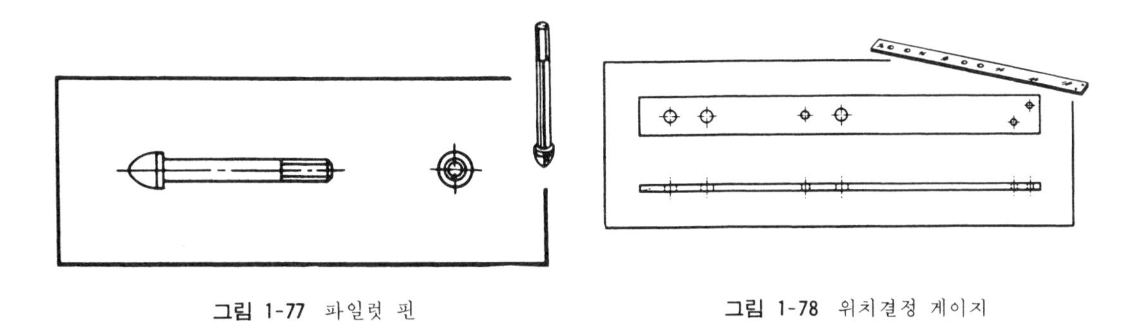

그림 1-77 파일럿 핀

그림 1-78 위치결정 게이지

5-9 手動停止具(finger stop)

수동정지구는 첫단계에서 띠강의 위치를 정하여 준다. 순차이송금형은 여러 단계를 거쳐서 제품이 가공되는데 재료의 끝이 자동정지구에 닿기 전까지의 각 단계에서 수동정지구가 위치를 정해 준다.

그림 1-79에서 보이는 바와 같이 수동정지구의 밑면에는 홈이 파여져 있어 전면 스페이서의 턱에 걸려 행정을 제한하게 되어 있다.

5-10 自動停止具(automatic stop)

자동정지구는 금형을 통하여 띠강이 지나가는 동안 자동적으로 재료의 위치를 정해 준다. 작업자는 단지 띠강을 자동정지구까지 밀어넣어 주기만 하면 된다. 띠강에서 블랭크가 뚫어지고 슬래그가 떨어져 나갈 동안은 정지상태가 되고 펀치가 올라가게 되면 자동적으로 한 단계 이동하여 다음 가공의 준비를 하게 된다.

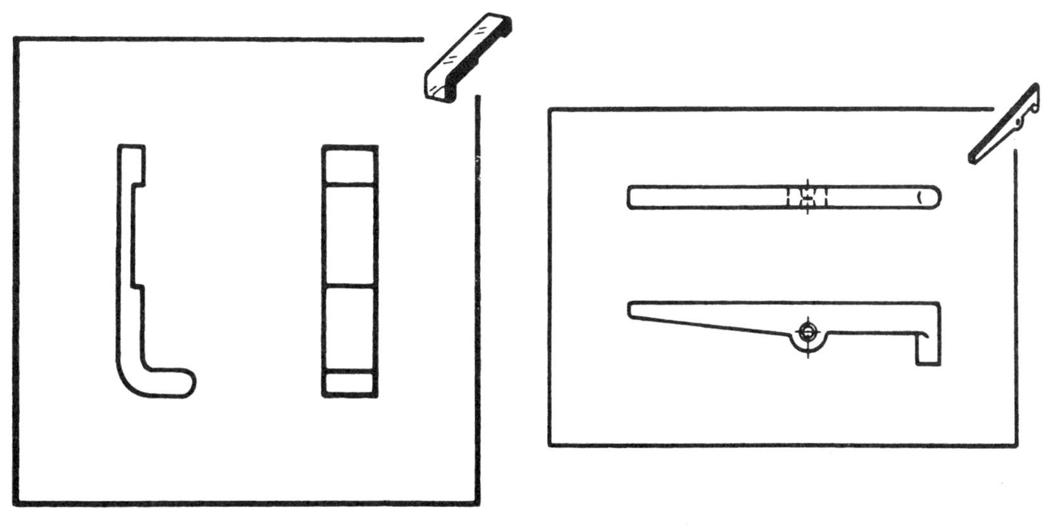

그림 1-79 수동 정지구

그림 1-80 자동 정지구

5-11 스트리퍼板(stripper plate)

스트리퍼판은 재료를 타발 및 피어싱 펀치들의 윤곽으로부터 벗겨내는 장치이다. 스트리퍼는 주로 스프링작동에 의한 가동식 스트리퍼와 그림 1-81에 나타난 바와 같이 고정식 스트리퍼로 대별된다.

윗 그림에서 기계가공된 홈 A는 자동정지구가 작동하기 위한 것이며 오른쪽의 홈 B는 새로운 띠강이 금형속으로 잘 삽입되도록 도와준다.

5-12 체결구(fasteners)

체결구는 여러가지 금형구성체를 조립하기 위해 사용되는 요소이다. 그림 1-82는 보통 사용되는 6각 홈붙이나사이다. 이러한 체결구는 대부분 규격화되어 있으며 구하기가 쉽다.

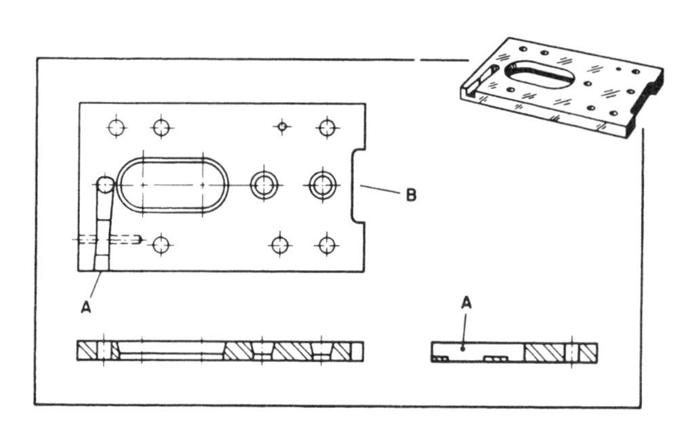

그림 1-81 고정식 스트리퍼 판

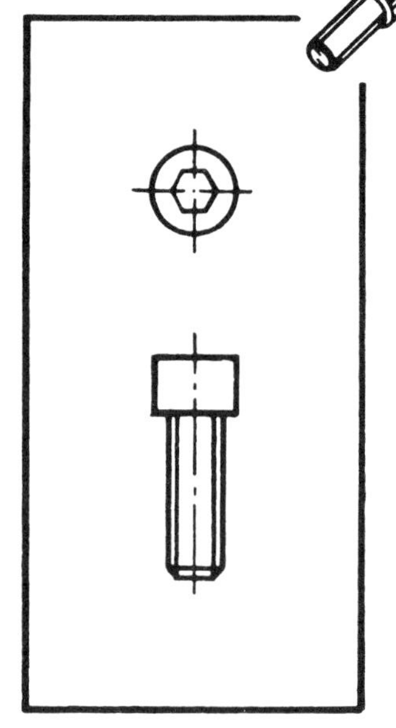

그림 1-82 체결구로 사용되는 육각 홈붙이나사

5-13 다이 세트(die set)

앞에서 설명한 바와 같이 다이세트는 모든 금형의 구성품을 수용하여야 하며 상형의 펀치호울더와 하형의 다이호울더 가이드포스트 및 가이드부시를 말한다. 다이세트는 그림 1-83과 같이 4개의 그림으로 설계제도된다.

하부의 좌측과 우측은 각각 정면도와 측면도를 보여주고 있으며 상부의 좌측은 다이호울더의 평면도를 우측은 펀치호울더의 평면도를 각각 나타내고 있는데 뒤집어놓고 그려서 마치 책을 펴놓은 것같이 되어 있다. 만일 펀치호울더를 뒤집어 놓지 않았다면 펀치를 나타내는 선들은 거의가 점선으로 될 것이고 도면은 점선들로 혼란을 가져올 것이다. 펀치호울더를 뒤집어 놓는 또 하나의 이

유는 실제로 다이제작자가 금형을 조립할 때 작업대 위에 펀치호울더가 놓이는 위치가 바로 그러한 상태일 것이며 금형의 제작상태를 같은 위치에서 도면과 맞춰보면서 이해하기가 훨씬 쉽기 때문이다.

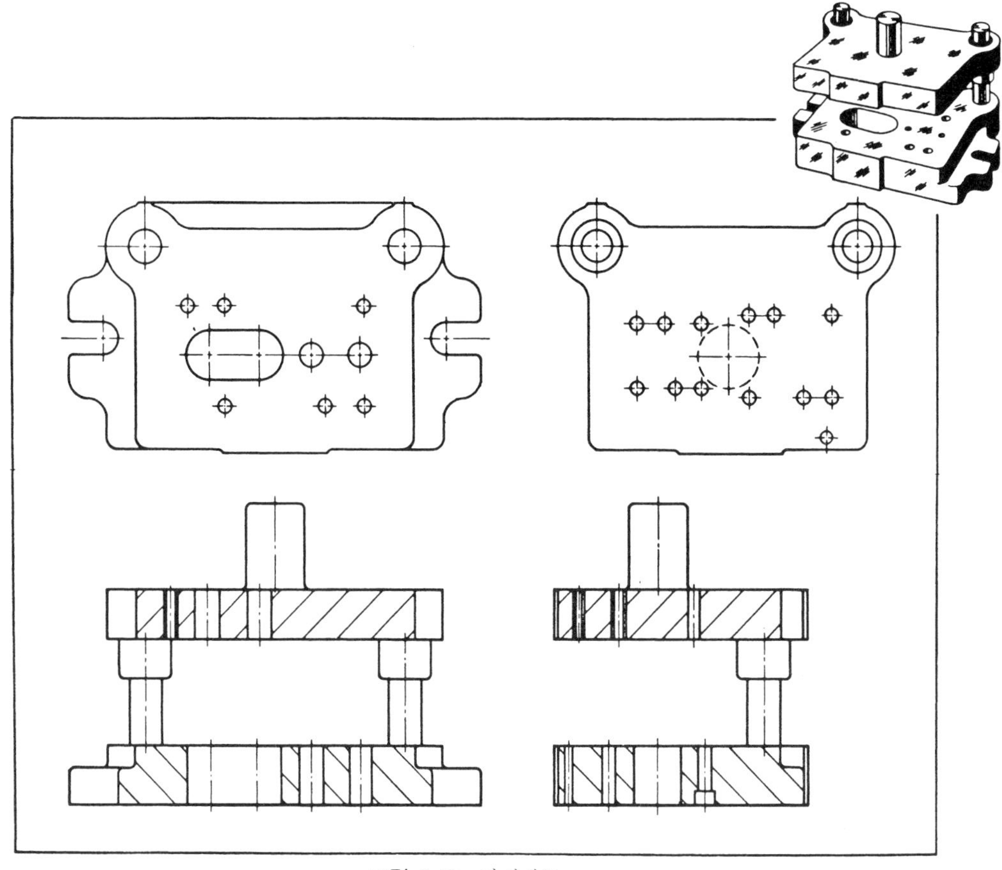

그림 1-83 다이세트

5-14 치수와 주기(note and dimension)

도면이 완성되면 모든 치수와 주기를 도면에 기재하여야 한다. 예를 들어 다이세트를 주문할 때 금형 제작자에게 어떤 다이세트를 주문하는 것이며, 펀치생크의 직경, 가이드부시의 형식, 가이드 포스트의 직경과 길이 등 필요한 정보를 알려줘야 한다.

5-15 재질목록(bill of materials)

마지막에 재질목록을 기재한다. 이 항에서는 표준부품을 주문하거나, 재료를 정확한 치수로 절단하는데 필요한 정보와 규격이 포함되어야 한다.

모든 체결구와 다이세트를 포함해서 금형제작자가 금형을 조립하는데 필요한 모든 구성품이 들어 있어야 한다.

第6章　金型用 材料

금형용 재료라 하면, 금형을 구성하고 있는 모든 부품 즉, 다이, 펀치, 다이세트, 가이드 포스트, 부시, 파이럿, 스트리퍼, 펀치 고정판 등의 재료를 말하나, 그 중에서 가장 중요한 것은 다이·펀치의 재료임은 말할 나위도 없다. 따라서 일반적으로는 다이 재료, 다이스강이라 하면 다이·펀치의 재료를 지칭하므로, 주로 그것에 대하여 기술하기로 한다.

금형의 재료로서는 주로 다음 성질을 구비해야 한다.

① 내마모성 및 경도가 높을 것

② 충격에 강하고 인성이 클 것

③ 열처리에 의한 변형이 적고, 담금질 안전성이 있을 것

④ 피삭성이 양호할 것

금형재료를 선정하려면, 생산 수량, 형상, 치수, 정도 및 가공 종류에 따라 각각 적절한 것을 구분 사용할 필요가 있다. 따라서 공구강재 및 그 밖의 재료에 대한 특성을 알아두어야 한다.

6-1 공구강 재료

앞서의 금형재료로서 구비해야 할 성질은, 각각의 다이 구조와 목적에 따라서 각각 비중이 다르다. 이들은 단순히 그 성분비만으로는 판정할 수 없다. 그 밖에 제강법, 단조법, 압연법, 열처리법 등이 품질을 좌우하므로, 전문 공구강 메이커의 경험에 따라 상당히 다르다. 목적, 용도에 따른 금형으로 시험에 의한 확인 판정이 되어야 할 것이다.

우선, 기초지식으로서 성분에 따른 성질에 대하여 알아두기로 한다.

① **탄소 C** : 경화능이 크고 함유량에 비례해서 경도가 높아지며, 내마모성을 크게 한다. Fe_3C인 탄화물을 형성하며, V, W, Mo, Cr 등과 결합하면 단단한 탄화물을 생성하여, 내마모성을 보다 개선한다. 그러나 너무 많으면 인성을 저하시킨다.

② **규소 Si, 망간 Mn** : 탈산제로서 두 가지 모두 경화능을 증대시키나, 너무 많으면 결정입자의 조대화를 촉진하여 취화하므로 합금의 형태로 함유된다.

③ **크롬 Cr** : 경화능의 증가 작용이 크고, 담금질 온도를 낮게 할 수 있으므로, 담금질 변형을 적게 한다. 또한 Cr_4C 등의 단단한 탄화물 형성에 의하여 내마모성이 증대한다.

④ **니켈 Ni** : 고용체로 함유되며, 입자 조직을 미세화하고, 또 인성을 증가시킨다. 그러나 고탄소의 경우, 너무 많으면(0.5% 이상), 담금질 경도를 떨어뜨리므로 유해하다. Cr, Mo과 더불어 강인성을 증가시킨다.

⑤ **텅스텐 W** : 소량의 W는 Cr, Ni과 마찬가지로 경화능을 증대시킨다. 또, 탄화물 Fe_3W_3C를 만들어 내마모성을 증대시킨다.

⑥ **몰리브덴 Mo** : W의 약 ½량으로 같은 효과를 얻을 수 있다. 또 Fe_3MoC를 만들어 담금질 온도를 높이고, 내마모성을 갖게 한다.

⑦ **바나듐 V** : 탈산력이 있고, V_4C_3이란 탄화물을 형성하여, 입자 조직을 미세화해서 담금질 온도범위를 넓힌다. 0.3~0.5% 넣으면 뜨임 저항성이 감소한다. Cr, Cr-W과 더불어 함유하게 되면 그 성질이 더욱 좋아진다.

이상의 함유 원소는 각종 탄화물을 형성하여 내마모성을 향상시키는 것, 결정 입도를 미세화하는 것, 담금질성을 향상시키는 것, 또는 반복 응력에 견디는 성질을 갖게 하는 것 등, 갖가지 특수한 구실을 하므로, 고급 금형 재료로 될수록 여러 원소를 함유시킨다.

다음에 각 공구강재의 종류와 성질, 용도에 대하여 기술한다.

(1) 탄소공구강 (STC)

C가 0.6~1.5%인 고탄소강으로, 다이용 재료 중에서는 가장 값이 싸고, 정밀도가 크게 요구되지 않는 소량 생산용 금형에 사용된다. 기계 가공성도 좋고, 경도도 H_{RC} 54~63 정도는, 부분 담금질도 용이하여 손쉽게 얻을 수 있다. 그러나, 탄소만의 단순한 성분 때문에, 경화는 하나, 경화 깊이, 경화 불균일, 담금질 변형과 담금질 균열도 많으며, 내마모성도 별로 좋지 않다.

표 1-20에 그 성분, 성질을 표시한다. 반복 충격 하중의 타발형 커팅에지에는 탄소 C가 약간 적고 인성이 있는 STC-3~5가 많이 사용된다. 또 0.2~0.4% V를 첨가해서 열처리성을 개선한 것도 있다.

(2) 합금 공구강-특수 공구강 (STS)

종래, 특수 공구강이라 불리던 것으로, 규격에서는 합금 공구강으로 규정하고 있다. 성분적으로는 고탄소 저크롬강으로, C가 0.75~1.5%, Cr이 0.5~1.0%, 이 밖에 Mn을 0.5~1.2%, W을 0.5~1.0% 함유하여, 경화능을 증가시켜 내마모성을 높이고, 열처리 변형을 적게 하였다. 표 1-21에 성분, 성질을 표시한다.

타발형으로는 절삭용과 내마 불변형용을 사용한다. 전자보다도 STS-3종은 특히 변형이 작으므로, 정도 높은 타발형에 사용되며, 대개 중급정도의 재료라 할 수 있다.

(3) 합금 공구강-다이스강 (STD)

종래 다이스강이라 하던 고탄소 고크롬강이다. C를 1~2.4%, Cr을 12~15%, 이 밖에 Mo 1%, W 3.0%, V 0.4%를 함유시켜 경화내마모성과 열처리성, 내충격성을 높였다.

담금질 변형이나 담금질 균열이 적고, 경화 깊이도 충분해서 경화 불균일이 적으며, 내마모성, 내충격성도 우수하다. 경강판, 규소강판 등 단단한 재료의 블랭킹, 그리고 대량 생산에 가장 적당한 재료이다. 단 비싸고 가공성이 약간 떨어지므로 절삭, 연삭에 약간의 주의를 요하고, 담금질 온도도 950~1000℃의 고온이므로, 담금질로도 전용을 준비해야 하며, 산화 탈탄을 방지하기 위해서는 염욕로가 가장 좋다.

(4) 고속도강 (SKH)

다이스강보다 C는 적어서 0.7~0.85%이나, 이른바 18-4-1형의 W-Cr-V 강이고, 고경화, 고내마성이며, 그 밖의 성질도 우수하다. 그러나 값이 비싸고, 담금질 온도도 1300℃의 고온이므로 특수한 로가 필요하며, 일반적으로 많이 사용되지 않는다. 소형 펀치나 다이 인서어트 등에, 특히 두꺼운 판용 작은 지름의 구멍뚫기 펀치와 같이 어려운 조건에 이용하면 유효하다. 또 고온에서의 경도 저하 및 마모량이 적으므로 가열 블랭킹 등의 고온 가공에 사용된다. 성분, 성질을 표 1-22에 표시한다.

표 1-20 탄 소 공 구 강

기 호	화학성분 %					열처리 ℃			담금질뜨임 경도 H_RC	용 도 예
	C	Si	Mn	P	S	풀 림	담금질	뜨 임		
STC 1(SK 1)	1.30～1.50	0.35이하	0.50이하	0.030이하	0.030이하	750～780서냉	760～820수냉	150～200공랭	63이상	경질 바이트, 면도날, 각종 줄 등
STC 2(SK 2)	1.10～1.30	0.35이하	0.50이하	0.030이하	0.030이하	750～780서냉	760～820수냉	150～200공랭	63이상	바이트, 밀링커터, 제작용 공구, 드릴, 소형 펀치, 면도날 등
STC 3(SK 3)	1.00～1.10	0.35이하	0.50이하	0.030이하	0.030이하	750～780서냉	760～820수냉	150～200공랭	63이상	탭, 나사 절삭용 다이스, 쇠톱날, 철공용 정, 게이지, 태엽, 면도날
STC 4(SK 4)	0.90～1.00	0.35이하	0.50이하	0.030이하	0.030이하	740～760서냉	760～820수냉	150～200공랭	61이상	태엽, 목공용 드릴, 도끼, 철공용 정, 면도날, 목공용 띠톱, 펜촉, 타발형 등
STC 5(SK 5)	0.80～0.90	0.35이하	0.50이하	0.030이하	0.030이하	740～760서냉	760～820수냉	150～200공랭	59이상	각인, 스냅, 태엽, 목공용 띠톱, 둥근 톱, 펜촉, 등사판 줄, 톱날, 프레스 금형 등
STC 6(SK 6)	0.70～0.80	0.35이하	0.50이하	0.030이하	0.030이하	740～760서냉	760～820수냉	150～200공랭	56이상	각인, 스냅, 둥근톱, 태엽, 등사판 줄 등
STC 7(SK 7)	0.60～0.70	0.35이하	0.50이하	0.030이하	0.030이하	750～780서냉	760～820수냉	150～200공랭	54이상	각인, 스냅, 프레스, 가공품, 나이프 등

비고 : 어느 것이나 불순물로 Cu 0.30%, Ni 0.25%, Cr 0.20%를 초과해서는 안된다.

표 1-21 합 금 공 구 강

(1) 절 삭 용

기 호	화학성분 %									열처리 ℃			담금질뜨임 경도 H_RC	용 도 예
	C	Si	Mn	P	S	Ni	Cr	W	V	풀 림	담금질	뜨 임		
STS 1(SKS 1)	1.30～1.40	0.35이하	0.50이하	0.030이하	0.030이하	—	0.50～1.00	4.00～5.00	—	760～820서냉	830～880유냉	150～200공랭	63이상	절삭공구, 냉간인발형
STS 11(SKS 11)	1.20～1.30	0.35이하	0.50이하	0.030이하	0.030이하	—	0.20～0.50	3.00～4.00	0.10～0.30	800～850서냉	760～810수냉	150～200공랭	62이상	절삭공구, 냉간인발형
STS 2(SKS 2)	1.00～1.10	0.35이하	0.80이하	0.030이하	0.030이하	—	0.50～1.00	1.00～1.50	—	750～800서냉	830～880유냉	150～200공랭	61이상	탭, 드릴, 커터, 타발형
STS 21(SKS 21)	1.00～1.10	0.35이하	0.50이하	0.030이하	0.030이하	—	0.20～0.50	0.50～1.00	0.10～0.25	750～800서냉	770～820수냉	150～200공랭	61이상	탭, 드릴, 커터, 타발형
STS 5(SKS 5)	0.75～0.85	0.35이하	0.50이하	0.030이하	0.030이하	0.70～1.30	0.50이하	—	—	750～800서냉	800～850유냉	400～500공랭	45이상	둥근톱, 띠톱
STS 51(SKS 51)	0.75～0.85	0.35이하	0.50이하	0.030이하	0.030이하	1.30～2.00	0.50이하	—	—	750～800서냉	800～850유냉	400～500공랭	45이상	둥근톱, 띠톱
STS 7(SKS 7)	1.10～1.20	0.35이하	0.50이하	0.030이하	0.030이하	—	0.20～0.50	2.20～0.50	2.00～2.50	750～800서냉	830～880유냉	150～200공랭	62이상	
STS 8(SKS 8)	1.30～1.50	0.35이하	0.50이하	0.030이하	0.080이하	—	0.20～0.50	—	—	750～800서냉	780～820수냉	100～150공랭	63이상	칼날 줄, 시어리얼 줄

비고 : 1. 어느 것이나 불순물로 Ni 0.25%(SKS 5 및 SKS 51은 제외), Cu 0.25%를 초과해서는 안된다.
2. STS 1, STS 2 및 STS 7에는 V 0.20%이하를 함유해도 상관없다.

(2) 내 충 격 용

기 호	화학성분 %								열처리 ℃			담금질뜨임 경도 H_RC	용 도 예
	C	Si	Mn	P	S	Cr	W	V	풀 림	담금질	뜨 임		
STS 4(SKS 4)	0.45~0.55	0.35이하	0.50이하	0.030이하	0.030이하	0.50~1.00	0.50~1.00	–	750~800서냉	780~820수냉	150~200공랭	56이상	정, 펀치, 스냅
STS 41(SKS 41)	0.35~0.45	0.35이하	0.50이하	0.030이하	0.030이하	1.00~1.50	2.50~3.50	–	770~820서냉	850~900유냉	150~200공랭	53이상	정, 펀치, 스냅
STS 42(SKS 42)	0.75~0.85	0.30이하	0.50이하	0.030이하	0.030이하	0.25~0.50	1.50~2.50	0.15~0.30	750~800서냉	850~900유냉	150~200공랭	55이상	정, 펀치, 나이프, 에지, 줄 드레서
STS 43(SKS 43)	1.00~1.10	0.25이하	0.30이하	0.030이하	0.030이하	–	–	0.10~0.25	750~800서냉	770~820수냉	150~200공랭	63이상	착암기용 피스톤
STS 44(SKS 44)	0.80~0.90	0.25이하	0.30이하	0.030이하	0.030이하	–	–	0.10~0.25	730~780서냉	760~820수냉	150~200공랭	60이상	정, 헤딩 다이

비고 : 1. 어느 것이나 불순물로 Ni 0.25%, Cu 0.25%를 초과해서는 안된다.
2. STS 43 및 STS 44에 대해서는, 불순물로 Cr 0.20%를 초과해서는 안된다.

(3) 열간 가공용

기 호	화학성분 %										열처리 ℃			담금질뜨임 경도 H_RC	용 도 예
	C	Si	Mn	P	S	Ni	Cr	Mo	W	V	풀 림	담금질	뜨 임		
STD 4(SKD 4)	0.25~0.35	0.40이하	0.60이하	0.030이하	0.030이하	–	2.00~3.00	–	5.60~6.00	0.30~0.50	800~850서냉	1050~1100공랭	600~650공랭	45이하	프레스다이, 다이캐스트용다이
STD 5(SKD 5)	0.25~0.35	0.40이하	0.60이하	0.030이하	0.030이하	–	2.00~3.00	–	9.00~10.00	0.30~0.50	800~850서냉	1050~1100공랭	600~650공랭	45이하	프레스다이, 다이캐스트용다이
STD 6(SKD 6)	0.32~0.42	0.80~1.20	0.50이하	0.030이하	0.030이하	–	4.50~5.50	1.00~1.50	–	0.30~0.50	820~870서냉	1000~1050공랭	530~600공랭	51이하	프레스다이, 다이캐스트용다이
STD 61(SKD 61)	0.32~0.42	0.80~1.20	0.50이하	0.030이하	0.030이하	–	4.50~5.50	1.00~1.50	–	0.80~1.20	820~870서냉	1000~1050공랭	530~600공랭	51이하	프레스다이, 다이캐스트용다이
STF 1(SKT 1)	0.50~0.60	0.35이하	0.80~1.20	0.030이하	0.030이하	–	–	–	–	–	760~810서냉	–	–	–	다이 블록
STF 2(SKT 2)	0.50~0.60	0.35이하	0.80~1.20	0.030이하	0.030이하	–	0.80~1.20	–	–	–	760~810서냉	–	–	–	다이 블록
STF 3(SKT 3)	0.50~0.60	0.35이하	0.60~1.00	0.030이하	0.030이하	0.25~0.60	0.90~1.20	0.30~0.50	–	–	760~810서냉	–	–	–	다이 블록
STF 4(SKT 4)	0.50~0.60	0.35이하	0.60~1.00	0.030이하	0.030이하	1.30~2.00	0.70~1.00	0.20~0.50	–	–	760~810서냉	–	–	–	다이 블록
STF 5(SKT 5)	0.50~0.60	0.35이하	0.60~1.00	0.030이하	0.030이하	–	1.00~1.50	0.20~0.40	–	0.10~0.30	760~810서냉	–	–	–	다이 블록
STF 6(SKT 6)	0.70~0.80	0.35이하	0.60~1.00	0.030이하	0.030이하	2.50~3.00	0.80~1.10	0.30~0.50	–	–	760~810서냉	–	–	–	프레스 다이

비고 : 1. 어느 것이나 불순물로서 Ni 0.25(STF 3, STF 4 및 STF 6을 제외), Cu 0.25%를 초과해서는 안된다.
2. STF 1~STF 4 및 STF 6에는 V 0.20%이하를 함유해도 상관없다.

(4) 내마불변형용

기 호	화학성분 % C	Si	Mn	P	S	Cr	Mo	W	V	열처리 ℃ 풀림	담금질	뜨임	담금질뜨임 경도 H_RC	용도예
STS 3(SKS 3)	0.90~1.00	0.35이하	0.90~1.20	0.030이하	0.030이하	0.50~1.00	—	0.50~1.00	—	750~800서냉	800~850유냉	150~200공랭	60이상	게이지, 탭, 다이, 시어 블레이드, 타발형
STS 31(SKS 31)	0.95~1.05	0.35이하	0.90~1.20	0.030이하	0.030이하	0.80~1.20	—	1.00~1.50	—	750~800서냉	800~850유냉	150~200공랭	61이상	게이지, 타발형
STD 1(SKD 1)	1.80~2.40	0.40이하	0.60이하	0.030이하	0.030이하	12.00~15.00	—	—	—	850~900서냉	950~1000공랭	150~200공랭	61이상	와이어 드로오잉형, 타발형
STD 11(SKD 11)	1.40~1.60	0.40이하	0.50이하	0.030이하	0.030이하	11.00~13.00	0.80~1.20	—	0.20~0.50	850~900서냉	1000~1050공랭	150~200공랭	61이상	게이지, 타발형 나사 전조 로울러
STD 12(SKD 12)	0.95~1.05	0.40이하	0.60~0.90	0.030이하	0.030이하	4.50~5.50	0.80~1.20	—	0.20~0.50	850~900서냉	930~980공랭	150~200공랭	61이상	게이지, 타발형 나사 전조 로울러
STD 2(SKD 2)	1.80~2.20	0.40이하	0.60이하	0.030이하	0.030이하	12.00~15.00	—	2.50~3.50	—	850~900서냉	970~1020공랭	150~200공랭	61이상	와이어 드로오잉형, 타발형

비고 : 1. 어느 것이나 불순물로서 Cu 0.25%를 초과해서는 안된다.
2. STS 3 및 STS 31에는 Ni 0.25%를 초과해서는 안된다.
3. STD 1, STD 2, STD 11 및 STD 12에는 Ni 0.50%이하를 함유해도 상관없다.
4. STD 1에 대해서는 V 0.3%이하를 함유해도 상관없다.

표 1-22 고 속 도 강

기 호	분류	화학성분 (%) C	Si	Mn	P	S	Cr	Mo	W	V	Co	열처리 (℃) 풀림	담금질	뜨임	담금질뜨임 경도(H_RC)	용도예
SKH 2	텅스텐계	0.70~0.85	0.40이하	0.40이하	0.030이하	0.030이하	3.80~4.50	—	17.00~19.00	0.80~1.20	—	820~880서냉	1260~1300유냉	550~580공랭	62이상	일반 절삭용, 기타 각종 공구
SKH 3	텅스텐계	0.70~0.85	0.40이하	0.40이하	0.030이하	0.030이하	3.80~4.50	—	17.00~19.00	0.80~1.20	450~ 5.50	840~900서냉	1270~1310유냉	560~590공랭	63이상	고속 중절삭용 기타 각종 공구
SKH 4A	텅스텐계	0.70~0.85	0.40이하	0.40이하	0.030이하	0.030이하	3.80~4.50	—	17.00~19.00	1.00~1.50	900~11.00	850~910서냉	1280~1330유냉	560~590공랭	64이상	난삭재 절삭용 각종 공구
SKH 4B	텅스텐계	0.70~0.85	0.40이하	0.40이하	0.030이하	0.030이하	3.80~4.50	—	18.00~20.00	1.00~1.50	1400~16.00	850~910서냉	1300~1350유냉	580~610공랭	64이상	난삭재 절삭용 각종 공구
SKH 5	텅스텐계	0.20~0.40	0.40이하	0.40이하	0.030이하	0.030이하	3.80~4.50	—	17.00~22.00	1.00~1.50	1600~17.00	850~910서냉	1300~1350유냉	600~630공랭	64이상	난삭재 절삭용 각종 공구
SKH 10	텅스텐계	1.45~1.60	0.40이하	0.40이하	0.030이하	0.030이하	3.80~4.50	—	11.50~13.50	4.20~5.20	420~ 5.20	820~900서냉	1200~1260유냉	540~580공랭	64이상	고난삭재 절삭용 기타 각종 공구
SKH 9(′)	몰리브덴계	0.80~0.90	0.40이하	0.40이하	0.030이하	0.030이하	3.80~4.50	4.50~5.50	5.50~ 6.70	1.60~2.20	—	800~880서냉	1200~1250유냉	540~570공랭	62이상	인성을 필요로 하는 일반 절삭용 기타각종 공구
SKH 52	몰리브덴계	1.00~1.10	0.40이하	0.40이하	0.030이하	0.030이하	3.80~4.50	4.80~6.20	5.50~ 6.70	2.30~2.80	—	800~880서냉	1200~1250유냉	540~570공랭	63이상	비교적 인성을 필요로 하는 고속도재 절삭용 기타 각종 공구
SKH 53	몰리브덴계	1.10~1.25	0.40이하	0.40이하	0.030이하	0.030이하	3.80~4.50	4.80~6.20	5.50~ 6.70	2.80~3.30	—	800~880서냉	1200~1250유냉	540~570공랭	63이상	비교적 인성을 필요로 하는 고속도재 절삭용 기타 각종 공구
SKH 54	몰리브덴계	1.25~1.40	0.40이하	0.40이하	0.030이하	0.030이하	3.80~4.50	4.50~5.50	5.50~ 6.50	3.90~4.50	—	800~880서냉	1200~1250유냉	540~570공랭	63이상	비교적 인성을 필요로 하는 고속도재 절삭용 기타 각종 공구
SKH 55	몰리브덴계	0.80~0.90	0.40이하	0.40이하	0.030이하	0.030이하	3.80~4.50	4.80~6.20	5.50~ 6.70	1.70~2.30	44.50~ 5.50	800~880서냉	1220~1260유냉	530~570공랭	63이상	비교적 인성을 필요로 하는 고속 중절삭용 각종 공구
SKH 56	몰리브덴계	0.80~0.90	0.40이하	0.40이하	0.030이하	0.030이하	3.80~4.50	4.80~6.20	5.50~ 6.70	1.70~2.30	7.00~ 9.00	800~880서냉	1220~1260유냉	530~570공랭	63이상	비교적 인성을 필요로 하는 고속 중절삭용 각종 공구
SKH 57	몰리브덴계	1.15~1.30	0.40이하	0.40이하	0.030이하	0.030이하	3.80~4.50	4.00~4.00	9.00~11.00	3.00~3.70	9.00~11.00	800~880서냉	122 ~1260유냉	550~580공랭	64이상	비교적 인성을 필요로 하는 고속 중절삭용 각종 공구

주(′) : SKH 9는 다음 개정할 때 SKH 51로 기호 변경을 할 예정임.
비고 : 각종 모두 불순물로서 Cu 0.25%, Ni 0.25%를 초과해서는 안된다.

6-2 其他 金型材料

위에 설명한 공구강재보다 더 이상이나 이하의 재료가 요구되는 경우도 있을 것이다. 현재 사용되고 있는 몇 가지를 골라 보기로 한다.

(1) 초경합금

수명이 긴 절단날을 필요로 할 때 많이 사용되어 생산업체에서도 양질의 재료를 개발하고 있으므로 잘 알려져 있다. 텅스텐 카아바이드 분말을 소결한 것이 금형재료로 쓰이나 블랭킹용에는 특히 코발트를 함유시켜 인성을 증가시켰다. 표 1-23과 같이 블랭킹용에는 G, D종을 많이 사용한다. 공구생산업체의 따라 입자의 균질성이나 인성의 우열이 있으며 집중 충격력에 의한 칩핑현상이 블랭킹 수명을 제약한다.

강철재에 비해 매우 비싸고, 그 설계, 제작 및 취급에 충분한 숙련과 고려가 필요하다. 적절하게 사용하면 강철 커팅 에지에 대해 10내지 수 십배의 수명이므로 가격이 고가이더라도 다량 생산이면 제품의 정도, 품질의 향상과 더불어 매우 경제적일 것이다.

표 1-23 초 경 합 금

종	류	기호 W	화학성분(%) W	Ti	Co	C	경도 (로크웰 A스케일)	항절력 kgf/mm² (N/mm²)	용도
1 종 (S종)	특호	S F	53~72	15~30	5~6	8~13	92이상	80이상 (785이상)	
	1호	S 1	72~78	10~15	5~6	7~9	91이상	90이상 (883이상)	강의 정밀 절삭용
	2호	S 2	75~83	6~10	5~7	6~8	90이상	100이상 (981이상)	강의 절삭용
	3호	S 3	78~85	3~6	6~8	5~7	89이상	110이상 (1079이상)	
2 종 (G종)	1호	G 1	89~92	—	3~5	5~7	90이상	120이상 (1177이상)	주물, 비철금속, 비금속 재료의 절삭용, 내마모 기계 부품용
	2호	G 2	87~90	—	5~7	5~7	89이상	130이상 (1275이상)	
	3호	G 3	83~88	—	7~10	4~6	89이상	140이상 (1375이상)	
3 종 (D종)	1호	D 1	88~92	—	3~6	5~7	89이상	120이상 (1177이상)	드로오잉 공구용 내마모 기계 부품용
	2호	D 2	86~89	—	6~8	5~7	88이상	130이상 (1275이상)	
	3호	D 3	83~87	—	8~11	4~6	88이상	140이상 (1375이상)	

비고 : 이 규격 중에서 ( )를 한 단위 및 수치는 국제 단위계(SI)에 따른 것이다.

(2) 훼로틱(ferrotic; 초경침투처리강)

강재의 표면에 탄화티탄을 침투시켜 초경 합금질 층을 형성하는 표면경화법의 일종으로 이 재료의 특징은 강과 같이 열처리를 할 수 있으며 그 경도도 초경합금에 가깝고 인성도 높아 대량생산용 금형강으로 사용되고 있다.

금형용으로 사용되는 훼로틱은 크롬-몰리브덴강에 탄화티탄을 결합시킨 훼로틴 C와 고속도강에 탄화티탄을 결합시킨 훼로틱 J가 사용된다.

표 1-24는 훼로틱 C의 화학성분과 열처리 조건을 나타낸다.

(3) 회주철품

주로 다이호울더와 펀치호울더의 재료로 사용되며 그 기계적 성질은 표 1-25와 같다.

(4) 기계 구조용 탄소강재

내마모성이 크게 요구되지 않는 금형부분품에 사용된다. 성분 및 기계적 성질을 표 1-26에 나타낸다.

표 1-24 훼로틱 C의 성분과 열처리조건

화 학 성 분 (%)				열 처 리 온 도 (℃)			경 도 H_RC	
Ti	C	Cr	Mo	풀 림	담금질	뜨 임	풀 림	뜨 임
25~27	6.5~7.5	1.8~2.2	1.8~2.2	840	950~970	200	30~40	68~71

표 1-25 회 주철품의 기계적 성질 (KS D 4301)

종 류	기 호	주철품의 주요 두 께 (mm)	공시재의 주조된 상태의 지름 (mm)	인장강도 (kg/mm²)	항 절 시 험		브리넬경도 (H_B)
					최대하중 (kg)	디플렉션 (mm)	
1 종	GC 10 (FC 10)	4 이상 50이하	30	10이상	700이상	3.5이상	201이하
2 종	GC 15 (FC 15)	4 이상 8 이하	13	19이상	180이상	2.0이상	241이하
		8 이상 15이하	20	17이상	400이상	2.5이상	223이하
		15이상 30이하	30	15이상	800이상	4.0이상	212이하
		30이상 50이하	45	13이상	1700이상	6.0이상	201이하
3 종	GC 20 (FC 20)	4 이상 8 이하	13	24이상	200이상	2.0이상	255이하
		8 이상 15이하	20	22이상	450이상	3.0이상	235이하
		15이상 30이하	30	20이상	900이상	4.5이상	223이하
		30이상 50이하	45	17이상	2000이상	6.5이상	217이하
4 종	GC 25 (FC 25)	4 이상 8 이하	13	28이상	220이상	2.0이상	269이하
		8 이상 15이하	20	26이상	500이상	3.0이상	248이하
		15이상 30이하	30	25이상	1000이상	5.0이상	241이하
		30이상 50이하	45	22이상	2300이상	7.0이상	229이하
5 종	GC 30 (FC 30)	8 이상 15이하	20	31이상	550이상	3.5이상	269이하
		15이상 30이하	30	30이상	1100이상	5.5이상	262이하
		30이상 50이하	45	27이상	2600이상	7.5이상	248이하
6 종	GC 35 (FC 35)	15이상 30이하	30	35이상	1200이상	5.5이상	277이하
		30이상 50이하	45	32이상	2900이상	7.5이상	269이하

표 1-26 기계구조용 탄소강재 (KS D 3752)

기 호	화 학 성 분 (%)				
	C	Si	Mn	P	S
SM 10C (S 10C)	0.08~0.13	0.15~0.35	0.30~0.60	0.030 이하	0.035 이하
SM 12C (S 12C)	0.10~0.15	0.15~0.35	0.30~0.60	0.030 이하	0.035 이하
SM 15C (S 15C)	0.13~0.18	0.15~0.35	0.30~0.60	0.030 이하	0.035 이하
SM 17C (S 17C)	0.15~0.20	0.15~0.35	0.30~0.60	0.030 이하	0.035 이하
SM 20C (S 20C)	0.18~0.23	0.15~0.35	0.30~0.60	0.030 이하	0.035 이하
SM 22C (S 22C)	0.20~0.25	0.15~0.35	0.30~0.60	0.030 이하	0.035 이하
SM 25C (S 25C)	0.22~0.28	0.15~0.35	0.30~0.60	0.030 이하	0.035 이하
SM 28C (S 28C)	0.25~0.31	0.15~0.35	0.60~0.90	0.030 이하	0.035 이하
SM 30C (S 30C)	0.27~0.33	0.15~0.35	0.60~0.90	0.030 이하	0.035 이하
SM 33C (S 33C)	0.30~0.36	0.15~0.35	0.60~0.90	0.030 이하	0.035 이하
SM 35C (S 35C)	0.32~0.38	0.15~0.35	0.60~0.90	0.030 이하	0.035 이하
SM 38C (S 38C)	0.35~0.41	0.15~0.35	0.60~0.90	0.030 이하	0.035 이하
SM 40C (S 40C)	0.37~0.43	0.15~0.35	0.60~0.90	0.030 이하	0.035 이하
SM 43C (S 43C)	0.40~0.46	0.15~0.35	0.60~0.90	0.030 이하	0.035 이하
SM 45C (S 45C)	0.42~0.48	0.15~0.35	0.60~0.90	0.030 이하	0.035 이하
SM 48C (S 48C)	0.[illegible]5~0.51	0.15~0.35	0.60~0.90	0.030 이하	0.035 이하

기호	화학성분 (%)				
	C	Si	Mn	P	S
SM 50C (S 50C)	0.47~0.53	0.15~0.35	0.60~0.90	0.030 이하	0.035 이하
SM 53C (S 53C)	0.50~0.56	0.15~0.35	0.60~0.90	0.030 이하	0.035 이하
SM 55C (S 55C)	0.52~0.58	0.15~0.35	0.60~0.90	0.030 이하	0.035 이하
SM 58C (S 58C)	0.55~0.61	0.15~0.35	0.60~0.90	0.030 이하	0.035 이하
SM 9CK (S 9CK)	0.07~0.12	0.15~0.35	0.30~0.60	0.025 이하	0.025 이하
SM 15CK (S 15CK)	0.13~0.18	0.15~0.35	0.30~0.60	0.025 이하	0.025 이하
SM 20CK (S 20CK)	0.18~0.23	0.15~0.35	0.3 ~0.60	0.025 이하	0.025 이하

비고 : SM9CK, SM15CK 및 SM20CK는 불순물로서 Cu 0.25%, Ni 0.20%, Cr 0.20%, Ni+Cr 0.30%를, 기타 기호의 것은 Cu 0.30%, Ni 0.20%, Cr 0.20%, Ni+Cr 0.35%를 초과해서는 안된다.

6-3 적정 사용재료

재료를 적절하게 사용하려면 제품의 생산량, 공차량, 금형의 형태, 프레스의 용량, 제품의 치수 등에 영향을 받으나 가장 많이 사용되는 재료를 표 1-27에 나타내었다.

표 1-27 금형 각 부분품의 사용재료

사용구분	부품명	재질
펀치·다이부	펀치	STC5, STS3, STD1, 11, SKH2, 9, 초경합금, 훼로틱
	다이	STC5, STS3, STD1, 11, SKH2, 9, 초경합금
	펀치고정판	SB41C, SM20C, STC3, 5 (JIS의 SS41C, S20C, SK3, 5)
	펀치뒷판	STC3, 5, STS3, 5 (JIS의 SK3, 5, SKS3, 5)
펀치·다이안내부	스트리퍼	SB41, STC3, 5, STS3 (JIS의 SS41, SK3, 5, SKS3)
	스트리퍼부시	STC4 (JIS의 SK4)
	녹아웃	STC5 (JIS의 SK5)
	녹아웃핀	STC5 (JIS의 SK5)
	녹아웃링	STC5 (JIS의 SK5)
소재안내부	위치결정게이지	STC4, STC5 (JIS의 SK4, 5)
	위치결정핀	STS2, 3, STC5 (JIS의 SKS2, 3, SK5)
	파이럿	STS2, 3, STC4, 5 (JIS의 SKS2, 3, SK4, 5)
	파이럿안내부시	STC4 (JIS의 SK4)
	수동정지구	STC5 (JIS의 SK5)
	자동정지구	STC5 (JIS의 SK5)
	자동정지구지레핀	STC5 (JIS의 SK5)
	스톱핀	STS2, 3, STC5 (JIS의 SKS2, 3, SK5)
다이세트부	샹크	SM20C (JIS의 S20C)
	펀치호울더	GC20, SM20C (JIS의 FC20, S20C)
	다이호울더	GC20, SM20C (JIS의 FC20, S20C)
	가이드부시	STC4 (JIS의 SK4)
	가이드포스트	STC4 (JIS의 SK4)
	보울스터판	SB41, GC25 (JIS의 SS41, FC25)
기타	스프링	PWR2, SPS4 (JIS의 SWRP2, SUP4)
	맞춤핀	STC4 (JIS의 SK4)
	고정나사	SM35C (JIS의 S35C)
	캠	STC5 (JIS의 SK5)

제 2 편

金型의 設計

第 1 章　金型設計의 順序

기초편에서 일반적인 소개가 끝났음으로 이제부터는 금형설계의 구체적인 사항 즉, 각각의 형태와 치수를 가진 부분품을 조립하여 그것을 하나의 금형으로 꾸미기 위해 금형설계자가 해야 할 일을 알아두어야 한다. 어떠한 금형을 설계하든지 그것을 시작할 때 설계 순서를 잘 알아두어야 한다.

임의대로 하는 설계방식은 시간을 낭비할 뿐만 아니라 제작된 금형도 만족치 못한 수가 있다. 그러나 계통적으로 순서를 밟아서 하면 다음과 같은 이점이 있다.

① 일관성 있는 훌륭한 설계가 된다.
② 신속하고 용이하게 작업을 할 수 있다.
③ 수정할 사항이 보다 적어진다.
④ 도면이 깨끗해 보인다.
⑤ 금형의 각 구성부가 더욱 강하게 적용될 수가 있다.

이 장에서는 그림 1-69에 나타난 부품을 가공하기 위한 금형을 설계하는데 필요한 14단계의 과정을 설명한다.

이 과정의 순서는 주의깊게 공부하여야 한다. 왜냐하면 그것을 철저히 적용함으로써 자신이 금형을 쉽게 설계할 수 있고 또 자신이 설계를 완성했을 때 그 결과에 만족하게 될 것이다. 또 약간의 변경만으로 어떠한 금형을 설계하든지 같은 순서를 적용할 수 있을 것이다.

1-1　스크랩띠강

금형을 설계하는데 있어서 그 첫번째 순서는 프레스작업에 의해 재료가 금형으로부터 가공될 형태를 설계하는 것이다. 재료를 도면상에 표시할 때는 색선(주로 적색)을 사용하여 펀치와 다이 부분을 나타내는 복잡한 검은 선과 명확히 구분되어 보이도록 한다.

1-2　다이블록

다이블록의 3면도를 그려보면 평면도에서 다이블록은 대개 장방형일 것이다. 외형선과 펀치를 위한 선 및 블랭크 취출을 위한 구멍들은 검은 선으로 나타낸다. 점선은 다이블록의 밑면과 테이퍼구멍의 가장자리를 나타낸다. 이것은 블랭크와 슬러그의 퇴출을 위하여 벽이 테이퍼져 있기 때문이다.

블록을 다이세트에 고정시킬 나사와 다우웰 핀이 들어갈 여유를 충분히 남기도록 한다. 입면도와 측면도는 단면도로 그려지므로 내부의 구멍들을 나타내는 선들은 실선으로 그려진다. 그림 2-2

는 띠강 밑에 위치한 다이블록을 보여주고 있다.

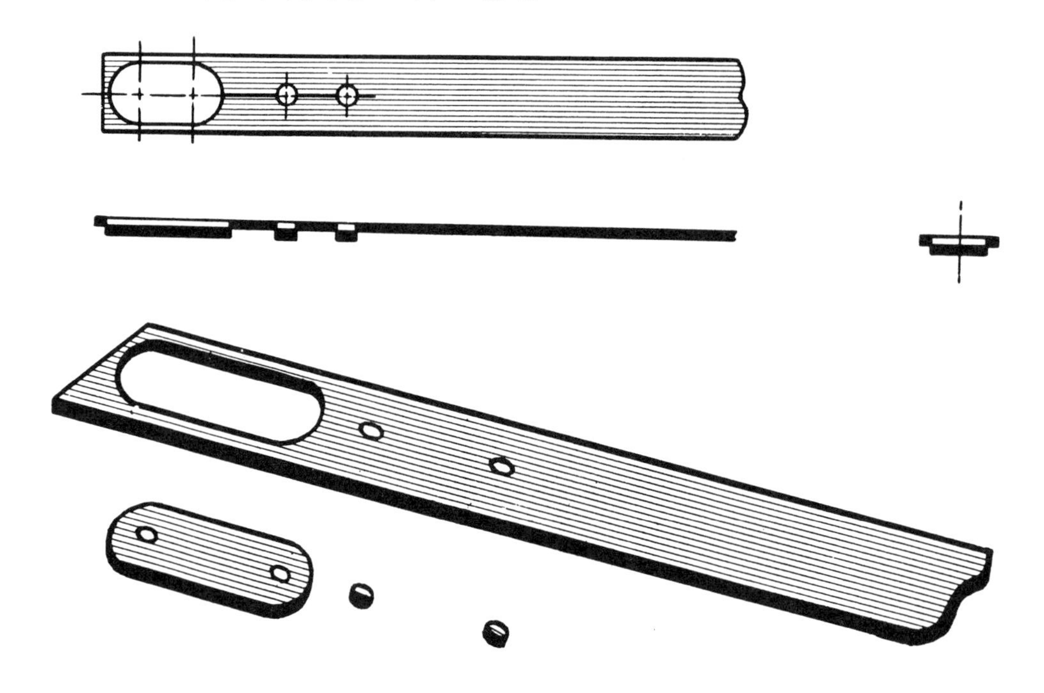

그림 2-1 프레스 작업에 의해 가공되는 재료의 형태

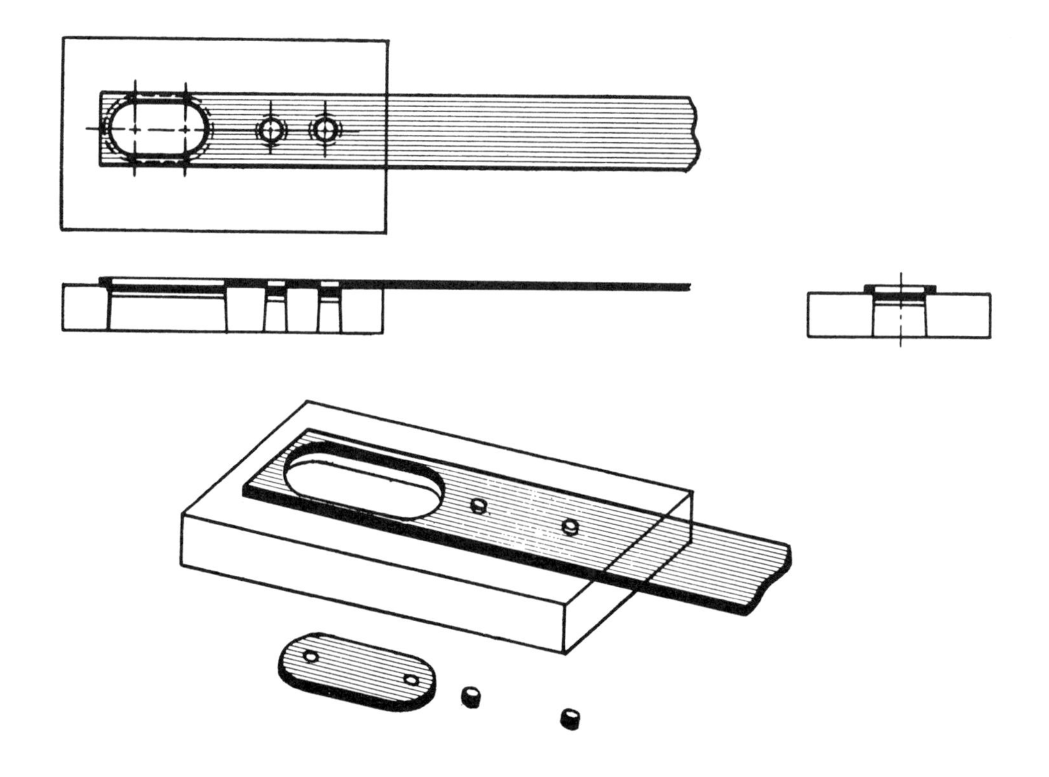

그림 2-2 다이블록과 띠강

1-3 打拔펀치

이번에는 다이블록 위에 위치하는 打拔펀치를 작도한다.

상형의 평면도를 뒤집은 상태에서 도면상부의 우측에 그린다. 즉, 펀치는 다이블록 위를 들어올려 뒤집어 그 절단날이 직접 보이는 상태로 그려진다.

플랜지 부분의 폭과 두께를 결정할 때에는 그것을 다이세트의 펀치 호울더에 고정시킬 나사와 다우웰 핀도 고려하여야 한다. 정면도 및 측면도에서 펀치는 다이블록의 윗면과 직각을 이루며 평행한 선으로 그려진다.

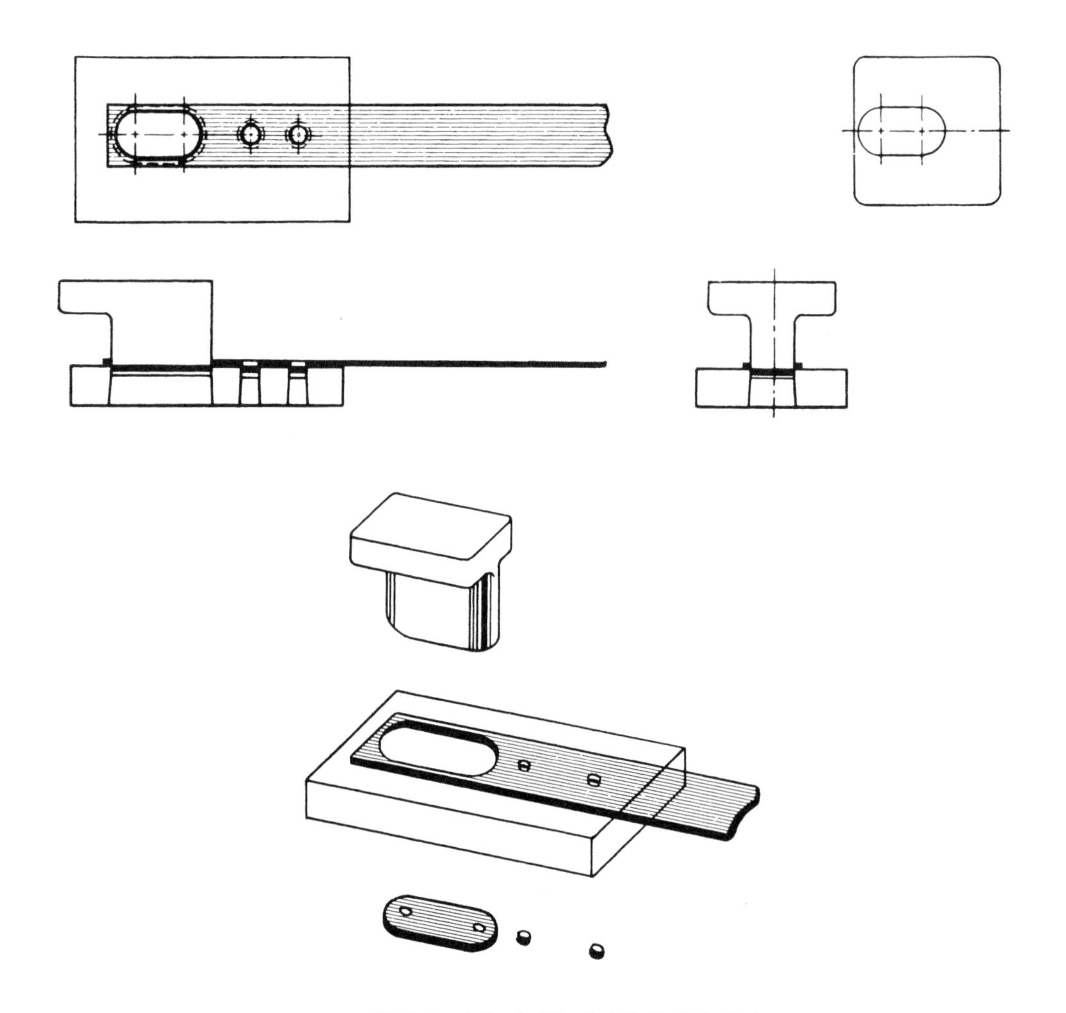

그림 2-3 타발 펀치를 추가한 금형의 구성

1-4 피어싱 펀치

피어싱 펀치의 평면도가 상부 우측에 동심원으로 나타나 있는데 이때 피어싱 펀치와 타발펀치의 형태는 다이블록의 평면도와는 뒤집어진 위치로 되어 있다는 것을 기억하여야 한다.

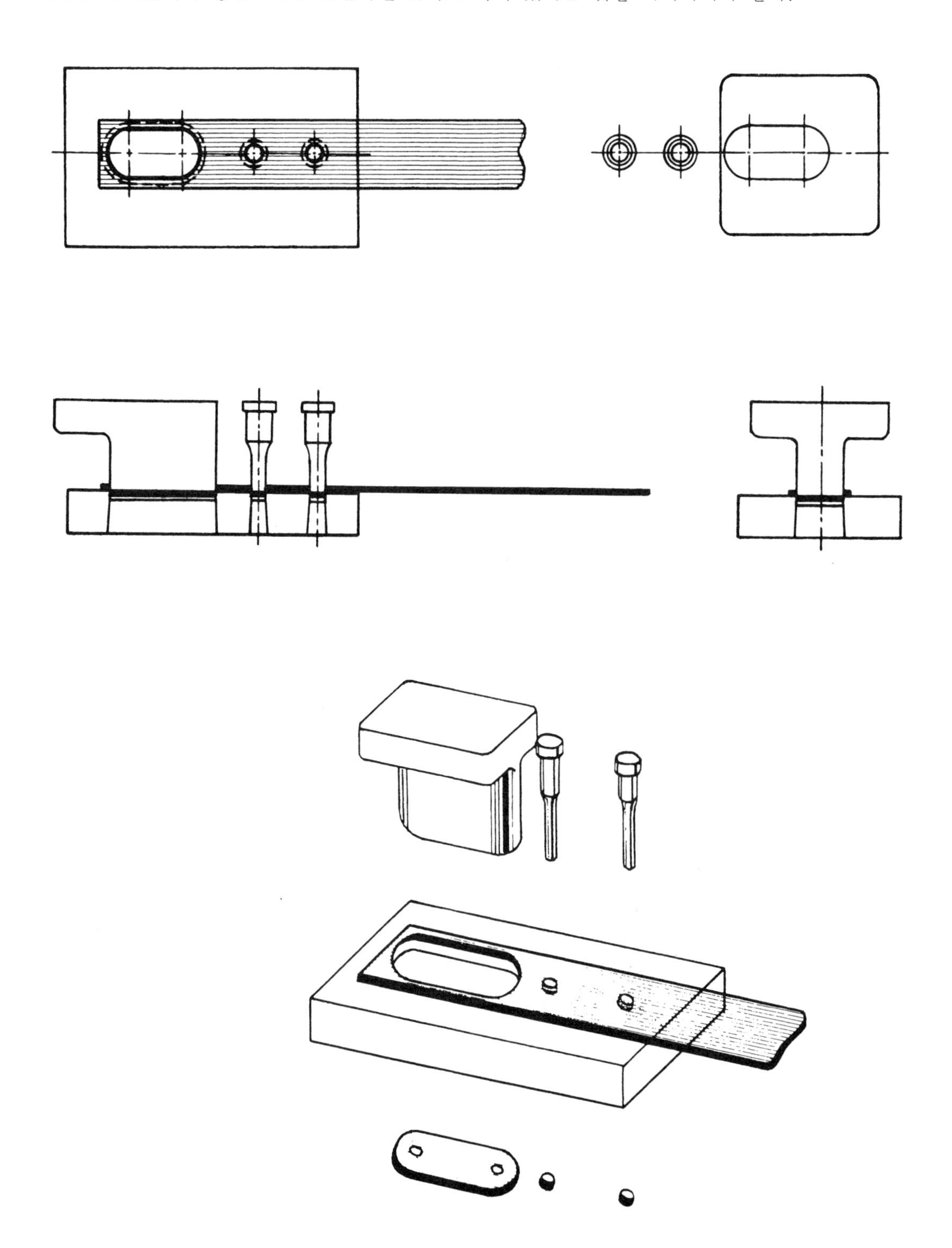

그림 2-4 피어싱 펀치가 추가된 금형의 구성

1-5 펀치 固定板(punch plate)

피어싱 펀치를 고정시킬 펀치 고정판을 도면 상부 우측에 그려 넣는다. 이 때에도 펀치 호울더에 고정시킬 나사와 다우웰 핀을 위한 여유를 고려하여야 한다.

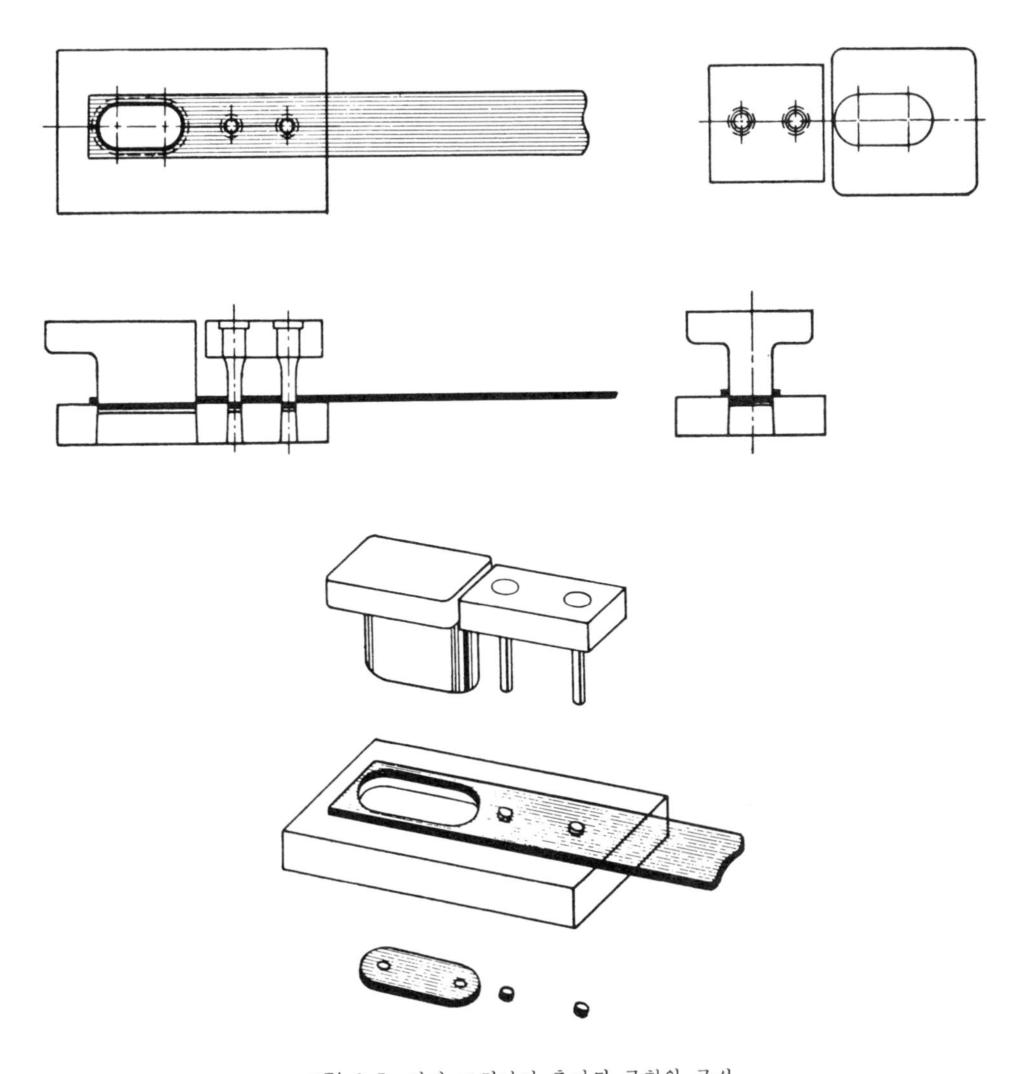

그림 2-5 펀치 고정난이 추가된 금형의 구성

1-6 파이럿(pilot)

이번에는 띠강의 위치를 정확하게 맞춰주는 파이럿핀과 그것을 타발펀치에 고정시켜 주는 너트를 작도한다. 도면에는 외곽선만 그려 넣었는데 단면을 나타내는 선은 전체적인 도면이 설계될 때까지는 그리지 않아도 된다.

밑의 우측 그림에서 파이럿핀과 파이럿고정 너트에는 동심원이 있고, 그것을 정면도에 보여주고 있는 점은 주의해서 볼 일이다.

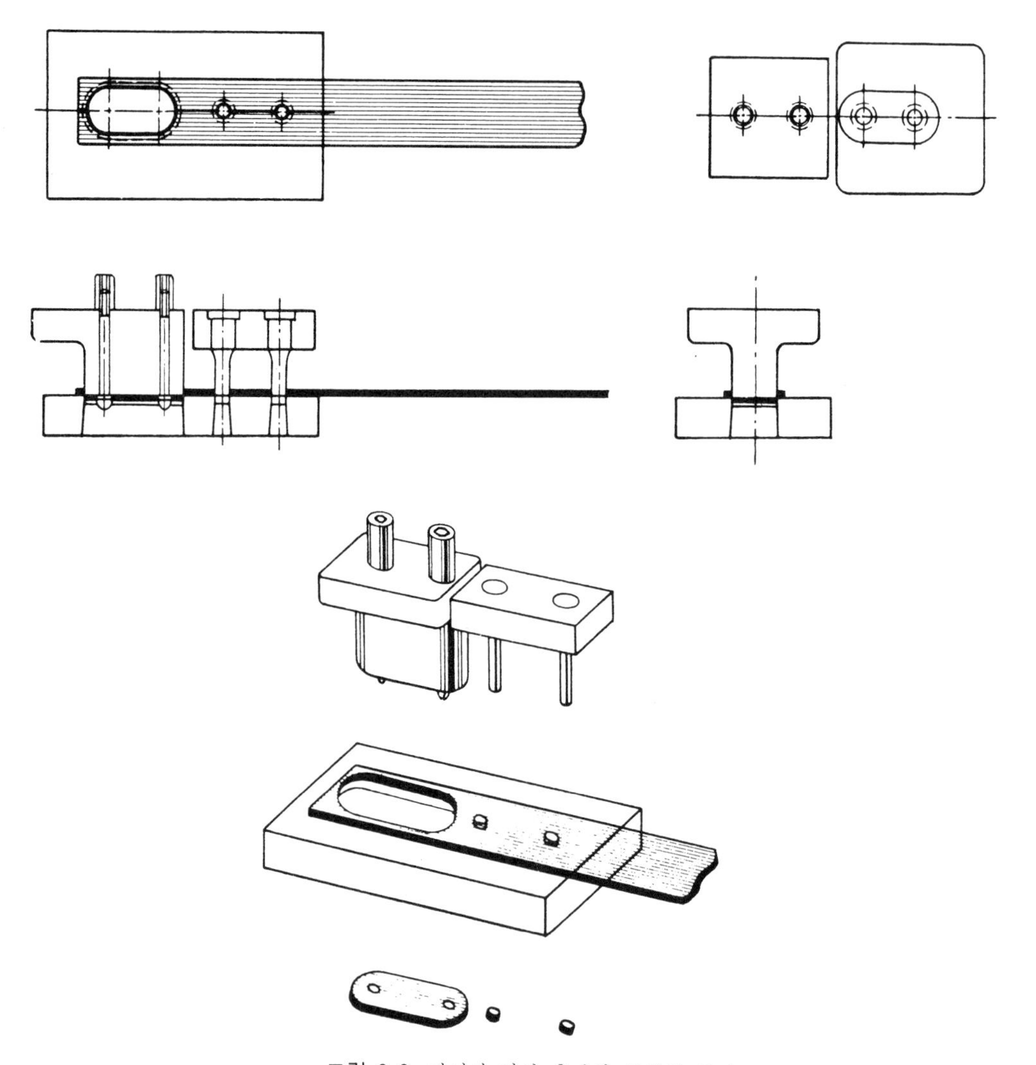

그림 2-6 파이럿 핀이 추가된 금형의 구성

1-7 位置決定 게이지

지금까지 띠강은 자리를 정하지 않고 다만 다이블록 위에 얹혀 있었다. 그러므로 이번에는 뒷쪽에 위치결정 게이지와 앞쪽에 스페이서를 설계하여 띠강이 우측으로부터 삽입되도록 안내한다. 재료받침판 A를 사용하는 경우에는 이것도 이때 그릴 수 있다. 정면도와 측면도에는 수평선을 그어서 펀치 호울더의 윗면과 다이호울더의 밑면도 이때 그려준다. 펀치 호울더와 다이 호울더는 다이세트 규격에서 취한다.

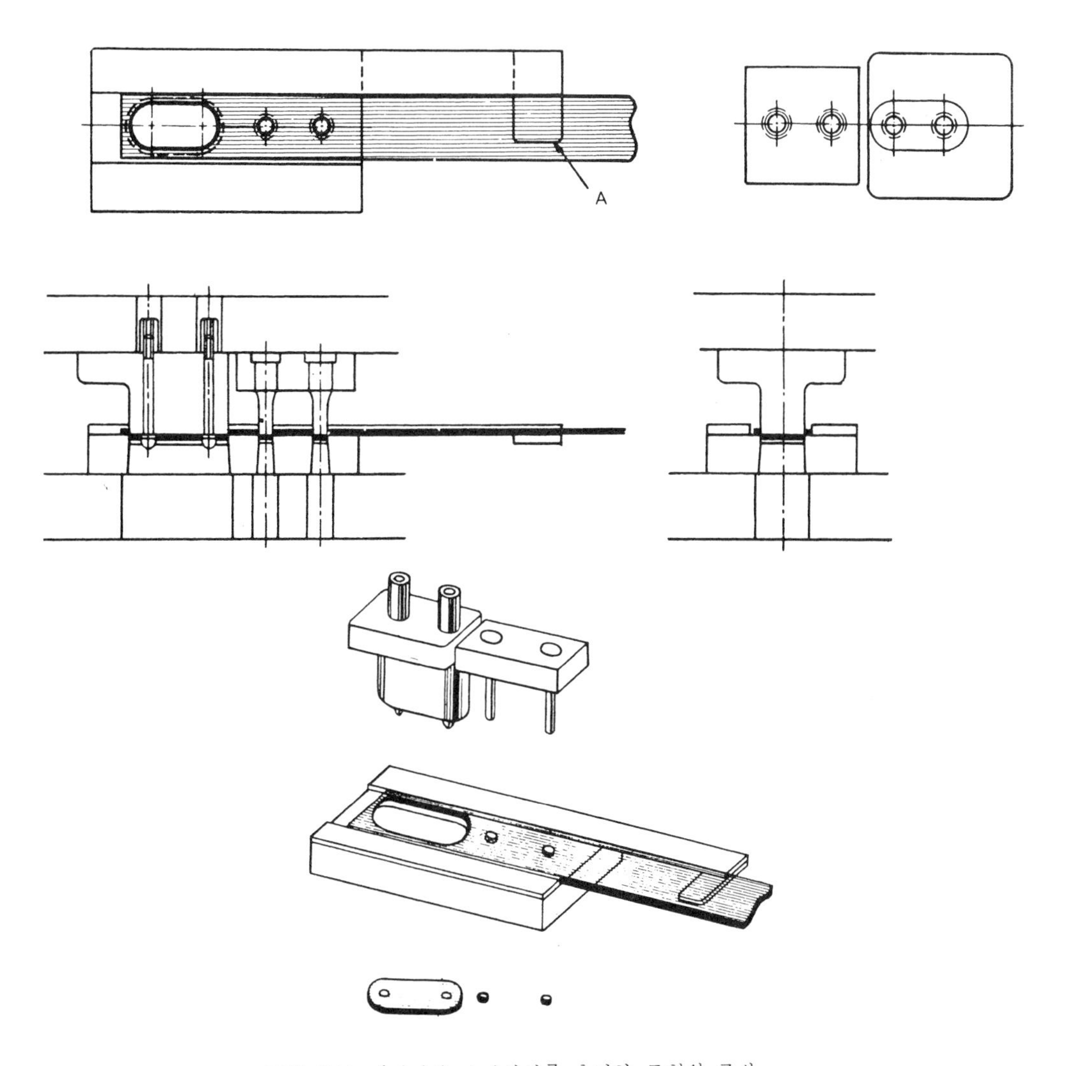

그림 2-7 게이지와 스페이서를 추가한 금형의 구성

1-8 手動停止具(finger stop)

이제 띠강은 폭방향으로는 뒷면 위치결정게이지와 앞면 스페이서 사이에 받쳐 있으나 길이 방향으로는 받쳐주는 것이 없다. 그러므로 첫 단계에서 두 구멍을 뚫어줄 때 띠강의 위치를 정해 줄 수동정지구를 설계하여야 한다.

새로운 띠강으로 작업을 시작할 때 수동정지구가 밀려 들어가고 띠강의 선단이 걸리게 된다. 프레스가 구멍을 뚫고 나면 띠강은 앞으로 전진되고 그 단이 자동정지구에 닿게 된다. 또한 이 과정에서 상부 우측 도면에 펀치생크를 그린다. 이것은 점선으로 그리는데 그 중심은 블랭킹하중의 중심과 가능한 일치되어야 한다.

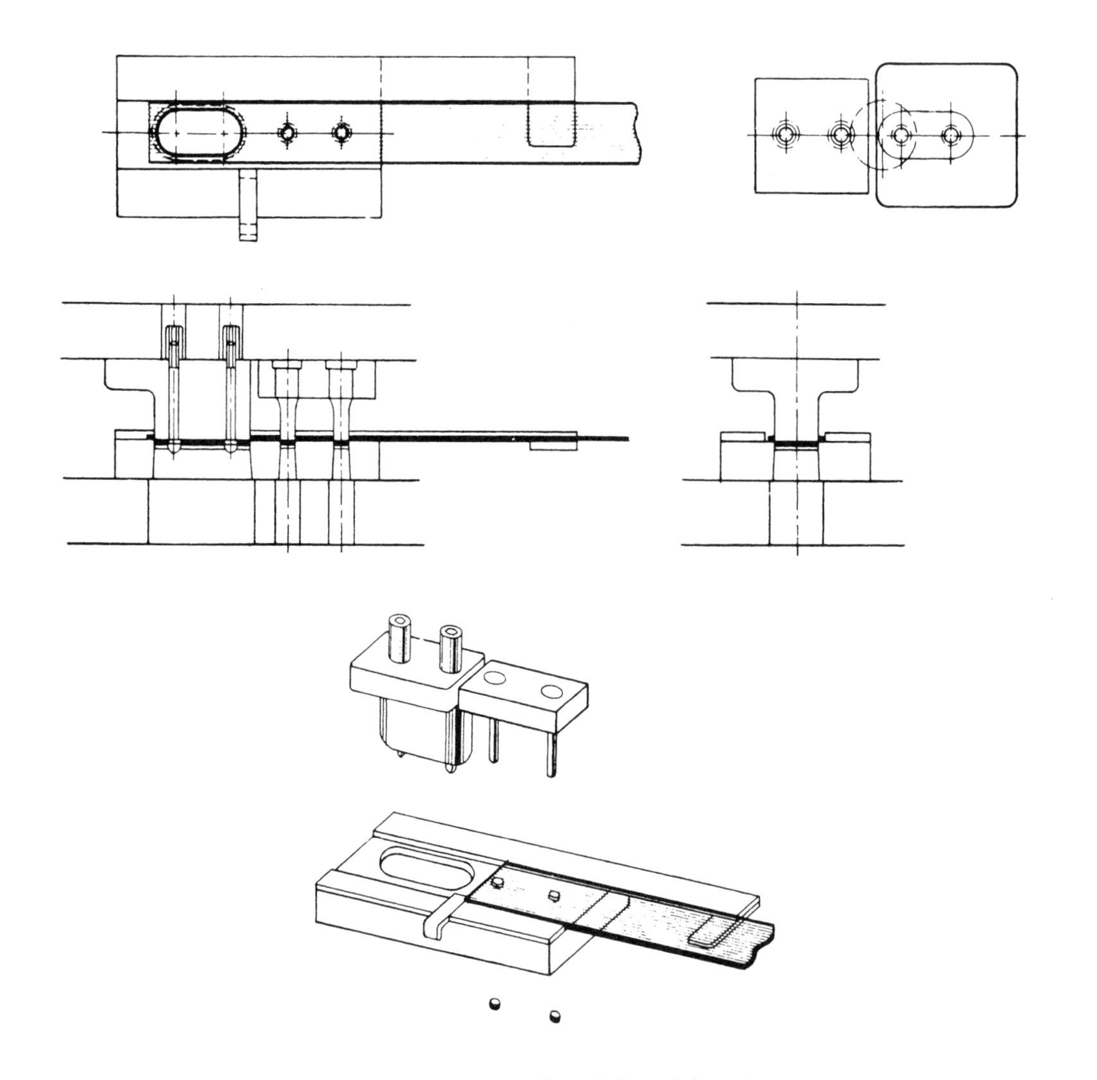

그림 2-8 수동정지구를 추가한 금형의 구성

1-9 自動停止具(automatic stop)

이번에는 매 프레스 행정마다 띠강의 위치를 정해주는 자동정지구를 적용시켜 본다. 자동정지구에는 여러 형식이 있으나 여기 보이는 것이 가장 보편적인 것이다. 작업에서는 띠강의 끝이 정지구의 굽에 닿는 것으로 자리를 잡게 된다. 프레스의 램이 내려가면 펀치 호울더에 설치된 네모난 세트스크류가 정지구의 끝에 닿아서 굽을 띠강위로 올려보낸다. 그 때 스프링이 정지구를 작동시켜 약간 돌아가게 하고 정지구의 굽이 스크랩브리지(scrap bridge) 위에 위치하게 된다. 램이 올라가면 정지구의 굽이 스크랩브리지 위로 떨어짐과 동시에 띠강이 그 밑을 전진하여 결국 정지구의 굽이 블랭크된 구멍에 떨어지게 된다. 이때 진행이 계속되다가 구멍의 우측끝 부분이 굽과 접촉되면 정지구가 다시 세트된다. 이러한 동작이 빠른 속도로 진행된다.

지금까지의 모든 선들은 엷게 그려서 각 구성부의 치수가 변경되면 쉽게 지우고 고칠 수 있도록 하였다.

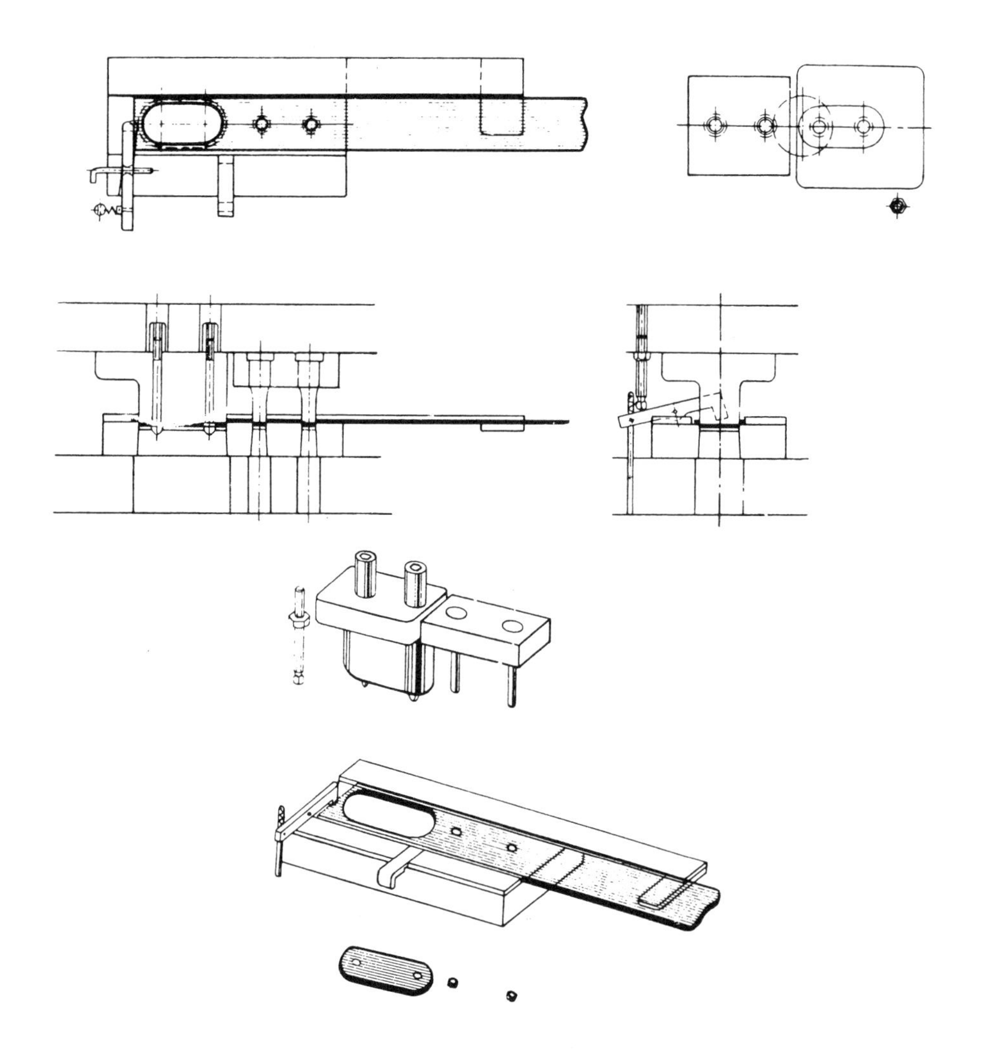

그림 2-9 자동정지구가 추가된 금형의 구성

1-10 스트리퍼(stripper)

스트리퍼는 타발 및 피어싱 펀치로부터 띠강을 제거하는 역할을 한다. 어떤 종류의 금형에서는 이 과정에서 녹아웃(knockout)을 설계한다.

녹아웃은 내부의 스트리퍼이며 블랭크 및 성형된 제품을 펀치나 다이의 내면으로부터 제거하는 것이다. 이제 좌측평면도에서 실선으로 표시되었던 스트리퍼 밑의 모든 선들은 안보이는 윤곽을 나타내므로 점선이 된다.

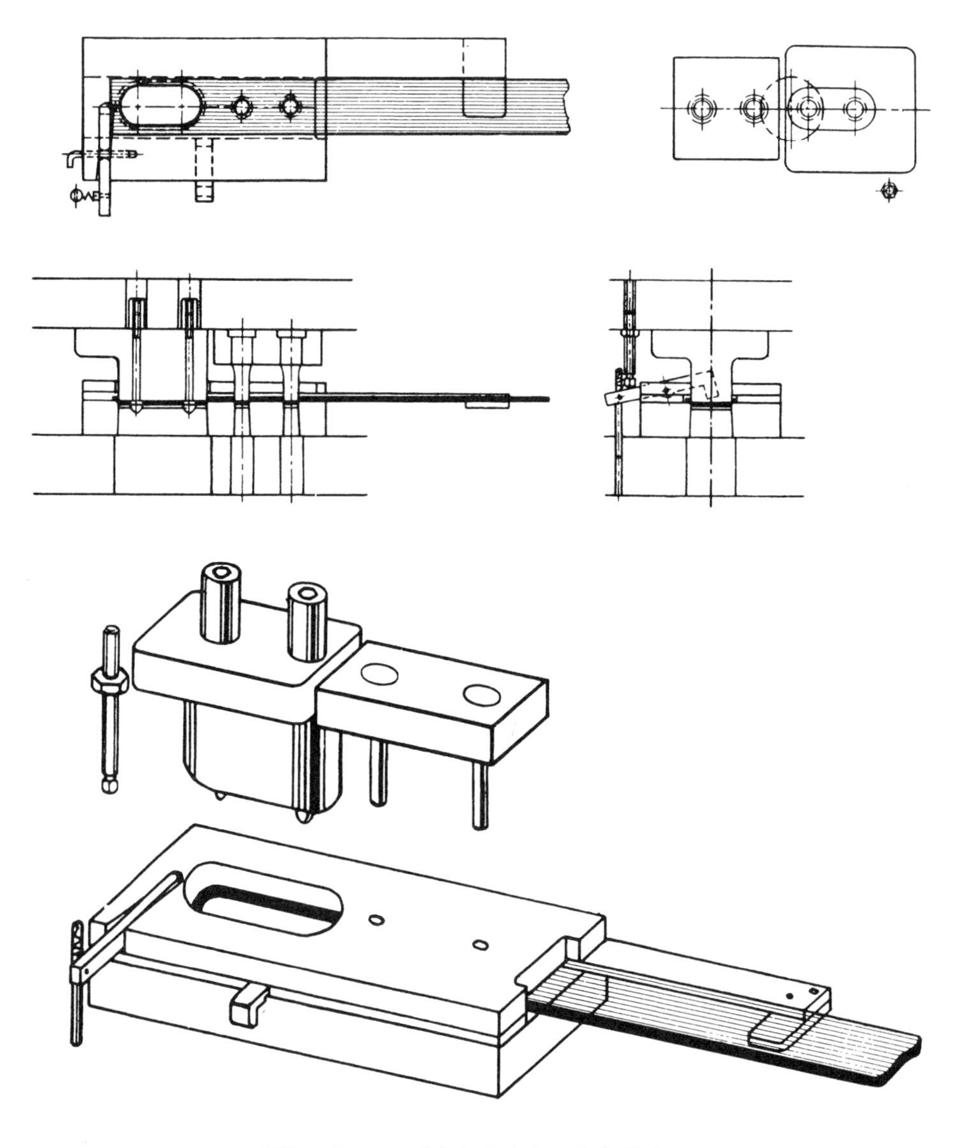

그림 2-10 스트리퍼가 추가된 금형의 구성

1-11 체결구(fastener)

이 과정에서는 나사, 다우웰핀, 기타 체결구를 그리게 된다. 프레스 금형용 다우웰핀은 같은 치수의 것을 사용하며 나사의 경우에도 같은 치수의 것을 사용하는 것이 제작상 편리하다.

체결구를 적절히 맞추는 데는 상당한 설계 능력이 요구되며 알아두어야 할 많은 원칙이 있다. 이 항에 대하여는 제 12장 「체결구의 적용법」에서 상세히 설명된다.

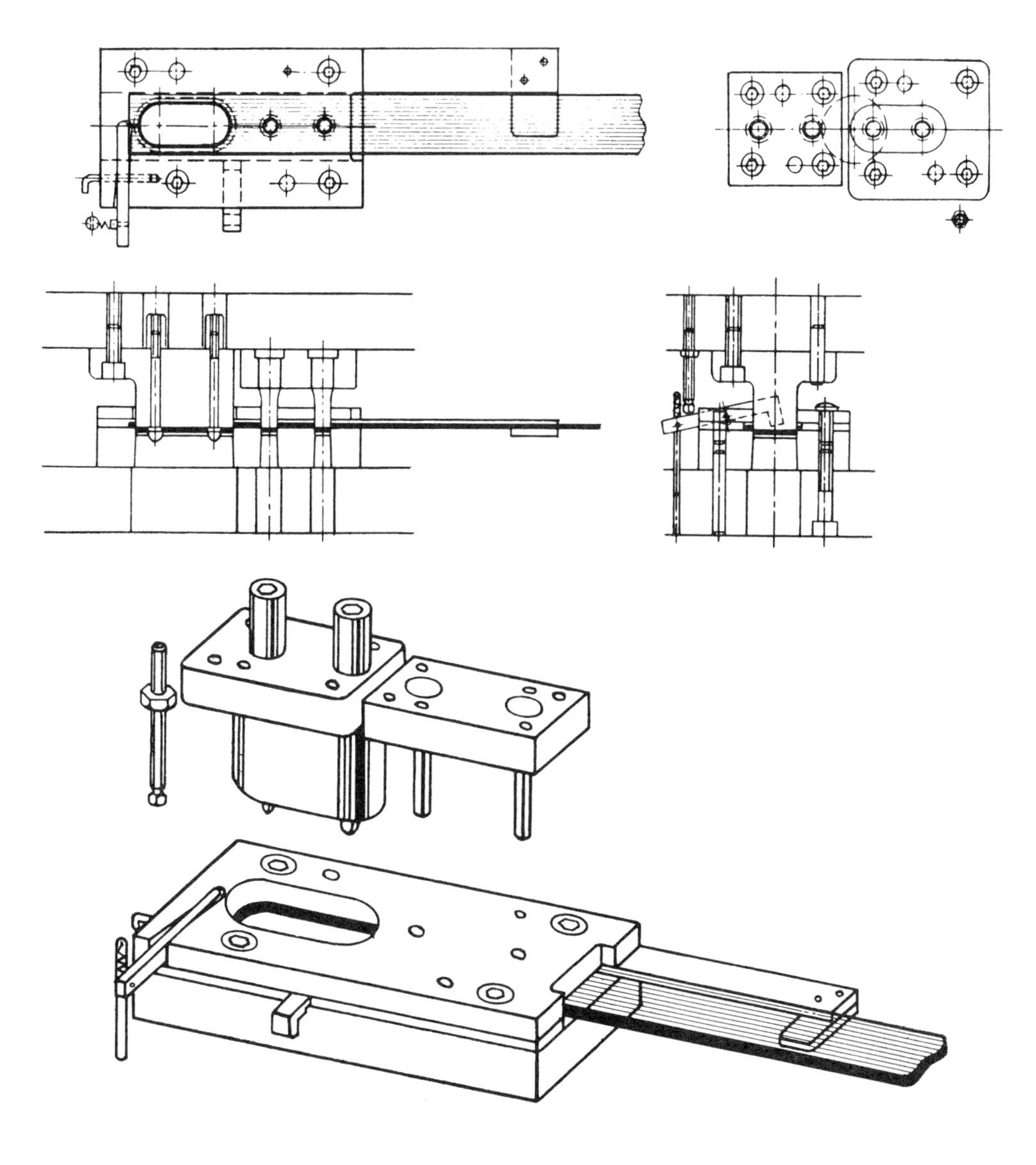

그림 2-11 체결구로 조립된 금형의 구성

1-12 다이세트

1-7항에서 정면도와 측면도상에 수평선을 그어 다이세트의 높이를 결정하였다. 1-8항에서는 섕크의 직경을 점선으로 표시하여 놓았다. 이제 적당한 크기의 다이세트를 선택하여 적용하여야 할 것이다. 다이세트는 다양한 치수와 형식이 있으며 조건에 맞는 최적의 것을 선택하여야 한다.

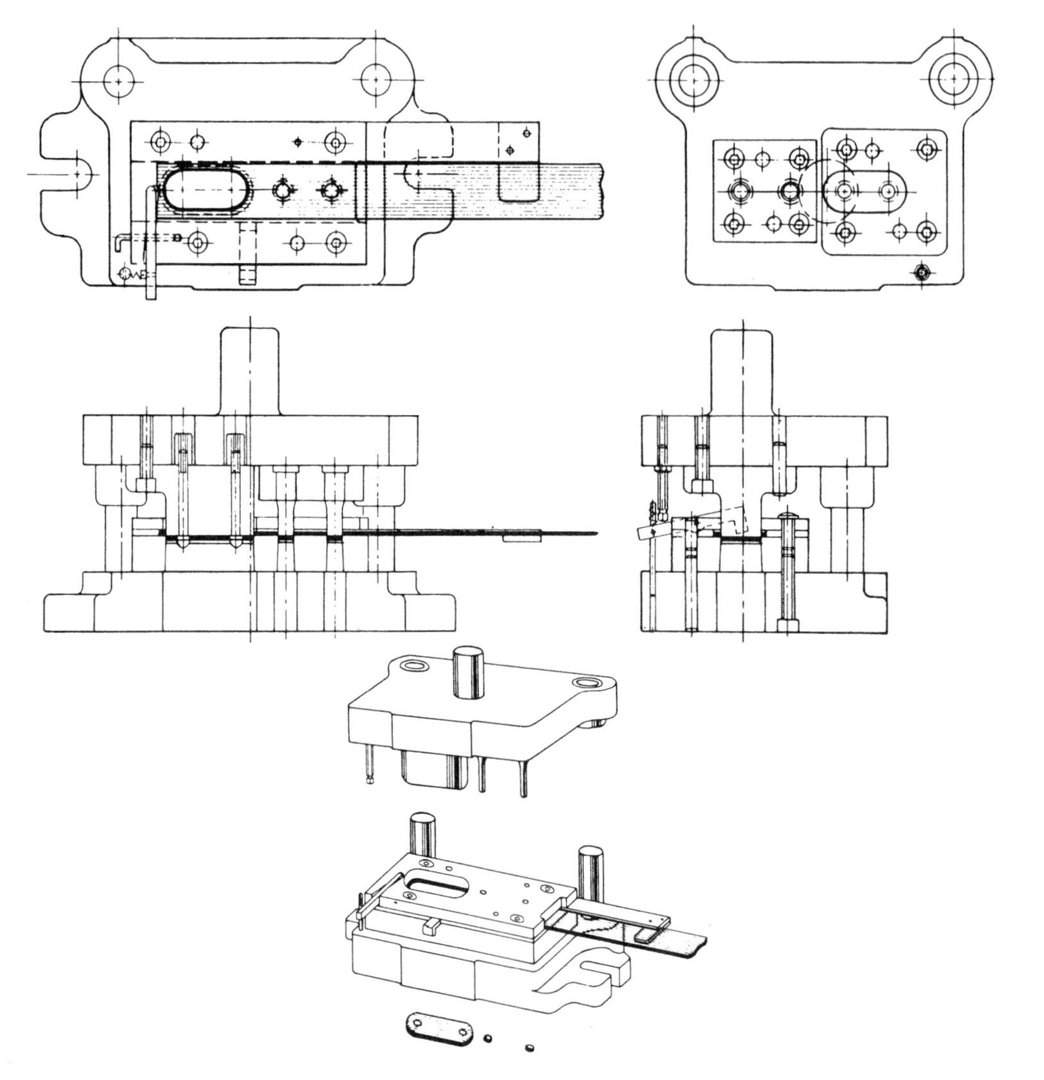

그림 2-12 다이세트에 조립된 금형의 구성

1-13 치수와 주기

이제 모든 치수와 주기를 해당된 위치에 적어 넣는다. 금형제작자가 필요로 하게 될 모든 사항은 복잡한 금형에서와 같이 별도의 상세도로 설명되지 않는한 모두 도면에 기입해야 한다.

1-14 재질목록

금형을 설계하는데 있어 최종과정은 재질목록을 기입하는 일이다. 여기에는 금형을 제작하는데 필요한 모든 구성품이 수록된다. 인쇄된 용지를 사용하지 않는 경우는 가장자리 윤곽선을 그리고 용지를 재단하면 모든 설계가 끝나게 되는 것이다.

그림 2-14는 완성된 금형도의 조립도를 보여준다. 그러면 다음 장에서부터 이 14단계의 과정을 하나 하나 상세히 공부하기로 한다.

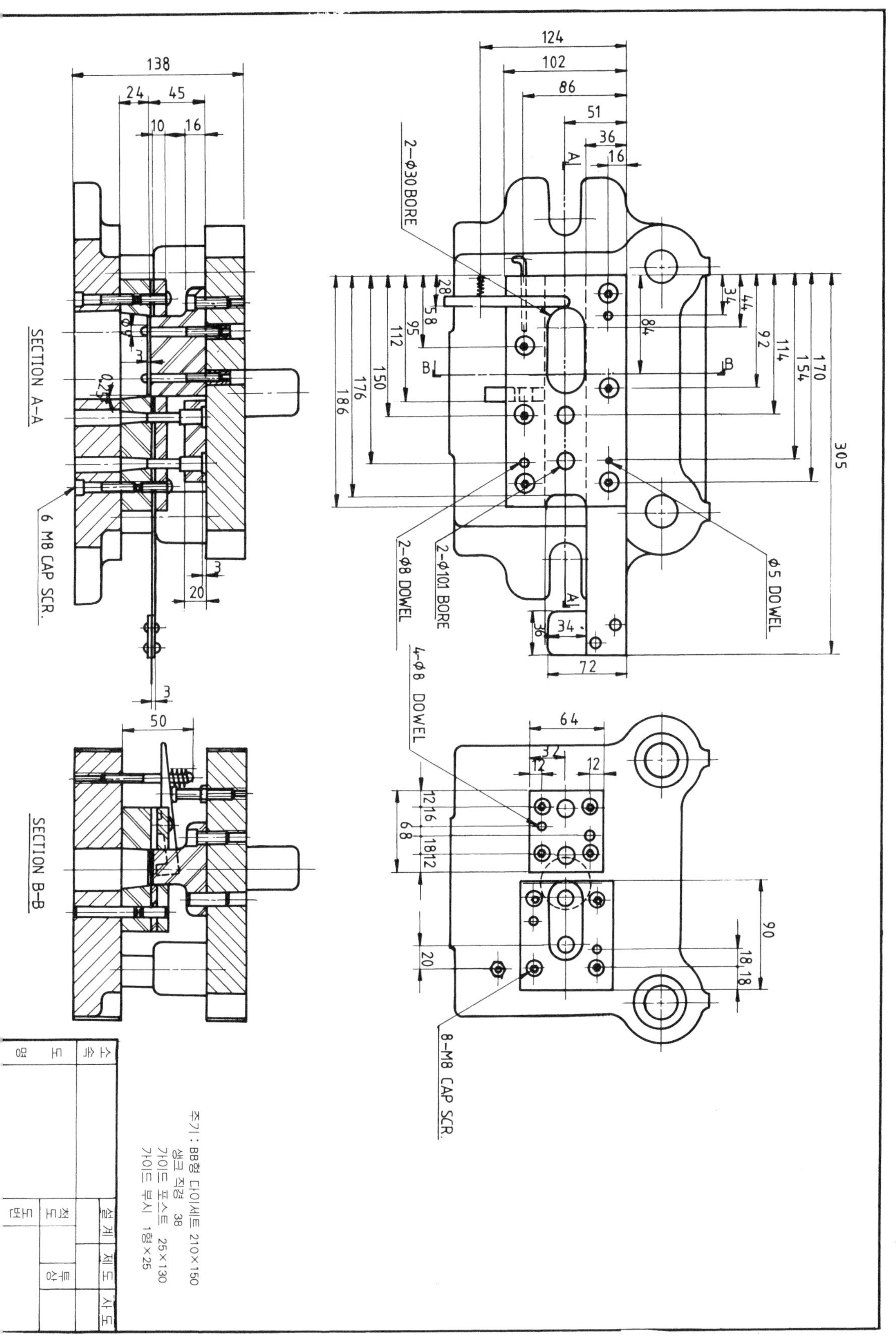

그림 2-13 치수와 주기를 명기한 금형도면

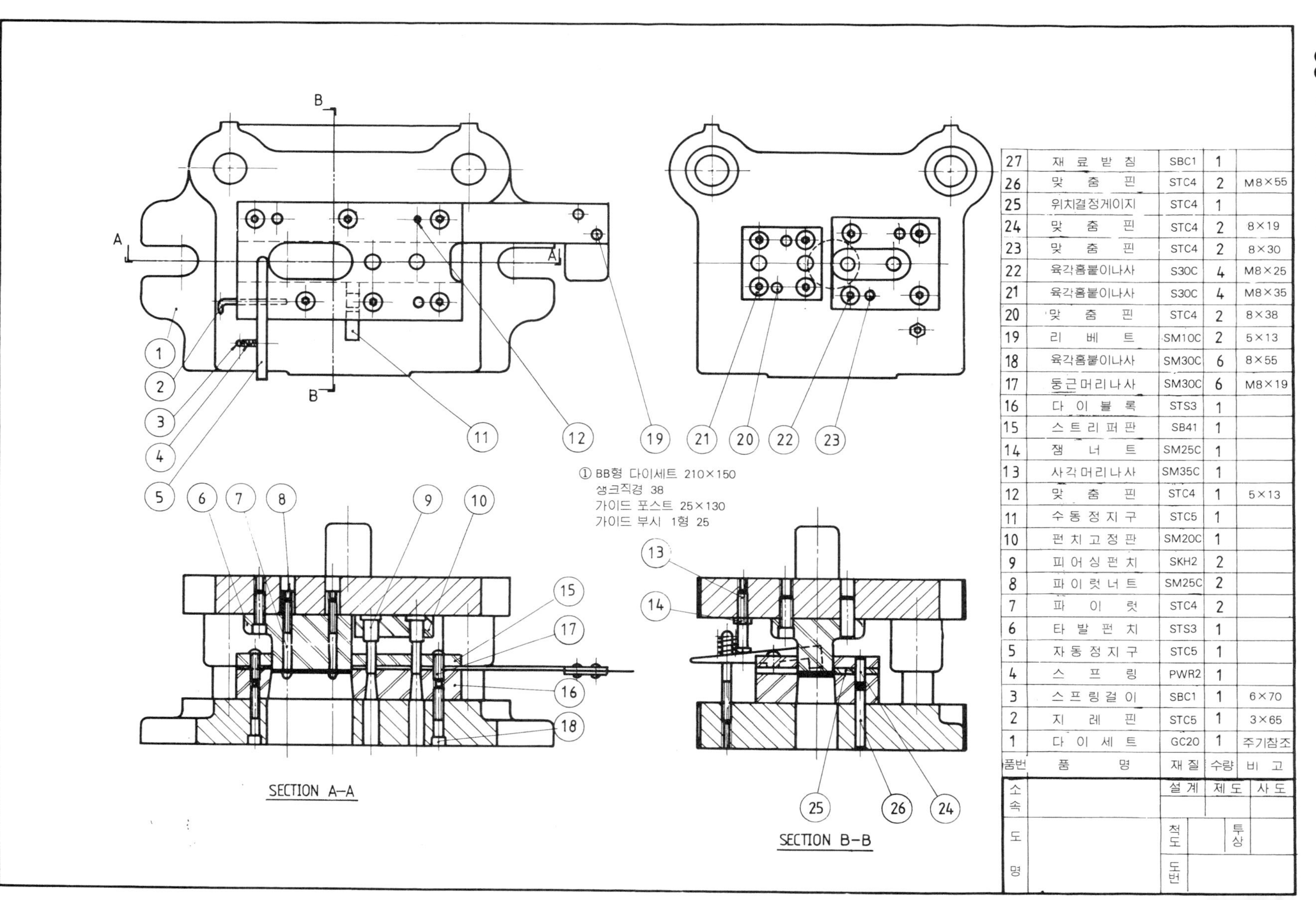

① BB형 다이세트 210×150
생크직경 38
가이드 포스트 25×130
가이드 부시 1형 25
SECTION A-A
SECTION B-B
A
B
27 재료받침 SBC1 1
26 맞춤핀 STC4 2 M8×55
25 위치결정게이지 STC4 1
24 맞춤핀 STC4 2 8×19
23 맞춤핀 STC4 2 8×30
22 육각홈붙이나사 S30C 4 M8×25
21 육각홈붙이나사 S30C 4 M8×35
20 맞춤핀 STC4 2 8×38
19 리베트 SM10C 2 5×13
18 육각홈붙이나사 SM30C 6 8×55
17 둥근머리나사 SM30C 6 M8×19
16 다이블록 STS3 1
15 스트리퍼판 SB41 1
14 잼너트 SM25C 1
13 사각머리나사 SM35C 1
12 맞춤핀 STC4 1 5×13
11 수동정지구 STC5 1
10 펀치고정판 SM20C 1
9 피어싱펀치 SKH2 2
8 파이럿너트 SM25C 2
7 파이럿 STC4 2
6 타발펀치 STS3 1
5 자동정지구 STC5 1
4 스프링 PWR2 1
3 스프링걸이 SBC1 1 6×70
2 지레핀 STC5 1 3×65
1 다이세트 GC20 1 주기참조
품번 품명 재질 수량 비고
소속 설계 제도 사도
도명 척도 투상 도번

第 2 章　材料의 板取展開法

금형설계의 첫 과정은 띠강에서 모든 작업이 끝났을 때 그것이 나타낼 모양을 정확히 설계하는 일이다. 스탬핑 비용의 50~70%는 재료비이다.

따라서 재료의 판취전개법이 곧 프레스 작업의 성패를 좌우하는 것이다. 블랭크의 위치를 잘 잡아서 재료의 최대 면적이 제품생산에 이용되도록 해야 할 것이다.

재료의 판취전개를 어떻게 하느냐에 따라 금형부속의 형태와 치수를 결정하게 될 것이다.

2-1　基本 블랭크 形態

대부분의 블랭크 형태는 그림 2-15에 나타난 것중의 하나가 될 것이다. 그와 같은 예는 블랭크 작업을 위해 부품 윤곽에 맞는 효과적인 재료설계를 할 수 있는 기초가 될 것이다. 그림에서와 같이 원형의 블랭크는 두 줄로 판취전개를 함으로써 재료를 절약할 수 있다.

실제로 프레스에서 가공되는 제품은 복잡한 윤곽을 가지고 있으나 잘 연구하면 이와 같은 기본 형태의 몇 가지가 합쳐서 구성되어 있다는 것을 알 수 있게 된다.

2-2　블랭크의 位置決定

재료에 블랭크의 위치를 결정하는 데는 여러 가지 방법이 있으나 그 옳은 방법의 선택은 부품의 형태, 생산량 및 그 부품이 굽힘가공 ―이것은 재료의 압연방향에 영향을 받기 때문이다―될 것인가에 따라 영향을 받는다.

(1) 單列板取法

그림 2-16에 나타난 바와 같이 몇 가지 방법이 있다.

좌측 그림은 재료가 수직, 수평 또는 경사방향으로 한번 진입하여 제품이 가공되는 배열이고, 우측 그림은 일단 한쪽 방향으로 가공된 다음에 재료를 뒤집어서 진입시켜야 하므로 재료를 금형에 두번 통과시켜야 한다. 두번 나가는 설계에서는 10~15%의 노무비가 더 들고 작업자는 그것이 금형요소에 걸리지 않도록 주의를 기울여야 한다. 그러나 블랭크가 크고 스크랩에 의한 재료손실이 많을 때에는 그와 같은 설계로 절약되는 재료비가 노무비를 상쇄하게 된다.

그림 A는 띠강으로부터 최대로 많은 제품을 따낼 수 있고 재료도 덜 들기 때문에 유리한 방법이나 2차 작업에서 그 부품이 굴곡가공을 받는다든지 생산된 부품이 굴곡변형을 받는 부위에 사용이 될 때는 B의 방식을 이용해야 할 경우도 있다. 때로는 재료 절약이 될 수도 있고 굴곡 부위에 사용할 수 있는 이점이 있다.

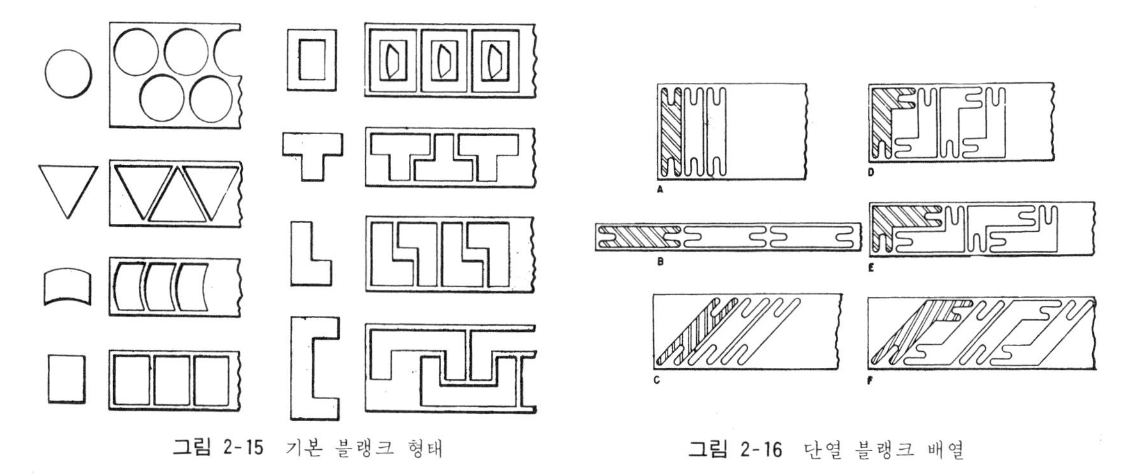

그림 2-15 기본 블랭크 형태

그림 2-16 단열 블랭크 배열

(2) 2列板取法

그림 2-17의 A, B와 같은 배열은 더욱 재료를 절약할 수 있으나 재료(띠강)는 금형을 두번 통과하여야 한다. 그러나 그림 C, D와 같이 2개의 펀치와 다이를 설치하여 1스트로크에 2개의 블랭크를 가공하는 방법을 택하게 되면 보다 고속으로 생산할 수 있을 것이나, 이것은 경제적인 문제를 충분히 고려하여야 할 것이다.

(3) 3列板取法

그림 2-18에 세줄로 가공되는 순차이송식 판취법을 보여주고 있다.

A그림은 와셔를 고속으로 생산하기 위한 배열이고, B그림은 타원형의 블랭크를 생산하기 위한 배열이다. 이렇게 여러 줄로 블랭크를 생산하고자 할 때는 프레스의 용량과 생산조건을 고려하여 설계를 하여야 한다.

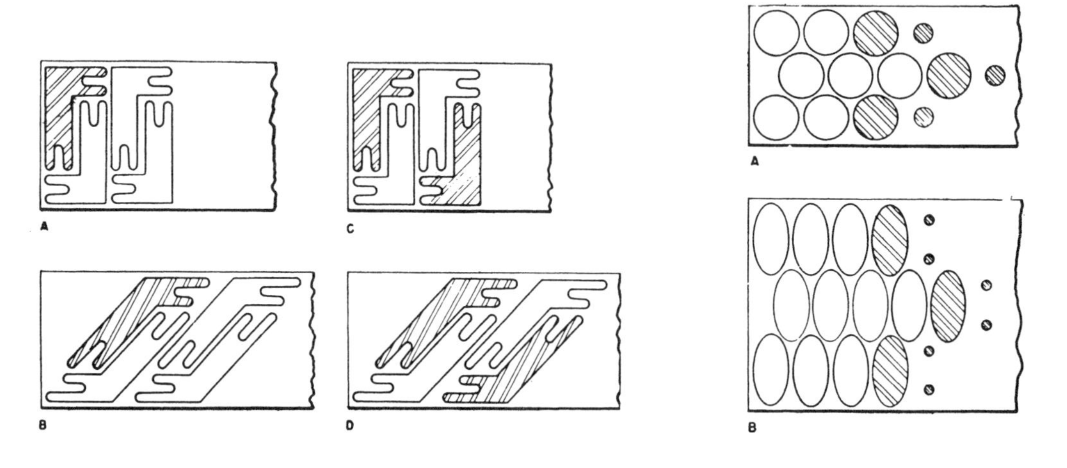

그림 2-17 2열 블랭크 판취

그림 2-18 3열 블랭크 판취

2-3 部品의 板取展開

재료의 판취전개를 위한 부품의 분석은 대단히 중요한 것이다. 다음의 부품도를 분석해 본 결과, 치수의 허용범위가 충분하여 복합 금형보다는 2단 순차이송금형을 이용할 수 있을 것으로 판단된다. 이와 같은 금형에서는 구멍을 1단계에서 뚫고 부품을 2단계에서 타발 가공하는 것이다. 그림과 같은 부품의 판취를 위한 전개법은 다음과 같다.

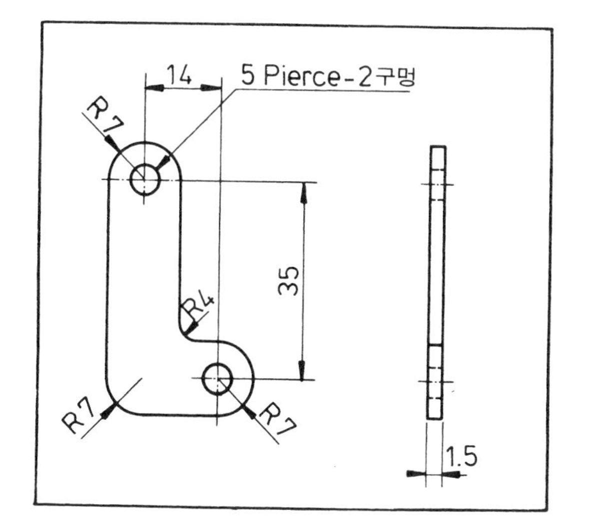

그림 2-19 부 품 도

(1) 1列 板取法

이 방법은 넓은 폭으로 띠강을 판취하는 경우와 좁은 폭으로 띠강을 판취하는 경우로 나누어지나 모두 재료의 결실(欠失)이 많다.

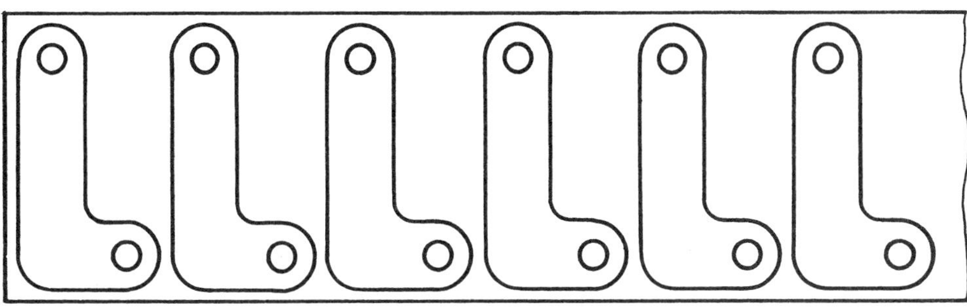

(a) 넓은 폭으로 판취되는 경우

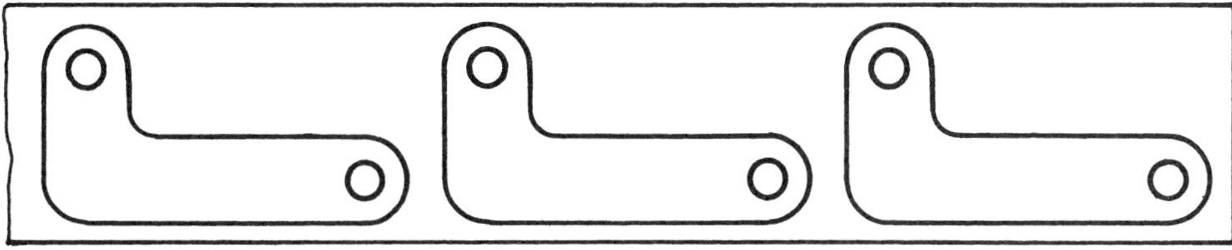

(b) 좁은 폭으로 판취되는 경우

그림 2-20 일렬 판취법의 예

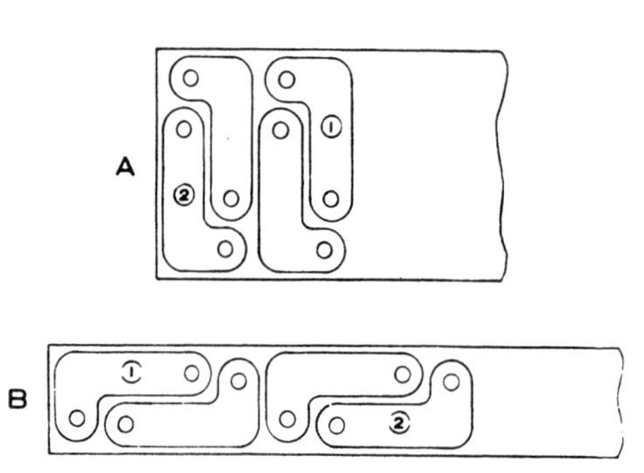

그림 2-21 2열 판취의 예

(2) 2列 板取法

2열 판취법은 재료면에서는 경제적인 방법이기는 하나 설계자를 난관에 빠뜨리게 할 수 있다. 2열 도치법을 적용할 경우 재료는 첫줄로 재료가 가공될 때 휘고 변형되어 2열째 가공될 때는 달라붙고 끼이게 된다. 그러나 ①번과 ②번을 동시에 가공하는 2열 판취법에서는 그러한 문제점은 다소 줄어드나 양산(mass production)이 아닌 경우에는 제작비가 많이 들어 원가에 미치는 영향이 크다.

(3) 네스팅法

불규칙한 윤곽을 갖는 블랭크는 적당한 위치에 나란히 포개 놓을 수 있을 것이다. 부품 가공을 위해 가장 좋은 네스팅(nesting) 위치는 판취전개에 앞서 이루어져야 한다. 이 때의 요령은 그림 2-22와 같이 부품을 종이 위에 정확히 그리고 그 위에 트레이싱지를 올려놓고 부품의 윤곽을 복사한다.

가장 좋은 네스팅 위치를 찾을 때까지 부품도 위에서 트레이싱지를 움직인다. 그림 2-23이 이 부품으로서는 가장 좋은 네스팅 위치일 것이다.

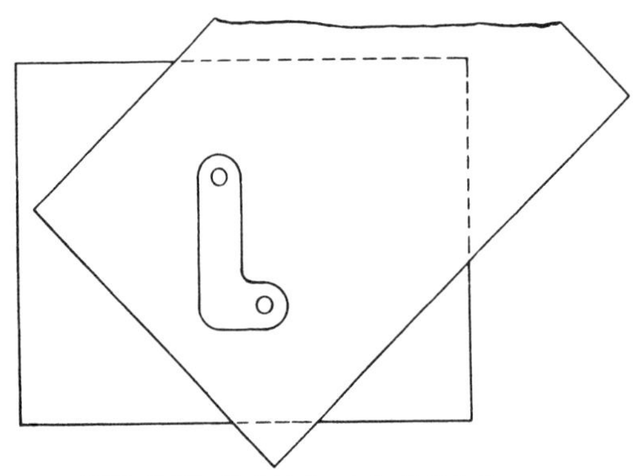

그림 2-22 트레이싱 지에 부품복사

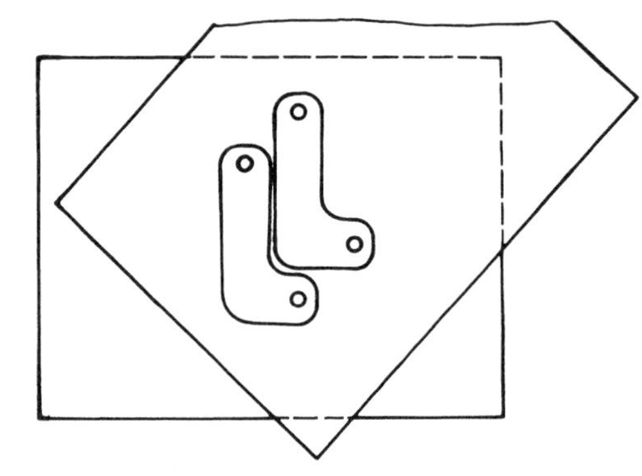

그림 2-23 제2의 부품복사

다시 평행선 A를 긋고 이송브릿지 간격을 고려하여 B를 그어 세번째 블랭크의 전사할 위치를 잡게 된다.

이제 단면 브릿지 간격을 적용하게 되면 완전한 판취전개가 끝나는 것이다.

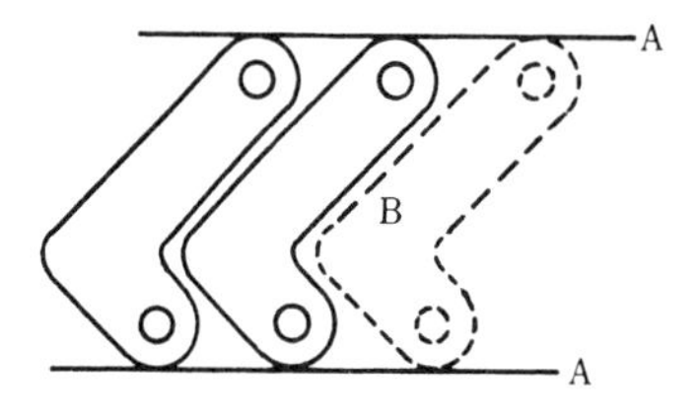

그림 2-24 세번째 블랭크의 전개

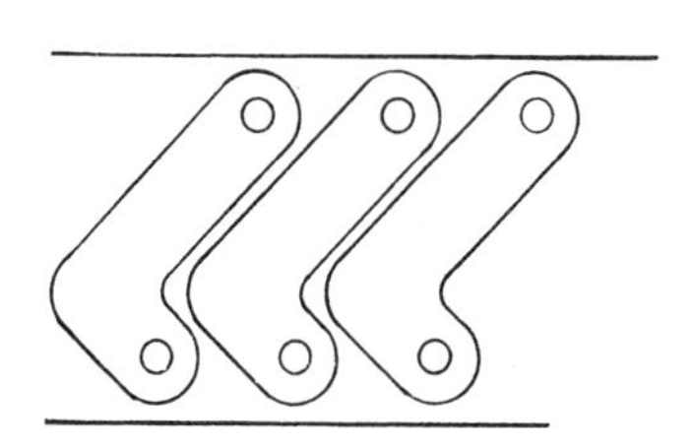

그림 2-25 완전한 판취전개

이제 완성된 판취전개는 그림 2-26과 같이 4가지 방법으로 가공될 수 있다. 부품의 윤곽에 따라 좋은 방법을 선택하여야 할 것이다. 이와 같은 그림은 그림 2-25로부터 모두 전사할 수 있다.

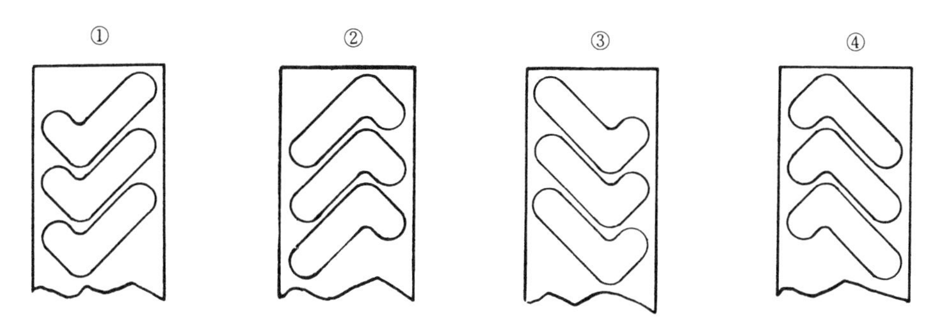

그림 2-26 띠강이 금형을 지나가는 4가지 방법

2-4 피어싱과 打拔 펀치의 位置

그림 2-25의 판취전개를 통해서 피어싱 펀치와 타발 펀치의 전개도를 만들어 그림 2-27과 같이 띠강의 4가지 진행법과 일치시킨다. 각각의 그림에서 윗쪽의 직선은 위치결정 게이지를 나타내며 띠강이 금형을 지나가는 동안 이것이 그 위치를 바로 잡아준다.

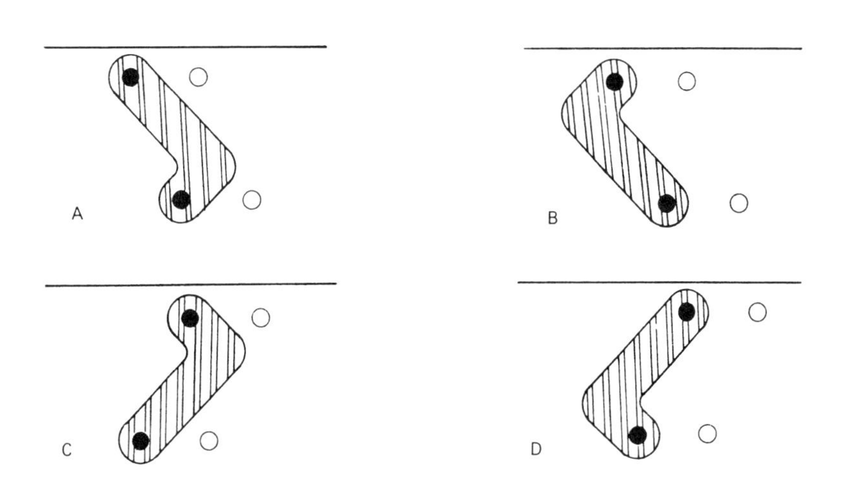

그림 2-27 펀치 배열에 따른 블랭크의 판취

2-5 板取展開에 對한 檢討

(1) 재료를 그림 2-27의 A 및 C와 같은 펀치 설계를 통해 진행시키는 경우 그림 2-28의 착점 1에서 재료는 될 수 있는 한 타발펀치 가까이 적용시킨다. 프레스가 직접 작동한다면 피어싱 펀치 A가 첫 구멍을 뚫게될 것이나 이 지면설계에서는 원형으로 그려진다. 착점에서 띠강은 피어싱 구멍이 블랭킹 펀치의 안내구 B와 일치될 때까지 전진한다. 역시 프레스가 작동된다면 타발 펀치 C

가 부분적 블랭크를 만드는 것과 동시에 피어싱 펀치는 두개의 구멍을 가공하게 될 것이다.

지금 지면에서는 타발 펀치 둘레를 따라 선을 그리고 2개의 피어싱 구멍을 그려, 실제로 프레스가 하듯 이 작업을 복사해 보는 것이다.

착점 3에서 재료는 다시 피어싱 구멍들이 안내구와 일치할 때까지 전진한다. 프레스가 작동하면 완성된 블랭크가 생기고 두개의 피어싱 구멍이 뚫릴 것이다.

이와 같은 판취전개를 통하여 띠강의 스크랩은 그림 2-29의 A와 같을 것이며, 여기서 빠져 나온 부품들은 B그림과 같을 것이다.

A 그림에서 우리는 큰 잘못을 발견할 수 있는 것이다. 착점 2에서 절단된 슬러그 C가 다이블록 위에 남게 되어 금형을 파괴시키거나 가공정도에 크게 영향을 주게 된다.

그림 2-27의 C의 경우는 A의 경우를 뒤집어 놓은 것과 같으므로 모든 현상은 A의 경우와 같다.

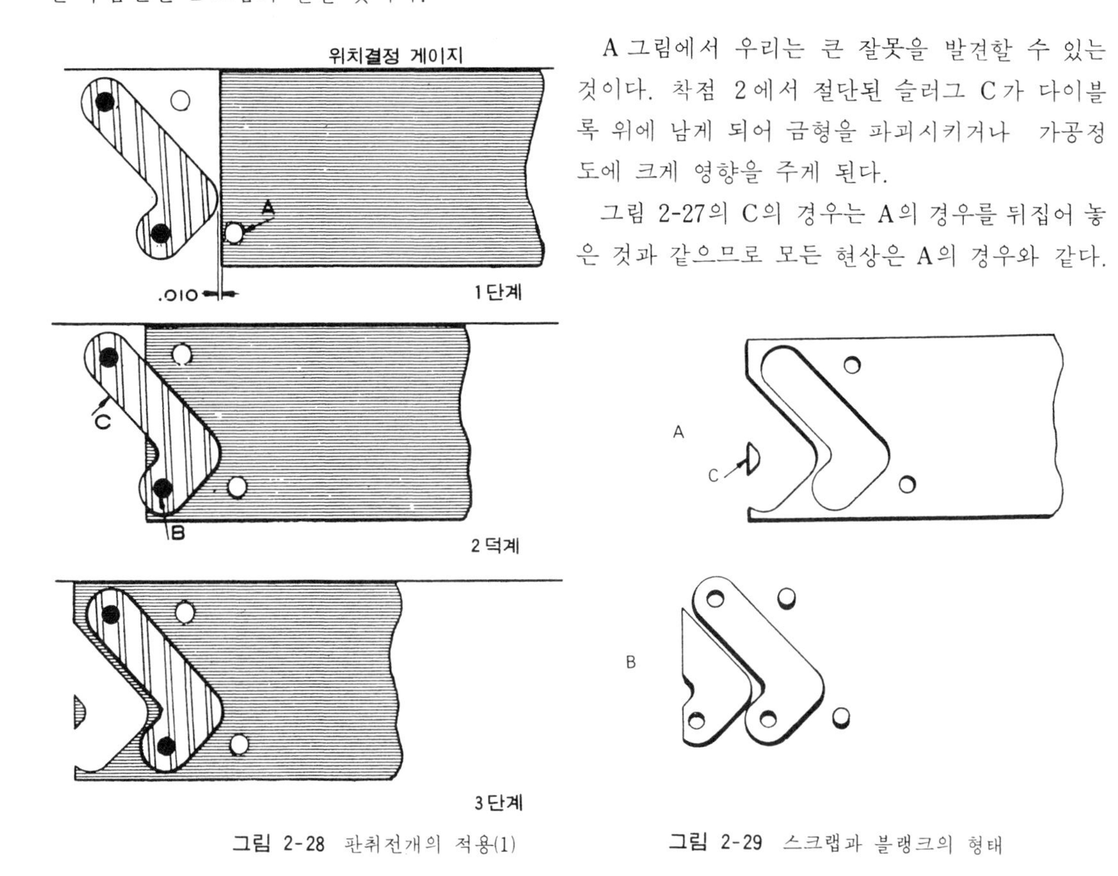

그림 2-28 판취전개의 적용(1)

그림 2-29 스크랩과 블랭크의 형태

(2) 재료를 그림 2-27의 B 및 D와 같은 펀치설계를 통하여 진행시키는 경우 착점 1에서는 재료를 타발펀치 가까이 가져 갈 수가 없다. 만일 그렇게 한다면 피어싱 펀치 A도 부분적으로 절단해야 하므로 파괴될 위험이 크다. 따라서 피어싱 펀치에 가까이 가져갈 수 있는 수동정지구를 이용한다. 착점 2에서 안내구 C가 재료의 위치를 정할 것이다. 타발 펀치 D는 부분 절단을 하게 되고 피어싱 펀치는 두개의 구멍을 뚫게 된다. 착점 3에서 타발 펀치는 완전한 블랭크를 절단해 낸다.

그림 2-31의 A에 나타난 것은 그림 2-30의 금형으로 생겨난 스크랩띠강이고 B는 그 띠강으로부터 따내진 부품들이다. 다이블록 위에는 앞에서와 같은 슬러그는 남겨져 있지 않으나 C와 같이 부분 슬러그를 남긴다는 것은 좋지 못하다. 이 슬러그는 다이 구멍내에서 구속받지 못하므로 프레스 램이 올라갈 때 타발펀치 표면에 달라붙을 수 있고 다시 다이블록 위에 떨어질 수 있다. 또한

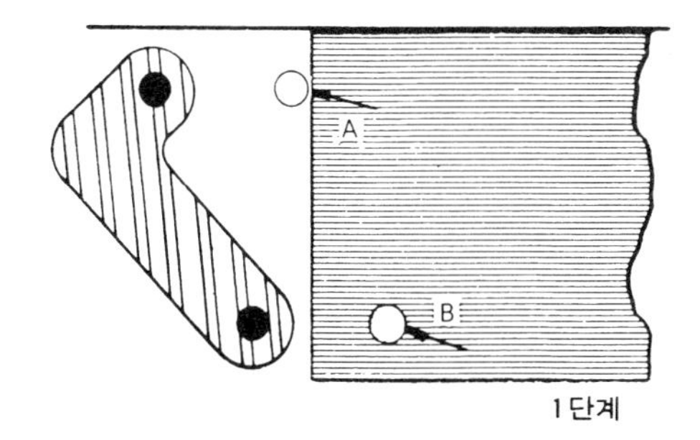

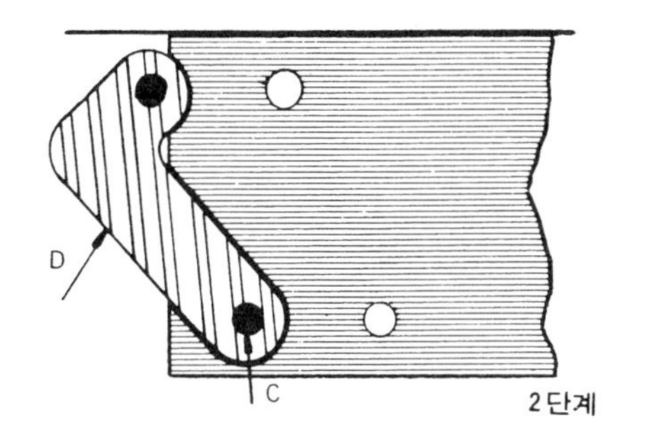

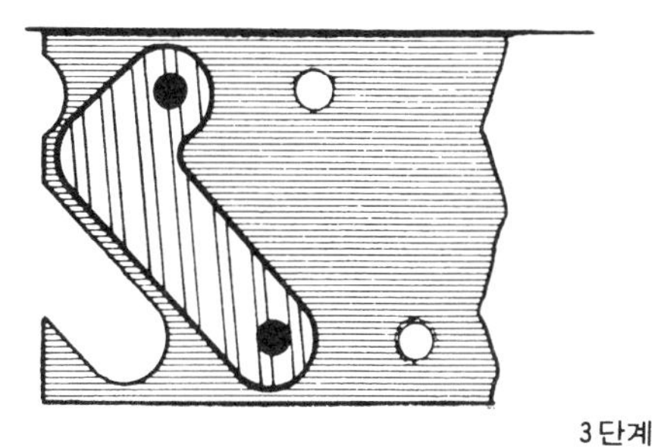

그림 2-30 판취전개의 적용(2)

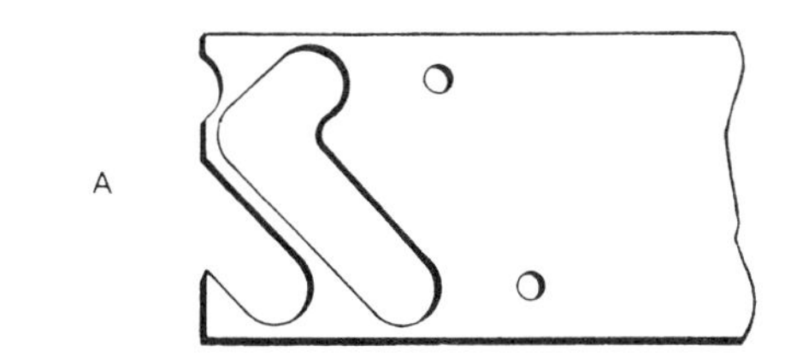

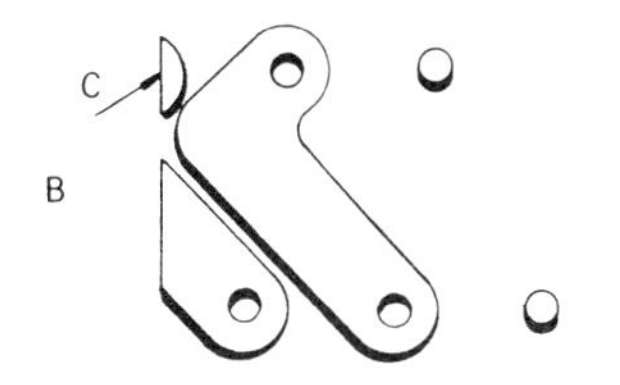

그림 2-31 스크랩과 블랭크의 형태

이 설계의 나쁜점은 타발펀치가 한 쪽으로만 길고도 받침 없는 절단 즉, 균일하지 못한 절단은 한쪽 가장자리에서만 절단이 일어난다는 것이다. 펀치가 재료를 뚫고 지나가면 측면으로 추력이 발생하여 펀치를 뒤로 미는 경향이 있고, 그 결과 다이세트의 가이드포스트와 부싱에 마모를 증대시켜준다. 가이드포스트와 부싱의 마모가 심해지면 펀치는 흔들리게 되어 금형의 수명이 단축되는 결과를 가져온다.

그림 2-27의 D의 경우는 B의 경우를 뒤집어 놓은 것과 같으므로 모든 현상은 B의 경우와 같다.

2-6 板取展開에 對한 修整

이제 4가지 방법을 살펴 보았는데 모두 금형을 만드는데 어려움이 있었다. 그러나 약간의 설계 변경으로 우수한 판취전개를 할 수 있다는 것을 말해주고 있다. 블랭크의 각도를 바꿔줌으로서 그 문제점을 해결할 수 있을 것이다. 다른 한 장의 트레이싱지에 그림 2-32와 같이 블랭크 간격을 A와 같이 좀 크게 두어 그린다. 앞에서와 같은 방법으로 제 3 의 블랭크를 전사하고 나면 그림 2-25보다 수평선과의 각도가 작은 새로운 판취전개를 얻게 된다. 이것을 기초로 또 다른 피어싱 및 타발펀치 위치를 설정하고 그를 통해 재료를 진행시킨다.

착점 1에서 띠강은 블랭킹 펀치에 최대로 가깝게 전입시키고 피어싱 구멍 A를 그린다. 변경된 각도 때문에 그림 2-29에서 C와 같은 슬러그가 생기지 않게 된다. 절단하는 힘의 안배도 잘 된다. 착점 3에서 완전한 블랭크가 띠강으로부터 절단된다. 자동정지구 D가 띠강의 진행을 제한하여 각 전단작업에 앞서 위치를 잡아 주는 것을 주의깊게 살펴야 할 것이다.

그림 2-35는 스크랩띠강의 모양과 그것으로부터 절단된 블랭크와 슬러그를 보여주고 있다. 이들

부품에 대한 설계는 충분한 지식을 가지고 안전하게 설계를 함으로써 훌륭한 금형을 만들 수 있는 것이다.

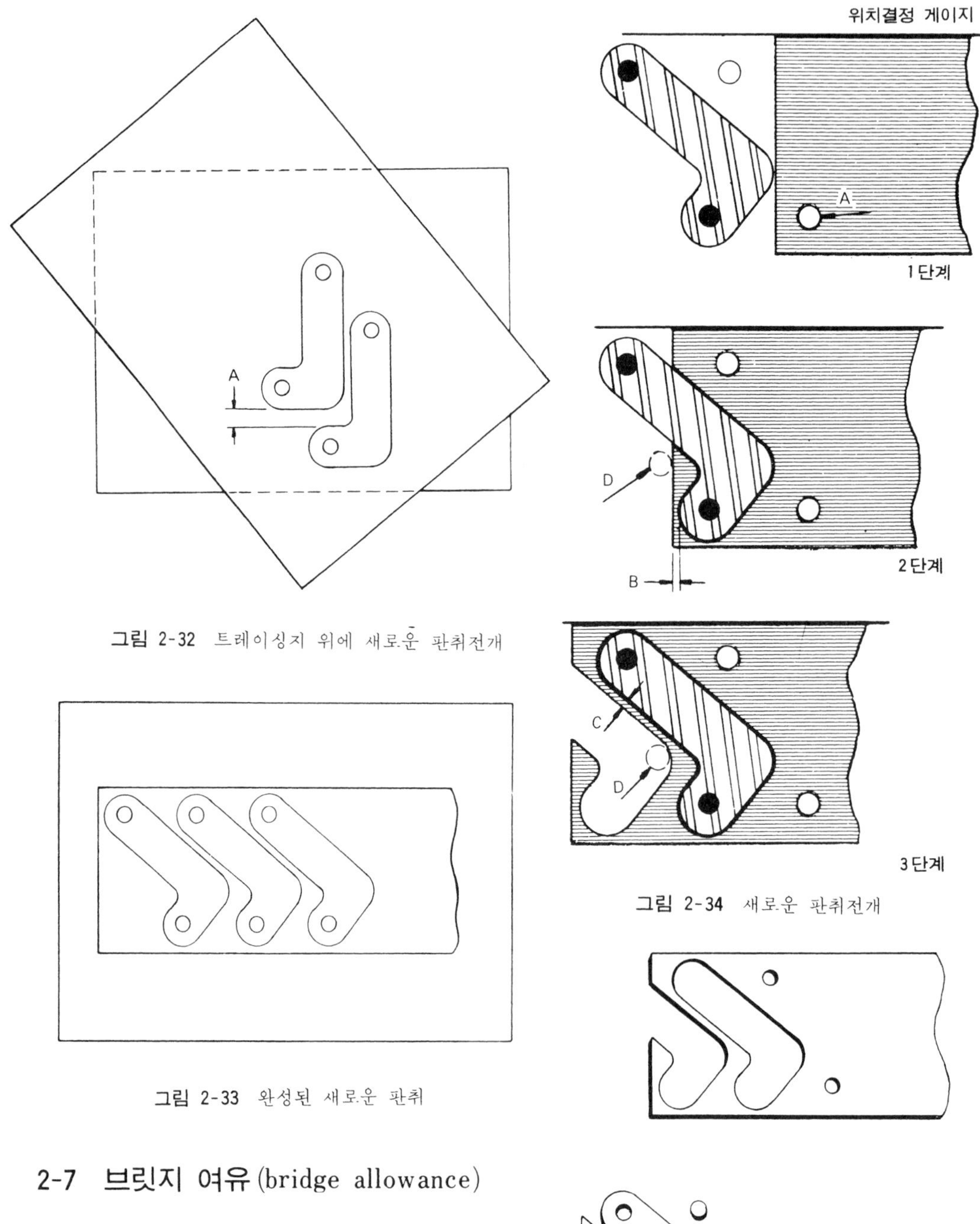

그림 2-32 트레이싱지 위에 새로운 판취전개

그림 2-33 완성된 새로운 판취

그림 2-34 새로운 판취전개

2-7 브릿지 여유(bridge allowance)

블랭크와 블랭크 사이, 블랭크와 재료의 단면 사이에 적당한 부릿지 여유를 준다는 것은 대단히 중요하다. 그러나 여유를 많이 주게 되면 재료 이용률이 떨어지게 된다. 또한 여유가 너무 적게

그림 2-35 스크랩과 블랭크의 형태

되면 제품이 불량으로 되거나 스크랩띠강이 가공중에 절단되어 작업을 지연시킬 수도 있게 된다.
각종 블랭크 형상에 따른 브릿지 여유는 다음과 같다.

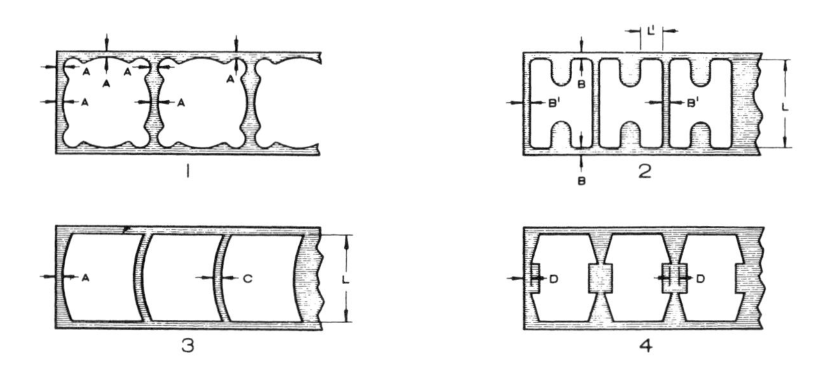

곡 선 부 : A=0.7 t
직 선 부 : L(또는 L′)가 60㎜ 이하일 때 B(또는 B′) : 1.0t
L(또는 L′)가 60~200㎜ 일 때 B(또는 B′) : 1.25 t
L(또는 L′)가 200㎜ 이상일 때 B(또는 B′) : 1.5 t
평행곡선 : L가 60㎜ 이하일 때 C≒1.0 t
L가 60~200㎜ 일 때 C=1.25 t
L가 200㎜ 이상일 때 C=1.5 t
예 각 부 : D=1.25 t 이상

그림 2-36 각종 블랭크의 브릿지 여유

2-8 材料利用率

일반적으로 블랭크 판취전개의 좋고 나쁨은 재료이용률의 비율로 나타난다. 이용률이란 재료중량(또는 면적)에 대한 제품중량(또는 면적)의 비율로 표시한다.

즉,

$$\eta = \frac{g_1}{g_2} \times 100\%$$

g_1 : 제품의 중량(또는 면적)
g_2 : 재료의 중량(또는 면적)

따라서 이용률이 나쁘다는 것은 제품원가에 미치는 영향이 크기 때문에 40~50% 정도의 낮은 이용률의 것은 피해야 할 것이다.

第3章 다이블록의 設計

어떤 특정한 금형에 쓰일 다이블록을 설계하는데 영향을 미칠 수 있는 요소는 부품의 치수 및 두께, 부품 윤곽의 복잡성 및 금형의 형태 등이다. 사무용 기기의 부품생산을 위한 작은 금형은 보통 단체 다이블록을 사용한다. 부품 윤곽이 비교적 복잡한 것에 대해서는 기계가공, 경화열처리, 연마 등을 용이하게 할 수 있도록 분할된 다이블록을 만들게 된다. 다음에 설명하는 것은 소형, 중형 및 대형의 전단가공 금형에 적용되는 다이블록에 대한 것 들이다.

3-1 다이블록의 適用

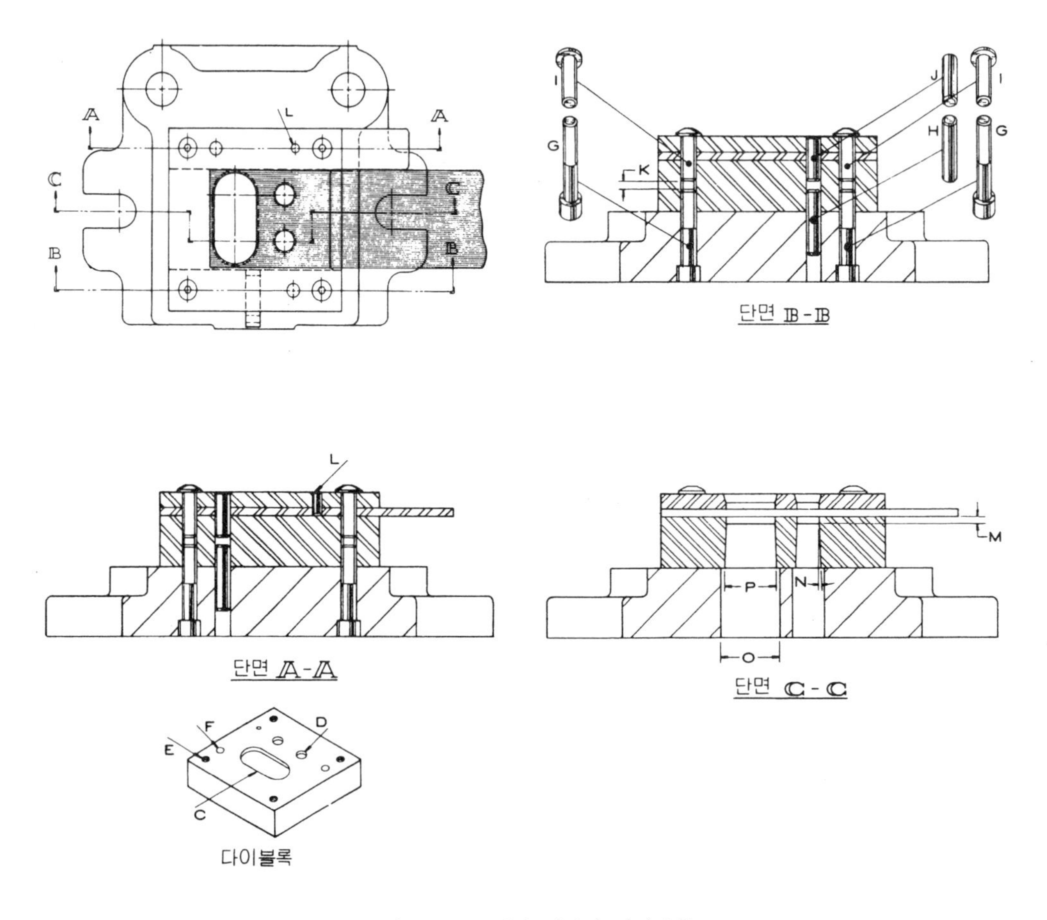

그림 2-37 금형에 설치된 다이블록

피어싱가공에서는 제품치수가 펀치에 영향을 받으나 타발가공에서는 다이의 인선치수가 제품치수에 절대적인 영향을 준다.

그림 2-37은 소형금형에 적용된 다이블록을 보여주고 있다.

다이블록에는 블랭킹 구멍 C와 피어싱 구멍 D가 뚫어져있고, 4개의 체결용 구멍 E가 태핑되어 있고, 두개의 위치결정용 다우웰핀 구멍 F가 관통하여 리이밍가공되어 있다.

단면도 A-A 및 B-B는 체결방법을 보여주고 있다.

네개의 육각홈붙이 나사 G가 다이블록을 다이호울더에 고정시키고 두개의 다우웰 핀 H가 위치를 잡아주고 있다. 4개의 둥근머리 나사 I가 스트리퍼판과 게이지를 다이블록에 고정시키고 두개의 다우웰핀 J가 정확한 위치를 유지시키고 있다.

간격 K는 다이블록이 마모되었을 때 재연삭하기 위한 여유로 보통 5~7mm를 준다. 작은 다우웰핀 L은 위치결정게이지의 오른쪽을 스트리퍼판에 위치결정하기 위해 사용된다.

단면도 C-C는 펀치를 위한 구멍들을 보여주고 있다. 직선 랜드부의 길이 M은 3mm를 두며, 틈새 여유각 N은 재료(帶鋼)의 두께에 따라 증가되나 보통 15′~2°정도를 준다. 다이세트 속의 구멍 O는 다이블록의 구멍 P보다 3~5mm 정도 크게 해 준다.

공구강을 절약하기 위해서 다이블록 A는 그 밑에 기계구조용강 스페이서 B를 가지고 있다. (그림 2-38) 두개의 긴 육각 홈붙이나사가 다이블록을 다이세트에 고정시키고 두개의 다우웰핀 D가 정확히 그 위치를 정하고 있다. 둥근머리나사 E가 스트리퍼판을 다이블록에 고정시키며 다우웰 F와 G를 앞에서와 같이 적용시킨다. 단면도 C-C는 펀치구멍의 형상을 보여준다. 직선 랜드부 H는 3mm로 만든다. 틈새 여유각 I는 앞의 그림에서와 같이 판의 두께에 따라 15′~2°정도를 주고 다이세트 속의 구멍 J는 K보다 3~5mm 정도 크게 해준다.

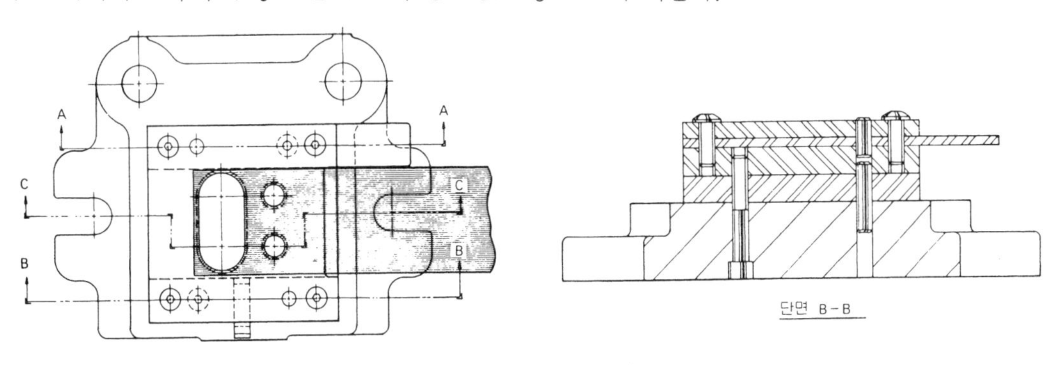

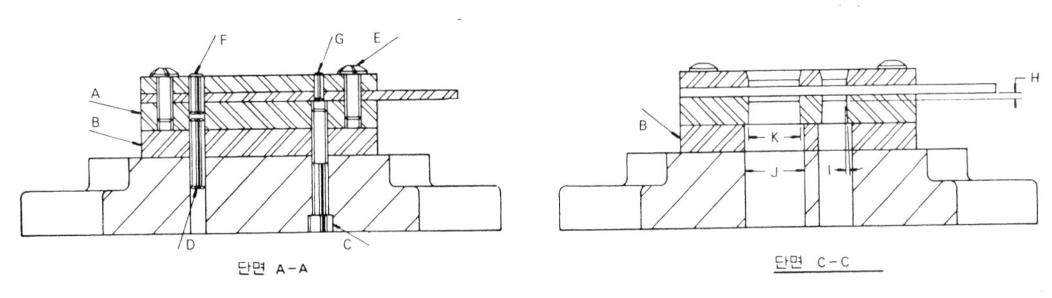

그림 2-38 다이블록에 스페이서를 적용한 금형

3-2 다이블록의 크기

다이블록의 크기는 板取展開에 기초를 두고 설계되어야 하며 블록의 강도와 수명을 고려하여 다이구멍으로부터 다이블록 가장자리까지의 최소거리는 다이블록의 두께보다 커야 한다. 재료가 두껍다든가 형상이 복잡할 때, 특히 날카로운 모서리를 가져야 하는 부품 가공에서는 이 문제가 더욱 중요한 것이다.

그림 2-39는 띠강판 가공용 금형에 사용되는 다이블록의 높이와 다이구멍 윤곽으로부터 가장자리까지의 최소거리를 나타낸다.

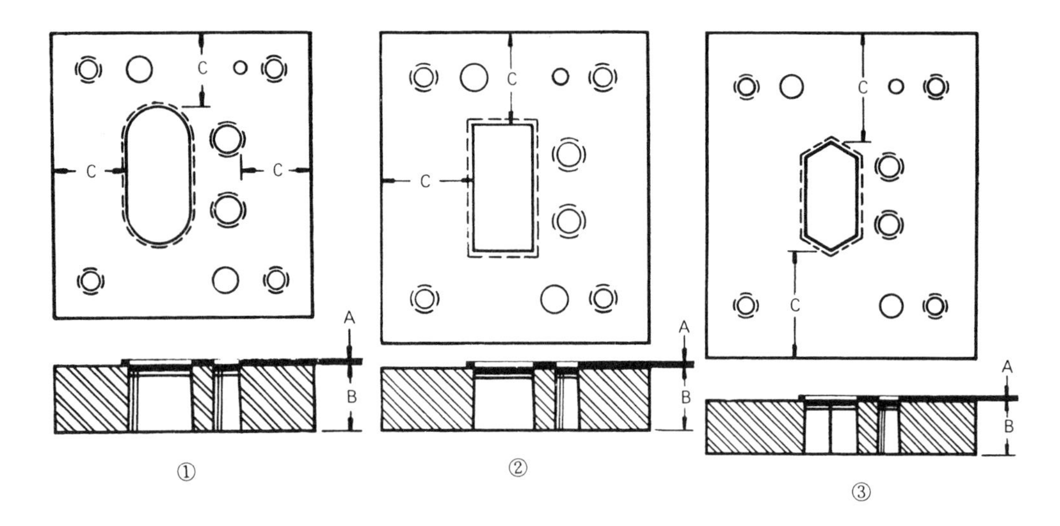

〈단위 : mm〉

띠강판의 두께		다이블록의 높이	최 소 거 리		
초 과	이 하		둥근부분	직선부분	모서리부분
0	1.5	25	28	38	50
1.5	3.0	30	34	45	60
3.0	4.5	35	40	53	70
4.5	6.0	42	48	63	84
6.0	—	50	60	75	100

그림 2-39 띠강판두께에 따른 다이블록의 높이와 최소거리

많은 수량의 금형을 제작하는 공장에서는 블록의 크기를 표준화하면 시간과 비용을 많이 절감할 수 있다. 나사구멍들을 가공하기 위해서는 간단한 드릴지그를 사용할 수 있고, 도면상에서는 다이블록의 번호만을 표시함으로써 각 치수를 표시하는데 필요한 시간도 절감된다.

그림 2-40에서는 다이블록과 스트리퍼판의 규격을 나타낸다.

3-3 분할 다이블록

다이의 구멍을 가공하기 쉽게 다이블록을 분할식으로 만들었을 때에는 그것을 다이세트속에 끼

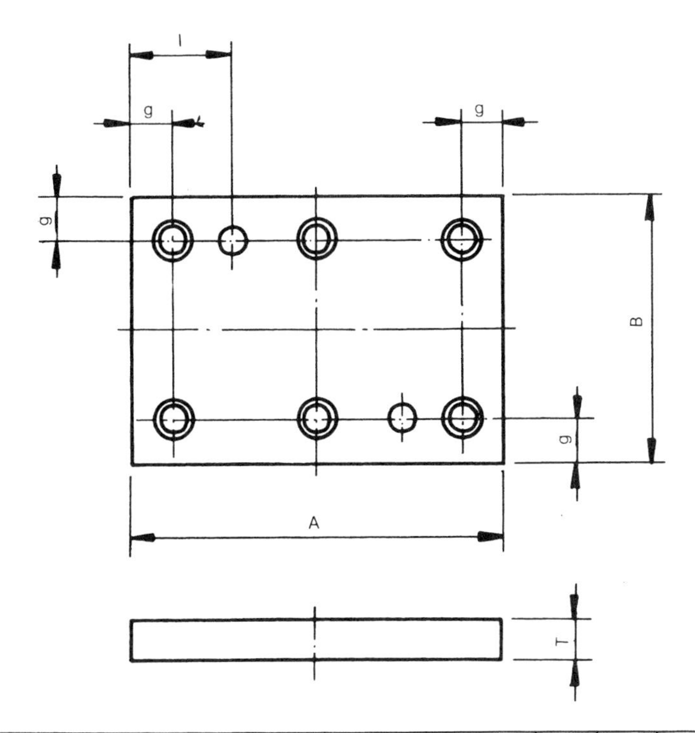

번 호	호칭치수	A	B	T		g	l	고정나사		d_1
				다이블록	스트리퍼판			d	갯 수	
1	80×80	80	72	16.22	10.16	12	30	M 8	4	8
2	100×80	100	72	16.22	10.16	12	30	M 8	4	8
3	100×100	100	98	16.22	10.16	12	30	M 8	4	8
4	125×80	125	72	16.22	10.16	12	30	M 8	4	8
5	125×100	125	98	16.22	10.16	12	30	M 8	4	8
6	125×125	125	122	16.22	10.16	12	30	M 8	4	8
7	150×100	150	98	22.28	16.22	12	30	M 8	6	8
8	150×150	150	146	22.28	16.22	12	30	M 8	6	8
9	180×125	180	122	22.28	16.22	12	42	M 8	6	10
10	180×180	180	176	22.28	16.22	12	42	M 8	6	10
11	210×100	210	98	22.28	16.22	12	42	M 8	6	10
12	210×150	210	146	22.28	16.22	12	42	M 8	6	10
13	210×210	210	196	22.28	16.22	12	42	M 8	6	10
14	250×125	250	122	22.28	16.22	15	45	M10	6	10
15	250×180	250	176	22.28	16.22	15	50	M10	6	12
16	250×250	250	246	28.34	22.28	15	50	M10	6	12
17	300×125	300	122	22.28	16.22	15	50	M10	6	12
18	300×180	300	176	28.34	22.28	15	50	M10	6	12
19	300×250	300	246	28.34	22.28	18	55	M12	6	12
20	300×300	300	296	28.34	22.28	18	55	M12	6	12

그림 2-40 다이블록 및 스트리퍼 판의 규격

워 맞춘다. 그림 2-41은 다이호울더에 끼워박은 분할 다이블록을 보여주고 있다.

그림 2-42는 육각홈붙이나사로 눌려 있는 테이퍼진 쐐기를 이용하여 분할 다이블록을 다이세트에 고정시키고 있다.

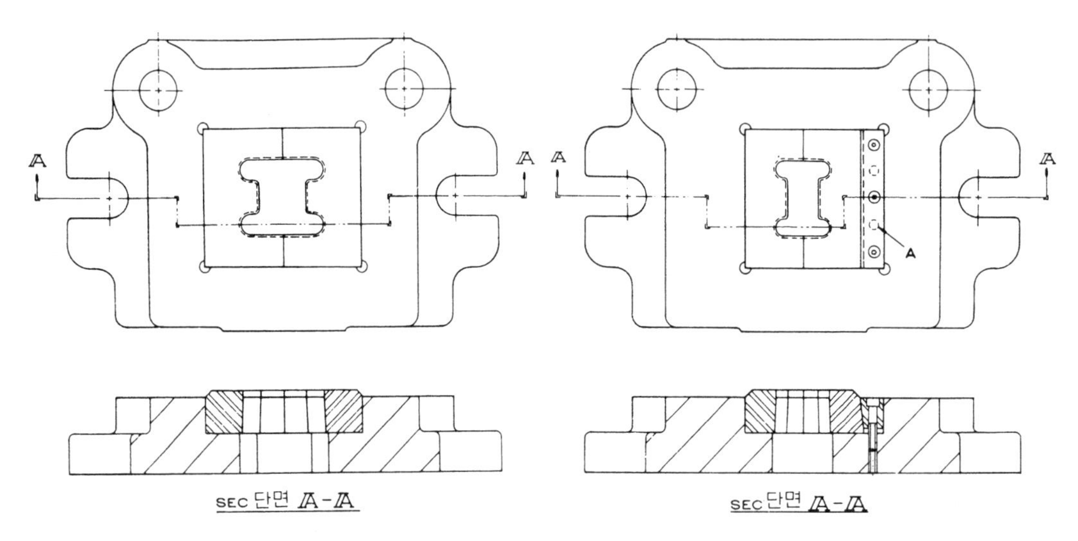

그림 2-41 다이호울더 속에 설치된 분할 다이블록 **그림 2-42** 쐐기로 고정된 분할 다이블록

다이블록을 분해식으로 설계하면 다음과 같은 이점이 있다.

① 기계가공을 보다 쉽게 할 수 있다.

② 경화열처리시 변형이 적다.

③ 변형이 있을 때에는 연삭 등으로 수정가능하다.

④ 파손시에는 신속한 교환을 할 수 있다.

그림 2-43은 분할선을 적용하는 옳은 방법과 틀린 방법을 보여 준다.

곡선윤곽을 갖는 구멍가공을 위한 다이블록을 분할할 때는 그림 A에서와 같이 곡선부에 접선방향으로 분할선을 두지 말아야 한다. 이것은 날카로운 돌출부 C가 약하여 파손될 염려가 있기 때문이다. 분할선은 B에서와 같이 곡선부의 중심을 택해야 한다.

블랭크 외곽의 일부가 둥글게 되어 있을 때에는 직경치수로 가공하고 인서트를 끼워 다이의 형태로 조립한다. 그림 2-44에서는 블록 A를 기계가공하여 나사와 다우웰구멍 및 중앙에 커다란 원

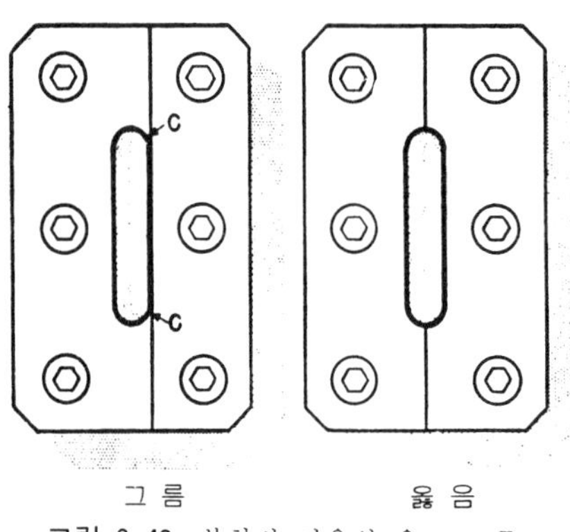

그림 2-43 분할선 적용의 옳고 그름

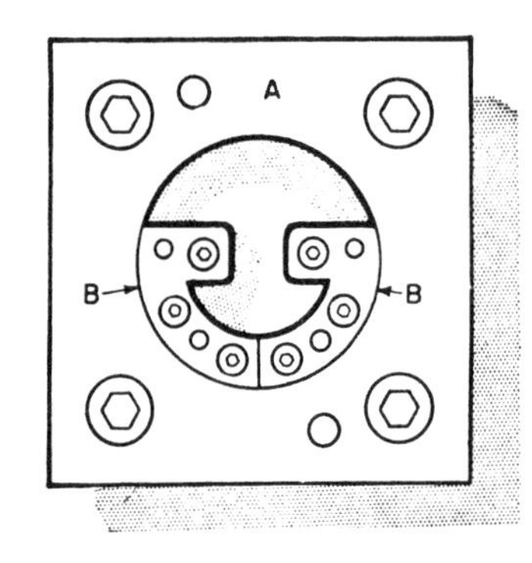

그림 2-44 다이블록에 인서트 이용

형의 구멍을 뚫었다. 그리고 이 블록을 경화처리한 후 규정의 치수로 연삭한다. B를 깎아서 제자리에 끼워 맞추고 다이세트에 고정시킨다.

3-4 다이 부시

경화처리된 부시가 블록 속에 설치되어 피어싱 가공을 위한 대형금형에 사용된다. 이 부시의 사용으로 공구강을 절약할 뿐 아니라 파손되거나 마모되면 쉽게 교환할 수 있다. 그림 2-45는 부시에 의해 피어싱 가공되는 금형의 단면을 보여준다.

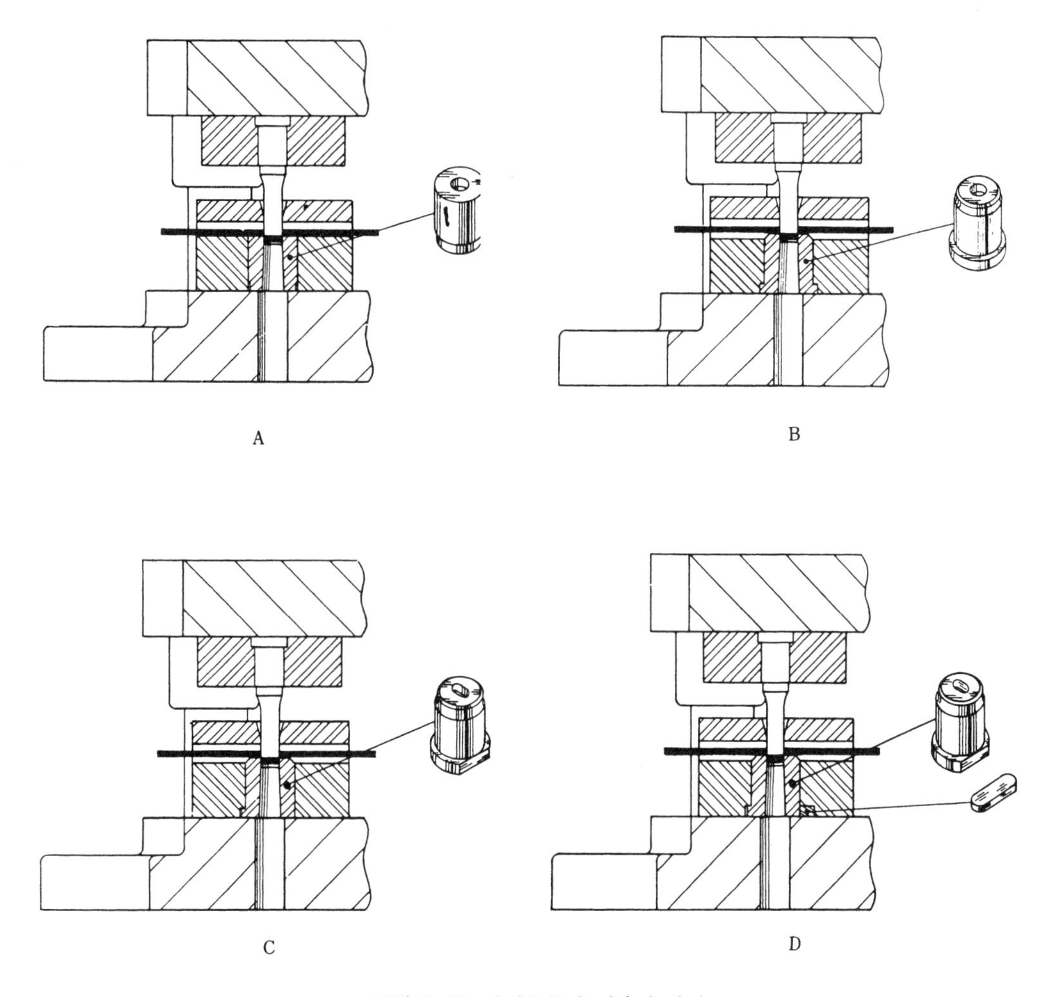

그림 2-45 다이블록에 적용된 부시

3-5 시어(shear)의 適用

대형 블랭크에 대해서는 다이의 절단면에 시어를 주면 블랭킹 하중의 감소, 프레스에 미치는 충격완화, 소음감소 등의 이점을 얻을 수 있다.

시어량 A는 재료두께의 ⅔정도로 적용하는 것이 보통인데 이는 6㎜이상의 두께를 가진 재료에 블랭킹 하중의 25% 정도를, 6㎜이하의 두께를 가진 재료에는 33% 정도까지 줄일 수가 있다.

그림 2-46은 시어가 적용된 다이블록을 보여준다.

곡선부 B는 날카로운 부분을 제거하여 재료가 파손을 일으킬 수 있는 응력집중점을 피하기 위한 것이다.

원형 다이블록에 시어를 설치하는 방법은 그 윤곽을 따라 부채꼴 모양의 면을 만들면 된다. 여기서도 시어량은 판두께의 ⅔를 초과하지 않는 것이 좋다.

그림 2-47은 원형 다이블록에 시어가 적용된 것을 보여준다.

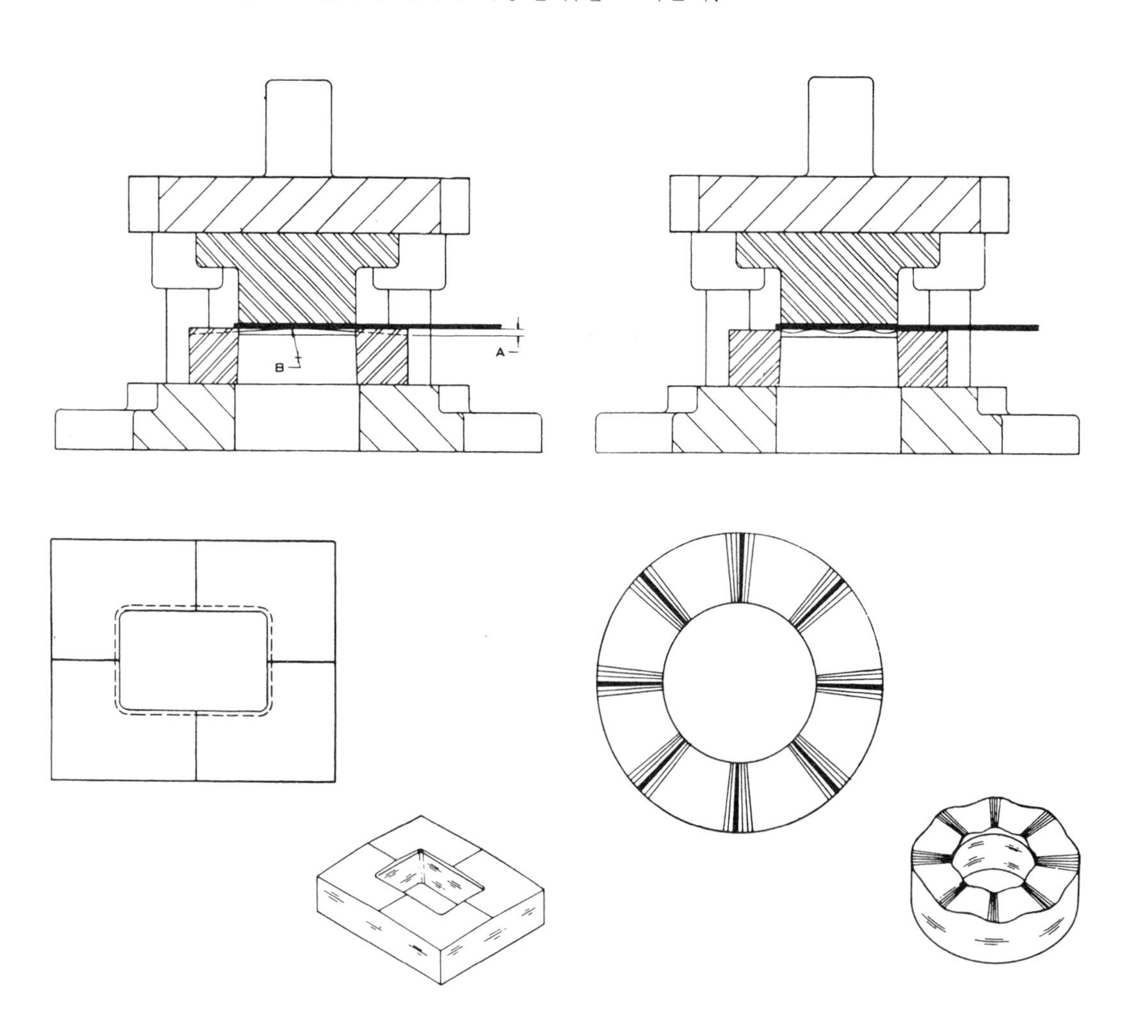

그림 2-46 다이블록에 시어를 적용한 예

그림 2-47 원형 다이블록에 적용된 시어

第4章 打拔펀치의 設計

타발펀치는 소형부품에서부터 대형의 부품까지 제작할 블랭크의 치수 및 형상에 따라 그 종류가 결정된다.

이와 같은 펀치를 설계하는데 고려해야 할 사항은

① 치우침이 일어나지 않도록 안정도를 부여한다.

② 스트리핑 부하에 충분히 견딜 수 있는 체결구를 적용한다.

③ 정확한 위치를 유지하기 위한 적절한 다우웰 핀을 적용한다.

④ 열처리를 위해 필요에 따라서 분할할 수 있을 것 등이다.

본 장에서는 소형, 중형 및 대형 금형에 타발펀치를 적용하는 여러가지 방법을 보여주고 있다.

4-1 小形 打拔펀치

그림 2-48은 소형의 와셔를 제작하기 위한 타발펀치에 적용되는 방법을 보여주고 있다.

몸체 지름 A는 타발구멍 지름 B보다 상당히 크게 만들었다.

래디어스 C는 펀치의 강도를 높여 재료와 접촉할 때 치우침이 일어나는 것을 방지해 준다.

소형의 타발펀치는 펀치 고정판으로 조립된다.

정면도 A는 타발펀치가 적용된 상형다이의 단면도를 보여주고 있으며 평면도 B는 금형도면에서 나타내듯 뒤집은 상태의 것을 보여준다.

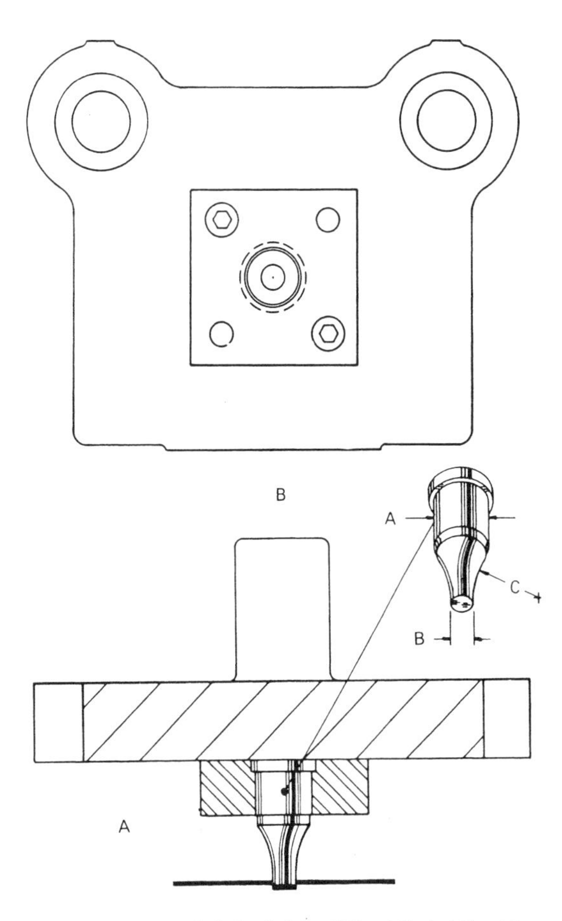

그림 2-48 소형와셔 제작을 위한 타발펀치의 적용

원형의 부품을 생산하기 위한 타발펀치는 피어싱 펀치를 제작하는 방법과 같다. 피어싱 펀치에 대한 상세한 설계방법은 다음 장에서 설명하기로 한다. 불규칙한 윤곽의 전단날을 갖는 소형 타발펀치는 둥근 키이를 끼워 회전을 방지한다.

소형의 불규칙한 형태의 타발펀치를 회전하지 못하게 잡아주는 또 다른 방법은 그 몸체를 4각 또는 장방형으로 만드는 일이다. 물론 그것을 받아 들일 구멍도 펀치 몸체에 맞게 가공한다.

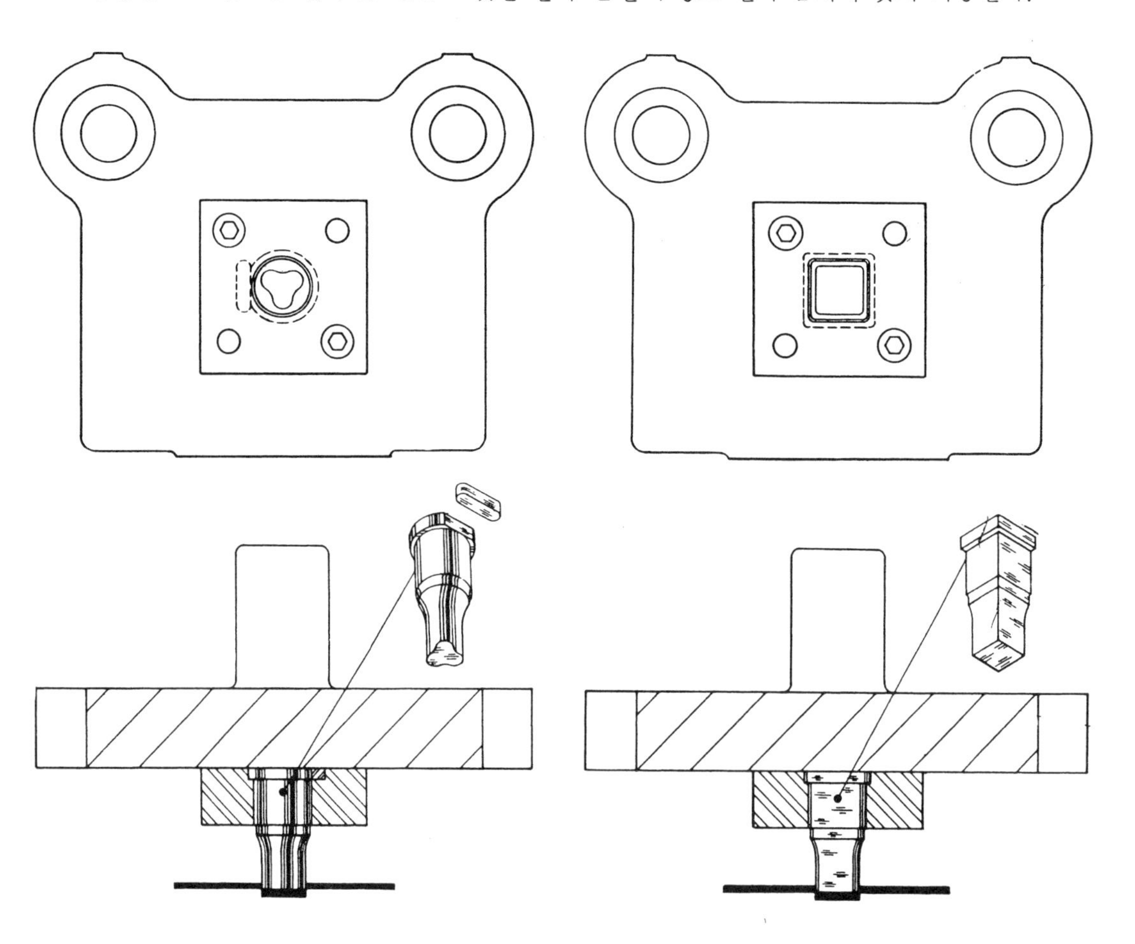

그림 2-49 키이를 사용한 펀치의 회전방지

그림 2-50 펀치의 회전을 방지하기 위해 4각으로 깎은 펀치몸통

소형 타발펀치의 약한 부분은 인서트를 적용하기도 하는데 이것은 부러졌을 때 교환을 용이하게 한다. 인서트를 사용할 때에는 펀치를 경화 처리한 판으로 뒷받침하여 조립하여야 한다.

4-2 긴 블랭크나 슬로트형 펀치

그림 2-52에서와 같이 좁고 긴 타발펀치의 양측에는 래디어스 A를 주어야 한다. 이 래디어스는 펀치의 절단날이 재료에 접촉할 때 치우침이 일어나지 않도록 펀치의 강도를 보완해 주고 있다.

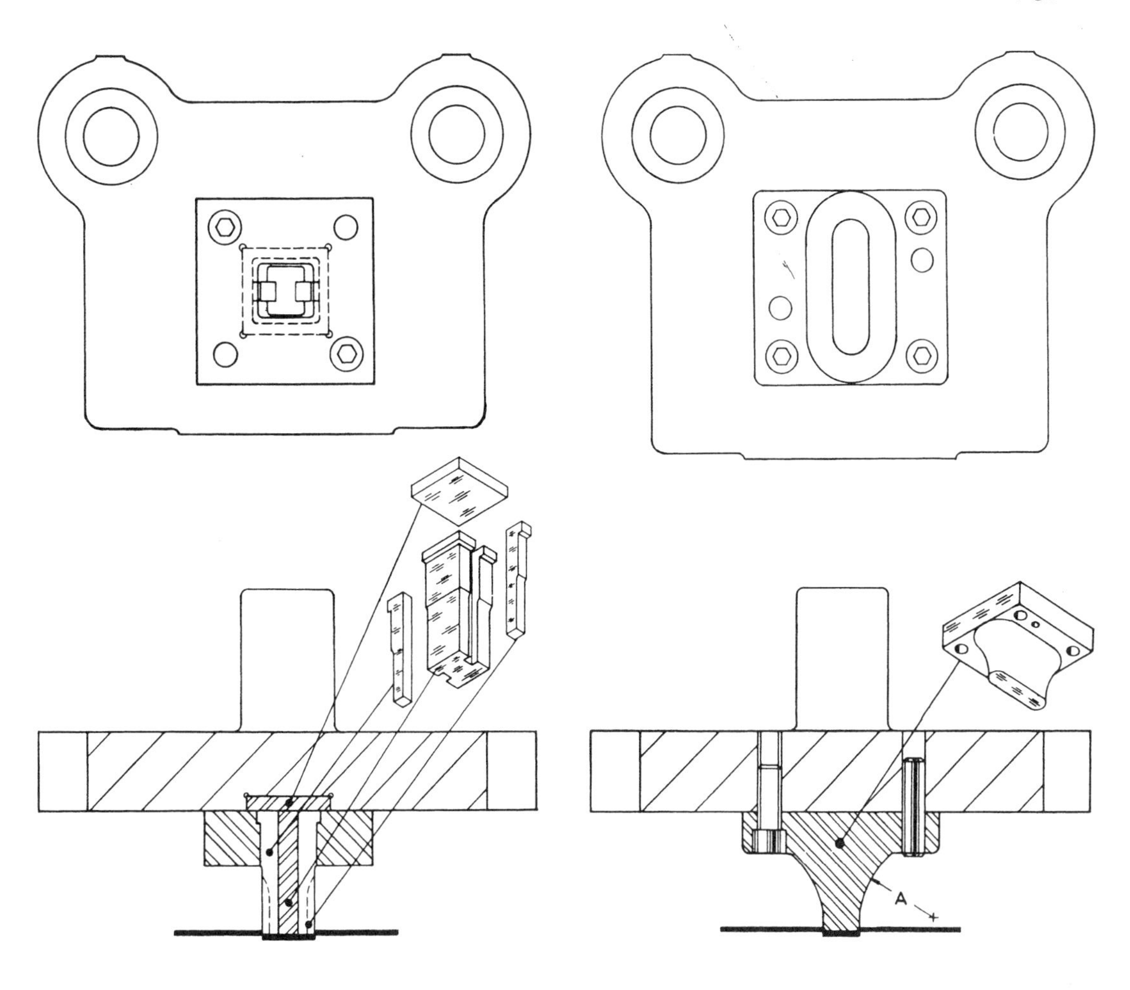

그림 2-51 소형펀치의 취약부분에 사용된 인서트

그림 2-52 펀치의 보강

4-3 플랜지 있는 펀치

이와 같은 종류의 타발펀치가 가장 널리 사용된다. 그림 2-52에 나타난 바와 같이 나사와 다우웰 핀으로 타발펀치를 펀치 호울더에 고정시키기 위하여 플랜지가 마련되어 있다. 타발펀치는 인선부분만 경화처리되어 있어 플랜지 부분은 무르기 때문에 조립할 때 다우웰 핀이 쉽게 적용될 수 있다.

금형을 보수할 때 정확한 조립을 할 수 있도록 그림 2-53과 같이 다우웰 핀의 구멍위치를 다르게 함으로써 펀치의 조립이 잘못되지 않도록 한다.

자리가 제한되어 있을 때에는 그림 2-54에 나타난 바와 같이 플랜지의 일부를 없애서 다른 부분을 위한 자리를 마련해 줄 수도 있다. 그러나 안정도를 고려하여 플랜지의 너비 A는 펀치의 높이 B보다 커야 한다.

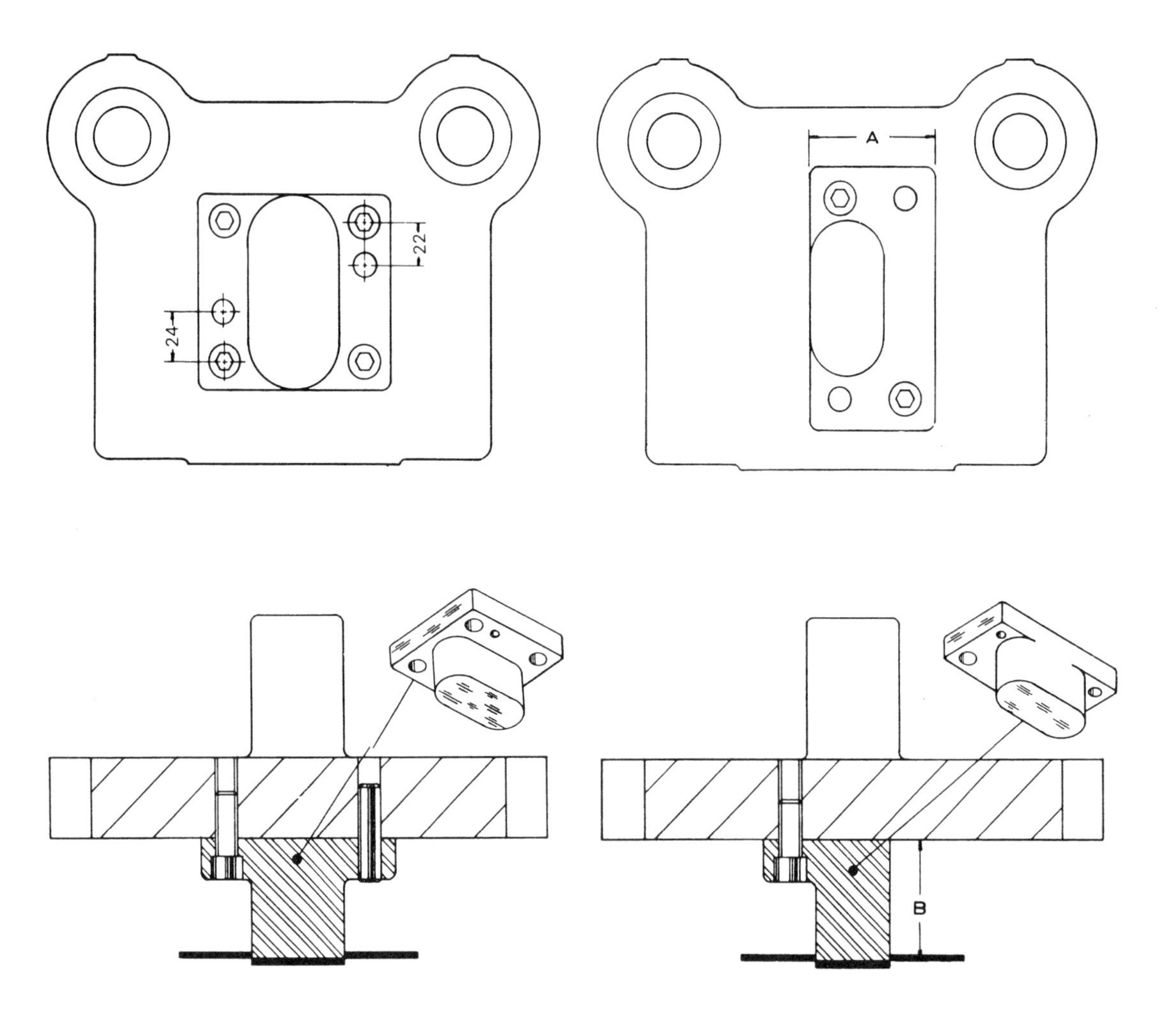

그림 2-53 일반적인 타발펀치의 형태

그림 2-54 플랜지의 일부를 제거한 타발펀치

4-4 大形 打拔펀치

대형 타발펀치는 플랜지가 필요없다. 펀치 호울더로부터 체결된 나사와 다우웰 핀으로 고정된다. 그림 2-55에서 보는 바와 같이 다우웰 핀의 구멍은 금형을 보수할 때 분해를 돕기 위하여 관통하여 가공된다.

그림 2-56(a)에서와 같이 대형 금형에서 공구강을 절약하는 방법은 절단날 A를 비교적 얇게 만들고 기계 구조용강으로 만든 판 B로 뒤를 받쳐주는 것이다.

그림 2-56(b)는 커다란 원형 블랭크를 위한 타발펀치로 열처리도 쉽게 할 수 있다. 링 A는 스페이서 B에 고정되어 있고 스페이서는 펀치 호울더의 홈에 끼워져 있으므로 펀치의 위치를 맞추기 위한 다우웰 핀이 필요없게 된다.

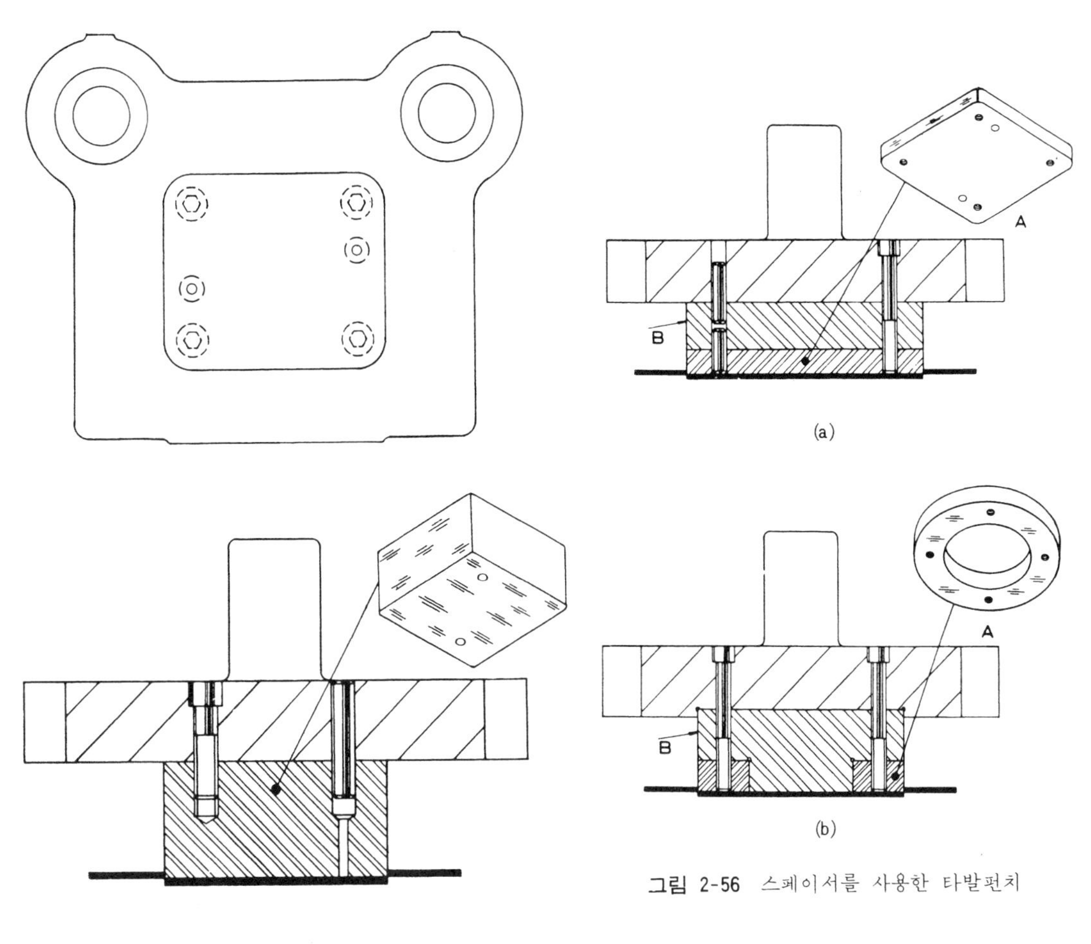

그림 2-56 스페이서를 사용한 타발펀치

그림 2-55 대형 블랭킹 펀치

4-5 펀치의 분할

대형 펀치를 분할식으로 제작하면 기계가공 및 열처리를 용이하게 할 수 있고, 그로 인한 변형도 현저하게 줄일 수 있다. 또한 각 분할체를 별개로 고정함으로써 작업을 용이하게 한다. 그림 2-57에 분할펀치가 조립된 금형의 상형을 보여준다.

4-6 블랭크의 除去

기름 묻은 재료로부터 생산되는 블랭크는 타발펀치면에 달라붙는 경향이 있다. 펀치의 일부에 스프링식 세더(shedder) 핀이 있으면 달라붙는 것을 방지하고 블랭크를 펀치면에서 쉽게 떨어져 나가게 함으로써 겹친 타발을 방지할 수 있다. 세더 핀을 적용하는 방법은 그림 2-58(a)와 같이 소형 타발펀치용으로 세더 핀이 짧게 만들어졌으며 그 머리부분은 스프링과 세트스크류로 받치고 있다. 핀은 드릴 재료로 경화처리 후 연삭가공하여 만든다. 펀치 호울더에는 구멍이 뚫려 있어 펀치를 재연삭할 때는 분해할 수 있게 되어 있다. 그림 B와 같이 세더를 길게 만들 수도 있다. 그

머리부분이 타발펀치 위에 턱을 대고 역시 스프링과 세트스크류로 받쳐지고 있다. C에서는 턱이 진 세더 핀과 받침 스프링이 들어 있는 나사하우징(housing)으로 구성되어 있다.

4-7 剪斷角의 適用

재료에 전단선의 길이가 긴 커다란 블랭크를 가공하려면 전단각(shear angle)을 고려함으로써 프레스의 충격, 소요동력, 용량 및 소음 등을 줄일 수 있다. 전단각을 크게 하면 변형이 커지므로

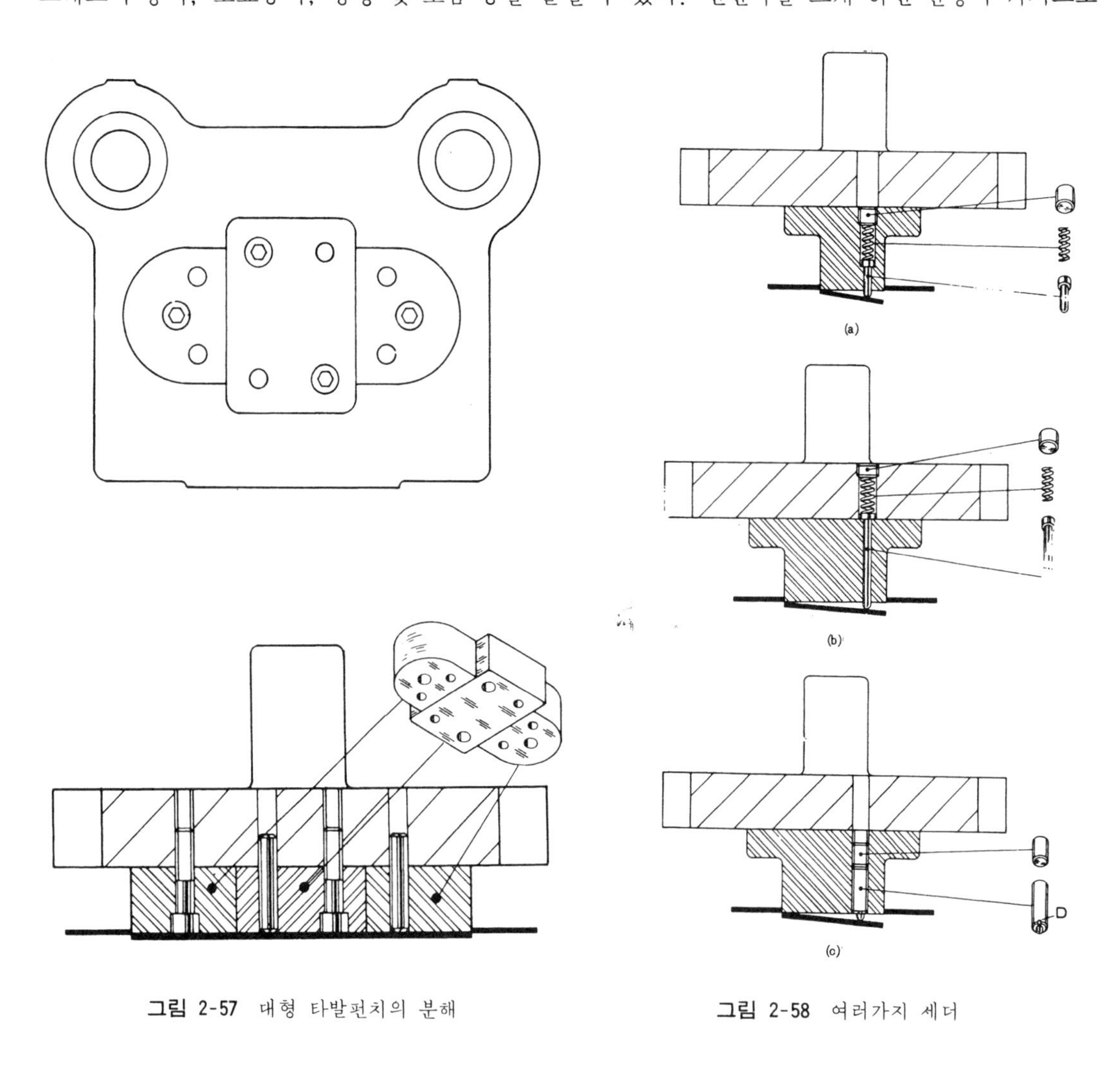

그림 2-57 대형 타발펀치의 분해

그림 2-58 여러가지 세더

보통 재료두께의 ⅔ 이하로 하나 연속타발을 할 때에는 재료두께의 ⅓～½ 범위로 한다. 그림 2-59는 전단각이 적용된 타발펀치로 가공되는 것을 보여준다.

원형의 펀치에도 펀치면에 물결모양을 주면 전단각의 효과를 얻을 수 있다. 여기서 시어의 양이 가공할 재료두께의 ⅔를 초과하게 되면 펀치는 물론 체결구의 강도도 충분히 고려를 하여야 한다.

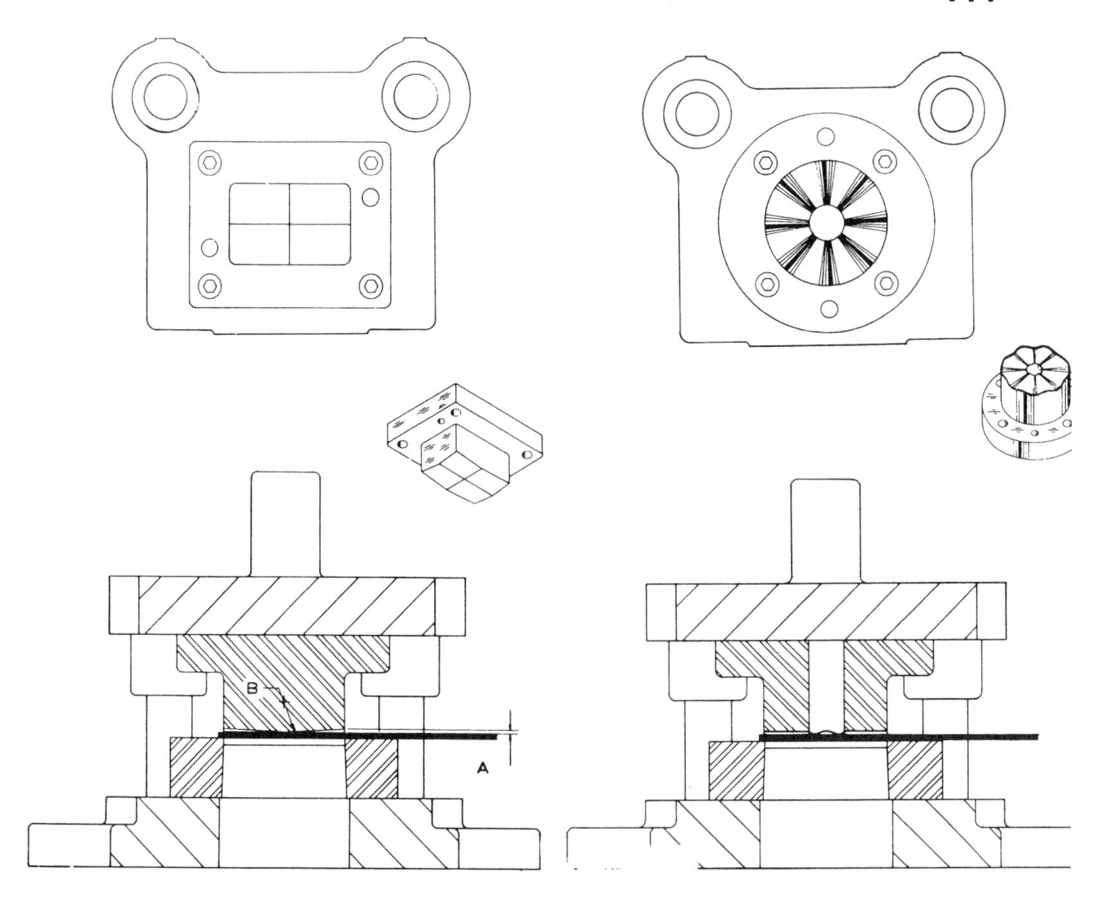

그림 2-59 전단각이 적용된 타발펀치

그림 2-60 천공펀치에 물결모양으로 적용된 시어

第5章 피어싱 펀치의 設計

피어싱 펀치는 프레스 금형에 있어서 가장 취약한 부분이 될 수 있으므로 설계에 있어서 다음 사항을 충분히 염두에 두어야 할 것이다.

① 펀치의 강도를 충분히 높혀 가공시에 반복되는 충격에 의해 파손되지 않도록 할 것.

② 작은 구멍을 뚫기 위한 가느다란 펀치는 잘 보호해서 펀치와 다이의 관계 위치를 잘 지키도록 하고, 특히 구부러지지 않도록 할 것.

③ 파손된 경우에는 펀치의 교환을 용이하게 할 수 있도록 설계되어야 할 것이다.

본 장에서 설명하는 것은 상용되는 피어싱펀치 설계 및 적용법으로 설계자는 자신의 설계를 전개해 나가는데 가장 적합한 형식을 선택 응용할 수 있을 것이다.

5-1 小形 피어싱 펀치

가장 보편적으로 사용되는 것은 어깨붙이 펀치로서 좋은 품질의 공구강으로 만들어 경화처리하고 전체를 연삭가공해서 만든다.

그림 2-61에서 몸체 직경 A는 펀치 고정판에 억지 끼워맞춤된다. 직경 B는 약 3mm 정도 빠져나와 약간 여유있게 맞춰졌으며, 가공시 위치가 잘 맞게 되어 있다. 어깨 부분 C는 보통 몸체 직경 A보다 3mm 크게 만들어지고 어깨부분의 높이 D는 치수에 따라 3～5mm를 적용한다.

펀치의 직경 E는 구멍치수에서 최대값을 기준으로 제작된다.

예를 들면 부품도에서 구멍의 치수가 $\phi 10.0 \pm 0.2$로 되어 있으면 펀치 직경은 10.2로 만들어 질 것이다. 직경 B와 E를 연결하는 굴곡부의 곡률반경은 될수록 큰 것이 좋으며 표면을 매끈하게 연마 가공하여 응력집중으로 파손되지 않도록 해야 한다.

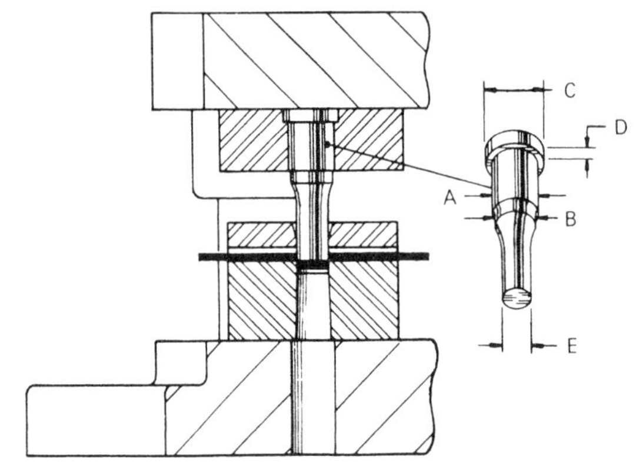

그림 2-61 일반적으로 사용되는 어깨붙이 펀치

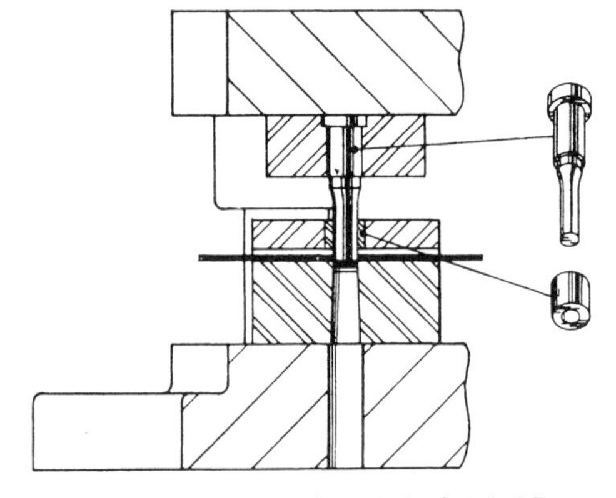

그림 2-62 스트리퍼 판에 안내부시를 설치하고 펀치를 안내한다.

정밀급 금형에서 직경 5mm 이하의 소형 펀치는 통상 고정식 스트리퍼판에 억지 끼워 맞춤된 경화 부시에 의해 안내된다.

특히 펀치가 띠강과 접촉될 때 편향될 우려가 있다든지, 두꺼운 소재를 가공하려면 안내장치를 두는 것이 현명한 일일 것이다. 이러한 안내부시는 경화처리 후 내외면을 연삭가공하여 만든다. 민머리 드릴부시를 이와 같은 용도로 사용하기도 한다.

5-2 小形펀치의 固定

그림 2-63에서는 두개의 세트스크류가 피어싱 펀치를 고정하고 있다. 이것은 펀치가 파손되었을 때 용이하게 교환할 수 있다. 치수를 정할 때 나사구멍을 가공하기 위한 랩 구멍이 펀치의 머리부분보다 큰가를 확인해야 한다.

정밀도가 낮거나 소량 생산용 금형에서는 그림 2-64와 같이 경제적인 방법을 적용한다. 이것은 드릴봉으로도 만들며 구멍치수에 맞춰 제작한다. 펀치 몸체 일부분에 각도진 평탄면을 만들어 세트스크류가 걸리게 한다. 그러나 고정나사는 틈새만큼 펀치를 밀어붙이는 경향이 있으므로 고도의 정밀도를 요구하는 금형에서는 사용할 수가 없다.

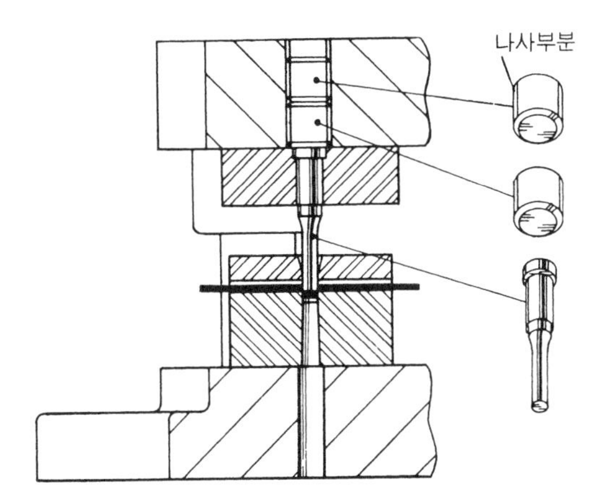

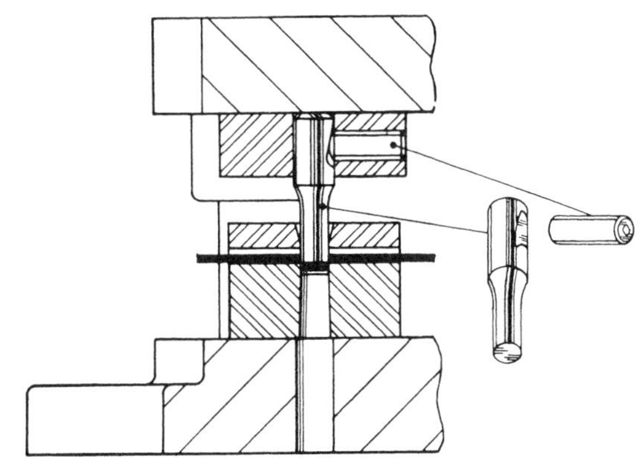

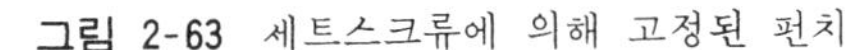
그림 2-63 세트스크류에 의해 고정된 펀치

그림 2-64 측면에서 세트스크류로 펀치고정

그림 2-65는 리테이너속에 들어있는 펀치의 회전방지를 위해 스프링식 강구로 구속되어 있다. 분해시에는 간단한 공구로 스프링을 눌러 강구를 밀어 올리고 펀치를 분해하여 보수한다.

5-3 大形 펀치

직경이 30mm 이상의 펀치는 그림 2-66에서와 같이 펀치의 절단면을 중심으로부터 일부 제거하여 날을 세우기 편하게 만든다. 두꺼운 재료를 가공할 때는 환상의 절단 링 A에 시어를 주어 프레스에 충격을 감소시켜 준다.

대형펀치에 인접해 있는 작은 펀치는 대형펀치의 가공압력에 의한 재료의 밀림 때문에 치우침 또는 파손되기 쉽다. 이런 때에는 대형의 펀치보다 약간 짧게 설치함으로써 방지할 수 있다.

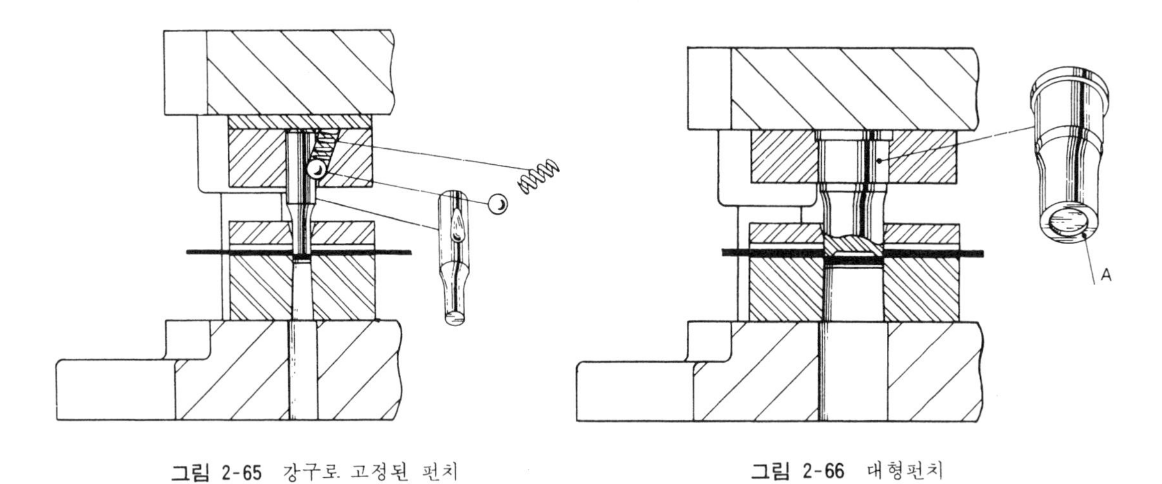

그림 2-65 강구로 고정된 펀치

그림 2-66 대형펀치

5-4 밀집된 小形구멍의 가공

극히 작은 직경의 펀치에는 턱을 가공한다는 것은 바람직한 일이 아니다. 펀치의 길이와 같게 드릴봉을 잘라 한쪽 끝에 머리를 만들고 90°의 각도로 다듬질 가공하여 표준 접시자리 구멍에 맞도록 만든다. 이러한 펀치는 추력을 광범위한 면적에 고루 분포시키고 펀치의 머리부분이 펀치 호울더에 파고 들어가는 것을 방지하기 위하여 뒷판(backing plate)를 설치한다.

그리고 펀치는 고정식 스트리퍼판으로 안내된다. 그림 2-67(a)는 여러개의 밀집된 구멍을 뚫는 금형의 단면도이고, (b)그림은 펀치의 길이를 소재두께의 ⅔ 정도로 단계를 두어 충격과 소음을 감소시키는 배열을 갖는 금형의 단면도이다.

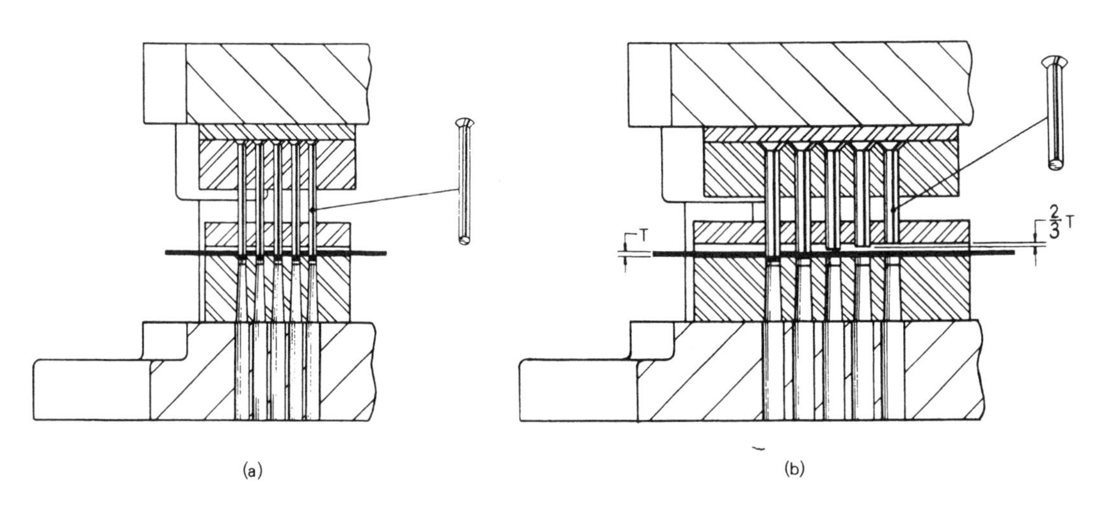

그림 2-67 소형펀치의 배열

5-5 極小形 구멍의 加工

아주 작은 직경의 구멍을 가공하기 위한 펀치는 대롱속에 넣어서 펀치의 강도를 보완해 주고 있다. 그림 2-68의 방법은 대롱 자체를 스트리퍼판에 설치되어 있는 경화된 부시로 안내해 주는 것이다.

그림 2-69는 두개의 구멍을 가공하기 위한 극소형 펀치의 구성을 보여주고 있다.

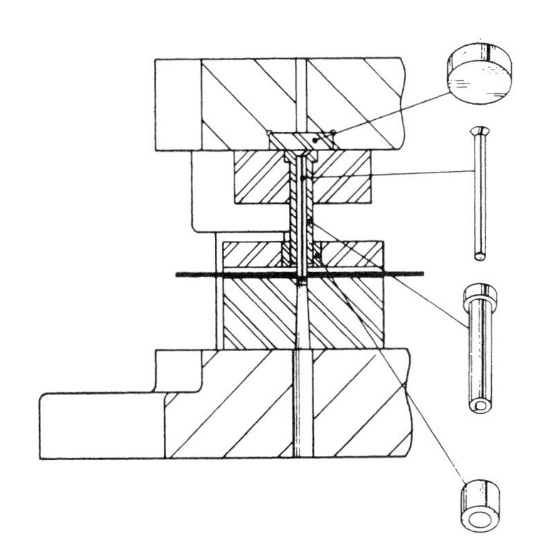

그림 2-68 극소형 구멍을 가공하기 위한 펀치의 보강

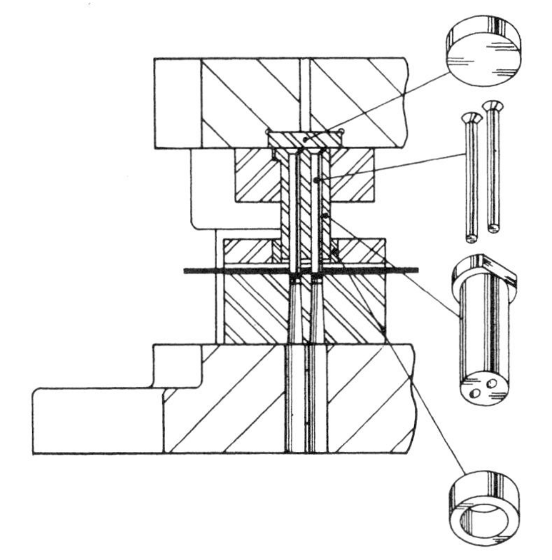

그림 2-69 인접된 소형구멍을 가공하기 위한 펀치의 보강

극소형의 구멍을 가공하기 위한 또 하나의 펀치를 그림 2-70에 나타내었다. 머리있는 펀치 A가 두개의 슬리이브 B와 C속에서 보호 안내되고 있다. 이 펀치는 절단할 재료를 통과할 때에만 보호 슬리이브 밖으로 나온다. 가느다란 바늘도 콜크를 통해 안내되면 한 방의 타격으로 동전을 뚫고 나가는데 이것은 둘러싼 콜크가 꽉 잡아주기 때문이다.

슬리이브의 조직작용으로 펀치를 그와 같은 이론으로 잡아주기 때문에 재료 두께의 ½만한 직경의 소형구멍도 뚫을 수 있게 된다. D에 완전한 조립체를 볼 수 있다.

5-6 펀치의 標準化

규격으로 제정되어 있는 프레스 금형용 원통형 펀치는 두 종류로 되어 있다

그림 2-71에 그들의 모양과 치수를 나타낸다.

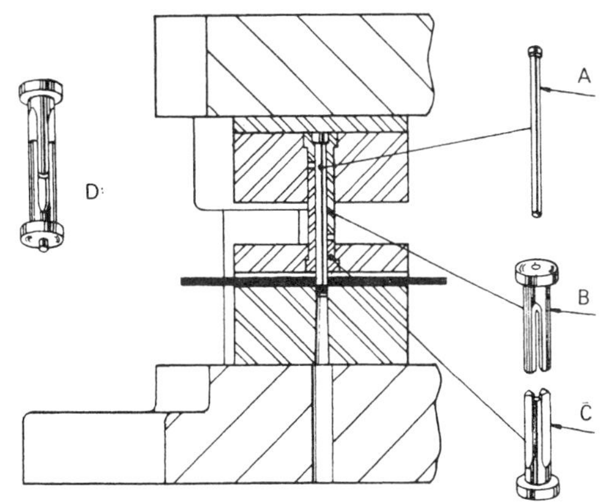

그림 2-70 슬리이브로 펀치를 잡아주는 방법

그림 2-71 원통형 펀치의 규격

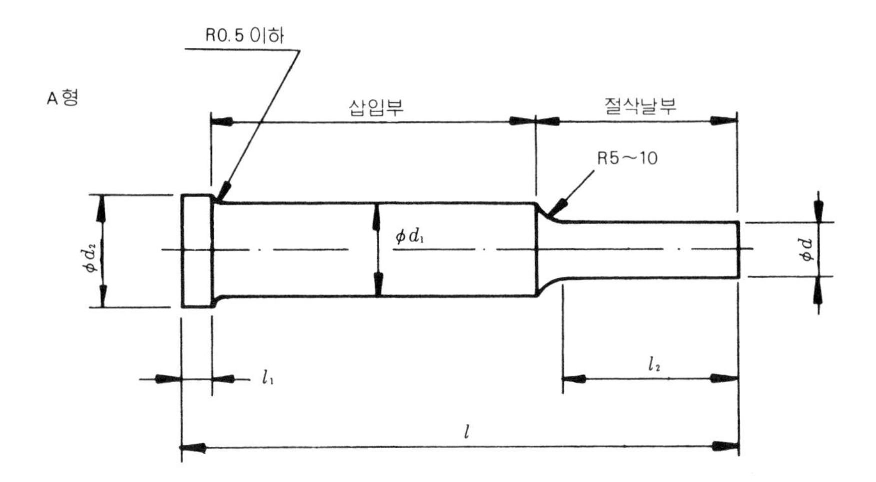

단위 : mm

<table>
<tr><th>호칭</th><th colspan="2">d</th><th colspan="2">d_1</th><th colspan="2">d_2</th><th colspan="2">l</th><th colspan="2">l_1</th><th>l_2</th></tr>
<tr><th>치수</th><th>기준치수</th><th>허용차</th><th>기준치수</th><th>허용차</th><th>기준치수</th><th>허용차</th><th>기준치수</th><th>허용차</th><th>기준치수</th><th>허용차</th><th>기준치수</th></tr>
<tr><td>1.0</td><td>1.0</td><td rowspan="23">+0.01
0</td><td rowspan="20">4</td><td rowspan="23">+0.016
+0.008</td><td rowspan="20">6</td><td rowspan="23">0
−0.2</td><td rowspan="23">40
50
60</td><td rowspan="23">+0.6
0</td><td rowspan="23">3</td><td rowspan="23">+0.3
0</td><td rowspan="6">4
6</td></tr>
<tr><td>1.1</td><td>1.1</td></tr>
<tr><td>1.2</td><td>1.2</td></tr>
<tr><td>1.3</td><td>1.3</td></tr>
<tr><td>1.4</td><td>1.4</td></tr>
<tr><td>1.5</td><td>1.5</td></tr>
<tr><td>1.6</td><td>1.6</td><td rowspan="4">6</td></tr>
<tr><td>1.7</td><td>1.7</td></tr>
<tr><td>1.8</td><td>1.8</td></tr>
<tr><td>1.9</td><td>1.9</td></tr>
<tr><td>2.0</td><td>2.0</td><td rowspan="10">8</td></tr>
<tr><td>2.1</td><td>2.1</td></tr>
<tr><td>2.2</td><td>2.2</td></tr>
<tr><td>2.3</td><td>2.3</td></tr>
<tr><td>2.4</td><td>2.4</td></tr>
<tr><td>2.5</td><td>2.5</td></tr>
<tr><td>2.6</td><td>2.6</td></tr>
<tr><td>2.7</td><td>2.7</td></tr>
<tr><td>2.8</td><td>2.8</td></tr>
<tr><td>2.9</td><td>2.9</td></tr>
<tr><td>3.0</td><td>3.0</td><td rowspan="3">5</td><td rowspan="3">7</td><td rowspan="3">10</td></tr>
<tr><td>3.1</td><td>3.1</td></tr>
<tr><td>3.2</td><td>3.2</td></tr>
</table>

3.3	3.3										
3.4	3.4										
3.5	3.5										
3.6	3.6										
3.7	3.7										
3.8	3.8										
3.9	3.9										12
4.0	4.0										12
4.2	4.2		6	+0.016 +0.008	8				3		
4.5	4.5										
4.8	4.8										
5.0	5.0										
5.2	5.2						40				
5.5	5.5						50				
5.8	5.8						60				
6.0	6.0										
6.2	6.2										15
6.5	6.5	+0.01 0				0 −0.2		+0.6 0		+0.3 0	
6.8	6.8										
7.0	7.0		8		11						
7.2	7.2			+0.019 +0.010							
7.5	7.5										
7.8	7.8										
8.0	8.0								4		
8.5	8.5		10		13						
9.0	9.0										
9.5	9.5										
10.0	10.0										
10.5	10.5						40				15
11.0	11.0						50				20
11.5	11.5		13	+0.023 +0.012	16		60				
12.0	12.0						70				
12.0	12.5						80				
13.0	13.0										
14.0	14.0		16	+0.023 +0.012	19						
15.0	15.0										
16.0	16.0										
17.0	17.0	+0.01 0	20		23	0 −0.2	40	+0.6 0		+0.3 0	
18.0	18.0						50				15
19.0	19.0						60		5		20
20.0	20.0			+0.028 +0.015			70				25
21.0	21.0						80				
22.0	22.0		25		28						
24.0	24.0										

비고 : l_2의 허용차는 KS B 0412(절삭 가공 치수의 보통 허용차)에 규정한 거친급으로 한다.

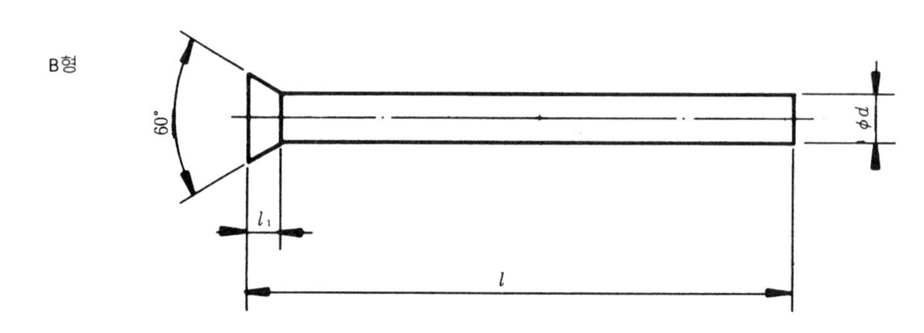

단위 : mm

호칭치수	d		l		l_1	
	기준치수	허용차	기준치수	허용차	기준치수	허용차
1.0	1.0				0.7	
1.1	1.1				0.8	
1.2	1.2				0.8	
1.3	1.3				0.9	
1.4	1.4				1.0	
1.5	1.5				1.1	
1.6	1.6				1.1	
1.7	1.7				1.2	
1.8	1.8				1.3	
1.9	1.9				1.3	
2.0	2.0				1.4	
2.1	2.1				1.5	
2.2	2.2	+0.01 0	50	+0.6 0	1.5	+0.3 0
2.3	2.3				1.6	
2.4	2.4				1.7	
2.5	2.5				1.8	
2.6	2.6				1.8	
2.7	2.7				1.9	
2.8	2.8				2.0	
2.9	2.9				2.0	
3.0	3.0				2.1	
3.1	3.1				2.2	
3.2	3.2				2.2	
3.3	3.3				2.3	
3.4	3.4				2.4	
3.5	3.5				2.5	
3.6	3.6				2.5	
3.7	3.7				2.6	
3.8	3.8				2.7	
3.9	3.9				2.7	

4.0	4.0	+0.01 0	50	+0.6 0	2.8	+0.3 0
4.1	4.1				2.9	
4.2	4.2				2.9	
4.3	4.3				3.0	
4.4	4.4				3.1	
4.5	4.5				3.2	
4.6	4.6				3.2	
4.7	4.7				3.3	
4.8	4.8				3.4	
4.9	4.9				3.4	

5-7 셰더(shedder)

두께가 얇은 재료를 뚫을 때에는 스크랩(scrap)이 다이의 구멍에서 빠져나와 피어싱 펀치에 붙는 경우가 있다. 순차이송형에서는 중대한 문제가 아닐 수 없는데 이러한 폐단을 없애기 위해서 펀치에 셰더핀을 설치한다. 머리부분이 있는 이 핀은 스프링과 세트스크류로 지지되어 있다.

5-8 펀치의 回轉防止

불규칙한 형상의 구멍을 가공하기 위한 펀치를 고정하기 위한 몇 가지의 방법이 그림 2-73에서 2-75까지 나타나 있다.

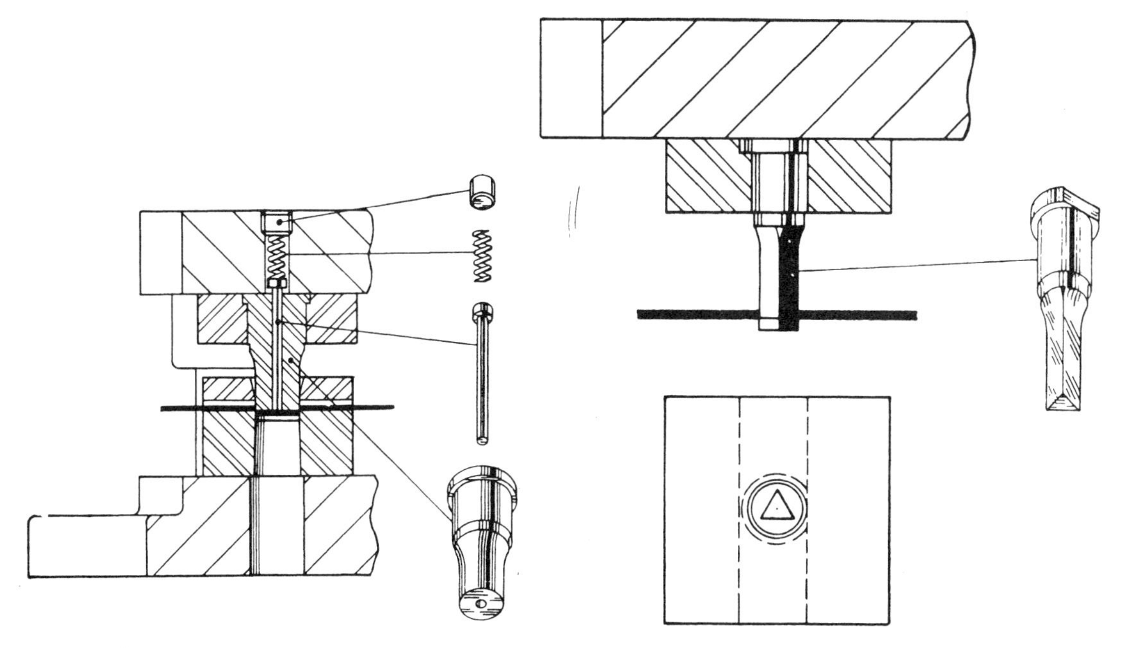

그림 2-72 셰더핀이 설치된 금형의 단면

그림 2-73 평탄부를 두어 고정된 펀치

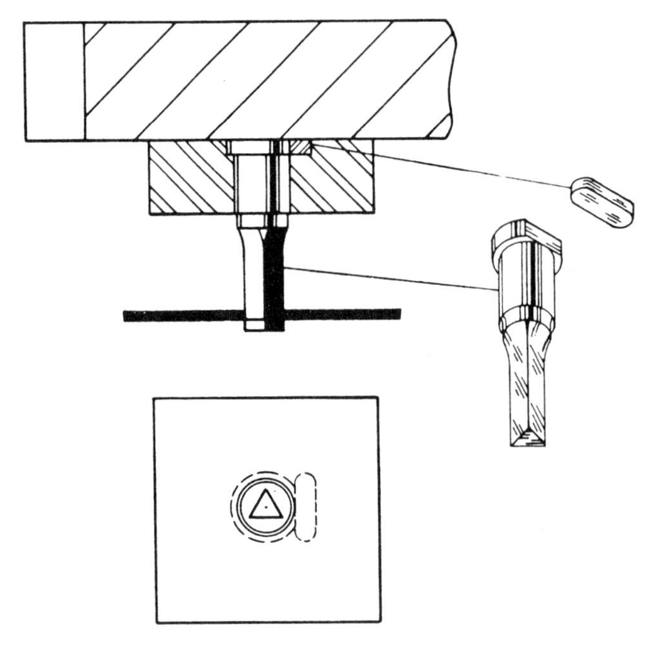

그림 2-74 키이로 고정된 펀치

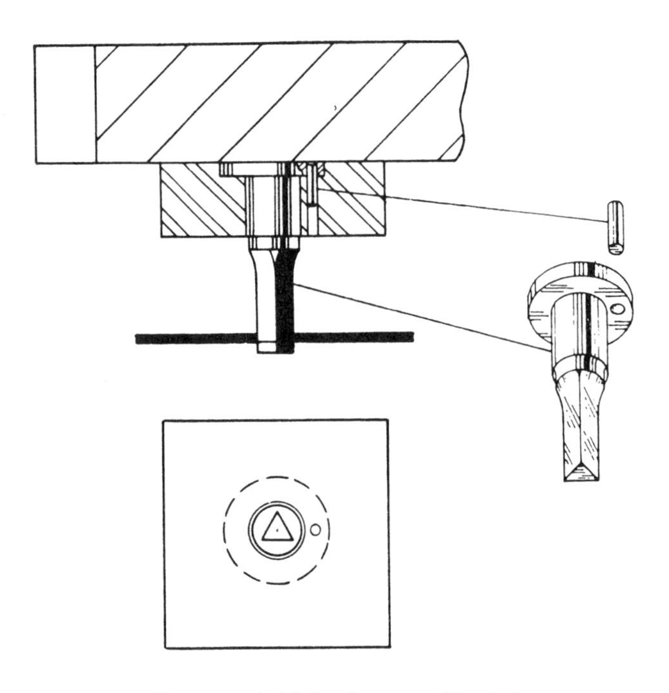

그림 2-75 머리부를 핀으로 고정한 펀치

第6章 펀치 固定板의 設計

펀치 고정판은 단일 피어싱 펀치를 고정하는 작은 단일 블록으로부터 수백 개의 펀치를 수용할 수 있는 대형의 정밀가공된 판에 이르기까지 크기와 종류는 다양하나 설계시 특히 고려해야 할 요점은 다음과 같다.

① 펀치를 안전하게 지지할 수 있는 판의 두께.

② 정확한 위치를 제공받을 수 있는 다우웰 핀의 적용.

③ 스트리핑력에 영향을 받지 않는 충분한 체결구의 적용.

펀치 고정판은 일반적으로 기계구조용강으로 만들며 때로는 공구강을 사용하기도 한다.

6-1 單一펀치의 펀치固定板

단일 펀치를 고정하는 펀치고정판은 4각형으로 만들며 펀치를 지지해 줄 수 있는 충분한 두께를 가지고 있다. 대각선으로 설치되는 두개의 육각 홈붙이나사에 의해 고정되고 다른 두 구석에 있는 다우웰 핀 구멍으로 정확한 위치를 얻게 된다. 그림 2-76에서와 같이 판의 가장자리로 부터 나사구멍 중심까지의 거리 A는 최소 나사지름 B의 1.5배는 되어야 한다.

파손될 염려가 있는 가는펀치는 펀치고정판에 경화된 부시를 억지 끼워맞춤한 뒤 부시속에 설치하는 것이 좋다.

6-2 스트리핑力(stripping force)

단일펀치 고정판에 중심거리가 작은 여러개의 펀치를 고정할 수 있다. 아주 많은 수의 펀치를 고정해야 한다든가, 클리어런스가 적을 때는 스트리핑력이 크게 작용하므로 계산할 필요가 있다. 계산결과에 의해 펀치고정판을 펀치 호울더에 고정시키는데 필요한 나사의 직경과 갯수를 결정하게 된다.

스트리핑력

$$P_s = K \cdot l \cdot t \cdot S$$

여기서 K : 클리어런스에 관계되는 계수이며 0.025~0.2를 적용한다.

l : 전단선의 길이 mm

t : 판두께 mm

S : 전단저항 kg/mm² 이다.

스트리핑력은 클리어런스가 판두께의 10% 이내일 때에는 현저하게 증가한다.

6-3 펀치 固定板의 適用

피어싱 펀치가 서로 상당한 거리로 떨어져 있을 때에는 그림 2-77과 같이 개별 펀치고정판에 고정하는 것이 유리하다.

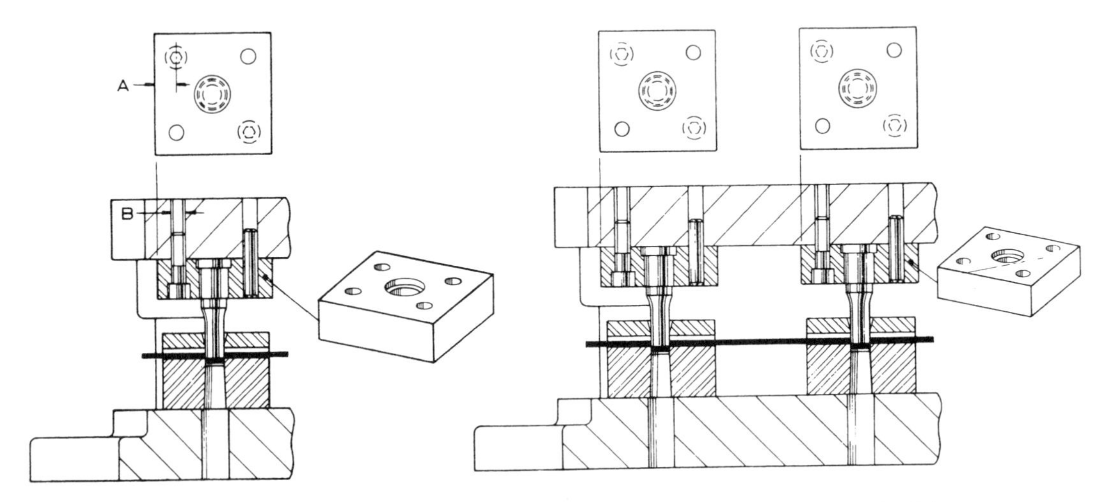

그림 2-76 소형펀치 고정을 위한 펀치고정판

그림 2-77 개별펀치 고정판의 적용

구멍을 뚫을 부품의 높이가 다른 경우 펀치고정판을 그림 2-78과 같이 2중으로 하면 피어싱 펀치가 길어지는 것을 피할 수 있다.

윗쪽 펀치고정판은 펀치 호울더에 고정되어 있고 아래쪽 펀치고정판은 윗쪽 펀치고정판에 나사로 체결되어 있다. 다우웰 핀은 2중으로 적용되어 있는 것을 볼 수 있다. 너무 긴 다우웰 핀을 적용하는 것은 좋지 못하다.

6-4 펀치固定板의 크기

펀치고정판의 두께 B는 펀치 몸체의 직경 A의 1.5배를 적용하는 것이 좋다.

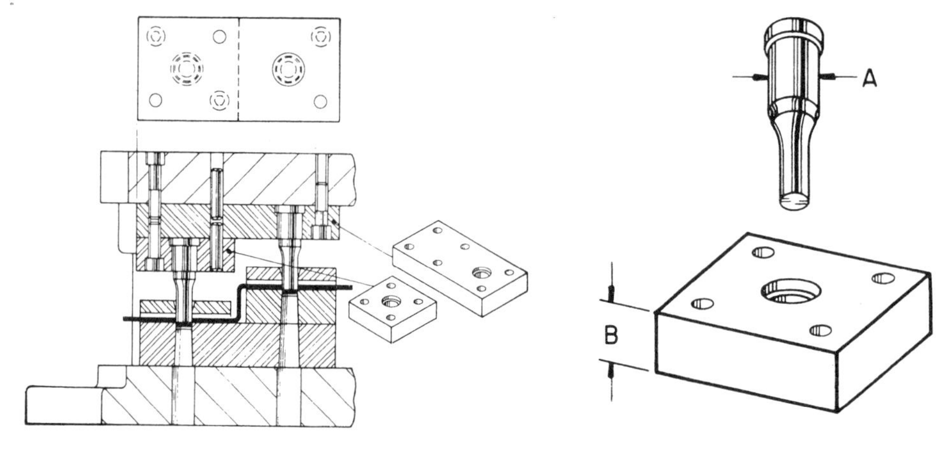

그림 2-78 단이 진 부품에 적용되는 펀치고정판

그림 2-79 펀치와 펀치고정판

많은 수의 금형을 제작해야 할 때에는 펀치고정판의 크기를 표준화하면 시간과 비용을 절약할 수 있다. 다음은 가장 일반적으로 사용되는 표준 펀치 고정판 및 펀치 뒷판의 규격이다.

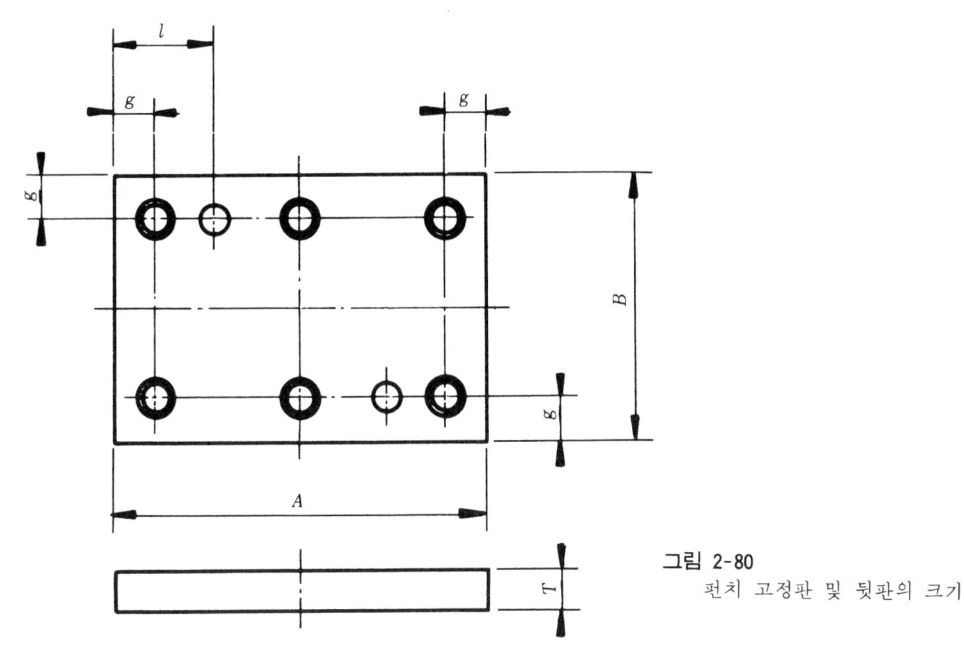

그림 2-80
펀치 고정판 및 뒷판의 크기

번 호	호칭치수	A	B	T 펀치고정판	T 뒷 판	g	l	고정나사 d	고정나사 갯 수	d_1
1	80×80	80	72	10.16	5	12	30	M 8	4	8
2	100×80	100	72	10.16	5	12	30	M 8	4	8
3	100×100	100	98	10.16	5	12	30	M 8	4	8
4	125×80	125	72	10.16	5.8	12	30	M 8	4	8
5	125×100	125	98	10.16	5.8	12	30	M 8	4	8
6	125×125	125	122	10.16	5.8	12	30	M 8	4	8
7	150×100	150	98	16.22	5.8	12	30	M 8	6	8
8	150×150	150	146	16.22	5.8	12	30	M 8	6	8
9	180×125	180	122	16.22	10	12	42	M 8	6	10
10	180×180	180	176	16.22	10	12	42	M 8	6	10
11	210×100	210	98	16.22	10	12	42	M 8	6	10
12	210×150	210	146	16.22	10	12	42	M 8	6	10
13	210×210	210	196	16.22	10	12	42	M 8	6	10
14	250×125	250	122	16.22	10	15	45	M10	6	10
15	250×180	250	176	16.22	10	15	50	M10	6	12
16	250×250	250	246	22.28	10.16	15	50	M10	6	12
17	300×125	300	122	16.22	10.16	15	50	M10	6	12
18	300×180	300	176	22.28	10.16	15	50	M10	6	12
19	300×250	300	246	22.28	10.16	18	55	M12	6	12
20	300×300	300	296	22.28	10.16	18	55	M12	6	12

6-5 各種 펀치固定板

(1) 切斷펀치用

그림 2-81은 소형의 절단펀치를 고정하는 세가지 방법을 나타낸다. 그림 A에서는 펀치고정판 상면에 가공된 커다란 홈이 있어 펀치의 플랜지부분이 들어갈 여유가 있다. 여유가 없을 때에는 그림 B에서와 같이 좁은 홈을 파게 된다. 플랜지 D는 펀치가 빠지지 않도록 막아준다. 여유가 더욱 없을 때에는 펀치 플랜지보다 약간 큰 홈을 그림 C에서와 같이 기계가공하여 설치한다.

(2) 노칭펀치用

작은 노칭펀치들은 대개 판 윗면에 가공된 홈을 이용해서 고정되어 있다. 펀치 머리부의 3면이 절삭된 홈 밑바닥에 받쳐 펀치가 빠져나오지 못하게 만든다.

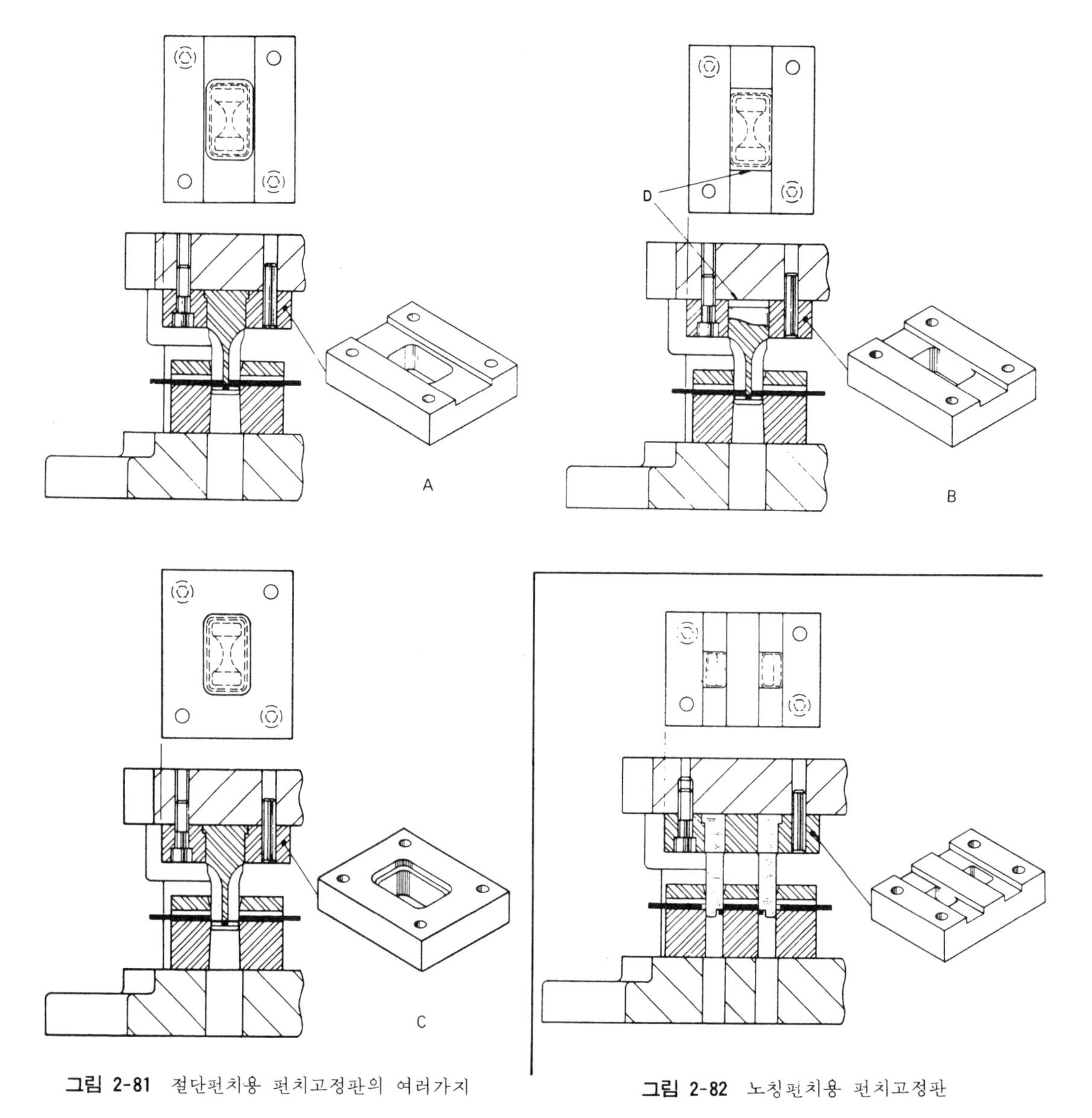

그림 2-81 절단펀치용 펀치고정판의 여러가지

그림 2-82 노칭펀치용 펀치고정판

(3) 복합型用

복합형에 사용되는 펀치고정판은 크게 만들어지며 다이블록 A에 대한 스페이서(spacer)의 역할도 할 수 있다. 긴 나사가 다이세트의 윗면으로부터 끼워져 펀치고정판의 클리어런스 구멍을 통과하여 다이블록까지 나사로 체결되어 있다.

(4) 反轉型用

반전된 피어싱 또는 쉐이빙 금형은 펀치고정판이 상형에 고정되어 있지 않고 하형에 고정되어 있다. 그림 2-84에 보인 금형은 두개의 구멍을 쉐이빙하는 금형이다. 이와 같이 펀치를 뒤집어 놓은 것은 프레스의 압력을 더욱 효과적으로 스트리핑하는데 이용하기 위한 것이다.

(5) 호온型用

호온형에 사용되는 피어싱 펀치는 펀치 호울더에 고정된 펀치고정판에 들어 있다. 이 금형도 압출된 컵의 측면에 구멍을 뚫는다.

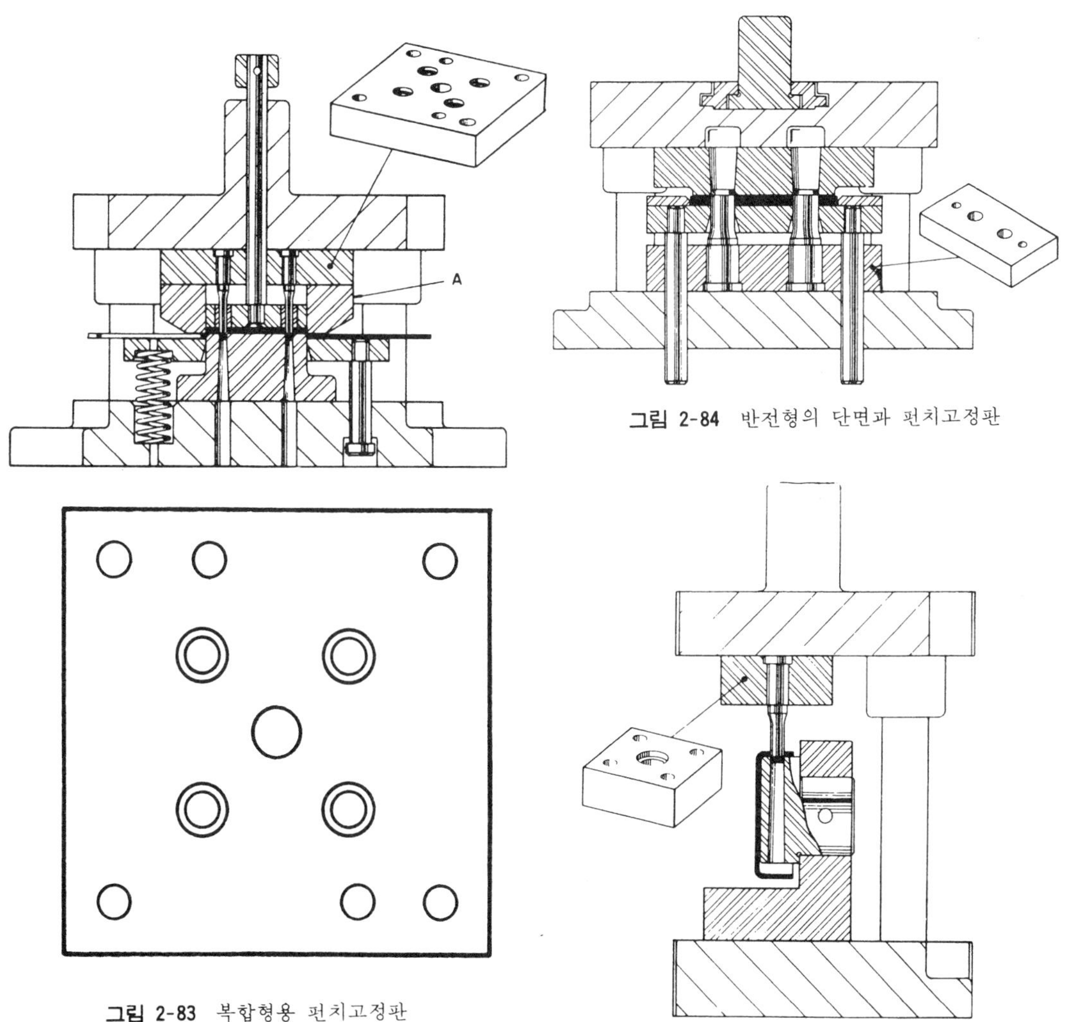

그림 2-84 반전형의 단면과 펀치고정판

그림 2-83 복합형용 펀치고정판

그림 2-85 호온형에 설치된 펀치 고정판

第7章 파이럿 핀의 設計

여러 단계의 순차이송형에서 파이럿 핀은 중대한 역할을 하며 프레스 계통의 많은 결함이 파이럿 설계의 잘못에 원인이 있다는 것이 밝혀지고 있다.

파이럿 핀을 설계할 때에는 다음과 같은 점을 항상 고려하여야 한다.

① 반복된 충격에도 부러지지 않을 만큼 충분한 강도를 유지해야 한다. 파이럿 핀 끝에는 우리가 알고 있는 이상의 심한 충격이 가해진다. 파이럿은 무거운 재료를 거의 순간적으로 정위치까지 움직인다는 것을 생각해야 한다. 파이럿 핀이 파괴되면 제품단가가 상당히 올라가는데 이것은 잘못이 발견되기 전에 수백 개의 불량품이 생산되기 때문이다. 또한 파괴된 파이럿이 절단날 또는 금형의 성형부에 떨어져 일어나는 값비싼 사고의 위험이 있기 때문이다.

② 가느다란 파이럿 핀은 충분히 보호하고 지지하여 휘지 않도록 해야 한다. 파이럿 핀이 구부러지면 재료의 위치설정이 잘못 된다. 고급의 공구강으로 제작하고 경도는 H_{RC} 60 이상으로 하는 것이 좋다.

③ 신속하게 분해할 수 있는 설계가 되어야 할 것이다.

이 장에서는 파이럿 핀이 적용되는 금형을 설계하는 설계자에게 도움이 될 여러가지 설계와 적용법을 다루었다.

7-1 파이럿의 形式

(1) 직접식 파이럿

그림 2-86의 (1)과 같이 전가공에서 뚫어진 구멍이 있을 때 그 구멍을 이용하여 위치를 정확하게 유지시킬 수가 있다.

(2) 간접식 파이럿

재료의 스크랩부분에 그림 2-86의 (2)와 같이 파이럿 핀의 구멍을 뚫어 재료의 위치를 유지시켜 주는 방법으로 간접식 파이럿이 요구되는 경우는 다음과 같다.

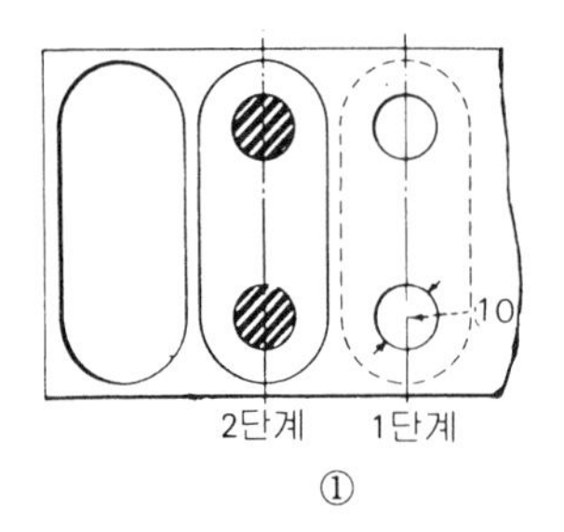

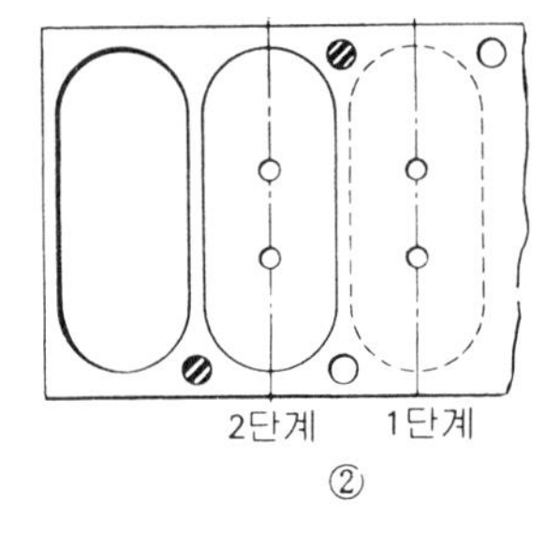

그림 2-86 직접식 파이럿과 간접식 파이럿의 적용

① 구멍의 치수 정밀도가 높을 때…파이럿이 무거운 재료를 끌어당길 때 구멍이 확대될 수가 있다.
② 구멍이 너무 작을 때…가는 파이럿 핀은 작업중 부러지거나 밀려난다.
③ 구멍이 블랭크 가장자리에 너무 근접해 있을 때…구멍이 확대될 수 있다.
④ 약한 부분에 구멍이 있을 때…재료가 움직이지 않고 취약부가 변형된다.
⑤ 너무 밀착된 구멍…간격이 너무 좁으면 구멍과 블랭크 외단 사이의 정확한 거리를 유지하지 못한다.
⑥ 구멍이 없는 블랭크
⑦ 구멍에 돌출부가 있을 때…휘어버릴 염려가 있다.

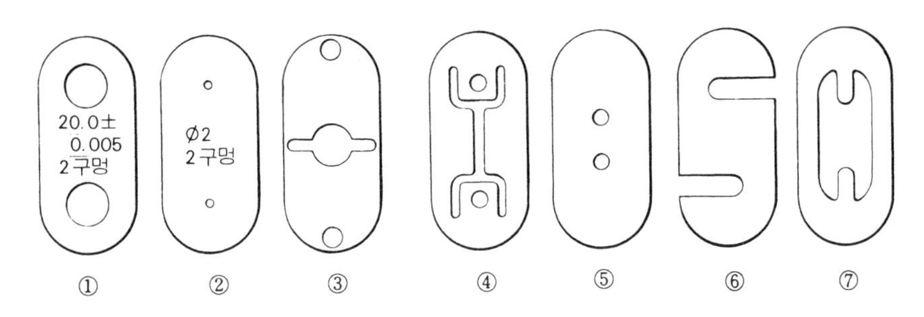

그림 2-87 간접파이럿 방법이 요구되는 조건

7-2 파이럿의 치수와 作圖法

(1) 파이럿의 치수

그림 2-88에 조립되어 있는 형식의 파이럿은 보통 구멍의 직경이 5~20㎜인 경우에 사용된다.

파이럿의 직경 A와 재료의 파이럿구멍은 제품 정밀도에 큰 영향을 준다. 파이럿의 직경 A가 구멍에 비해서 너무 작으면 구멍과 부품 가장자리의 치수가 달라져 부정확한 부품이 생산될 것이다. 치수가 너무 크면 띠강에 너무 꽉 끼어서 블랭크를 잡아 올리게 된다. 이러한 문제는 순차이송형에서는 커다란 문제가 아닐 수 없다. 일반적으로 파이럿의 직경 A는 구멍의 직경에서 재료 두께의 3~5% 정도를 뺀 치수를 적용하고 있다.

직선부 B는 재료두께의 ⅓~⅔ 정도가 된다. 몸체 직경 C는 정확하게 끼워맞춤되어야 하며 끼워맞춤길이 D는 몸체 직경 C의 3배는 되어야 한다.

(2) 파이럿의 作圖

도토리 모양의 파이럿을 작도하는 데는 다음 여섯가지 순서를 거친다.

① 머리부의 지름 A와 몸체를 그린다.
② 콤파스의 중심을 우하단에 정하고 반경 R을 그린다.
③ 콤파스의 중심을 좌하단으로 옮기고 반경 R을 그린다.
④ 두 원호의 만남을 직경 A의 ¼ 정도의 반경으로 조화시킨다.
⑤ 완전한 도토리형의 머리부를 완성시킨다.
⑥ 몸체와 나사부분을 완전히 그린다.

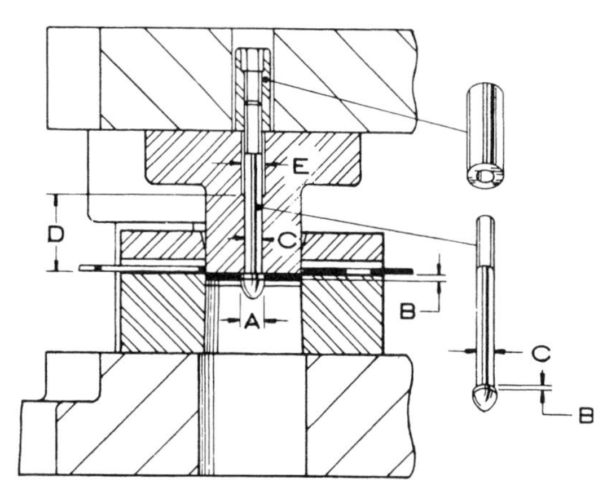

그림 2-88 파이럿에 의해 위치가 결정된 재료의 가공

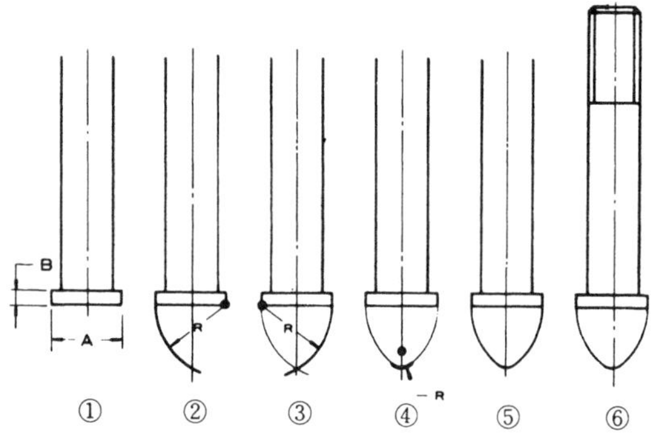

그림 2-89 파이럿의 작도순서

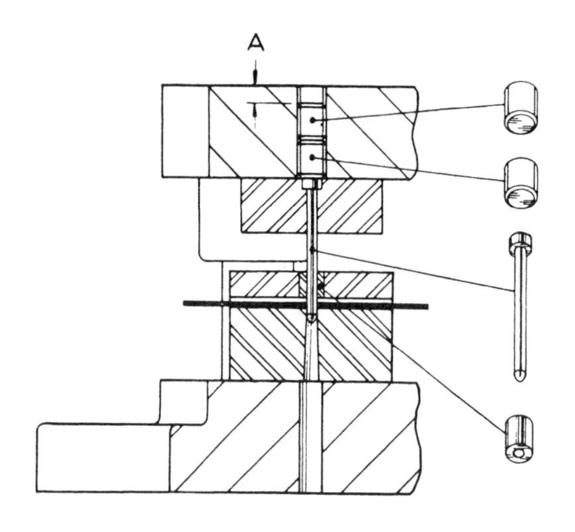

그림 2-90 소형 파이럿의 고정법(1)

7-3 파이럿의 固定

(1) 小形 파이럿

직경 5 mm 정도의 소형 파이럿은 그림 2-90과 같이 스트리퍼판에 설치된 경화부시로 안내되며 두개의 세트스크류로 고정된다. 그림에서 A는 펀치의 날을 연삭할 때 치수조절을 하기 위한 여유이다.

정밀도가 낮고 소량 생산되는 제품을 가공할 때는 그림 2-91과 같이 파이럿의 몸체에 가공된 테이퍼 부분을 세트스크류로 고정한다. 세트스크류는 틈새만큼 파이럿을 밀어 붙이는 경향이 있으므로 정밀급 금형에서는 사용하지 않는다.

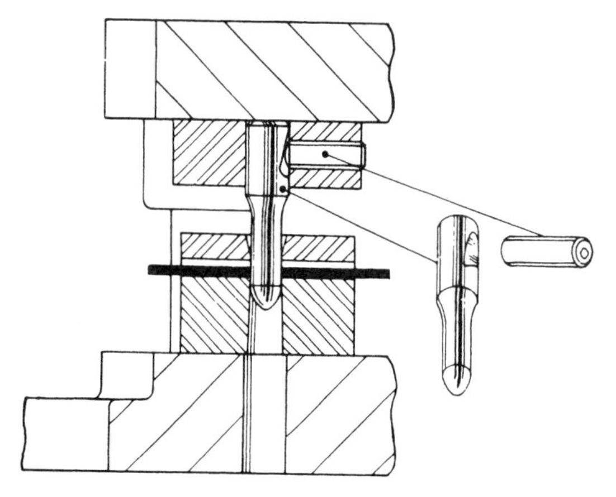

그림 2-91 소형 파이럿의 고정법(2)

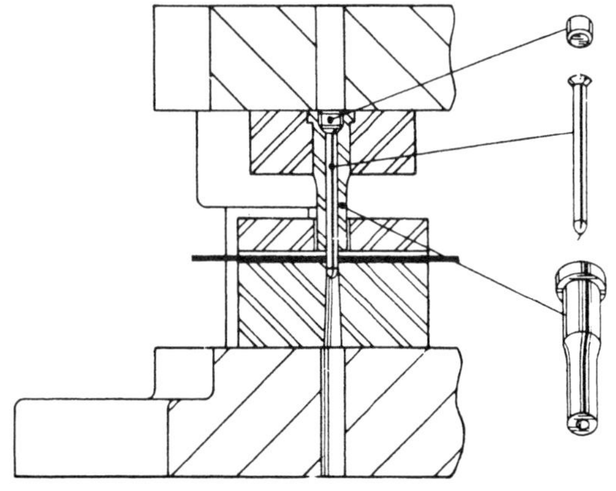

그림 2-92 소형 파이럿의 고정법(3)

직경 3mm 이하의 작은 파이럿은 대롱속에 설치되며 세트스크류로 고정된다. 대롱은 공구강을 열처리해서 만들며 파이럿을 끝부분까지 보호하고 있다.

(2) 大形 파이럿

직경 20mm 이상의 파이럿은 펀치 호울더에 끼워 맞춘 긴 육각 홈붙이나사로 고정된다. 이러한 파이럿은 간격 A만큼 나사산의 여유가 있어 펀치날의 재연삭시 여유를 준다.

(3) 억지 끼워맞춤 파이럿

저속생산, 짧은 행정의 작업이나 임시 금형에만 쓰인다. 작업도중에 빠져 금형을 파손시킬 수 있고 때로는 수많은 부품을 정확한 위치에 안내하지 못하고 망쳐 버리는 수가 있다.

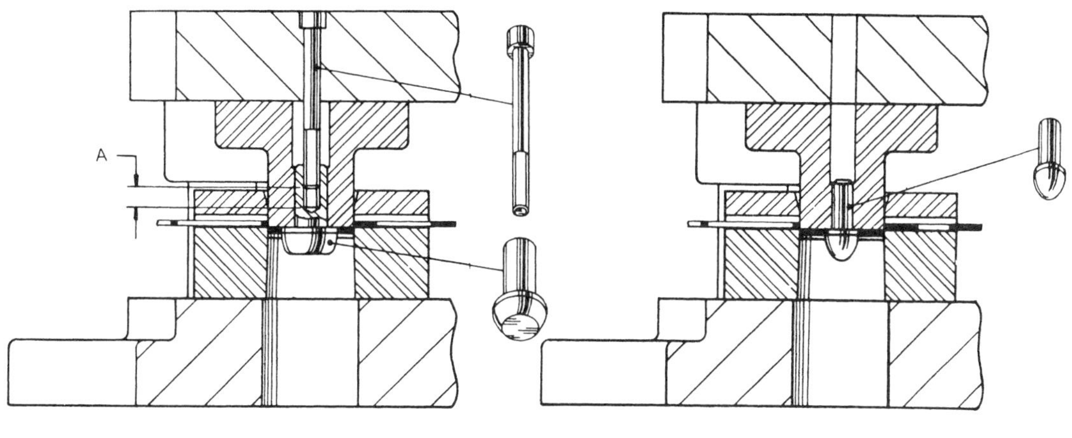

그림 2-93 대형 파이럿의 고정

그림 2-94 고정식 파이럿의 적용

7-4 스프링 作動 파이럿

지금까지의 모든 파이럿은 얇은 재료에 사용되는 고정식의 것들이었다. 두꺼운 재료를 파이럿 작용시키려면 스프링 작동식 파이럿을 사용하는 것이 좋다. 그림 2-95의 파이럿 A는 부시 B와 C로 안내되며 세트스크류 E에 의해 구속된 스프링 D로 받쳐져 있다. 파이럿 핀은 부시 B와 C 사이에서 슬라이딩 될 수 있도록 틈새가 있어야 한다.

송급불량이 발생했을 때 스프링 작동식 파이럿이 후퇴한다. 재료를 정확한 위치에 가져 가려면 충분한 압력이 주어져야 한다. 그러나 재료가 잘못 송급됐을 때 파이럿이 재료를 뚫어 버릴 만큼 압력이 강해서는 안된다.

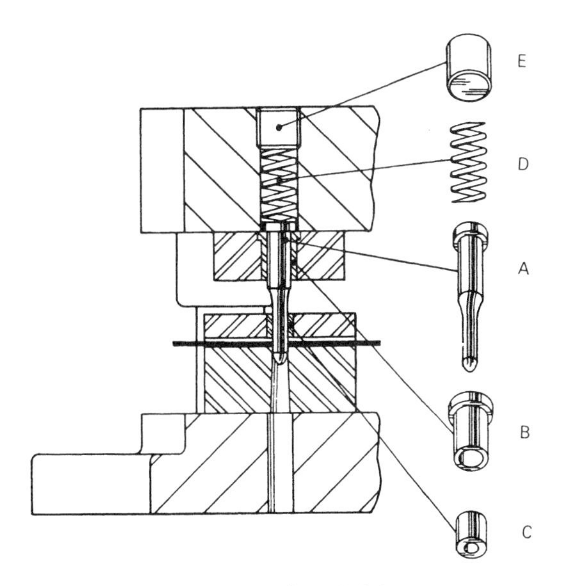

그림 2-95 스프링작동 파이럿

第8章 位置決定 게이지의 設計

위치결정 게이지는 재료가 금형을 통과할 때 진행방향의 위치를 결정하여 준다. 2차 작업을 하는 금형에서 게이지는 앞서 가공된 부품의 위치를 잡아서 다음 작업이 진행되도록 해 준다.

설계시 다음 사항을 고려하여야 할 것이다.

① 재료의 선택 : 내마모성이 중요시되므로 게이지강 또는 공구강을 사용한다.

② 적당한 두께 : 위치결정 게이지와 전면의 스페이서(spacer)는 스트리퍼판과 다이블록 사이에 재료가 붙지 못하도록 충분한 두께를 확보해야 한다. 이것은 재료가 굴곡되어 금형속에서 원활하게 이송되지 못하는 수가 있기 때문이다.

③ 적절한 다우웰 핀의 적용 : 게이지에 의해 띠강재 또는 부품의 위치를 잡아주는 것이므로 항상 일정한 위치에 끼워져야 한다.

④ 위치결정면의 정도 : 띠강 또는 부품이 닿게 되는 게이지면은 잘 연삭되어 있어야 하며, 도면에도 표시되어야 한다.

이 장에서는 여러 형식의 금형에 적용되는 위치결정 게이지를 다루어본다.

8-1 位置決定게이지와 前面스페이서

그림 2-96과 같은 2단 순차이송형에 재료를 삽입시키기 위해 작업자는 재료를 게이지 A에 일치시키게 된다. 지지대 B는 재료의 밑면이 다이블록 상면에 올려질 수 있도록 지지해 주고 있다. 위치결정게이지와 전면의 스페이서 사이의 치수 C는 롤(roll)송급기를 사용하였을 때는 재료폭보다 0.5~1mm 넓게 하고 수동으로 송급되는 금형에서는 1.5~3mm의 여유를 준다. 그러나 재료폭의 공차가 큰 경우에는 여유를 더욱 크게 주고 푸셔(pusher)를 설치한다.

뒷면 게이지와 앞면 스페이서의 두께 D는 보통 재료의 두께가 1.5mm 이하일 때는 3mm로 하고 재료 두께가 1.5mm이상인 경우에는 재료 두께에 1.5~3mm를 더한 값으로 한다.

E, F, G에 보이는 것은 재료받침판을 게이지에 고정시키는 세가지 방법이다. E는 나사에 의한 고정이고, F는 리베팅되어 있고, G는 용접되어 있다.

8-2 複合型과 切斷型에서의 適用

(1) 複合型

가동스트리퍼 A의 일부가 연장되어 게이지 B를 고정시킬 판을 만들고 있다. 핀 D는 가동스트리퍼속에 설치되어 재료의 위치결정을 돕고 있다.

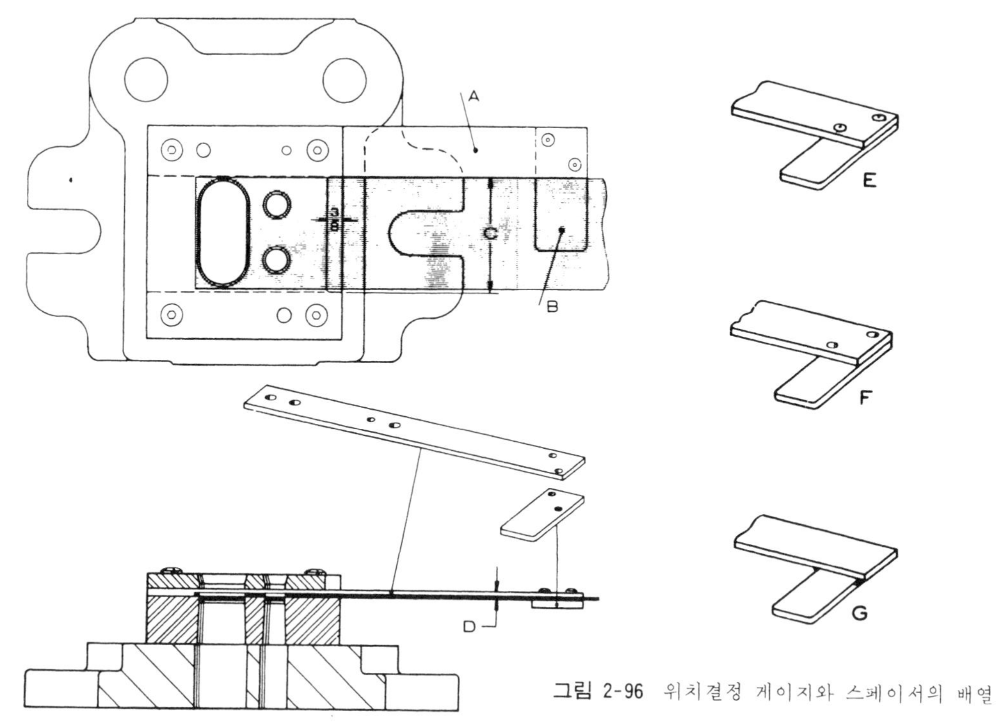

그림 2-96 위치결정 게이지와 스페이서의 배열

(2) 切斷型

긴 부품을 위한 절단형의 정지구를 마련하는 데는 게이지를 왼쪽으로 연장하고 판A를 나사와 다우웰 핀으로 고정시키는 것이다.

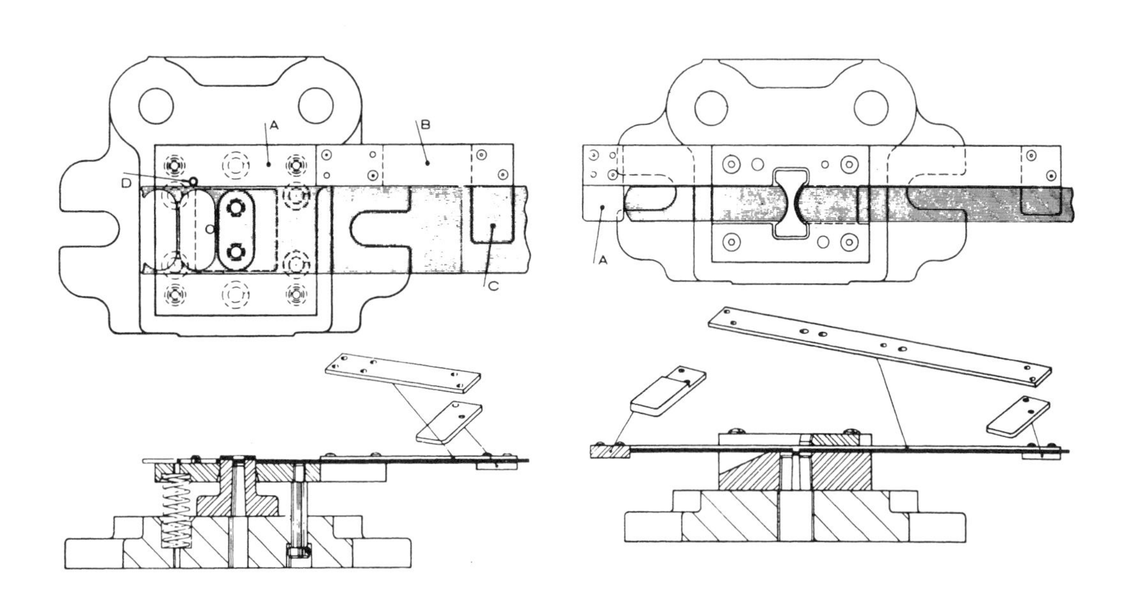

그림 2-97 복합형에 적용된 게이지

그림 2-98 절단형에 적용된 게이지

8-3 얇은 材料의 송급

얇고 비틀리기 쉬운 재료를 송급할 때는 받침 A를 길게 만들고 다이블록에 붙여 보다 나은 지지와 안내를 한다. 세 개의 나사로 체결되나 다우웰 핀은 사용할 필요가 없다.

그림 2-100은 재료를 안내하고 지지하는 보다 나은 방법이다. 이것은 두께가 두꺼운 재료에도 이용가능하다. 전면 스페이서가 오른쪽으로 연장되어 지지판 A가 나사로 고정되어 있어 더욱 견고하다.

재료를 처음 삽입시키기 위해 스트리퍼판의 일부를 절단할 필요도 없어진다.

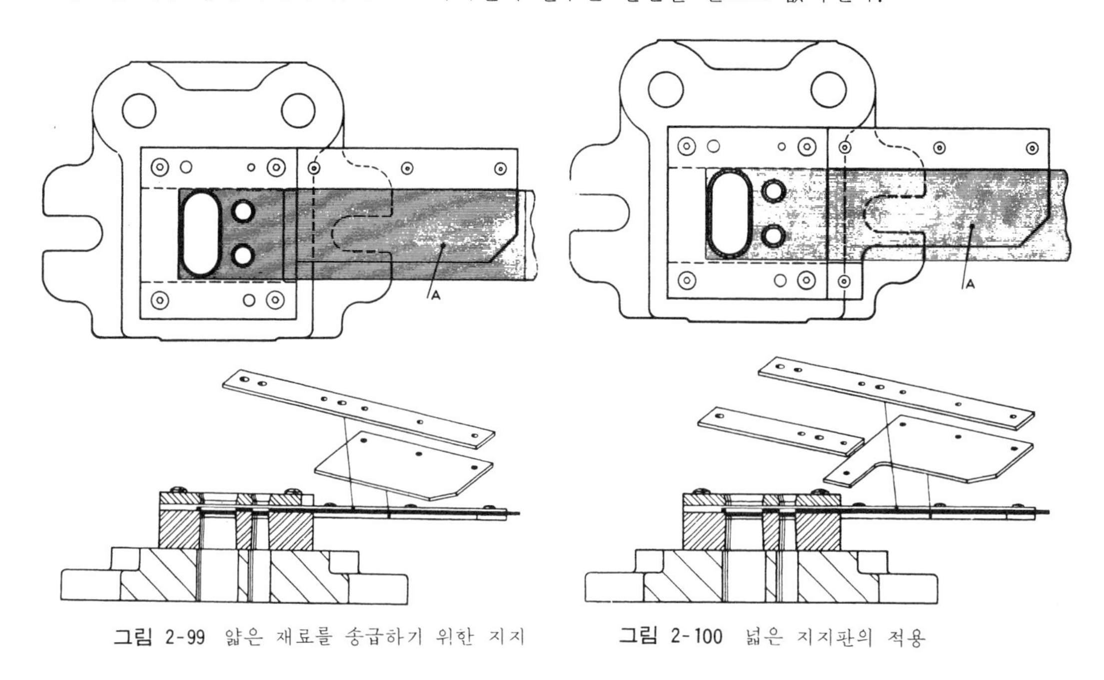

그림 2-99 얇은 재료를 송급하기 위한 지지　　그림 2-100 넓은 지지판의 적용

8-4 롤 送給(roll feed)

롤 송급기를 이용하여 재료를 송급할 때에는 지지판이 필요없다. 게이지판의 안내부 길이 A는 폭 B의 1.5배 정도로 한다.

8-5 푸셔(pusher)

재료가 금형을 통과하여 나가는 동안 그것을 위치결정 게이지에 밀어 붙이는 수단이 필요하다. 특히 롤 송급을 할 때는 더욱 필요하다.

(1) 판 푸셔(stock pusher)

간단한 방법은 판 푸셔 A를 적용하는 것이다. 이것은 마치 수동정지구와 유사하게 만들어졌다. 한끝이 나사로 지지된 스프링이 푸셔를 밀어 재료에 압력을 가해준다.

(2) 棒 푸셔(bar pusher)

두개의 작은 봉 B를 판 스프링 A가 눌러 재료를 위치결정 게이지로 밀어 붙인다.

(3) 롤러 푸셔(roller pusher)

그림 2-104에서 아암 B에 설치된 롤러 A가 스프링 C의 힘으로 재료를 게이지면에 일치시킨다.

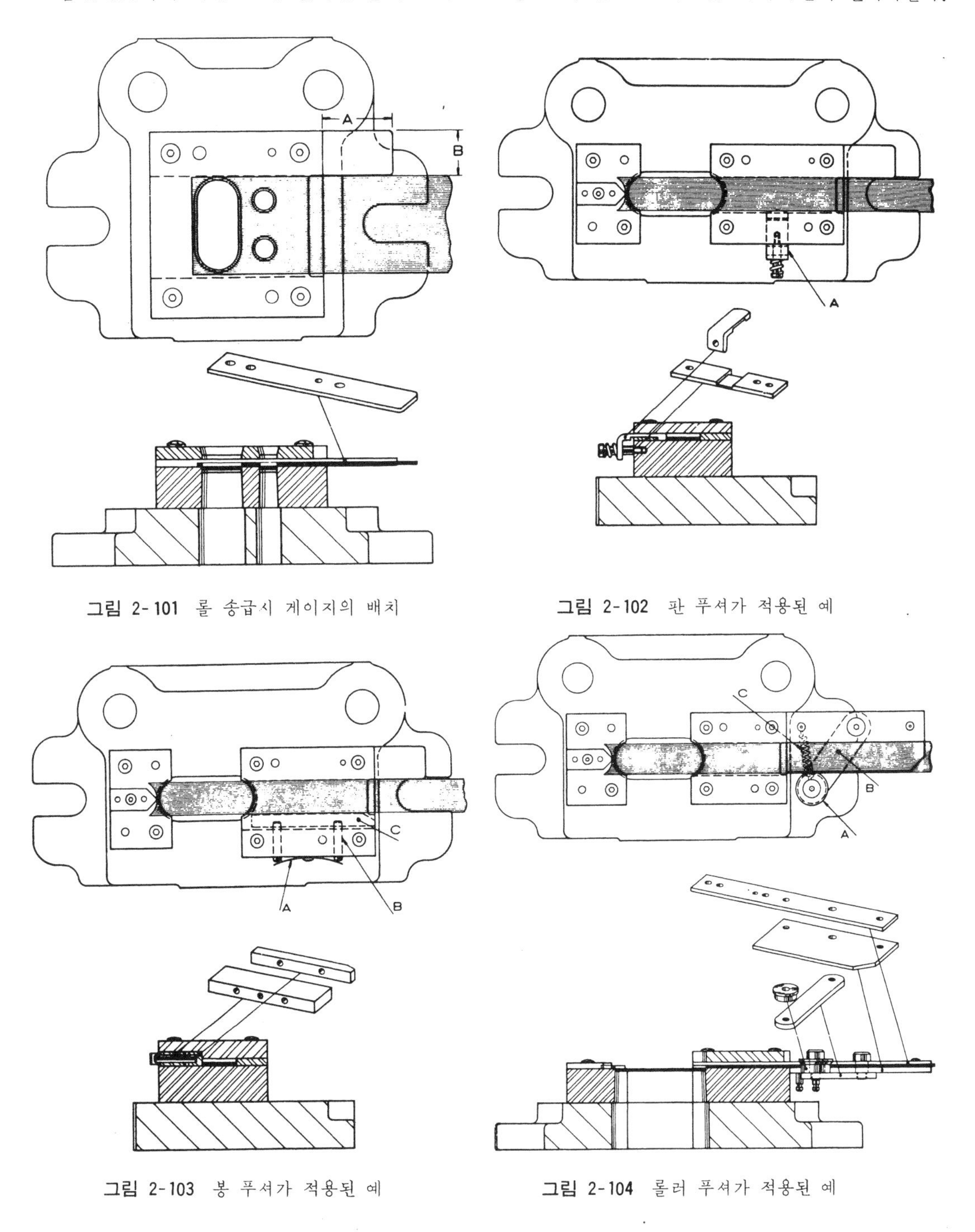

그림 2-101 롤 송급시 게이지의 배치

그림 2-102 판 푸셔가 적용된 예

그림 2-103 봉 푸셔가 적용된 예

그림 2-104 롤러 푸셔가 적용된 예

8-6 핀에 依한 位置決定

2차가공을 위한 금형의 위치결정법은 일반적으로 부품을 네스팅하는 방법을 사용하고 있다. 생산성이 낮은 제품은 세 개의 핀만으로 위치결정이 가능하다.

항상 블랭크의 긴 쪽에 2개의 핀을, 짧은 쪽에는 하나의 핀을 대어준다.

그림 2-106 A는 경사지게 가공된 핀으로 위치결정한 것을 보여주고 B는 테이퍼 가공된 핀으로 위치결정한 것을 보여준다.

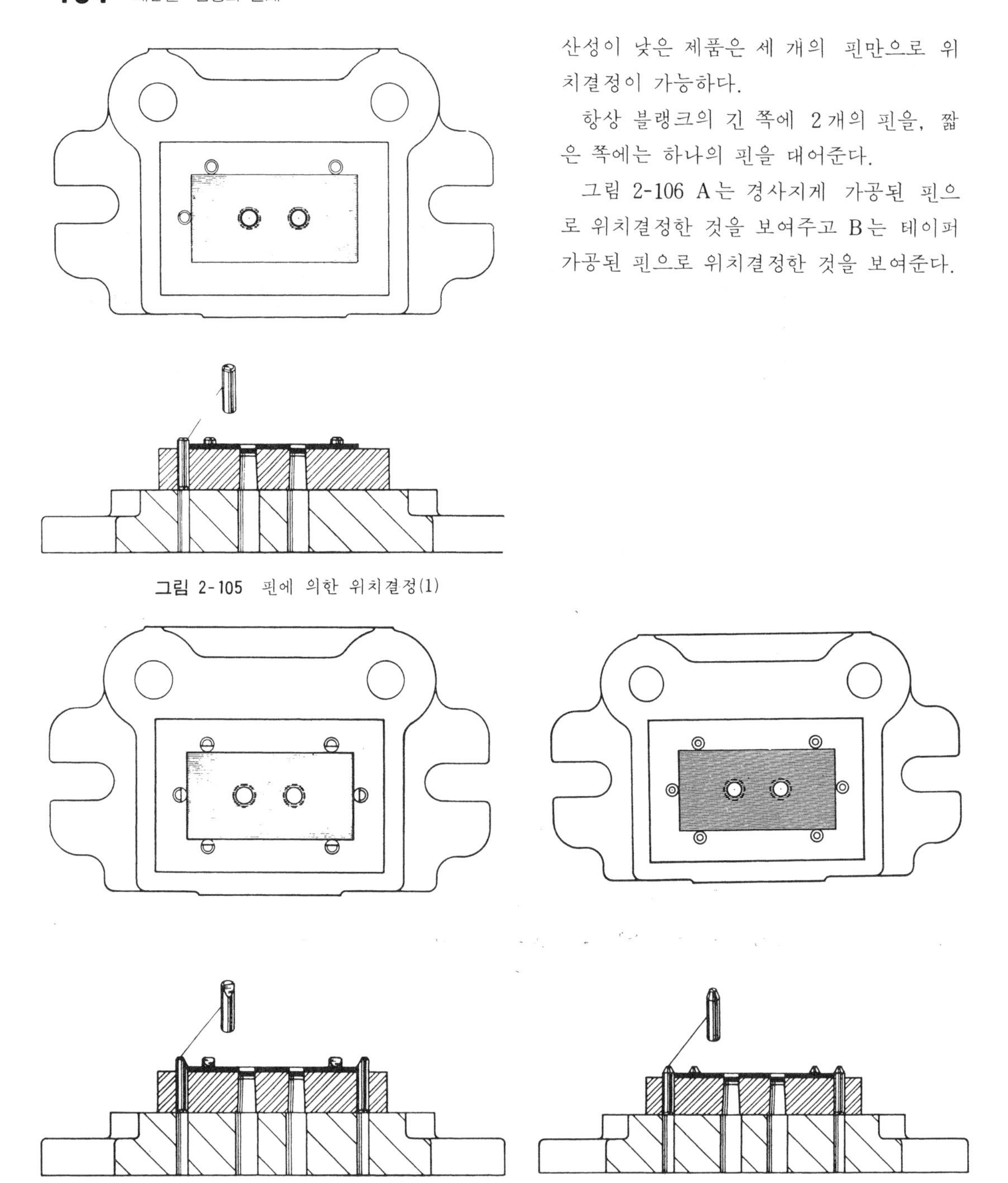

그림 2-105 핀에 의한 위치결정(1)

그림 2-106 핀에 의한 위치결정(2)

8-7 패드에 依한 位置決定

많은 제품을 생산하고자 하는 금형에서는 위와 같이 핀에 의한 위치결정을 하지 않고 하우징 B

에 설치된 위치결정 패드 A에 대고 위치결정한다.

이러한 패드는 경화처리 후 연삭가공된다.

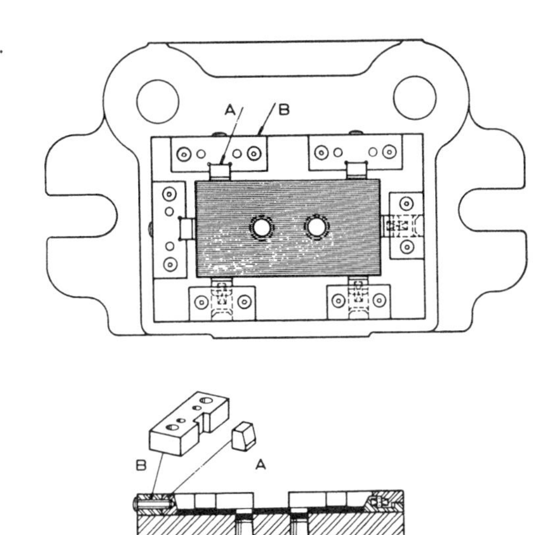

그림 2-107 핀 대신 위치결정 패드를 이용한 예

8-8 기타 位置決定方法

(1) 평형장치를 사용한 位置決定

재료의 폭이 불균일할 때 그 중심이 항상 일정하게 유지되는 방법이다. 그림 8-13에서 링크 A와 B는 링크 D와 연결되어 C를 중심으로 회전운동을 하고 있다. 4개의 롤러 E는 재료를 안내하고 스프링 F는 일정한 방향으로 작용한다.

링크 B는 연장되어 재료가 금형에 처음 삽입될 때 손잡이 역할을 한다.

(2) 고정식 파이럿을 利用한 位置決定

그림 2-109는 전가공된 구멍에 고정식 파이럿핀을 적용함으로써 정확한 위치결정을 할 수 있다. 그러나 이것은 파이럿 핀의 돌출부에 의해 펀치가 영향을 받지 않도록 충분히 고려하여야 할 것이다.

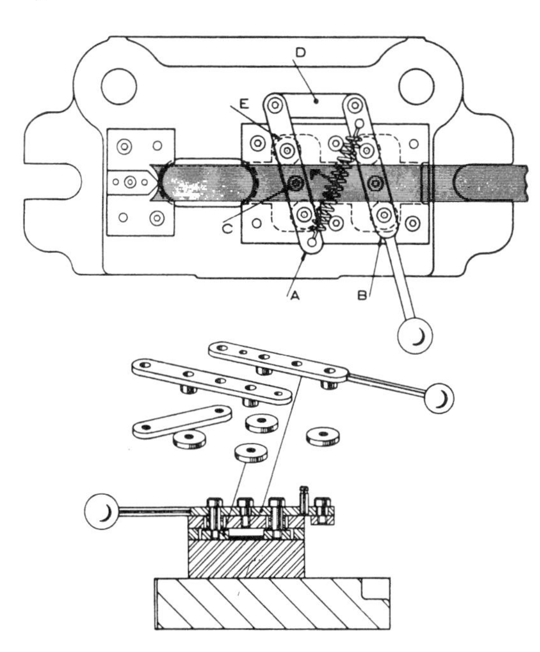

그림 2-108 평형장치를 사용한 예

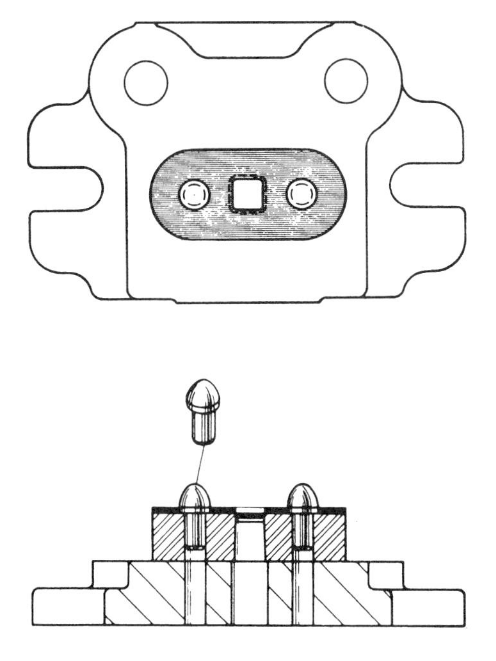

그림 2-109 파이럿 핀을 사용한 예

(3) V홈을 利用한 位置決定

각 V홈의 밀착면은 부품을 신속히 삽입할 수 있도록 테이퍼져 있다.

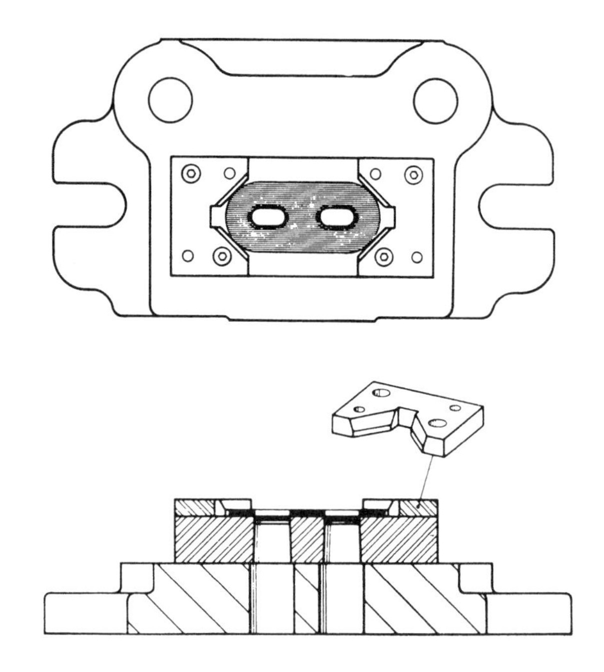

그림 2-110 V홈을 이용한 예

第 9 章 手動停止具의 設計

수동정지구는 2단계 이상의 순차이송형에 사용된다. 띠강판을 자동정지구 또는 롤 공급에 의해 작업되기까지 띠강판의 위치를 잡아준다. 사용되는 수동정지구의 수는 금형의 단계수에 달려있다.

수동송급할 때는 금형의 총 단계수에서 하나를 뺀 숫자가 필요하나 자동송급장치를 사용하는 경우에는 최초 단계에서 하나만 필요하다.

9-1 手動停止具의 作動

그림 2-111과 2-112는 대표적인 수동정지구의 작동상태를 보여주고 있는 것이다. 평면도에서 보는 바와 같이 2단계 금형의 첫단계에서 두개의 구멍이 뚫리고 블랭크는 제2단계에서 소재로부터 떨어져 나온다. 수동정지구 A를 밀어 넣고 소재를 수동정지구의 끝에 닿게 한 후 프레스를 작동하면 두개의 구멍이 뚫린다. 이때 자동정지구의 굽에는 소재가 닿지 않은 자유상태이므로 스프링의 힘에 의해 굽이 오른쪽으로 당겨진다.

작업자가 이제 수동정지구를 뒤로 당기면 띠강판이 왼쪽으로 이동하여 자동정지구의 굽에 닿아 위치를 잡는다. 프레스가 작동하면 완전한 블랭크와 두개의 구멍이 뚫린다. 계속해서 작업자는 단순히 소재를 밀어 붙이기만 하면 모든 블랭크가 가공될 때까지 작업이 진행된다.

그림 9-1의 오른쪽에 수동정지구가 설치된 부위의 부분 단면도를 보여준다.

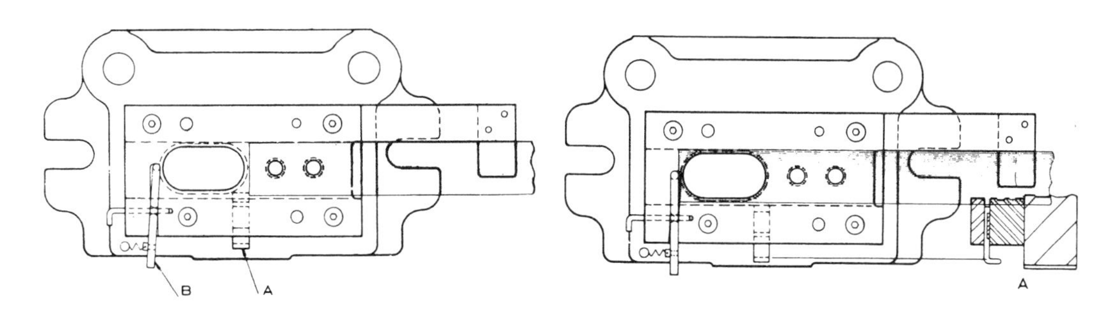

그림 2-111 첫단계에서 수동정지구가 들어가 있는 상태 **그림 2-112** 후퇴된 상태의 수동정지구

9-2 手動停止具의 構造

수동정지구는 그림 2-113과 같이 세가지 형태로 제작된다. 그 중 가장 많이 쓰이는 것으로 A는 정지구의 밑면에 홈을 만들어 행정을 제한하며 전면 스페이서 속에서 움직이게 한다. B와 같은 정지구는 그 중앙부를 엔드밀 가공하여 이 홈에 다우웰 핀을 끼워 행정을 제한한다. 이와 비슷한

것으로 C에 보이는 것은 가장자리를 절단해 낸 홈을 두어 행정을 제한하게 되어 있다.

9-3 手動停止具의 適用

(1) 手動送給式 順次移送型

수동으로 소재를 송급하는 다단계 순차이송형에서는 수동정지구가 최종 단계에 설치되어 있는 자동정지구를 제외한 각 단계마다 소재끝의 위치를 잡아준다.

그림 2-114에서는 정지구 A가 띠강판의 위치를 잡아 두개의 돌출된 보스(boss)를 성형하고 제2단계에서 정지구 B가 소재의 위치를 잡아 두개의 구멍을 뚫고 제3단계에서는 자동정지구 C가 소재의 위치를 잡아 부품이 타발된다.

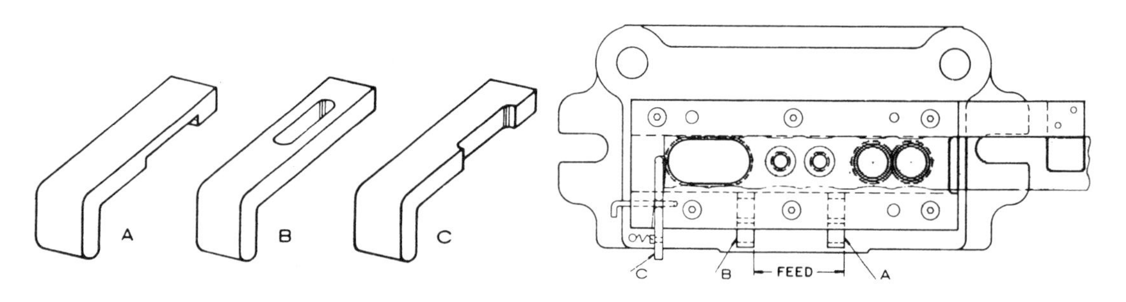

그림 2-113 수동정지구의 일반적 형태

그림 2-114 수동송급식 순차이송형에 적용

(2) 傾斜面을 갖는 部品에의 適用

부품의 윤곽에 따라서 띠강판의 끝을 어떤 각도로 절단하여 금형으로 들여 보내야 할 필요가 있다. 이런 경우에는 수동정지구의 끝을 소재끝에 가공된 사각을 고려하여 가공되어야 한다.

(3) 귀환 스프링

수동정지구에는 통상 귀환스프링이 사용되지 않는다. 그러나 재료의 가장자리에 노치가 있을 때는 진동에 의해 정지구가 안쪽으로 들어가 노치에 물려 송급불량을 일으킬 염려가 있을 때 귀환스프링을 사용한다. 수동정지구에 리베팅된 작은 핀이 스프링을 잡아주고 안내한다.

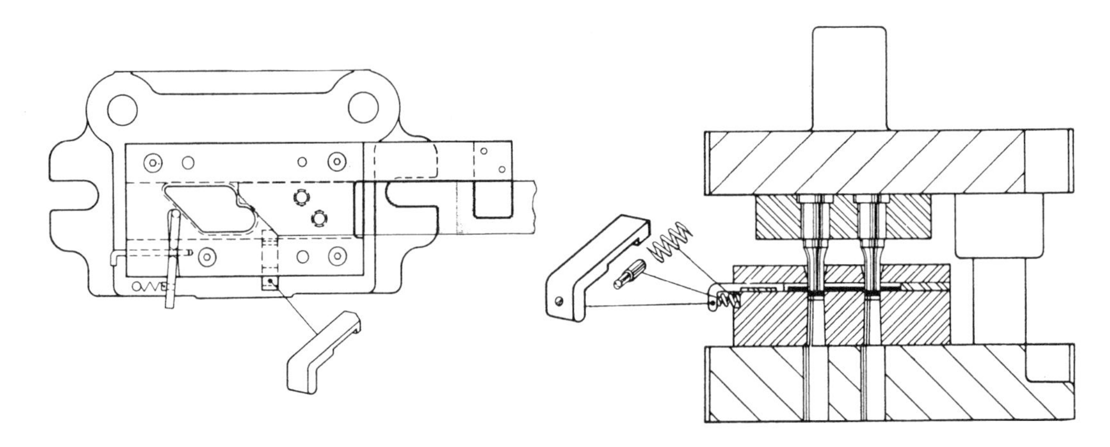

그림 2-115 경사면으로 가공된 정지구

그림 2-116 귀환 스프링이 설치된 수동정지구

9-4 手動停止具의 치수

수동정지구의 치수는 전면 스페이서의 폭이 정해진 뒤에만 결정할 수 있다. 또 이 스페이서의 폭은 그 작업에 사용되는 다이블록의 치수에 의해 결정된다.

그림 2-117에 수동정지구의 각부 치수를 나타낸다.

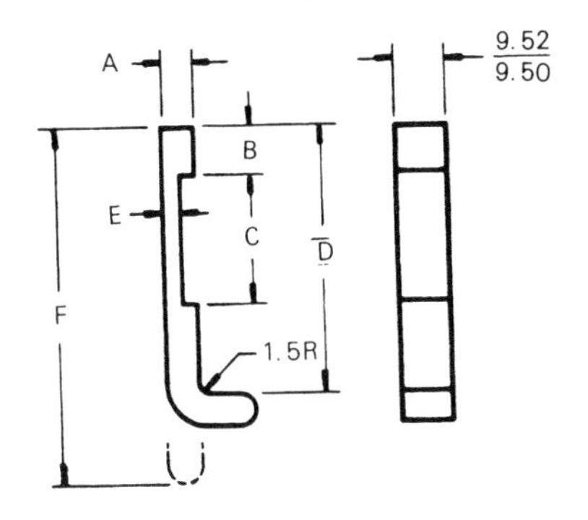

번 호	*A*	*B*	*C*	*D*	*E*	*F*	적용 스페이서 번호
1	2	6	17	37	1	50	1
2	4	8	21	45	2	60	2
3	6	10	25	52	3	70	3
4	8	12	29	59	4	80	4
5	10	14	33	66	5	90	5
6	2	10	24	51	1	60	6
7	4	12	28	58	2	70	7
8	6	14	32	65	3	80	8
9	8	16	36	72	4	90	9
10	10	18	40	80	5	100	10
11	2	10	37	64	1	70	11
12	4	12	41	71	2	80	12
13	6	14	45	78	3	90	13
14	8	16	49	85	4	100	14
15	10	18	53	92	5	110	15

그림 2-117 수동정지구의 치수

그림 2-117에 나타난 각부의 치수는 그림 2-118에 표시된 전면 스페이서의 규격에 따른 호칭번호를 적용한다.

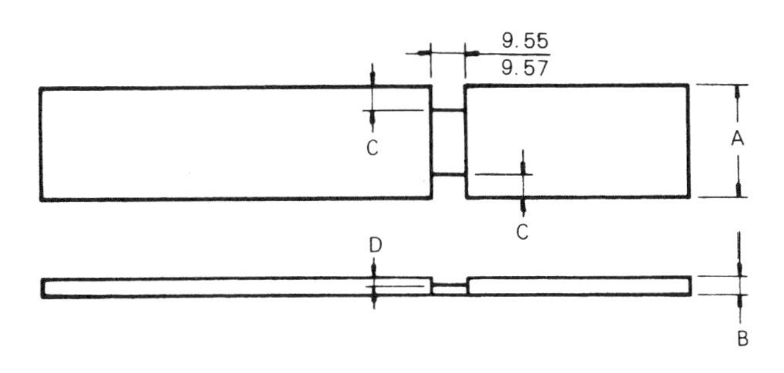

번 호	1	2	3	4	5	6	7	8	9	10	11	12	13	14	15
A	25	32	38	45	51	38	45	51	57	64	51	57	64	70	76
B	2	4	6	8	10	2	4	6	8	10	2	4	6	8	10
C	6	8	10	12	14	10	12	14	16	18	10	12	14	16	18
D	1	2	3	4	5	1	2	3	4	5	1	2	3	4	5

그림 2-118 전면 스페이서의 규격

9-5 스프링手動停止具

띠강판이 금형을 통해 진행할 때 수동정지구에 스프링을 적용함으로써 수동정지구의 역할은 물론 소재를 위치결정게이지에 밀어 붙이는 푸셔(pusher)의 역할을 할 수 있다.

수동송급식에서는 일반적으로 푸셔(pusher)는 필요없으나 자동송급될 때에는 푸셔의 역할이 필요하게 된다. 그것을 사용하게 되면 스크랩의 브릿지 여유가 적어지고 재료비가 절약될 수 있다.

절단형에서는 재료의 가장자리가 완성된 블랭크의 가장자리가 되는 것이므로 푸셔를 사용하면 더욱 정밀한 부품을 생산할 수 있다. 스프링 적용여하에 따라 수동정지구와 푸셔의 복합장치를 만들 수도 있고 스프링식 수동정지구를 만들 수도 있다.

그림 2-119는 수동정지구에 원추스프링을 적용하여 복합수동정지구와 푸셔로 바꾸어 놓은 것이다. 스프링 A는 정지구 B의 밑면에 엔드밀 가공되어 있는 원호 모양의 홈에 작용하여 정지구를 위치결정게이지 쪽으로 밀어 붙여 정상 전진위치로 유지한다. 정지구와 스프링은 모두 전면 스페이서 C속에 들어 있다.

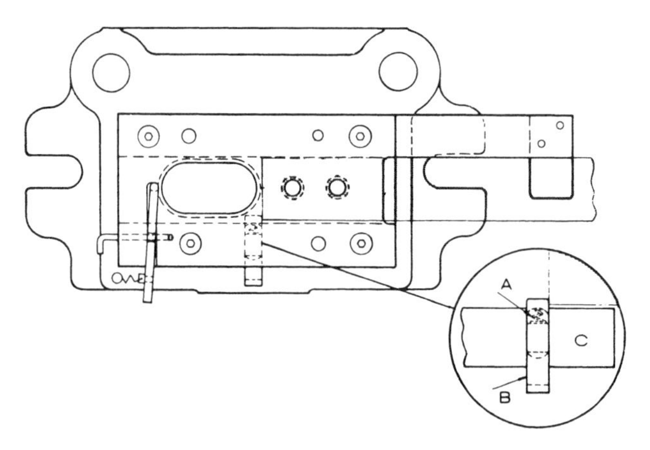

그림 2-119 스프링 작동식 수동정지구

띠강판은 첫단계에서 구멍을 뚫기 위해 정지구까지 운반된다. 1단계 가공이 끝나고 정지구가 작업자에 의해 당겨져 후퇴하면서 스프링을 눌러주면 띠강판이 전진하여 자동정지구에 가서 닿는다. 이와 동시에 수동정지구를 놓아주면 스프링이 띠강판을 위치결정게이지에 밀어 붙인다.

이제는 모든 블랭크가 띠강판으로부터 빠져 나올 때 까지 그것이 푸셔의 역할을 한다. 새로운 띠강판으로 작업을 시작할 때는 다시 수동정지구로 이용한다.

第10章 自動停止具의 設計

자동정지구는 띠강판을 최종단계에서 위치를 잡아 준다. 이것은 자동적으로 띠강판을 정지시키며 작업이 진행될 때 정지구에 밀어 주기만 하면 된다. 설계상 고려해야 할 사항을 들어보면

① 고속의 높은 충격 조건하에서 신속하고 정확한 작동을 할 수 있을 것.

② 최소한의 가공으로 스트리퍼판의 강도를 떨어뜨리지 않을 것.

③ 튼튼하고도 간결한 설계

본 장에서는 자동정지구와 그의 규격을 중심으로 설계자가 설계조건에 따라 선택하는데 도움이 될 수 있도록 설명하였다.

10-1 側面作動 停止具

그림 2-120에 나타나 있는 두 평면도 A, B와 측면도 C는 모두 측면으로 작동하는 자동정지구를 설명하는 것이다. 평면도에서 띠강은 왼쪽으로 진행된다.

앞서 타발된 띠강판의 가장자리 D가 자동정지구의 굽(toe)에 접촉하면 그림 A에서 보이는 바와 같이 정지구를 왼쪽끝까지 밀어 붙이면서 세트된다. 프레스의 램이 내려오면 사각머리 고정나사 5가 정지구의 굽을 밀어 올리고 단면도 C에서 보는 위치로 만든다. 이때 정지구는 스프링 3의 작동으로 평면도 B에서 보는 위치로 돌려준다. 프레스램이 올라가면 정지구의 굽이 스크랩 브릿지 상면에 떨어지고 띠강판이 그 밑을 미끄러져 진행된다. 스크랩 브릿지가 완전히 그 밑을 빠져 나가면 스프링작동으로 자동정지구의 굽이 다이블록 상면에 떨어진다. 이제 정지구는 다음 타발된 띠강판의 가장자리에 닿으면서 다시 세트될 준비가 되는 것이다. 이러한 동작이 극히 고속으로 진행된다.

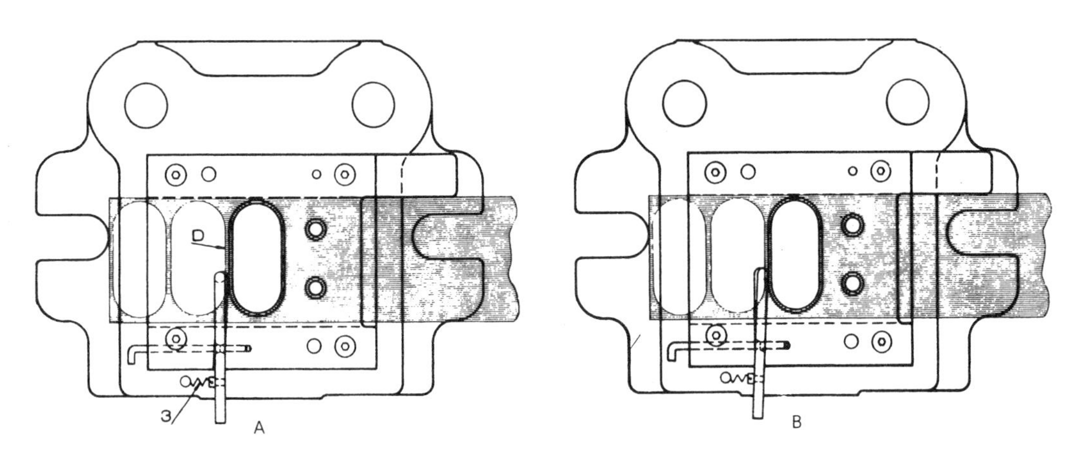

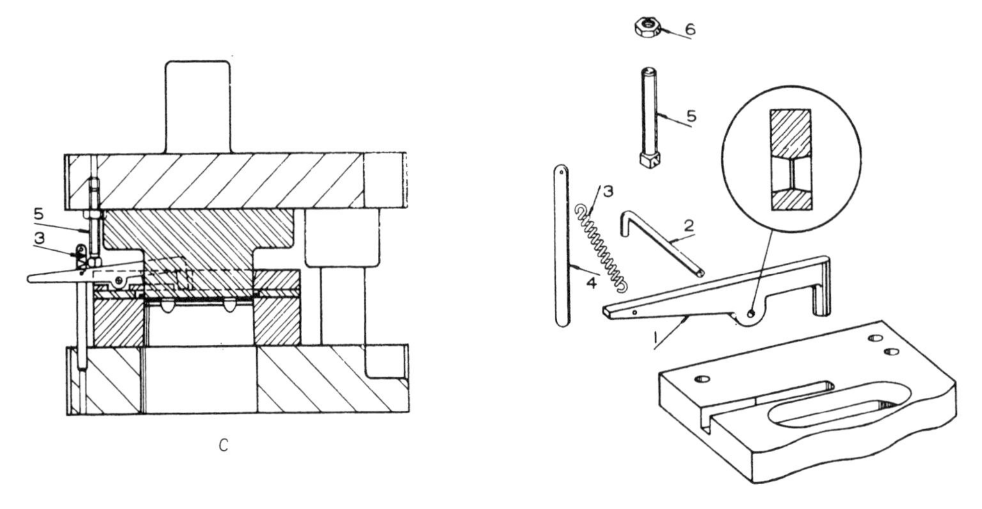

그림 2-120 측면 자동정지구의 작동

자동정지구를 구성하는 부품은 위의 그림에서와 같이 여섯 가지가 있다.

① 자동정지구 ② 지레 핀 ③ 장력 스프링 ④ 스프링 포스트 ⑤ 사각머리 고정나사 ⑥ 잼 너트 등이다.

그림의 확대도 안에 보이는 것은 지레 핀을 위한 구멍이 양쪽에서 테이퍼져 가공되어 있음을 보여주고 있다. 따라서 스트리퍼판의 홈 가공은 정지구가 움직일 수 있을 정도의 각도로 가공되어 있다. 그림 2-121은 또 다른 방법의 측면작동정지구이다.

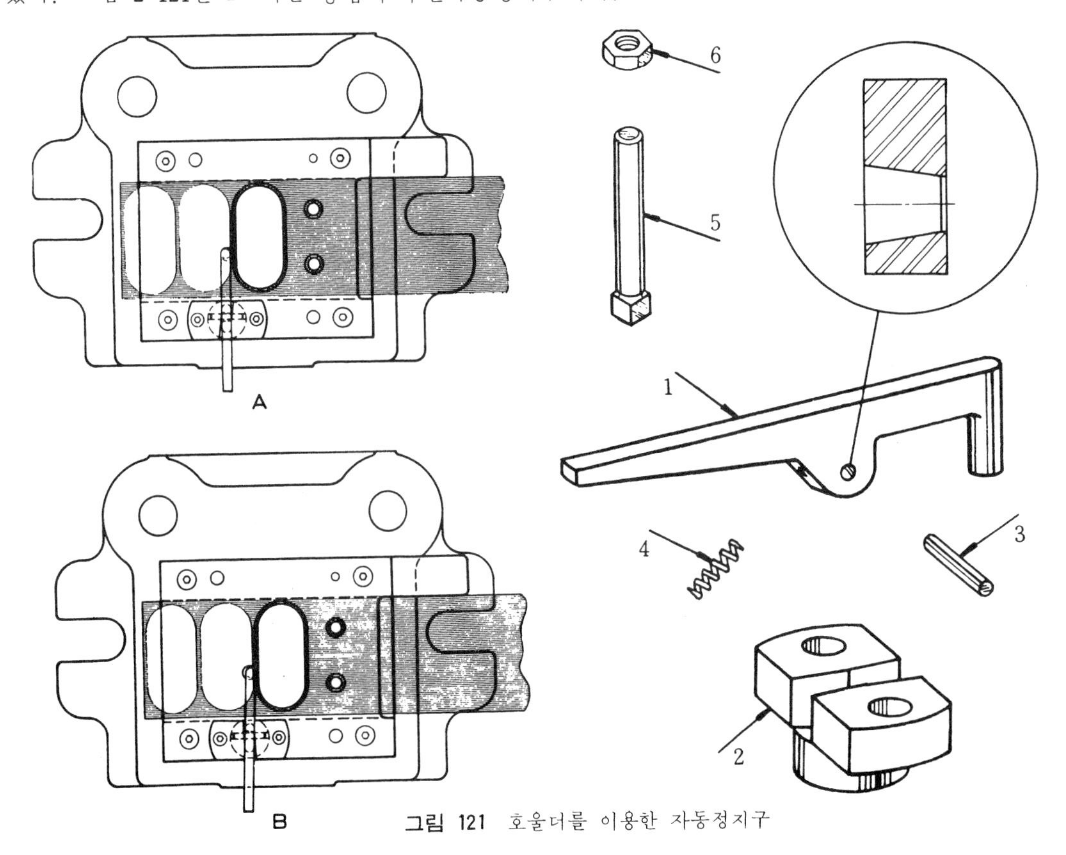

그림 121 호울더를 이용한 자동정지구

그 특징을 들어보면 호울더는 분해조립이 용이하고 소형이므로 경화처리를 쉽게 할 수 있고, 스트리퍼판의 기계가공이 간단하며, 정지구가 독립식으로 되어 있고, 포스트나 노출된 스프링이 없다. 그림 A에서는 자동정지구가 세트 위치에서 구멍을 타발할 준비가 된 상태이다.

그림 B에서는 프레스가 내려와 스톱을 풀어 주고 그것이 스크랩브릿지 위로 옮겨가게 한다. 분해도는 정지구의 구성을 보여주는 것이다. 스톱 1이 호울더 2의 테이퍼로 가공된 홈에 들어가 지레 핀 3으로 고정된다. 압축 스프링 4가 필요한 운동력을 제공한다. 그림 2-120에서와 같이 사각머리 고정나사 5가 잼 너트 6에 의하여 펀치호울더에 고정되어 정지구를 작동시킨다.

이 경우에는 지레핀 구멍이 한쪽으로만 테이퍼져 있어 스프링이 측면으로 추력을 내는 동시에 상하운동은 할 수 있게 되어 있다.

10-2 선단 作動 自動停止具

같은 종류의 정지구를 선단작동 자동정지구로도 설계할 수가 있다.

선단작동 자동정지구와 측면작동 자동정지구와의 차이는 지레핀이 들어가는 구멍이 테이퍼져 있지 않고 엔드밀로만 가공된 홈으로 되어 있고 정지구의 길이가 길지 않아도 된다는 것이다. 그림 2-122에서 평면도 A와 정면도 B에서 정지구가 띠강판에 밀려 세트된 상태를 보여주고 있으며 그림 C에서와 같이 프레스램이 내려오면 사각머리 고정나사가 정지구의 굽을 들어 올리게 된다. 이때 스프링이 정지구를 오른쪽으로 밀어 엔드밀 가공된 홈을 따라 움직이게 된다. 프레스의 램이 다시 올라가면 정지구의 굽이 스크랩브릿지 윗면에 떨어져 띠강판이 왼쪽으로 전진하게 되며 다시 굽이 띠강판을 잡게 된다.

파이럿핀의 중심으로부터 자동정지구 단까지의 거리 D는

$$D=\frac{1}{2}W+B+0.2\,(\text{mm})$$

여기서 W는 블랭크의 폭이며, B는 스크랩 브릿지여유이다.

정확한 위치로부터 0.2mm 더 지나가서 멈추게 한 것은 작업상의 여유를 준 것이며, 이는 앞서 가공된 구멍에 들어가는 파이럿이 띠강판을 그만큼만 뒤로 당겨 정확한 위치를 잡아주고 타발이

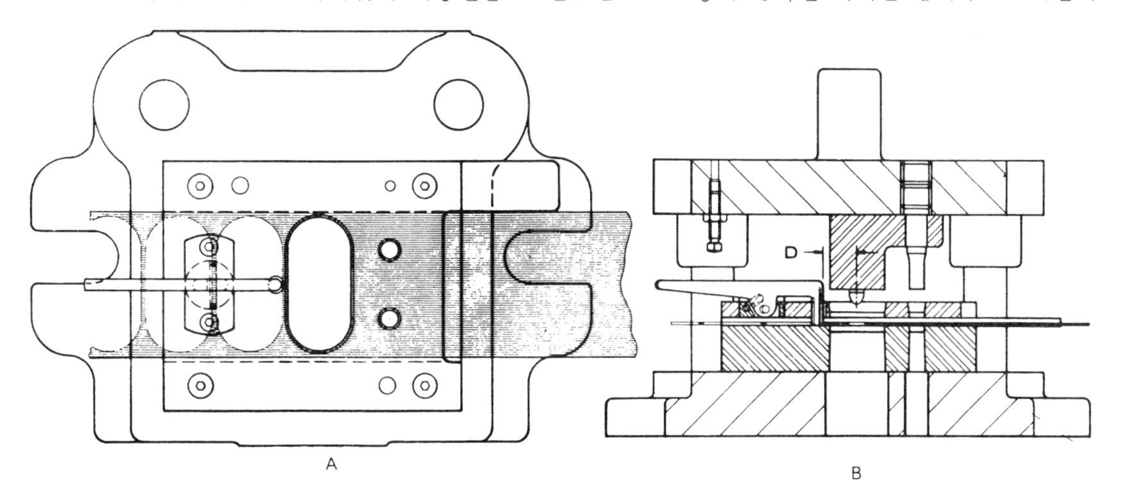

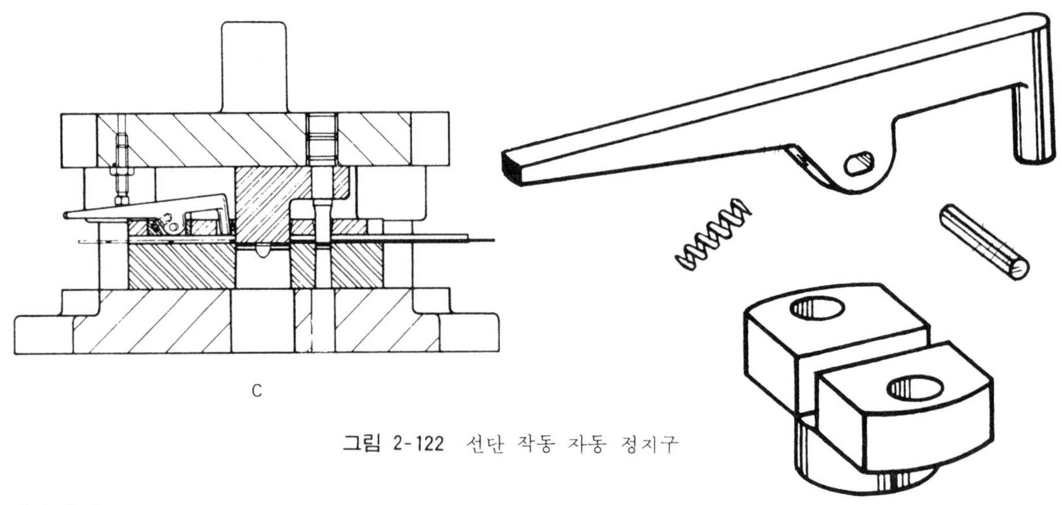

그림 2-122 선단 작동 자동 정지구

시작된다.

근래에는 특히 이와 같은 자동정지구의 적용을 피하고 그림 2-123과 같이 사이드 커터(side cutter)를 이용한 설계가 금형공업에 이용되고 있다.

10-3 스트리퍼板의 두께

자동정지구의 치수는 스트리퍼판 두께를 결정한 후에 선택할 수 있다.
스트리퍼판의 두께는 다음 식으로 구한다.

$$A = \frac{W}{30} + 2T$$

여기서 A : 스트리퍼판의 두께(mm 또는 inches)
W : 띠강판의 폭(mm 또는 inches)
T : 띠강판의 두께(mm 또는 inches)

10-4 停止具와 호울더의 規格

스트리퍼판 두께에 따른 정지구와 호울더의 크기는 그림 2-124 및 2-125와 같다.

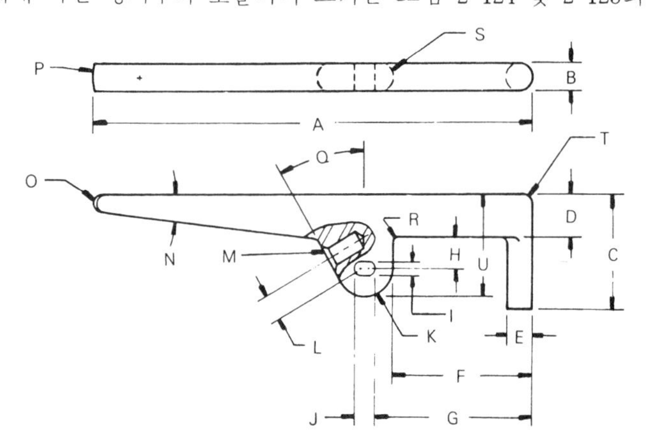

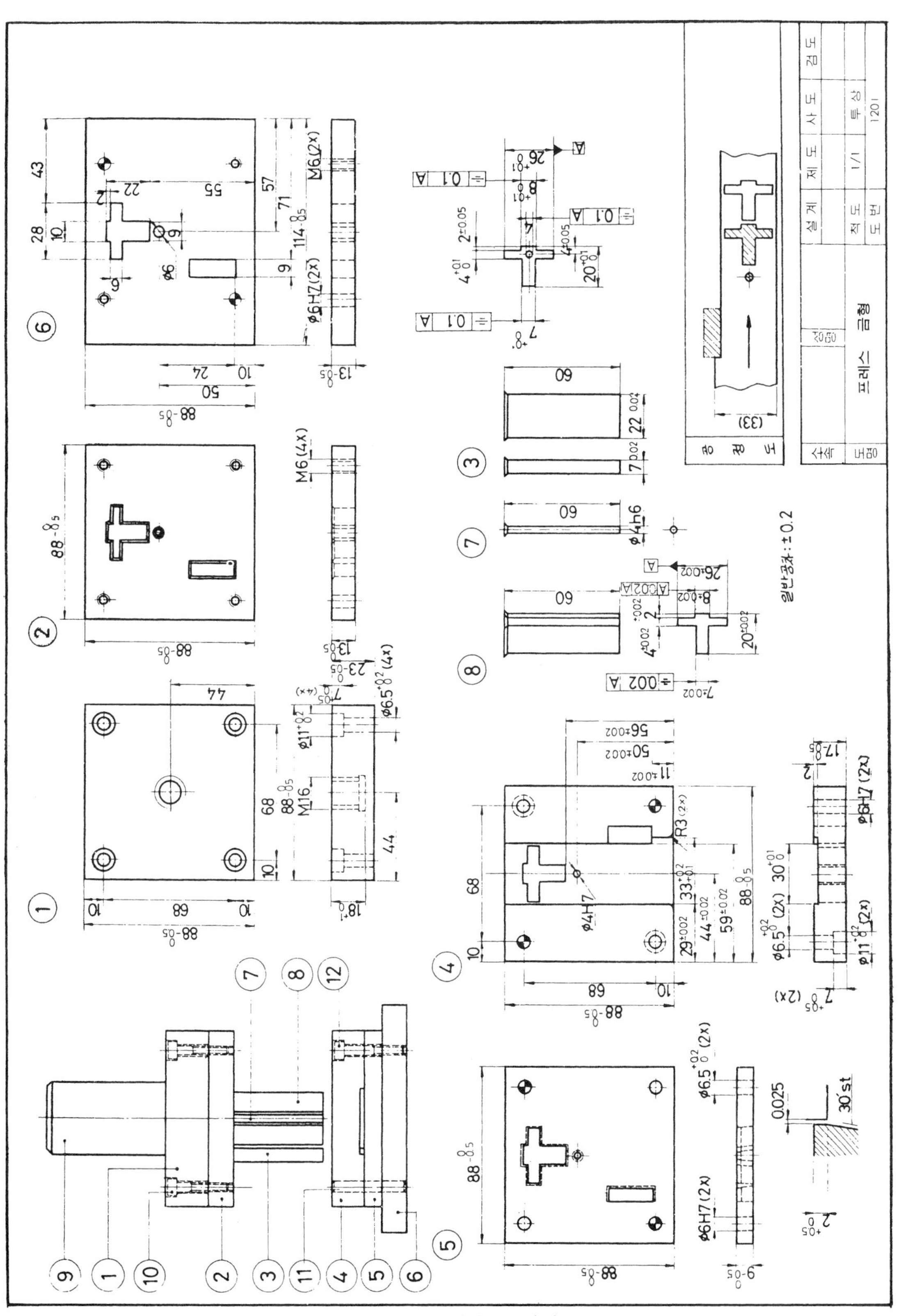

그림 2-123 사이드 커터가 적용된 금형

번호	스트리퍼 두께	*A*	*B*	*C*	*D*	*E*	*F*	*G*	*H*	*I*	*J*	*K*
1	6	100	6	20	9	6	30	35	5.0	2.4	3.2	7*R*
2	10	125	6	24	10	6	32	37	6.5	3.2	4.0	7*R*
3	13	110	7	7	28	11	7	40	8.0	3.2	4.0	8*R*
4	16	115	7	32	12	7	37	43	9.5	4.8	5.6	9*R*
5	19	120	8	38	13	8	39	46	11.0	4.8	5.6	10*R*
6	22	125	8	43	13	8	41	49	12.5	4.8	5.6	11*R*

L	*M*	*N*	*O*	*P*	*Q*	*R*	*S*	*T*	*U*
4.8	ϕ5드릴깊이10, 45° *C*′ sink 깊이1.5	6°	1.5*R*	10*R*	30°	2*R*	3*R*	2*R*	17
6.4	ϕ5드릴깊이10, 45° *C*′ sink 깊이1.5	6°	2.0*R*	10*R*	30°	2*R*	3*R*	2*R*	21
6.4	ϕ5드릴깊이10, 45° *C*′ sink 깊이1.5	6.5°	2.0*R*	10*R*	30°	2*R*	3.5*R*	3*R*	25
7.2	ϕ5드릴깊이10, 45° *C*′ sink 깊이1.5	6.5°	2.5*R*	10*R*	30°	2*R*	3.5*R*	3*R*	29
8.0	ϕ5드릴깊이10, 45° *C*′ sink 깊이1.5	7°	2.5*R*	10*R*	30°	2*R*	4*R*	4*R*	33
9.6	ϕ5드릴깊이10, 45° *C*′ sink 깊이1.5	2.5*R*	2.5*R*	10*R*	30°	2*R*	4*R*	4*R*	37

그림 2-124 자동정지구의 각부 치수

여기서 정지구 굽의 길이 C는 적용되는 위치결정게이지의 두께에 따라 치수조절을 하여야 정상적인 기능을 발휘할 수 있다.

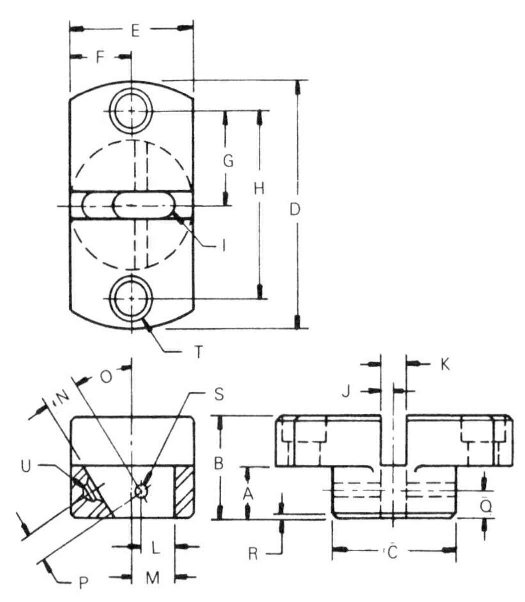

번 호	스트리퍼 두께	*A*	*B*	*C*	*D*	*E*	*F*	*G*	*H*	*I*	*J*	*K*	*L*
1	6	6	17	25	50	25	12.5	19	38	3*R*	3	6	8
2	10	10	21	29	55	29	14.4	21	42	3*R*	3	6	9
3	13	13	25	32	60	32	16	23	46	3.5*R*	3.5	7	10
4	16	16	29	35	65	36	17.5	25	50	3.5*R*	3.5	7	11
5	19	19	33	38	70	38	19	27	54	4*R*	4	8	12
6	22	22	37	41	75	41	20.5	29	58	4*R*	4	8	13

M	N	O	P	Q	R	S	T	U
9	8	33°	6	3.5	1×45°	2.4	φ7 드릴, φ10C′bore 깊이 6.0	φ5 드릴깊이 2.5
10	9	33°	7	5.0	1×45°	3.2	φ7 드릴, φ10C′bore 깊이 6.0	φ5 드릴깊이 2.5
11	10	33°	7	6.5	1×45°	3.2	φ9 드릴, φ12C′bore 깊이 8.0	φ5 드릴깊이 2.5
13	11	33°	8	8.0	1×45°	4.8	φ9 드릴, φ12C′bore 깊이 8.0	φ5 드릴깊이 2.5
14	12	33°	9	9.5	1×45°	4.8	φ11드릴, φ15C′bore 깊이 14.0	φ5 드릴깊이 2.5
16	14	33°	10	11.0	1×45°	4.8	φ11드릴, φ15C′bore 깊이 14.0	φ5 드릴깊이 2.5

그림 2-125 호울더의 각부 치수

그림 2-126은 스트리퍼판에 자동정지구의 호울더를 설치할 구멍의 치수이다.

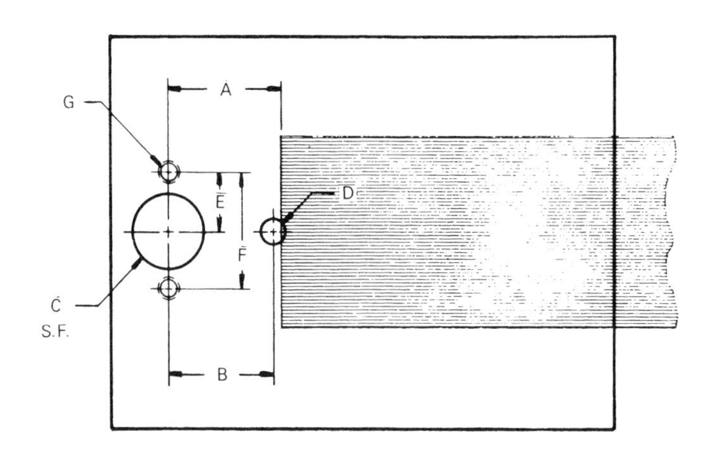

번호	스트리퍼 두께	A	B	C	D	E	F	G
1	6	37	33.6	25	8	19	38	M 6 탭
2	10	40	36.0	29	8	21	42	M 6 탭
3	13	43	38.5	32	9	23	46	M 8 탭
4	16	47	42.3	35	10	25	50	M 8 탭
5	19	50	44.8	38	10	27	54	M10탭
6	22	54	47.8	41	11	29	58	M10탭

그림 2-126 호울더를 위한 구멍치수

10-5 고정나사의 位置

그림 2-127은 자동정지구와 사각머리 고정나사 사이의 거리를 보여주고 있다. 나사의 위치를 규격화함으로써 보다 일정한 성능을 확보할 수 있다.

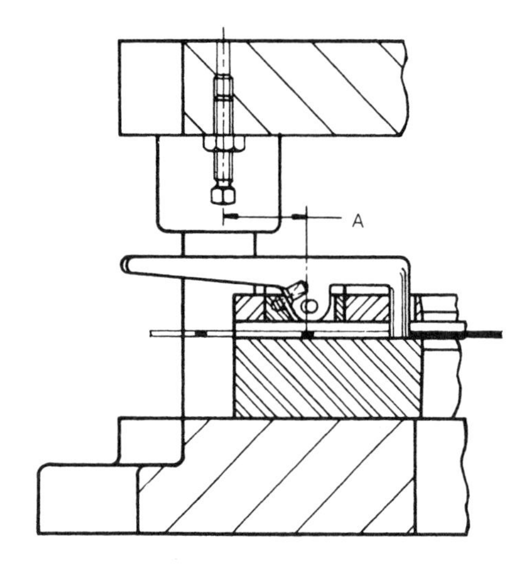

번 호	A
1	29
2	30
3	32
4	33
5	35
6	37

그림 2-127 고정나사의 위치

10-6 지레핀과 스프링

자동정지구에 적용되는 지레핀과 스프링의 치수가 그림 2-128과 2-129에 나타나 있다.

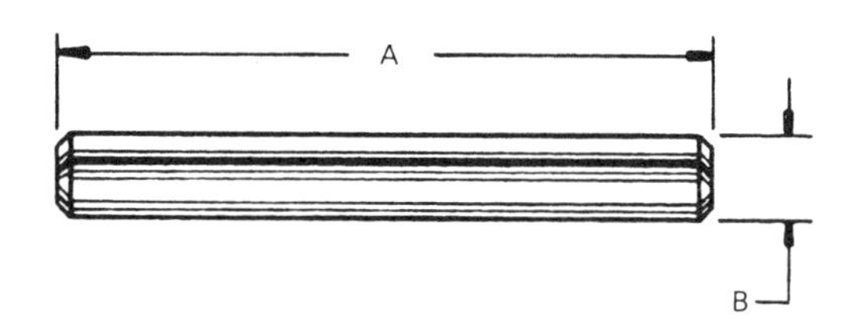

번 호	A	B
1	22	2.4
2	25	3.2
3	29	3.2
4	32	4.8
5	35	4.8
6	38	4.8

그림 2-128 지레핀의 치수

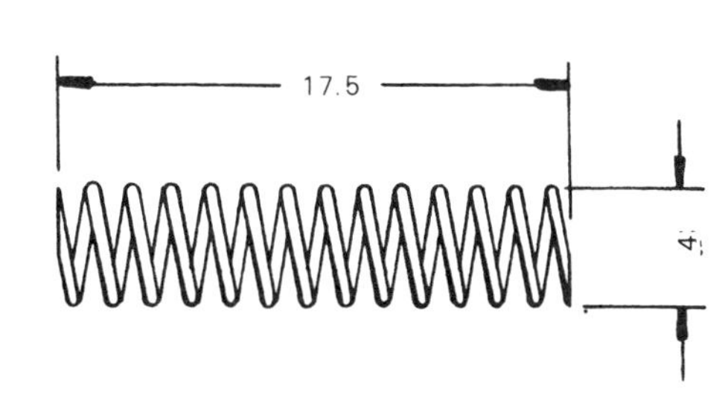

그림 2-129 스프링의 치수

第11章　스트리퍼의 設計

스트리퍼판은 띠강판을 타발펀치 또는 피어싱펀치로부터 떼어낸다. 재료가 펀치에 강력히 들어붙는 것은 프레스작업 특징 중의 하나이다.

경제적이기 때문에 고정식 스트리퍼가 가장 많이 사용되며 특히 띠강판을 소재로 사용할 때는 더욱 그렇다. 가동식 즉, 스프링식 스트리퍼는 다음과 같은 조건이 있을 때에는 다소 복잡하더라도 그것을 사용하는 것이 좋다.

① 평탄하고 정밀한 블랭크를 요구할 때.

② 박판 재료를 가공할 때.

③ 다른 작업에서 남은 소재를 가지고 부품을 가공할 때.

가동식 스트리퍼는 스트리핑 작용이 즉시 일어나기 때문에 소형 펀치의 파괴에 대한 염려가 없고 스프링스트리퍼로 인한 보다 넓은 시계는 재료를 보다 신속하게 장입시킬 수 있어 생산량이 증가된다.

스트리퍼판은 구멍 이외의 기계가공을 별로 하지 않을 때에는 냉간 압연강판으로 만든다. 위치결정을 위한 게이지면을 내기 위해 기계가공을 해야 할 때에는 기계구조용강으로 만들어야 할 것이다.

이 장에서는 스트리퍼판과 그 부분품을 적용하는 여러가지 방법을 설명한다.

11-1　固定式 스트리퍼

그림 2-130은 가장 보편적인 고정식 스트리퍼의 적용예이다.

타발 및 피어싱 펀치를 위해 가공된 판 A가 네 개의 둥근머리 납작나사로 위치결정게이지와 전면스페이서의 상부에 고정되어 있다. 두개의 다우웰핀으로 다이블록과 위치결정게이지에 대한 스트리퍼판의 위치를 정확히 잡아준다. 한개의 소형 다우웰핀은 위치결정게이지의 타단을 스트리퍼판에 위치결정시키기 위해 적용된다. 스트리퍼판의 노치 B는 새로운 띠강판을 원활하게 금형으로 밀어넣기 위한 안내 홈이다.

고정식 스트리퍼를 설계하는 또 다른 방법은 위치결정게이지와 전면스페이서를 따로 만들지 않고 그림 2-131과 같이 스트리퍼판을 기계가공하여 사용하는 경우도 있다.

11-2　可動式 스트리퍼

그림 2-132는 스프링식 스트리퍼판이 설치된 금형에서의 작동상태를 보여주고 있다.　타발펀치 주위에 설치된 6개의 스프링이 스트리핑작용을 하는 것이다. 네 개의 스트리퍼 보울트는 스트리

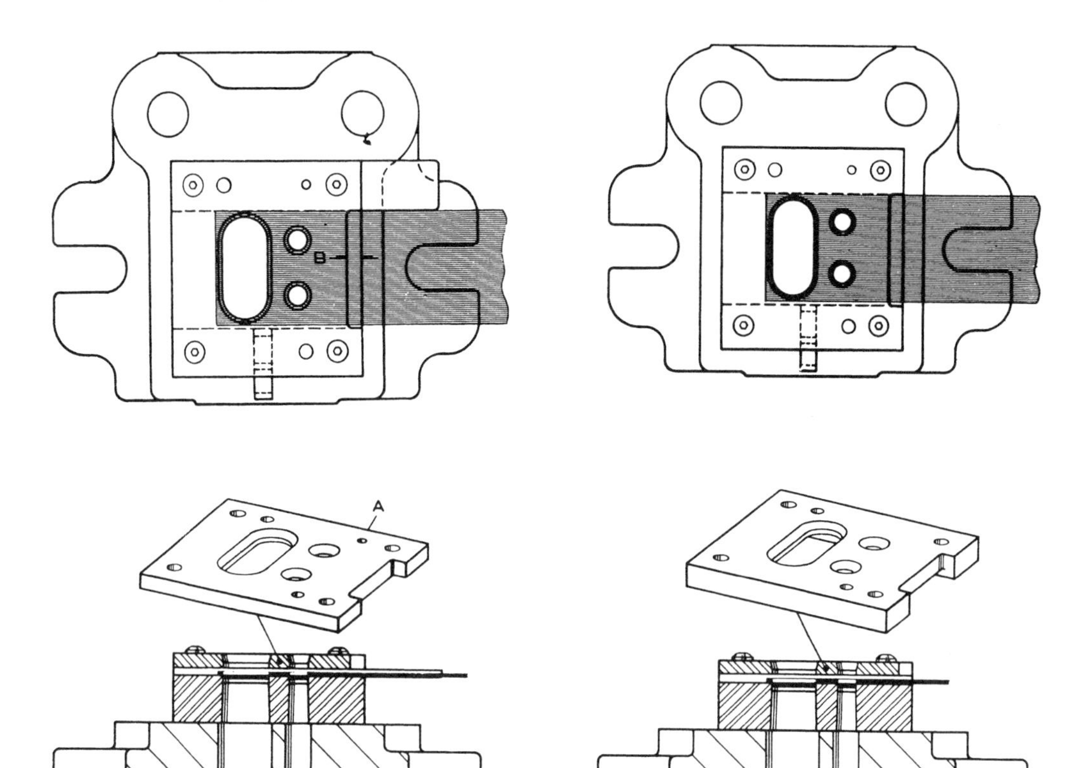

그림 2-130 고정식 스트리퍼 판의 적용(1)

그림 2-131 고정식 스트리퍼 판의 적용 예(2)

퍼의 행정을 제한하고 있다. 그림 B는 금형이 열린 상태를 보여주며 C는 가공이 완료되는 상태를 보여주고 있다. 이때 스프링은 압축되어 펀치가 상승하면 펀치 윤곽으로부터 재료를 스트리핑할 준비가 되는 것이다.

대형의 금형에서는 다이세트의 값이 금형제작비에 미치는 영향이 크다. 따라서 스트리퍼판의 모서리를 그림과 같이 가공하며 가이드 포스트 및 가이드 부시를 떨어지게 하고 가능한 소형의 다이세트를 사용할 수 있게 만든다.

그림 2-133은 스프링이 적용되는 여러가지 예를 나타내고 있다.

A 그림은 고정식 파이럿핀을 스트리퍼판에 박고 펀치호울더에 스프링의 선단부를 수용할 수 있는 홈을 가공하였고, B 그림은 피어싱 펀치를 고정하기 위한 펀치고정판이 설치된 금형에서 스프링의 선단부를 고정하기 위한 구멍을 펀치 고정판에 뚫는다. C 그림은 스프링이 길이에 비하여 짧을 때 펀치고정판 또는 펀치호울더에 구멍을 한쪽만 가공하면 스트리퍼판에 구멍을 가공하지 않고 스프링을 설치해도 스프링이 튕겨 나갈 염려는 없다.

D 그림은 스트리퍼 보울트로 고정된 스프링을 보여주고 있다. 이 경우에는 중량 생산용 금형에서 많이 쓰이는 경우로 스트리퍼 보울트의 마모가 심하고 스프링이 부러졌을 때 보울트를 분해해야 하는 단점이 있기 때문에 대량 생산용으로는 부적당하다.

역 타발형에서는 타발펀치를 다이세트의 아래쪽 다이호울더에 맞춘다. 이 경우 스프링식 스트리퍼는 아래쪽에 설치된다. 스트리퍼판을 거꾸로 하여도 이미 설명된 모든 부분품과 함께 거꾸로 된다는 것 이외에는 아무런 차이도 없다.

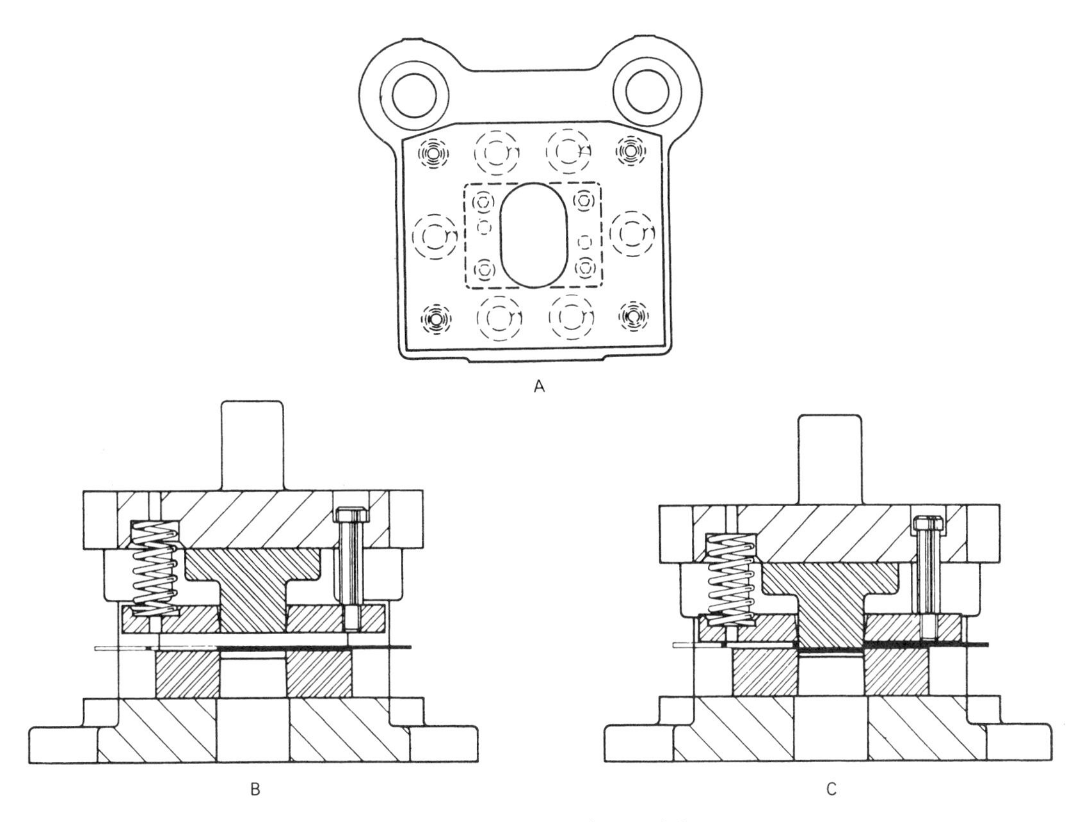

그림 2-132 스프링식 스트리퍼

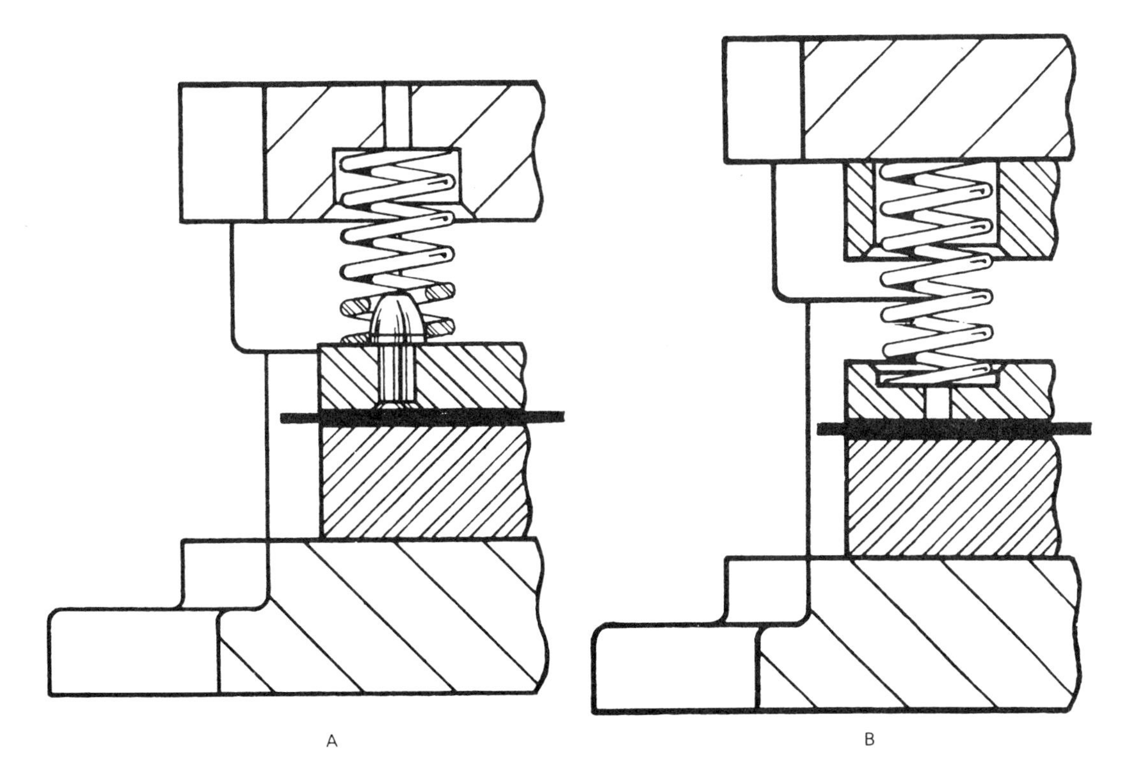

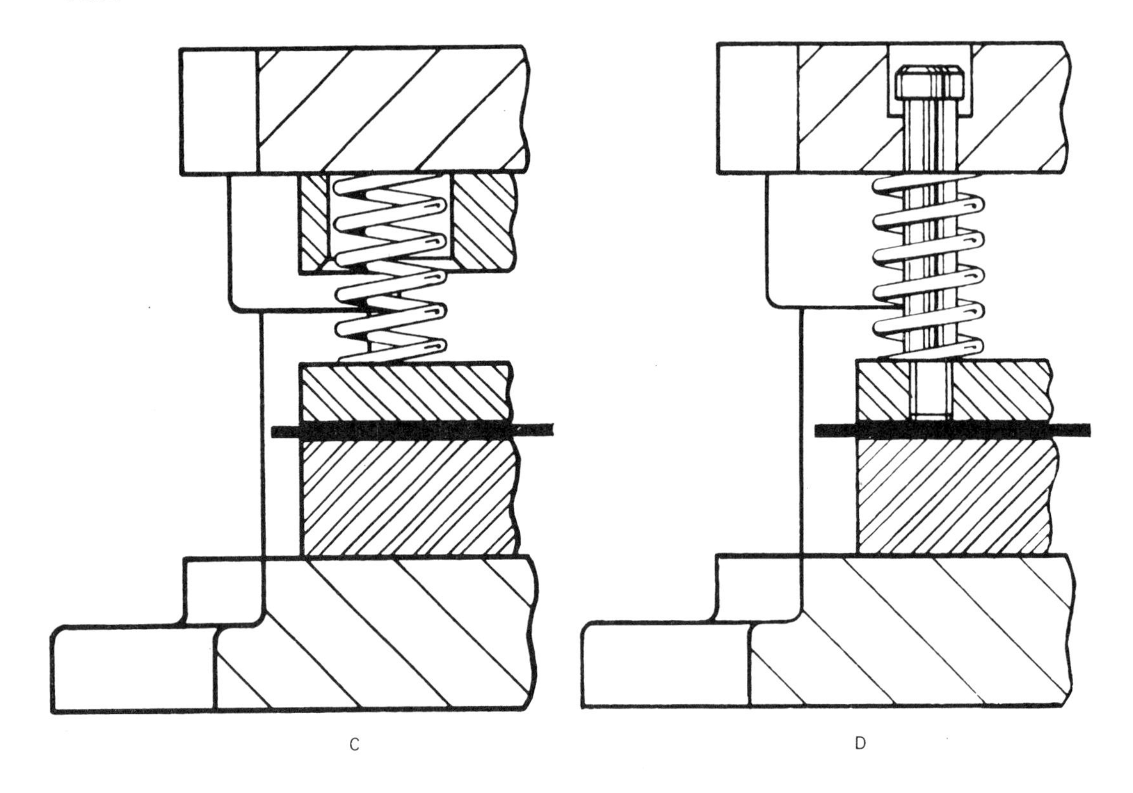

그림 2-133 가동식 스트리퍼에서의 스프링 고정방법

그림 2-134는 역 타발형을 보여준다.

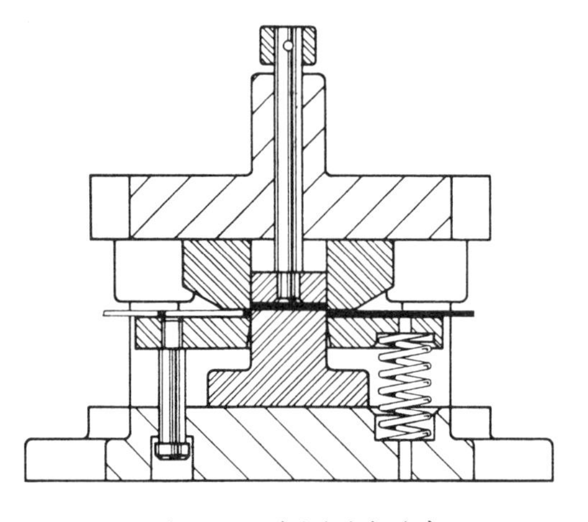

그림 2-134 역타발형의 단면

11-3 스트리핑力(stripping force)

가동식 스트리퍼를 사용했을 때에는 스트리핑작용을 유효하게 하는데 필요한 힘의 양을 계산해야 한다. 스트리핑력은 일반적으로 블랭킹압력의 2.5~20%의 범위내에 있으나 통상적인 가공을

할 때는 블랭킹압력의 15~20%의 정도의 힘이 필요하다고 본다.

이는 황동판, 연동, 스테인레스강, 알미늄합금 등에서 펀치와 다이간의 클리어런스가 판두께의 20% 정도일 때 스트리핑력은 최소가 되며 그림 2-135에서와 같이 클리어런스비가 10% 이하일 때는 현저하게 증대한다.

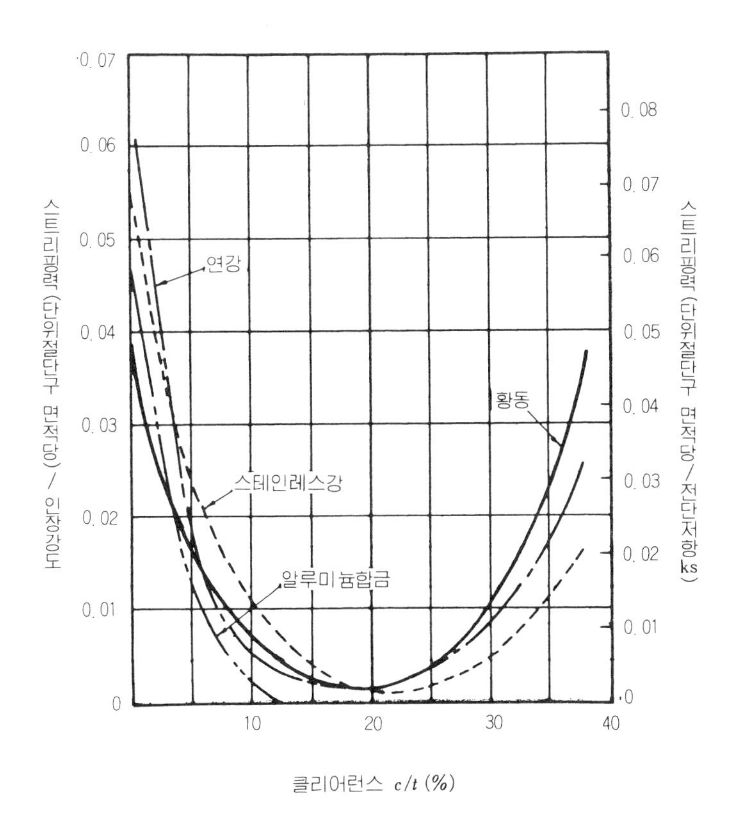

그림 2-135 스트리핑력과 클리어런스

스트리핑력의 총량을 구한 후에는 각 스프링에 할당되는 스트리핑력을 산출해서 요구되는 스프링의 수와 치수를 결정한다.

실제로 설치된 스프링은 다음 그림 2-136과 같이 3가지로 스프링이 변형될 것이다.

A 그림에서는 최초로 금형에 스프링이 고정될 때 스프링에 부하를 주기 위해 변형된 것이며, B 그림은 작업에 의해 나타나는 압축인데 이것은 작업이 진행되는 동안 스프링은 더욱 편향된다. C 그림은 연삭여유를 위한 압축으로 금형의 수명에 따라 펀치를 연삭할 때의 여유만큼 잡아준 것이다. 이 때 스트리퍼보울트에는 연삭량 만큼의 두께를 갖는 와셔를 끼워 넣는 것이 좋다.

필요한 스프링의 수는 이 스트리핑력의 총화를 스프링상 힘으로 나누면 알 수 있다. 여기서 구한 값이 그 금형의 치수에 맞지 않는 것일 때는 갯수를 줄이고 대형의 스프링을 선택하거나 소형의 스프링을 다수 사용하거나 한다. 스프링을 적용할 때는 다음의 유의사항을 참고로 해야 한다.

① 고속작업에 사용되는 스프링은 그 자유상태 길이의 ¼ 이하 변형을 주지 않을 것.

② 중량급의 저속으로 작동되는 프레스에 대하여는 중간압력용의 스프링을 사용하되 변형량이 그 자유상태 길이의 ⅜을 초과하지 않을 것.

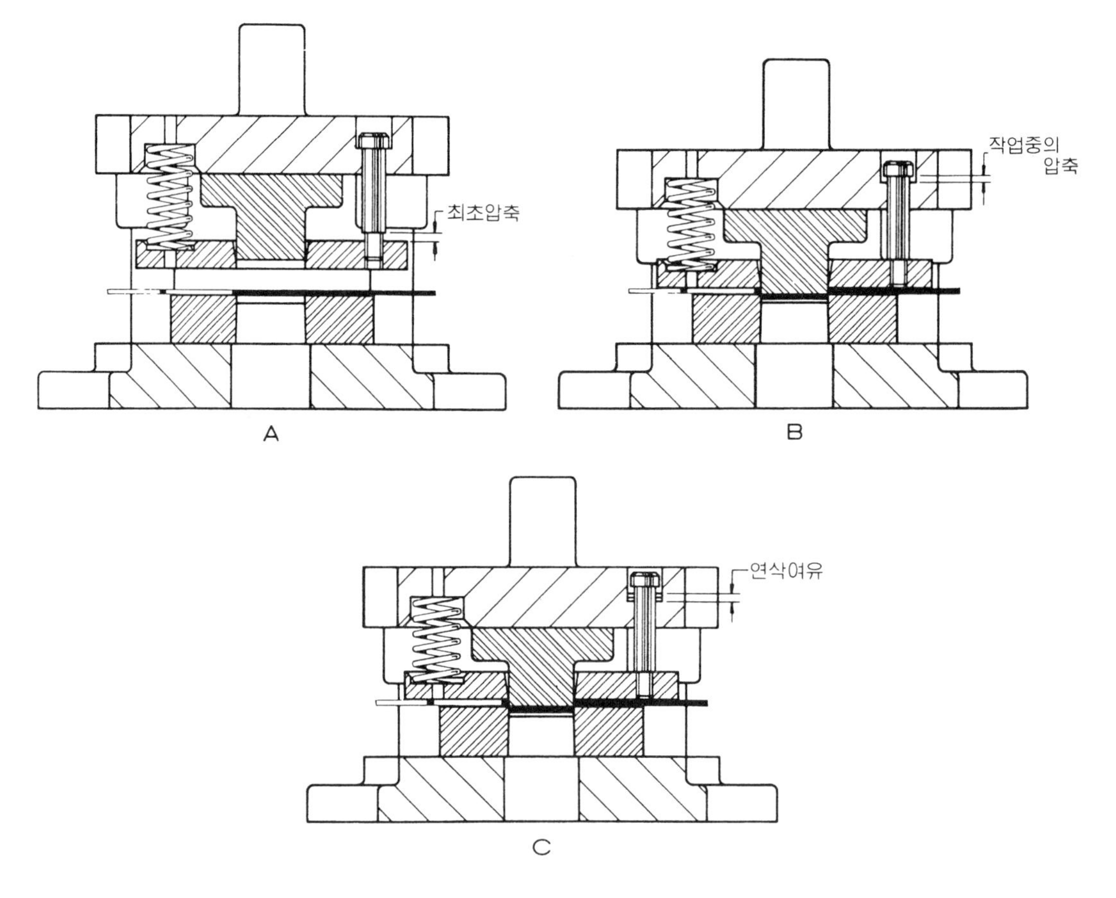

그림 2-136 스프링의 압축상태

11-4 녹 아웃(knock out)

녹아웃은 금형으로부터 완성된 블랭크를 떼어내는 역할을 한다.

녹아웃이 스트리퍼판과 다른 점은 스트리퍼판은 펀치로부터 재료 즉, 띠강판을 떼어내는 것이나 녹아웃은 다이로부터 완성된 블랭크를 벗겨내거나 들어내는 것이다.

녹아웃은 다음의 세가지 종류가 있다.

(1) 밀어내기 녹아웃

이런 형식은 역 타발형에서 많이 볼 수 있는데 이것은 녹아웃 로드가 프레스의 녹아웃바아에 닿으면 블랭크를 배출하게 된다. 그림 2-137은 역 타발형에 설치된 밀어내기 녹아웃을 보여주고 있다. 녹아웃장치는 녹아웃판 A, 녹아웃봉 B, 스톱컬러(stop collar) C로 구성되어 있다. 프레스 램(ram)이 내려오면 타발펀치가 띠강판으로부터 블랭크를 떼어 다이구멍 속으로 밀어 넣는다. 이때 녹아웃장치는 위로 올라온다.

프레스행정의 상사점 근처에서 녹아웃봉이 프레스의 고정된 녹아웃봉과 접촉한다. 상부의 다이가 계속 올라오면 녹아웃이 다이의 공간에서 블랭크를 떼어내게 된다.

이 작업을 경사된 프레스에서 진행하면 얇은 블랭크는 공기로 불어서 프레스 뒷면으로 떨어뜨릴 수 있다. 블랭크는 중력으로 프레스 뒷쪽에 떨어진다. 기름이 묻은 모재로부터 따낸 블랭크는 녹아웃에 달라 붙는다. 이와 같은 경우에는 녹아웃판 한쪽에 세더 핀을 설치하여야 한다.

그림 2-138은 프레스램이 녹아웃에 의해 블랭크가 빠져 나오는 것을 보여준다.

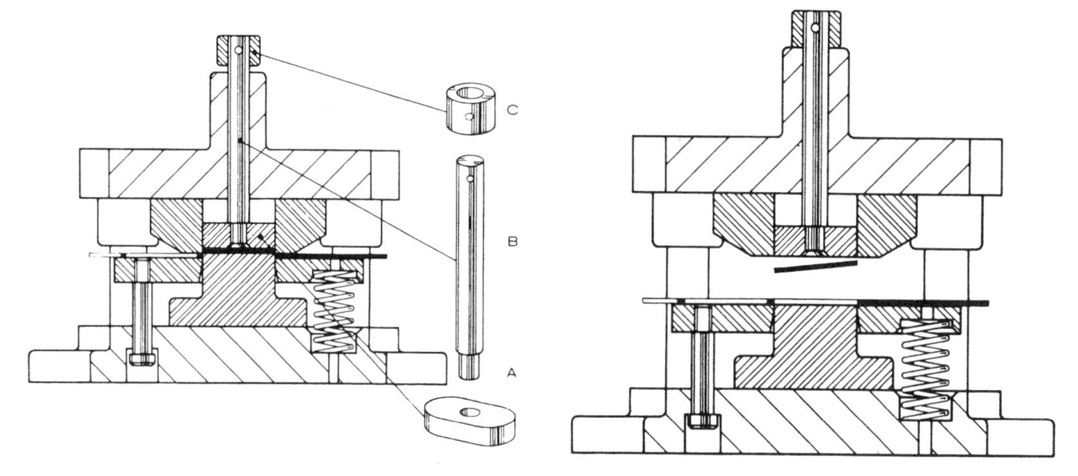

그림 2-137 밀어내기 녹아웃이 설치된 역타발형

그림 2-138 밀어내기 녹아웃에 의한 블랭크의 취출

밀어내기 녹아웃을 설계할 때 그림 2-139와 같은 스프링을 적용하면 프레스작동시 녹아웃의 자유운동을 제한하여 마모를 줄인다. 적용된 스프링의 힘으로는 부품을 밀어내기에는 약하나 블랭크의 정도는 향상될 것이다.

성형가공된 용기를 방출시키는데 밀어내기 녹아웃을 이용할 수 있다.

그림 2-140의 복합형(compound die)에서는 상부펀치가 띠강판으로부터 원판을 따낸다. 프레스의 램이 더욱 내려가서 그것을 플랜지가 달린 용기로 성형한다. 하부의 녹아웃 A가 프레스의 에어쿠션으로 작동되는 핀에 의해 밀려 올라가 드로오잉 펀치 B로부터 용기를 벗겨낸다. 상형에서 작용하는 밀어내기 녹아웃 C가 드로우잉 다이로부터 용기를 밀어 떨어뜨린다.

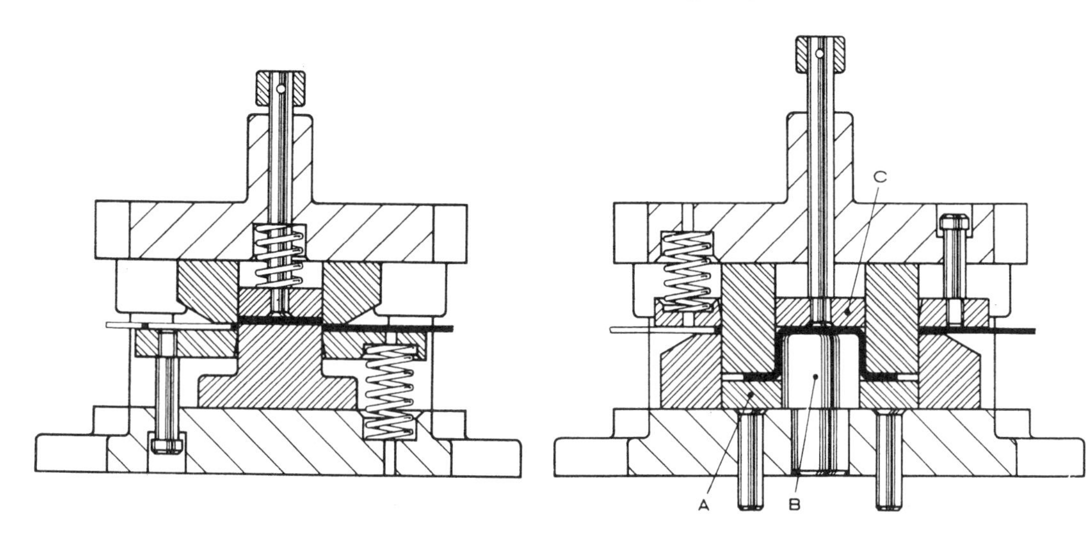

그림 2-139 스프링에 의한 제동

그림 2-140 용기를 취출하기 위해 사용된 밀어내기 녹아웃

그림 2-141은 밀어내기 녹아웃에 의해 플랜지가 달린 뚜껑을 성형하거나 깊이가 얕은 플랜지용기를 성형하는 복합형을 보여주고 있다. 녹아웃은 하부의 엠보싱 펀치 A와 협력해서 부품에 얕은 오목부를 엠보싱한다. 이와 같이 녹아웃판으로 성형이 될 때는 그것을 공구강으로 만들고, 뒷판(back plate)을 설치한다.

스프링과 고정나사로 뒷받침된 세더핀은 부품이 녹아웃면에 달라붙는 것을 막아준다.

(2) 스프링 녹아웃

밀어내기식의 녹아웃을 사용하기에는 너무 큰 금형이나 정밀타발형에서는 스프링식 녹아웃을 이용하는 것이 좋다. 스트리퍼 보울트로 녹아웃의 행정이 제한되어 가공되는 블랭크는 정밀도가 좋아진다. 한가지 단점은 블랭크가 띠강판속으로 되돌아가서 다시 떼어내야 한다는 것이다. 일부의 순차이송형에서는 블랭크단계의 다이에 스프링 녹아웃을 장치하여 블랭크를 띠강판으로 돌려 보내고 다음 작업을 할 수 있도록 한다.

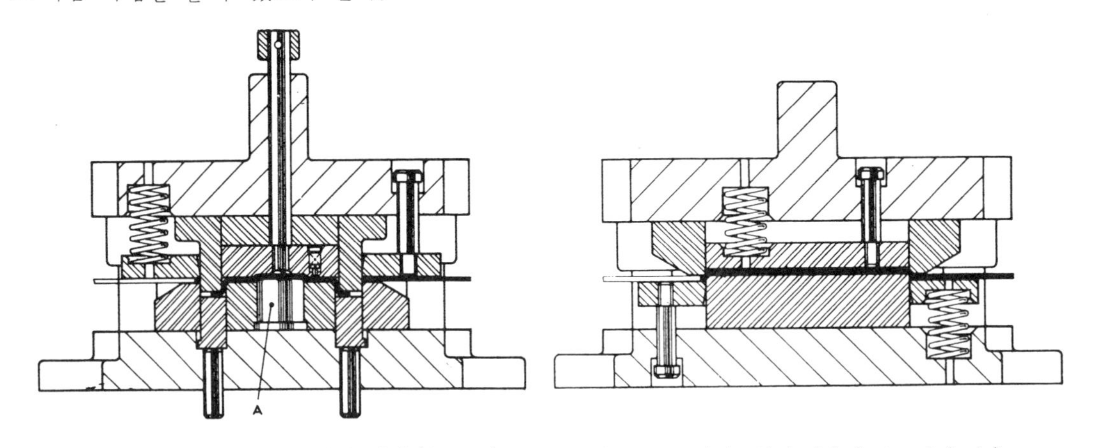

그림 2-141 녹아웃을 이용하여 성형하는 금형　　**그림 2-142** 대형금형에 사용된 스프링 녹아웃

금형에서 하형에 녹아웃을 적용하는데는 스프링 작동식 녹아웃을 많이 사용한다. 그림 2-143에서 A는 다이호울더에 있는 구멍에 끼운 스프링으로 작동된다. B에 보이는 것은 다이호울더의 뚫린 구멍에 스프링이 들어 있고 그 밑을 뒷판으로 고정하여 받쳐주고 있다. C는 불규칙한 형태의 녹아웃 블록을 여러 개의 스트리퍼 보울트로 고정시키고 압력은 다이호울더의 구멍에 들어 있는 스프링에 의해 가해진다.

D에 보이는 것은 다이 호울더 밑에 고정된 스프링 하우징 속에 스프링을 끼워 넣은 방법이다. 이러한 구조는 상당한 행정이 필요할 때에 이용된다. E에서는 스트리퍼 보울트로 스프링을 다이호울더 밑에 고정시키고 압력은 핀을 통하여 녹아웃으로 전달된다. 이러한 설계는 높은 압력이 필요할 때 강한 스프링을 사용하거나 프레스에 공기쿠션이 없을 때 이용된다.

(3) 空氣쿠션 녹아웃

이것은 프레스의 볼스터판 밑에 가해지는 공기쿠션으로 작동된다. 그림 2-140 및 2-141에서 하형으로부터 작동되는 녹아웃은 공기쿠션에 의해 작동되는 녹아웃의 단면을 보여주는 것이다. 프레스의 공기쿠션으로 작동되는 녹아웃은 그림 2-144에서 보는 바와 같이 일곱가지 형식이 있다.

A에서는 핀이 공기쿠션으로부터 힘을 녹아웃 링 아래면에 전달한다. 이것은 프레스의 행정이 긴 경우에 적합하다.

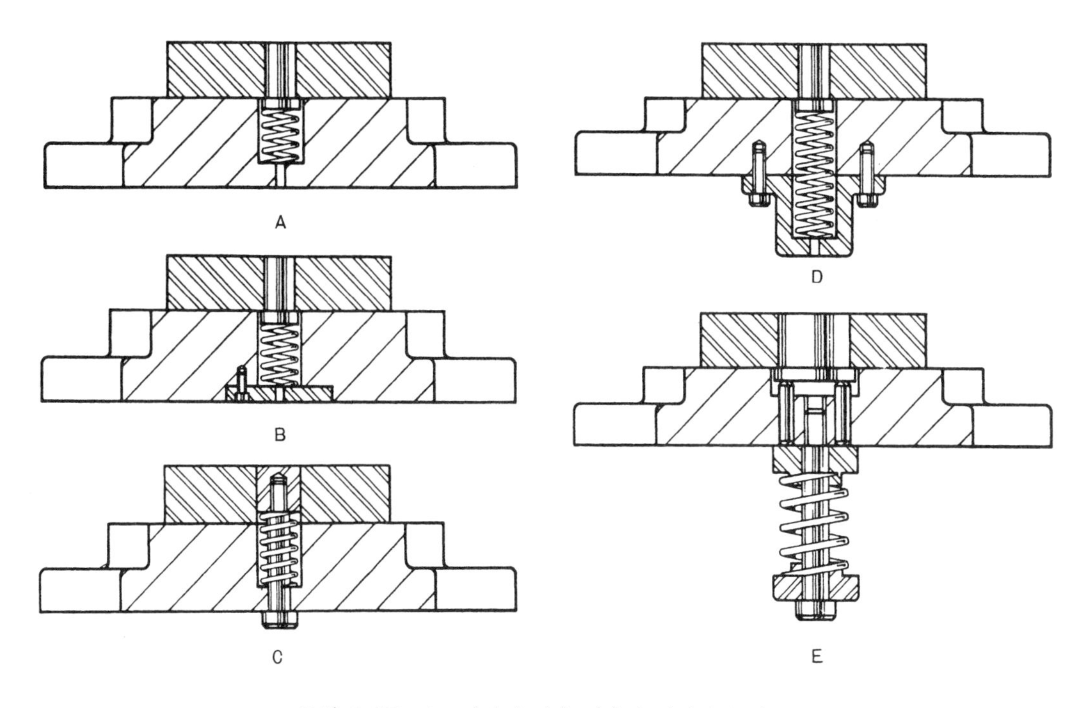

그림 2-143 스프링식 녹아웃 적용의 여러가지 예

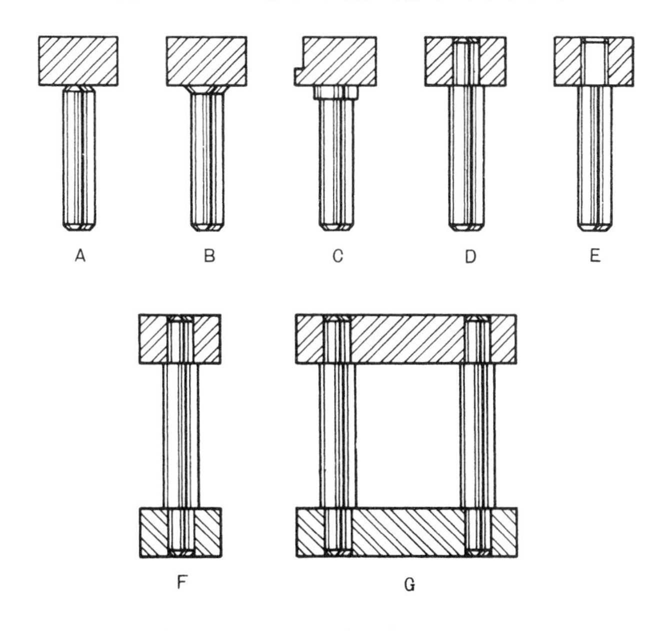

그림 2-144 공기쿠션 녹아웃의 여러가지

금형을 자주 분해할 때는 핀을 분실하기 쉽다. B와 C의 경우는 핀의 끝에 턱이 지게 가공하여 금형을 프레스로부터 들어내더라도 핀의 분실염려는 없다. D에서는 억지 끼워 맞춤으로, E에서는 나사로 각각 고정하고 있다. F에서는 핀의 양끝을 깎아서 녹아웃 링과 칼라(collar)에 억지 끼워 맞춤된다. 상승시에는 칼라가 다이세트 바닥에 접촉하여 운동을 제한한다. 칼라는 또 핀과 녹아웃링을 잡아주어 분실되지 않도록 한다. G에서는 성형형 또는 굽힘형에 사용되는 긴 장방형 녹아웃판이 두개 이상의 핀으로 다이세트에 고정되는데 이 핀들은 끝을 깎아서 한쪽은 녹아웃봉에 끼워지고 다른쪽은 리테이너봉에 끼워진다.

11-5 스트리핑力의 重心

녹아웃을 설계하기 전에 스트리핑력의 중심을 알아야 한다.

만일 녹아웃봉의 중심이 스트리핑력의 정확한 중심에 오지 못하면 작동할 때 봉이 변형될 우려가 있다.

대칭형의 블랭크라면 어려울 것이 없으나 블랭크의 외형이 불규칙할 때에는 계산을 해야하는데 다음의 방법을 쓰면 쉽게 그 중심을 찾을 수가 있다.

그림 2-145와 같이 두꺼운 종이로 모형을 만들어 블랭크 가장자리 가까이에 세개의 작은 구멍A를 뚫는다. 이 블랭크를 수직면에 핀으로 달아맨 다음 3각자로 블랭크를 달아맨 구멍으로부터 수직선을 긋는다. 다음 구멍으로 블랭크를 돌려 달아매고 같은 방법으로 수직선을 긋는다. 이 두 직선의 교차점이 스트리핑력의 중심이다. 나머지 한 구멍으로 블랭크를 또 달아 매어보면 그 정확성을 확인할 수 있다.

11-6 간접 녹아웃

11-4에서 설명된 것은 모두 직접 녹아웃이다. 그러나 녹아웃봉과 일직선으로 설치된 펀치의 경우에는 간접녹아웃을 사용한다. 다음 그림은 간접녹아웃이 설치된 금형의 단면도인데 녹아웃판은 상형 다이세트의 구멍속에서 운동하고 그 힘을 평행핀이 받아 중앙에 피어싱펀치의 안내구멍이 있는 판으로 전달한다. 사용하는 핀의 수와 배치는 부품의 윤곽과 치수에 따라 결정된다.

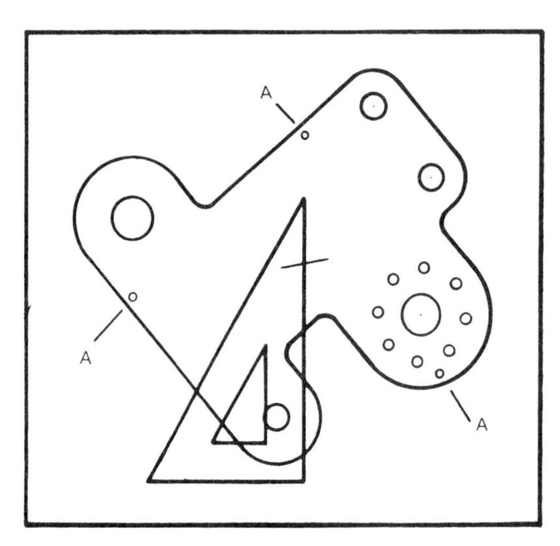

그림 2-145 스트리핑력의 중심을 구하는법

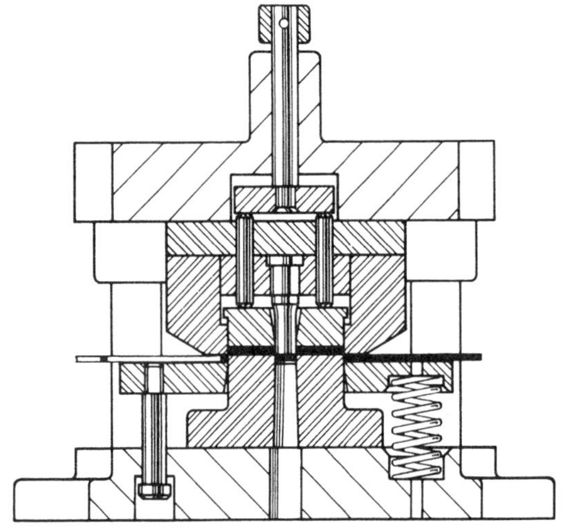

그림 2-146 간접 녹아웃

그림 2-147은 둥근형, 삼각형, 사각형의 단면을 갖는 블랭크를 가공하는 금형에서 간접녹아웃이 사용될 때 작용핀의 갯수와 배치를 보여준다.

소형의 피어싱펀치는 간접녹아웃에서 녹아웃블록 속으로 안내되는 경우가 있다.

그림 2-148에서 작용핀 A는 녹아웃블록에 끼워져 스트리핑력을 전달하는 동시에 열처리 경화된 부싱 B에 의해 블록을 안내한다

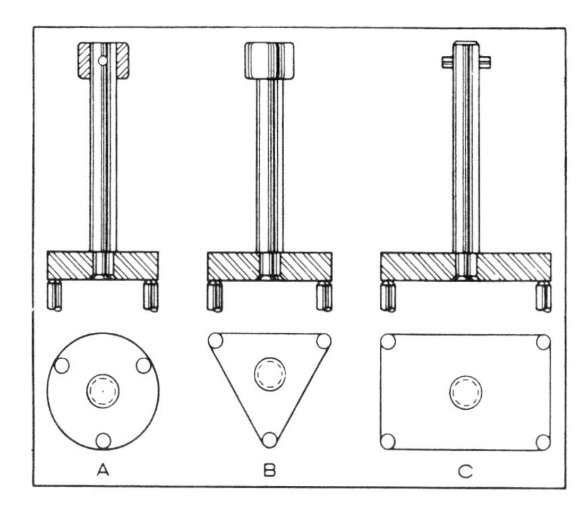

그림 2-147 간접 녹아웃을 위한 작용핀의 배치

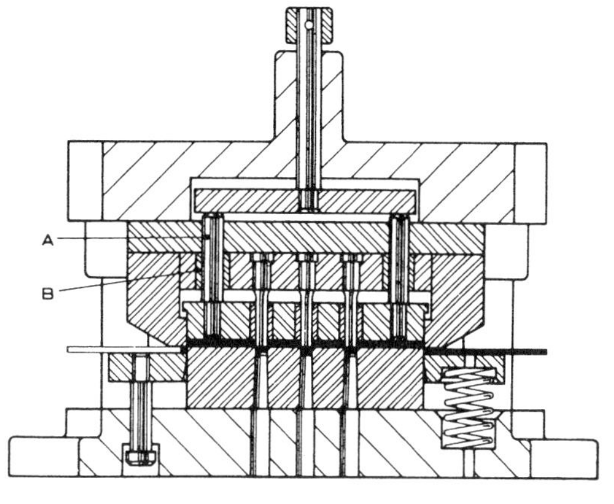

그림 2-148 간접 녹아웃의 사용예

11-7 녹아웃棒

다음 그림은 녹아웃봉을 판에 고정시키는 일반적인 세가지 방법들이다.

A에서는 봉의 끝을 깎아서 판에 끼워넣고 리베팅하였다. 녹아웃압력이 클 때는 녹아웃봉에 턱을 만들어 그림 B에서 보이는 바와 같이 그것이 녹아웃판속으로 빠져 들어가지 못하게 한다. 이 경우에도 끝을 깎아서 끼워넣고 앞의 예와 같이 피이닝한다. C에서는 녹아웃봉을 강력하게 고정시키는 방법을 보여주고 있다. 끝에는 턱이 있고 나사로 녹아웃판에 끼워 넣는다. 플랜지를 통해 녹아웃판에 끼워 넣은 다우웰핀으로 그것이 풀리지 않도록 고정시킨다.

다우웰핀은 작업중 이탈방지를 위해 억지 끼워맞춤된다.

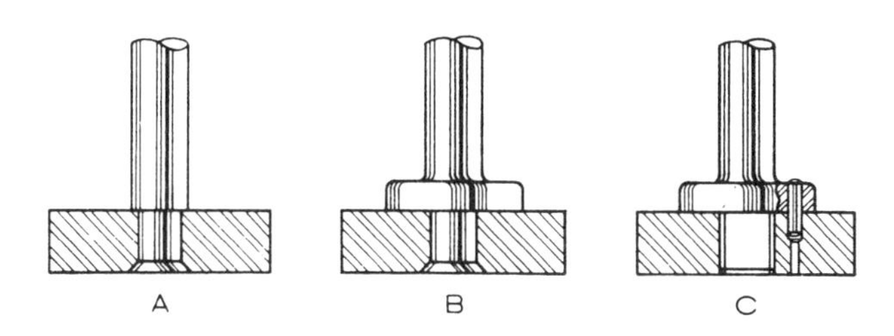

그림 2-149 녹아웃봉을 녹아웃판에 고정시키는 방법

第12章 締結具의 適用法

체결구의 종류는 다양하게 생산되고 있으며 대량생산되고 있어 가격도 안정값이고 용이하게 구할 수 있다. 조립체의 비중으로 보아 작기는 하지만 대단히 중요한 역할을 한다. 금형을 설계하는데 있어서 체결구가 「가장 연약한 연결체」일 수가 있으므로 적절하게 선택해서 적용하지 못하면 금형 전체가 실패작이 될 것이다.

체결구를 적용할 때에는 일반적인 규칙을 따라야 할 것이다. 경험이 많은 설계자는 치수, 위치, 갯수에 대한 비율의 감각이 여러번의 실패를 통하여 습관화 되었을 것이다. 설계자가 도면을 보고 어느 나사가 너무 작고 너무 접근하고 또한 가장자리에 너무 밀착되었다고 판단하면 그것은 실패한 경험을 바탕으로 그와 같이 지적하는 것이다.

경험이 적은 설계자나 초보자는 체결구 적용에 대한 다음 사항들을 충분히 파악하여 정확한 비율 감각을 길러야 할 것이다.

체결구 적용상의 실패요인으로는 주로 열처리균열, 파손, 나사산의 뭉그러짐, 내부응력 제거에 따른 변형, 구멍의 배치불량 등이 있다.

12-1 金型에 使用되는 締結具

띠강판으로부터 블랭크를 가공하기 위한 금형의 분해도를 그림 2-150에 보인다. 이 그림으로부터 체결구는 개별적으로는 작은 것이지만-전체적으로는 금형에서 상당한 비중을 차지하는 것을 볼 수 있다.

(1) 締結具의 種類

그림 2-151은 금형설계 및 제작시 가장 많이 사용되는 체결구의 종류를 보여주고 있다.

① 육각 홈붙이 나사
② 다우웰핀
③ 둥근머리 나사
④ 접시머리 나사
⑤ 스트리퍼 보울트
⑥ 세트 스크류
⑦ 알렌 너트(파이럿핀 고정용)

위의 종류에 비하여 적게 사용되는 체결구는 육각너트, 와셔, 리베트 및 목제용 나사 등이 있다.

어떠한 기계나 장치를 견고하게 조립하려면 또, 때로 분해해서 수리, 조절, 교체할 필요가 있을 때는 나사붙이 체결구를 사용하는 것이 가장 효과적이다.

금형설계 및 제작에서는 육각 홈붙이나사가 가장 흔히 사용되며, 다음이 다우웰핀이다.

(2) 締結具의 適用

나사나 다우웰핀을 사용하는 데는 알아두어야 할 기초적인 규칙이 있다. 나사는 각 부분품을 체

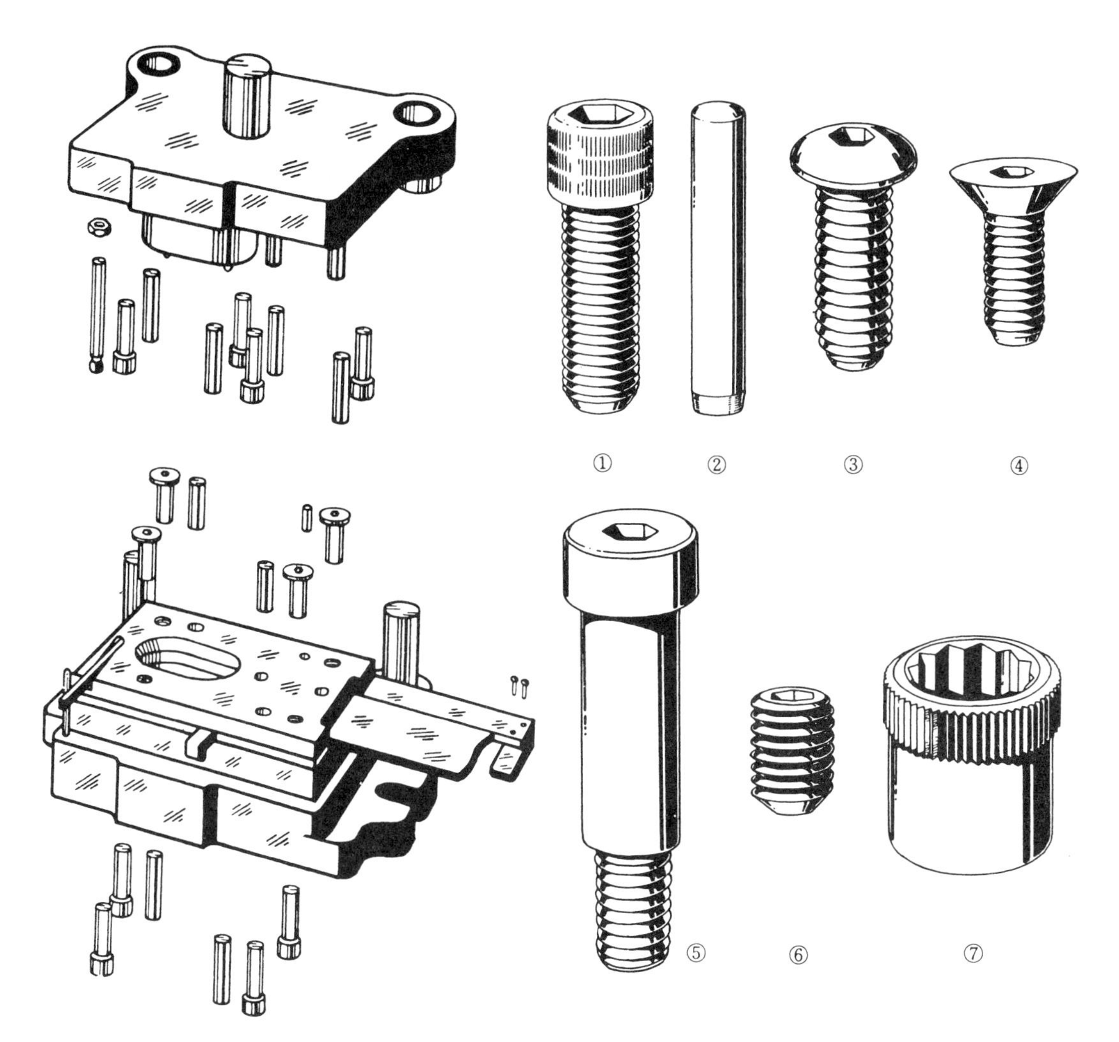

그림 2-150 체결구와 금형 분해도

그림 2-151 체결구의 종류

결하는데만 사용되고 위치를 잡아 주기에는 불합리하다. 그림 2-152를 보면 두개의 블록을 두개의 나사와 두개의 다우웰핀으로 체결하고 있다. 나사에 대한 구멍은 나사 몸통의 지름보다 크게 뚫려 있다. 금형의 인선을 연삭하거나 수리할 때에는 나사를 풀어야 하는데 재조립시 위치변동을 가져오게 된다. 이러한 미세한 위치변동은 많은 기계장치에서도 볼 수 있지만 특히 지그, 고정구 및 금형에서는 그것이 커다란 사고의 원인이 된다. 그렇기 때문에 정확히 들어 맞는 다우웰핀을 사용하여 정확한 상호 위치를 잡아주는 것이다.

다우웰핀은 부분품의 수리시 핀을 빼낼 수도 있고 다시 원위치에 정확히 맞춰 넣을 수 있다.

그림 2-153은 나사와 다우웰핀이 적용되는 세가지 방법을 보여준다.

A와 같은 경우는 비교적 소형의 블록 또는 판에 채택되며 작은 힘 밖에 받지 않는 경우에 사용한다. B와 C는 보다 큰 힘을 받는 경우에 사용한다.

플랜지 있는 펀치의 고정방법을 그림 2-154에 나타낸다.

구멍과 구멍사이 또 구멍과 부품의 가장자리 사이의 적당한 간격은 특히 중요하다. 만일 허용된

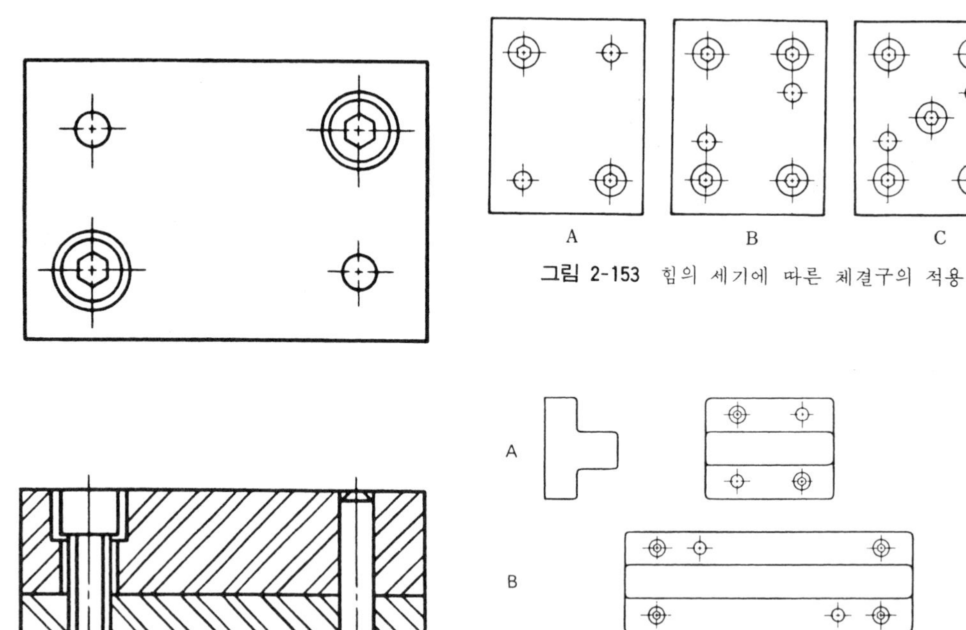

그림 2-153 힘의 세기에 따른 체결구의 적용

그림 2-152 다우웰핀의 적용

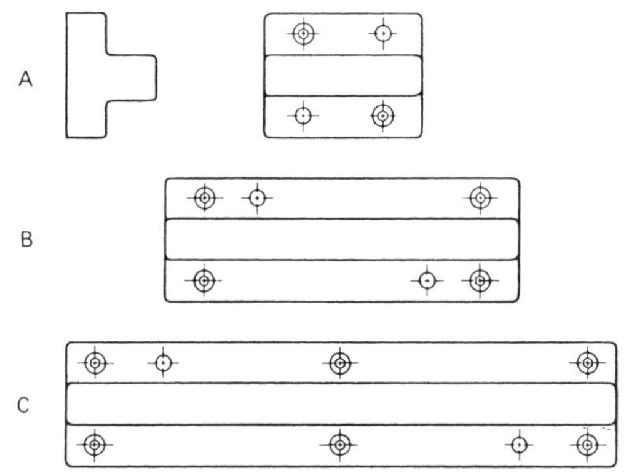

그림 2-154 플랜지 있는 펀치를 고정시키는 방법

공간이 너무 좁으면 공구강의 열처리 과정에서 블록이 균열될 가능성이 크다. 그러므로 나사 구멍을 될수록 가장자리에 근접시키고 다우웰은 될수록 멀리 배치하여 정확한 위치를 잡아줄 필요가 생긴다.

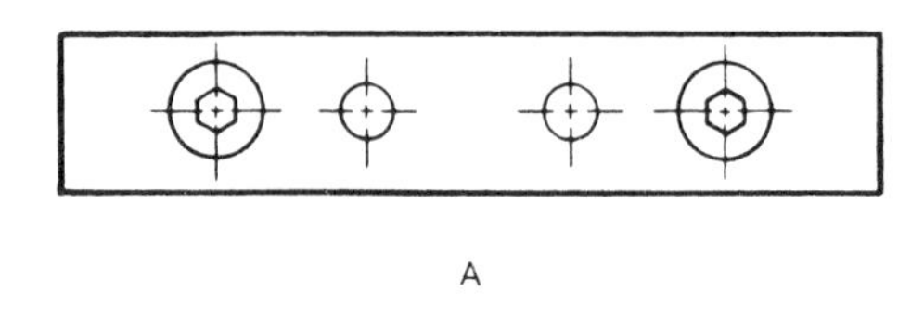

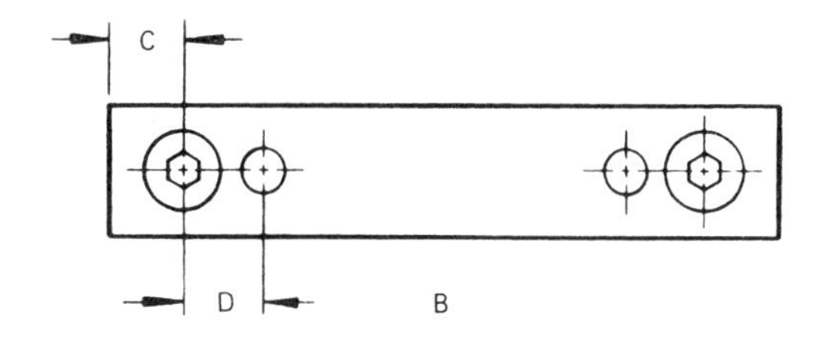

그림 2-155 체결구의 적절한 간격

그림 2-155의 A에서는 가장자리와 나사의 간격은 충분히 크나 다우웰이 너무 근접하여 부품의 정확한 위치를 잡아주기 힘들다. 반면 B에서는 나사와 다우웰의 위치가 적당한 것을 보여주고 있다. 여기서 우리는 안전한 최소거리 C와 D를 알 필요가 있다.

그림 2-156에서는 구석에 적용되는 구멍의 적당한 최소 간격을 나타낸 것으로 기계구조용강 및 공구강에 구멍을 적용할 때 올바른 최소 치수 비율을 알려주는 것이다.

그림 2-157의 A는 같은 크기의 인접한 두개의 구멍 위치를 결정할 때의 최소 치수 비율을 보여주고 있다. 그림 B는 크기가 다른 인접한 두개의 구멍위치 결정시 적용되며 거리 L은 작은 구멍의 중심으로부터 큰 구멍의 가장자리까지를 취한 것이다. 이것은 육각 홈붙이나사 구멍과 인접한

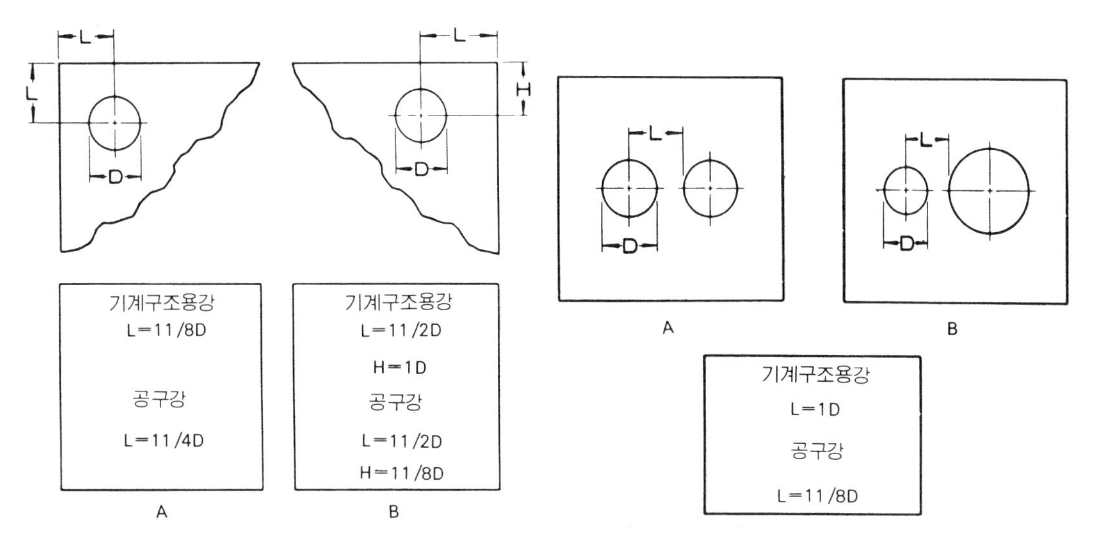

그림 2-156 구석에 적용된 구멍의 최소 치수비율

그림 2-157 인접구멍에 대한 최소치수비율

다우웰 구멍을 설계할 때도 적용된다.

필요한 나사의 수를 정하는데 있어서는 나사에 걸리는 힘을 생각하는 동시에 각부의 치수를 고찰해 본다.

고정할 부속들을 정확하고 안전하게 체결하여야 한다. 그러기 위해서는 다음 사항을 고려하여야 한다.

① 다우웰의 간격을 될수록 멀리 띄운다.

② 나사가 부분품을 견고하게 체결할 수 있는가를 확인한다.

그림 2-158의 A에서는 C－C선을 따라 나사가 작용하고 있어야 부분품이 안전하게 고정될 것이다. B그림에서는 옳은 방법을 보여 주었으나 다우웰핀 구멍이 상대적으로 가까워졌다.

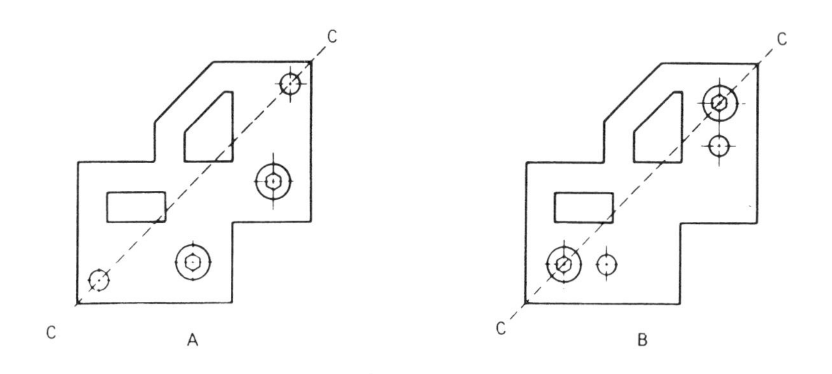

그림 2-158 나사의 적용

(3) 도면상의 締結具

도면상의 체결구는 아래 그림과 같이 표시된다. 펀치는 플랜지를 각각 대각선으로 두개의 육각홈붙이 나사와 두개의 다우웰핀으로 고정하고 있다. 다이블록은 다이호울더의 밑면으로부터 긴 육각 홈붙이 나사에 의해 고정되어 있고, 스트리퍼판, 위치결정게이지, 전면 스페이서는 스트리퍼판

의 윗면으로부터 끼운 둥근머리나사로 다이블록에 고정되어 있다.

정면도에서 우측에 적용된 2중 다우웰은 부분품의 횡방향위치를 정확하게 잡아준다.

스트리퍼판을 다이블록에 고정시키고 있는 나사에 걸리는 스트리핑 부하는 타발펀치를 잡고 있는 나사에 걸리는 스트리핑 부하와 같다는 것을 알아두어야 할 것이다.

타발펀치를 제 위치에 고정시키는데 두개의 나사와 다우웰만 사용했을 경우 최소 4개를 사용하는 다이블록의 경우보다 지름을 크게 만든다.

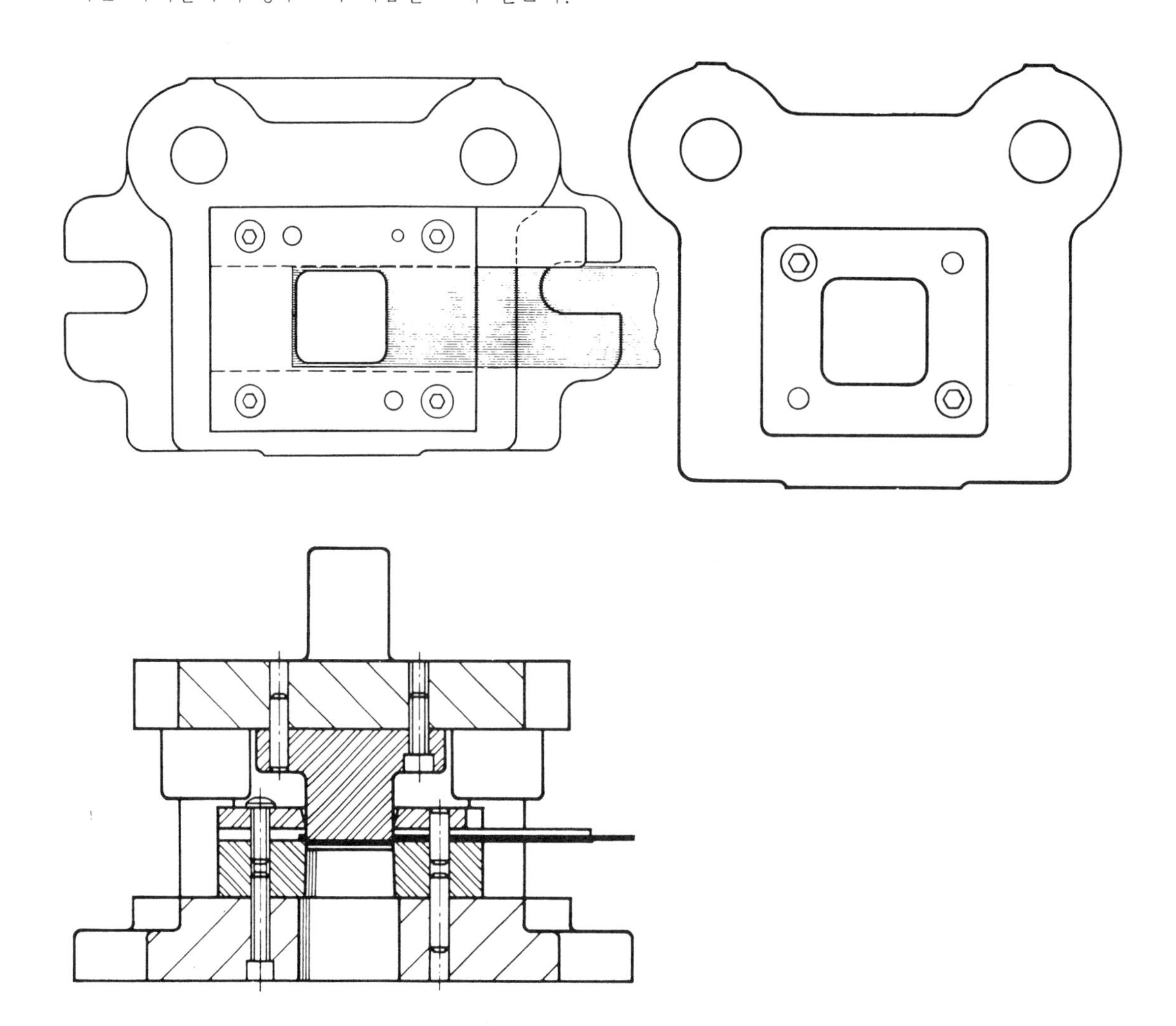

그림 2-159 도면상에 적용된 체결구

12-2 나사구멍과 보울트의 適用

홈붙이나사를 위한 보울트 구멍의 치수를 결정하는 데는 다음과 같은 규칙을 지킨다.

① 구멍 A는 나사의 외경보다 0.4mm 크게 정한다.

② 구멍 B는 나사의 머리부분 직경보다 0.8mm 크게 정한다.

③ 구멍깊이 C는 나사머리의 높이와 같다.

④ 접시머리나사를 위한 지름 D는 접시머리나사의 머리지름과 같게 한다.

그림 2-160에서는 각각의 보울트 구멍을 보여준다. 그림 1은 육각 홈붙이나사 구멍의 단면도를, 그림 2는 둥근머리나사 구멍의 단면도를, 그림 3은 접시머리나사 구멍의 단면도를 보여준다.

(1) 나사의 맞물림 길이

체결용으로는 육각 홈붙이나사가 가장 많이 사용되며 이것을 사용할 수 있는 경우에는 언제나 이것을 사용하도록 지정해야 한다. 나사의 머리부분은 6각 렌치로 돌릴 수 있는 홈이 가공되어 있고 규격화되어 있어 구하기가 쉽다.

나사는 맞물림이 정확해야 한다. 너무 짧은 것을 사용하면 탭구멍으로부터 나사가 빠져 나올 염려가 있다. 한편 너무 긴 것도 피해야 하는데 그것은 힘의 보탬이 되지 못할 뿐더러 깊은 구멍을 탭핑하는 것은 쉽지 않기 때문이다. 그림 2-161은 나사로 두개의 부품을 조립할 때의 치수관계를 보여준다.

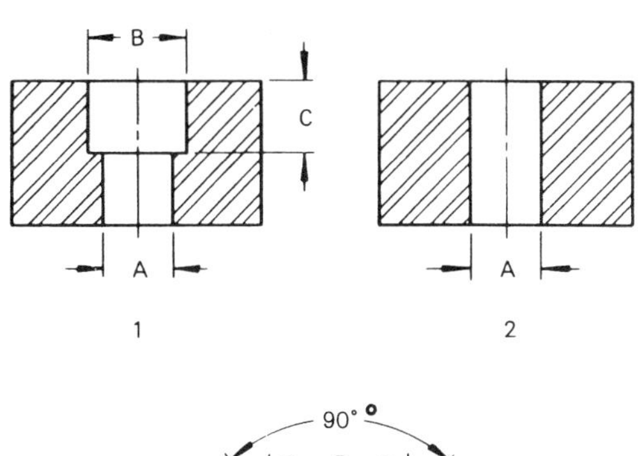

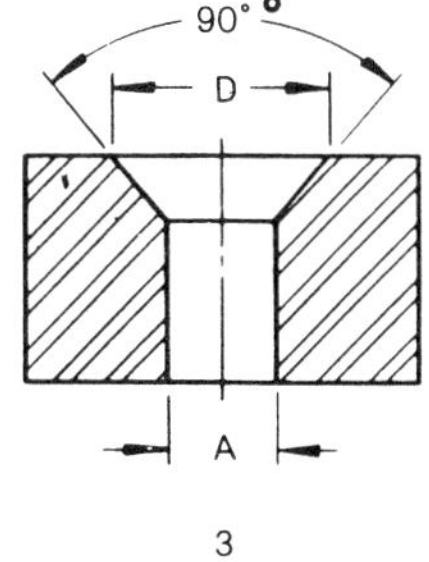

그림 2-160 나사구멍의 단면도

재 질	맞물림길이 l
강	1.5D
주 철	2.0D
마 그 네 슘	2.25D
안 루 미 늄	2.5D
화이버, 플라스틱	3.0D 이상

그림 2-161 나사의 맞물림길이

강과 주철에 대한 것은 대단히 자주 사용되기 때문에 잘 기억해 두는 것이 좋다.

간단한 공식으로 나사의 길이를 정할 수 있다. 그림 2-162의 육각 홈붙이나사를 참고로 하면 보통 나사에서는 B=2D+15mm 또는 B=2D+0.5A를 정밀나사에서는 B=1.5D+15mm 또는 B=1.5D+0.4A 중 각각 큰 값을 적용하면 될 것이다.

(2) 육각 홈붙이 나사

그림 2-162는 육각 홈붙이 나사로 체결되는 부분의 각부 치수를 보여준다. 우선 머리부의 높이 C는 몸체 지름 D와 같다는 것을 알아두어야 한다.

고정시켜야 할 블록이 경화강으로 제작되었을 때에는 H는 1.5D 이상이어야 한다. 구조용 강철의 경우에는 적당한 강도를 유지할 수 있을 정도의 두께이면 충분하다. 맞물림길이 I는 이미 전항에서 설명된 바와 같다. 탭핑한 구멍의 깊이 J는 맞물림길이 K에 의해 결정되며 나사 밑부분의 모떼기를 고려하여 1.5mm 정도 여유를 둔다.

K는 보통 3mm 정도로 만든다. 바닥에서의 탭핑은 1~1.5 바퀴 만큼 불완전한 나사가 된다. 이러한 사실은 막힌 구멍을 설계할 때 고려해야 한다.

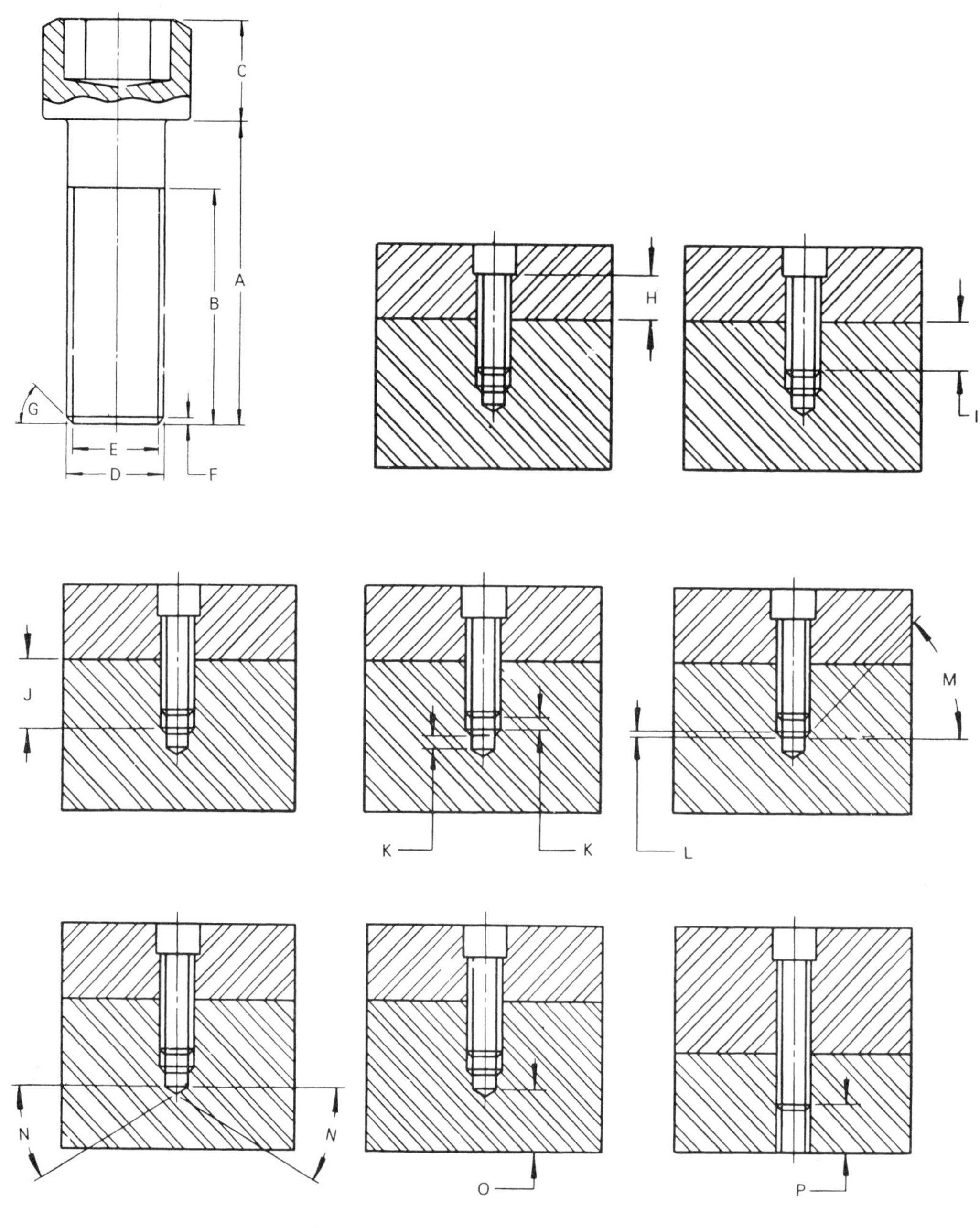

그림 2-162 육각홈붙이 나사의 각부 치수

L의 치수는 1.5mm로 하고 M은 45°이다. 탭드릴 구멍 밑의 N은 30°로 가공된다.

경화공구강 부품에서는 탭드릴 구멍의 끝과 블록의 밑면 사이의 거리 O가 1D 이상이어야 한다. 1D 이하일 때는 열처리시 파손되는 경우가 있다. 블록 바닥까지의 거리 P가 1D 이하일 때는 관통하여 탭핑하는 것이 좋다.

그림 2-163은 판의 두께에 따라 육각 홈붙이 나사를 적용하는 방법을 보여준다.

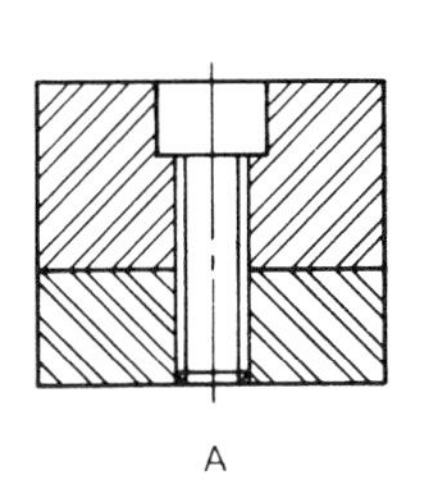

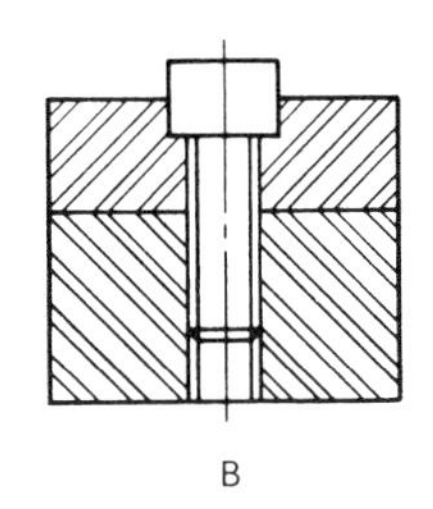

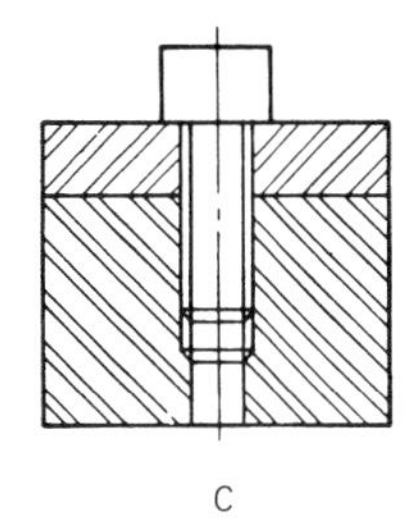

그림 2-163 육각홈붙이 나사의 적용 예

(3) 접시머리 나사

이 나사는 표면이 평탄해야 할 박판의 고정용으로 사용된다. 될 수 있으면 이것의 사용을 피해야 하는데 이것은 육각 홈붙이나사만큼 튼튼히 고정할 수 없기 때문이다. 머리부분의 각도 A는 90°로 가공된다.

(4) 둥근머리 나사

둥근머리 나사는 육각 홈붙이나사의 머리부가 작업상 방해가 되는 경우에 판을 조이는데 사용한다. 소형 금형에서 스트리퍼판, 위치결정게이지, 전면스페이서를 다이블록에 고정시키는데 이용된다. 둥근머리 나사는 표면에서 약간만 튀어 나온다.

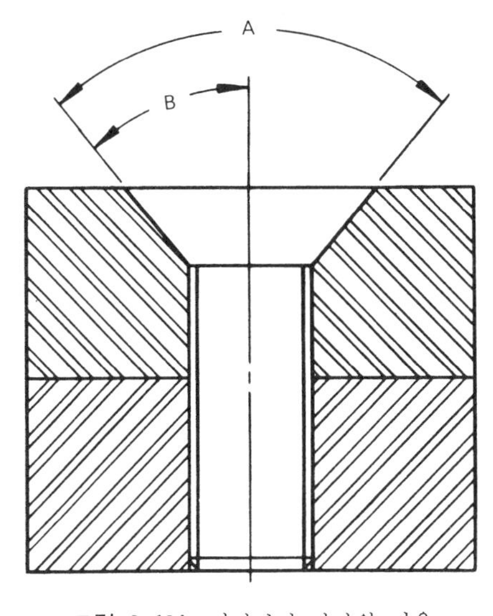

그림 2-164 접시머리 나사의 적용

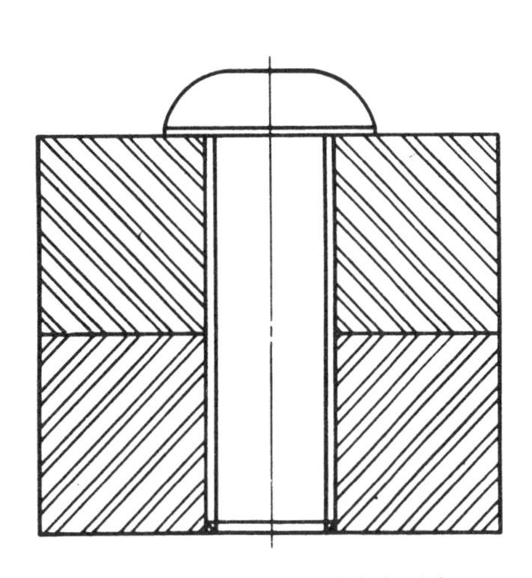

그림 2-165 둥근머리 나사의 적용

(5) 세트 스크류

처음 개발되었을 때는 안전나사라고 불렀다. 대개는 회전부품을 축에 고정시키는데 사용된다.

머리 있는 나사를 대신해서 사용되므로 기계가 회전할 때 옷이 걸려 들어가는 위험을 없애게 되었다.

세트 스크류는 전 길이에 걸쳐 나사산이 있고 한쪽 끝이 렌치를 위한 홈이 가공되어 있다.

세트 스크류의 끝은 여섯가지 형태가 있다. 설계자는 용도에 맞도록 끝의 형태도 지정해 주어야 한다.

그림 2-166에 보이는 6가지의 형태가운데 1은 치공구와 금형에 가장 많이 쓰이는 평탄한 끝의 세트 스크류를 보여준다. 그림 2는 컵 포인트(cup-point) 세트 스크류는 풀리(pully), 기어, 칼라(collar) 등의 부품을 축에 고정시키는데 사용한다. 그림 3은 원추형 끝의 세트 스크류로 컵포인트 세트스크류와 같은 용도로 쓰인다. 축에는 드릴홈 가공을 하여 원추의 끝을 받도록 설계되어야 한다.

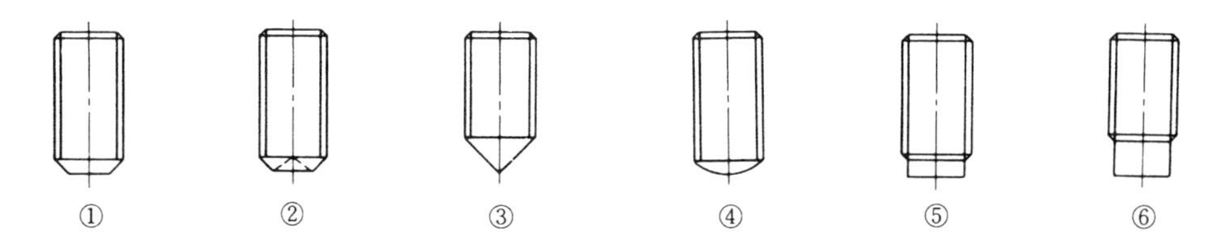

그림 2-166 세트스크류의 종류

비교적 자주 조절해야 할 부품의 고정용으로 타원형의 세트스크류를 사용한다. 그림 4의 타원형의 세트 스크류를 보였는데 나사끝과 비슷한 윤곽으로 홈이 가공되어 있는 부품에 나사 끝이 얹혀 고정되게 된다.

그림 5, 6에 보인 도그 포인트(dog-point) 세트스크류는 축에 세로로 가공된 홈에 물리도록 되어 있다. 이것은 길이방향의 운동은 가능하게 하지만 회전을 못하게 한다. 이러한 끝은 행정을 제한하는 스톱 역할도 한다.

(6) 사각머리 세트나사

금형설계에서 이러한 나사는 단 한가지 용도 밖에 없다. 그것은 자동정지구 작동장치로서의 역할이다. 그림 2-167에서 4각머리 세트나사 A가 자동정지구에 적용되는 형태를 보여준다.

잼 너트 B가 이 나사를 고정하고 있다.

(7) 스트리퍼 보울트

스트리퍼 보울트는 숄더(shoulder)나사를 금형에 사용한 것이다. 이는 금형에서 스프링 스트리퍼의 행정을 제한하는 역할로 가장 많이 사용된다. 아래 단면도에서 스트리퍼 보울트 A는 스트리퍼판의 행정을 제한하는 기능으로 사용되고 있다.

스트리퍼 보울트의 구멍을 설계할 때는 다음 사항을 고려하여야 한다.

① 스트리퍼 보울트의 몸체와 물리는 구멍 A는 호칭 지름으로 표시하며 헐거운 끼워맞춤으로 하되 틈새를 정해준다.

② 구멍 B는 나사의 머리 직경보다 0.8mm 크게 한다.

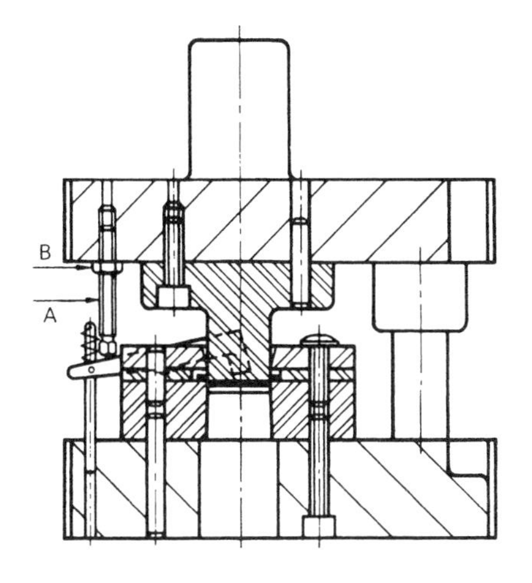

그림 2-167 사각머리 세트나사의 적용

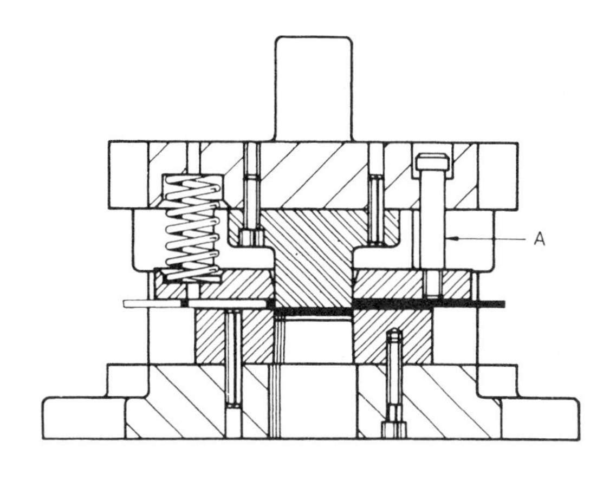

그림 2-168 스트리퍼 보울트의 적용

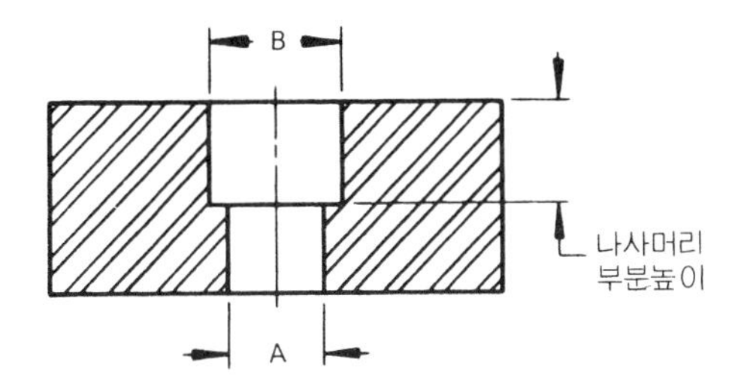

그림 2-169 스트리퍼 보울트를 위한 구멍

12-3 다우웰 핀

다우웰핀은 부품의 정확한 위치를 결정해 주고 측면압력 또는 축방향의 추력을 흡수해 주는 동시에 부품의 신속한 분해를 가능케하고 재조립에서도 정확한 위치에 재결합되도록 한다. 다우웰핀은 합금강을 열처리하여 내부는 좀 무르나 질기고 외부는 강화처리를 하여 조립시 파손이나 변형을 방지하게 되어 있다. 표면 경도는 H_{RC} 60～64 정도이고, 중심부의 경도는 H_{RC} 50～54 정도이다.

다우웰핀의 직경은 그것이 들어갈 구멍의 직경보다 크게 제작하여 억지 끼워맞춤한다. 분해조립을 여러번 하였을 때는 상대적으로 큰 치수의 다우웰핀을 사용해야 한다. 다우웰핀 구멍은 치공구 또는 금형의 부분품을 일단 나사로 조립한 후 가공하는 것이 좋을 것이다.

그림 2-170은 두가지 형태의 다우웰핀을 보여준다. A는 한쪽 끝에 5° 정도의 테이퍼를 주어 구멍에 끼워넣을 때 용이하게 들어갈 수 있도록 하였고, 반대편 끝은 모서리를 둥글게 다듬었다. B의 경우는 제작시간을 줄이기 위해 양단에 모떼기를 하였다.

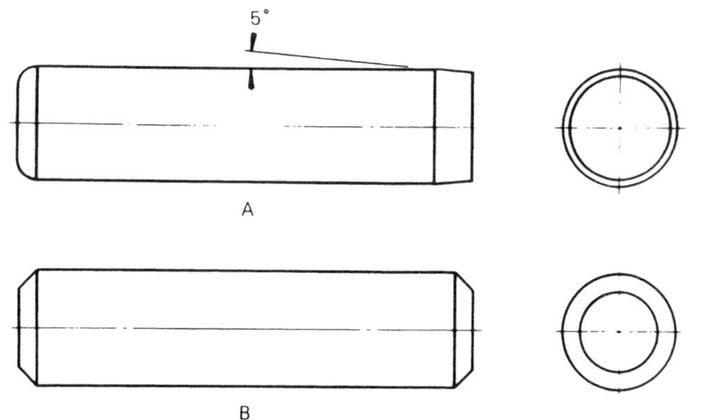

그림 2-170 다우웰핀의 형상

다우웰핀은 사용할 상대조건에 따라서 응용방법을 선택하게 된다.

그림 2-171에는 4가지 적용상태를 보였는데 그림 1은 관통된 구멍에 적용된 다우웰핀으로 맞물림길이 B는 직경 O의 1.5배～2배 사이의 치수로 하는 것이 좋다. 그는 다우웰핀을 한쪽에서만 끼울 수 있는 것으로 핀을 위한 구멍의 깊이는 적용된 다우웰핀의 길이보다 3mm 이상 깊게 가공되어야 한다.

작은 구멍이 블록을 관통하고 있어 분해시 이 구멍을 이용한다. 작은 구멍의 치수 C는 다우웰핀 지름의 ½로 가공된다. 3은 막힌 구멍에 대해 적용된 것으로 공기가 갇혀서 분해 조립이 곤란하기 때문에 거의 사용되지 않는다. 단지 조립되는 두 부품에서 구멍의 치수가 다른 경우 즉, 직경 E에서는 억지 끼워맞춤되고 직경 F에서는 헐거운 끼워맞춤되는 경우에는 사용해도 무관하다.

4는 두꺼운 부품에 적용된 다우웰핀으로 표준치수의 다우웰핀을 사용하고 상부는 구멍을 약간 크게 가공하여 다우웰핀의 삽입을 도와준다.

여기서 맞물림길이 L은 1.5～2배 정도이면 된다.

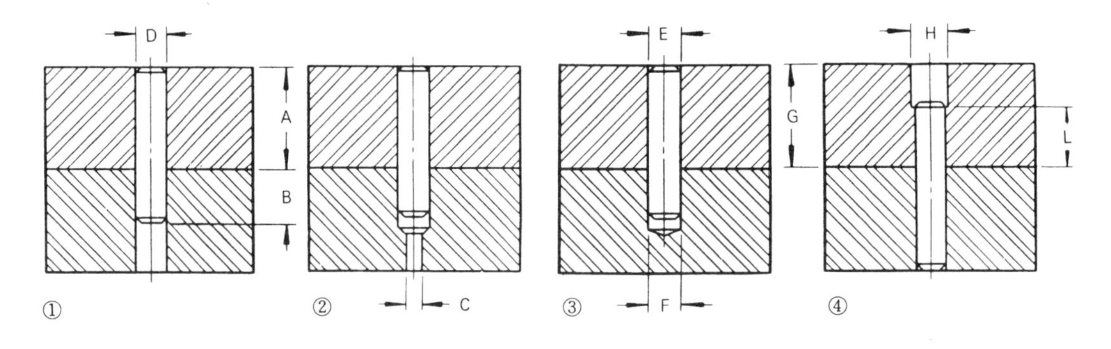

그림 2-171 다우웰핀의 적용예(1)

정밀금형설계에서는 다우웰응용법을 잘 선택하여야 한다. 두 부분 이상을 다우웰 핀으로 결합할 때 판이 비교적 얇은 경우는 그림 2-172의 A에서와 같이 적용한다. 두꺼운 판에 대한 조립은 그림 2-172의 B에서와 같이 적용하는 것이 좋다. 가능한 한 다우웰핀의 길이는 직경의 4배 정도로 하는 것이 좋다.

경화처리된 다이블록에 다우웰핀을 사용할 때에는 다음 방법을 사용하면 될 것이다. 그림 2-173에서 A는 열처리 하기전에 이미 가공된 구멍에 적용한 것이고 B와 C는 구조용 강으로 만든 연한 중공의 플러그를 끼워 넣고 다우웰핀을 적용한 것이다.

금형에서 적용되는 다우웰핀의 직경은 같은 판에 적용되는 나사의 직경과 같은 치수로 한다.

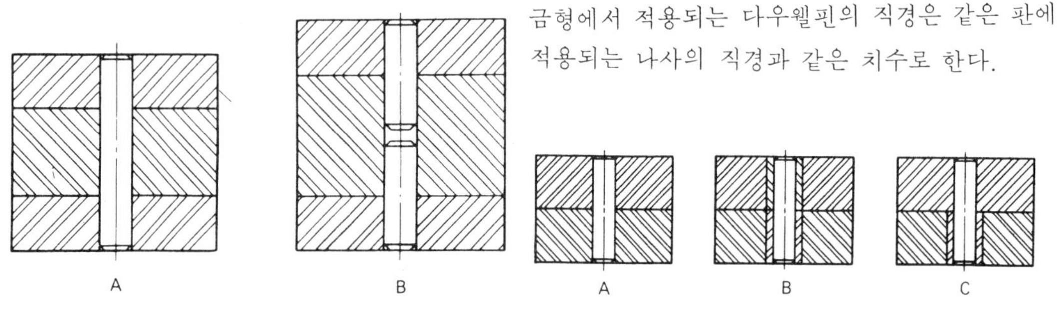

그림 2-172 다우웰핀의 적용예(2)

그림 2-173 다우웰핀의 적용예(3)

12-4 리베트(rivet)

리베트는 그 자체의 일부에 변형을 주어 부품을 체결하는 기계요소로서 여러가지 종류가 있으나 공구 또는 금형설계에서는 아래 그림과 같은 둥근머리형과 접시머리형이 사용된다. 리베트는 분해 또는 수리를 하지 않는 부품의 체결용으로 쓰이는데 금형에서는 위치결정게이지와 재료 받침쇠를 결합하는데 사용되고 있다.

리베팅을 할 때 중요한 것은 판두께에 대한 리베트의 길이인 것이다. 만일 이 길이가 짧으면 리베트 이음이 약하고 또 너무 길면 리베팅하는 힘이 많이 들게 되고 보기싫은 이음이 되어버린다.

다음 그림 2-175에서 리베트의 길이 B는 판두께 A보다 리베트 직경의 1.5~1.7배 정도 길게 적용되어야 한다.

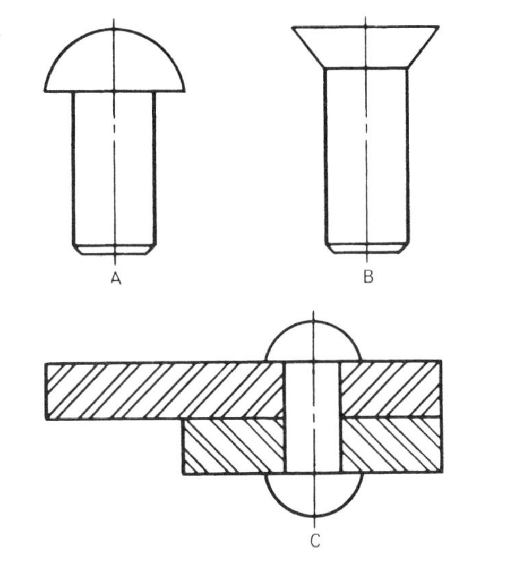

그림 2-174 리베트의 형상

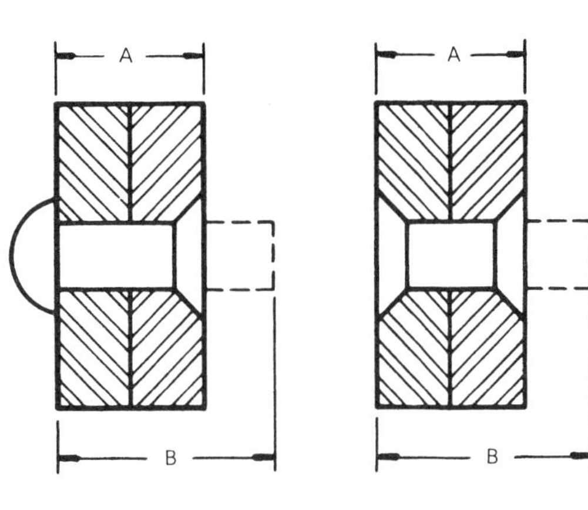

그림 2-175 리베트의 적용

第13章　다이세트의 選擇法

금형의 각 부분품에 대한 설계가 끝난 다음에는 적합한 크기와 형태의 다이세트를 규격으로부터 선택하여 설계도에 그려 넣는다.

이 장에서는 각종 형태에 대한 설명과 선택법 및 적용법을 알아 보기로 한다.

13-1 概　要

(1) 다이세트 適用上의 利点

우선 금형의 각 부분품을 적당한 다이세트에 수용하므로서 얻어지는 이점을 보면

① 프레스 램에 약간의 유동이 있다고 해도 금형 부분품들이 모두 제자리를 유지할 수 있도록 위치를 잡아준다.

② 금형의 수명이 길어진다.

③ 금형이 하나의 단위체가 되므로 프레스에 설치할 때 시간이 단축된다.

④ 보관이 편리하다.

(2) 材　料

다이세트의 재료는 요구되는 강도에 따라 선택한다. 타발가공을 위해 다이세트에 커다란 구멍을 기계가공할 때는 강재의 다이세트를 선택하는 것이 좋다. 강재의 다이세트는 완전히 응력 제거한 후 최종 다듬질을 해야 한다.

설계자는 금형이 제작되는 동안 혹시 생겨날 응력의 요소를 설계단계에서 제거하도록 해야 한다. 다이세트에 용접을 하는 것은 극히 나쁜 일이다. 깊은 홈을 기계가공하는 것은 응력제거를 하기 전에 가공되어야 한다.

(3) 다이세트의 選擇

다이세트를 주문하기 까지에는 다음의 열 가지 내용을 결정해야 한다.

① 제조회사

② 형식

③ 크기

④ 재질

⑤ 다이호울더의 두께

⑥ 펀치호울더의 두께

⑦ 부시의 종류와 길이

⑧ 가이드 포스트의 길이

⑨ 생크 지름

⑩ 정밀도 등급

공업규격으로부터 다이세트를 선택할 때에는 다이세트의 면적(가로×세로)을 먼저 생각하고 그 다음에 펀치호울더와 다이호울더의 두께를 결정한다.

13-2 다이세트의 構成

다이세트는 펀치호울더, 가이드부시, 가이드 포스트 및 다이호울더로 구성된다. 가이드 포스트는 하형 다이세트인 다이호울더 구멍속에 억지 끼워맞춤되고 가이드부시는 상형 다이세트인 펀치호울더에 역시 억지 끼워맞춤된다. 부시는 가이드 포스트와 결합되어 작동시 미끄럼운동을 하게 된다. 다이호울더와 펀치호울더의 재질은 회주철 GC 20 또는 탄소강 S 45C로 제작된다.

그림 2-176은 중소형의 다이세트를 보여준다.

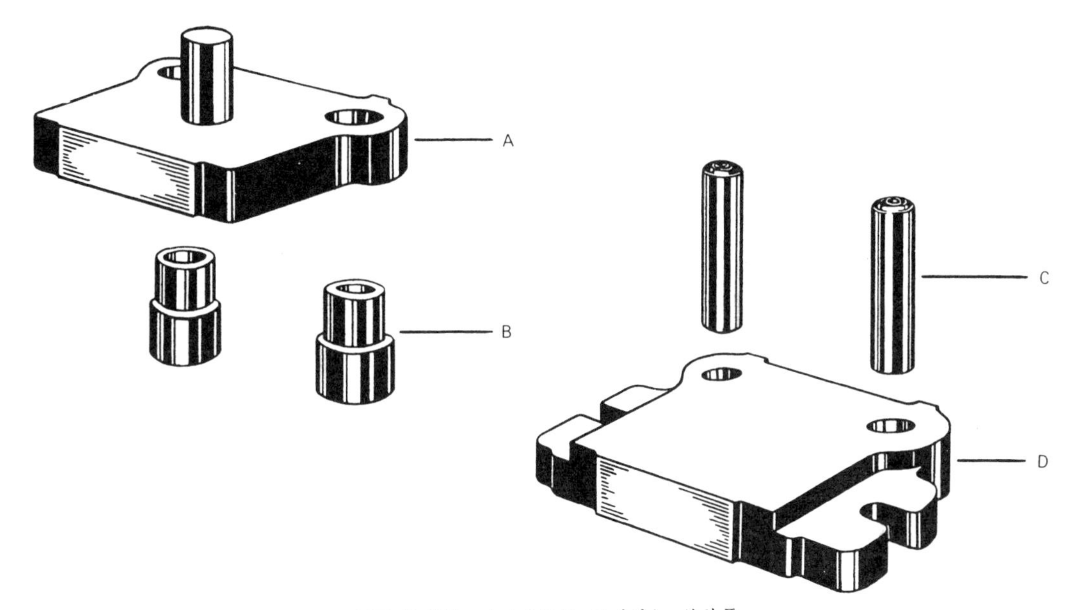

그림 2-176 다이세트를 구성하는 부분품

(1) **펀치호울더**(punch holder)

역타발형을 제외한 프레스용 금형에서 펀치는 펀치호울더 밑에 고정된다. 금형설계도면에서 펀치호울더는 뒤집은 상태가 된다.

금형도면에서는 도면을 쉽게 해독하기 위해서 평면도를 상형과 하형으로 나누어 그리게 된다. 상형인 펀치호울더를 우측에, 하형인 다이호울더를 좌측에 제도해야 하며 펀치호울더는 뒤집은 상태로 그려 생크(shank)가 점선으로 표시되어야 한다.

펀치생크는 펀치호울더 중심부에 돌출된 부분으로 프레스의 램에 고정시켜 금형의 상형을 상하로 구동하여 절단작업을 수행한다. 주철제 다이세트에서는 펀치생크가 펀치호울더의 몸체와 함께 주조되어 기계가공된다. 강제 다이세트에서는 나사에 의해 생크를 조립하기도 하고 샹크를 펀치호울더에 전기용접하기도 한다. 펀치샹크의 직경은 선택할 프레스에 따라 정한다.

그림 2-177은 프레스 금형에서 사용되는 생크의 각부 치수를 나타낸다.

대형 다이세트는 대개 펀치생크가 없거나 중심을 잡아주기 위해서만 적용된다. 일반적으로 대형 다이세트는 자체중량과 설치된 대형 펀치의 중량 때문에 프레스램에 보울트로 고정된다.

(2) **다이 호울더**(die holder)

다이호울더는 그 형태가 펀치호울더와 같으나 다만 다이호울더를 프레스의 받침판(볼스터판 :

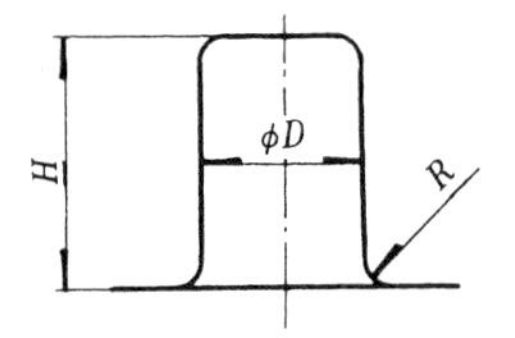

그림 2-177 생크의 각부치수

호칭 치수	D	H	R
12	12	28	2
16	16	32	2
20	20	40	2
25	25	50	2
32	32	55	3
38	38	60	3
50	50	65	3

bolster plate)에 고정시킬 홈이 있는 플랜지가 있는 것이 다르다. 다이호울더는 펀치호울더보다 두껍게 만든다. 이것은 펀치에 의해 가공된 블랭크나 슬러그가 빠져 나오는 구멍에 의해 다이 호울더가 상대적으로 약해진 것을 보강해 주기 위해서이다.

규격에는 가이드 포스트나 가이드 부시가 적용되지 않는 프레스 다이용 펀치호울더 및 다이호울더(KS B 4113), 프레스 다이용 다이세트(KS B 4115)의 BB형(back post bushing type), CB형(center post bushing type), DB형(diagonal post bushing type) 및 FB형(four post bushing type)이 있고 고속대량생산을 위한 다이세트로서 가이드 부시속에 볼 리테이너(ball retainer)를 설치하여 강구에 의해 안내를 받는 볼 슬라이더 다이세트의 BR형, CR형, DR형 및 FR형이 있다. 그림 2-178은 여러가지의 다이세트의 규격을 보여준다.

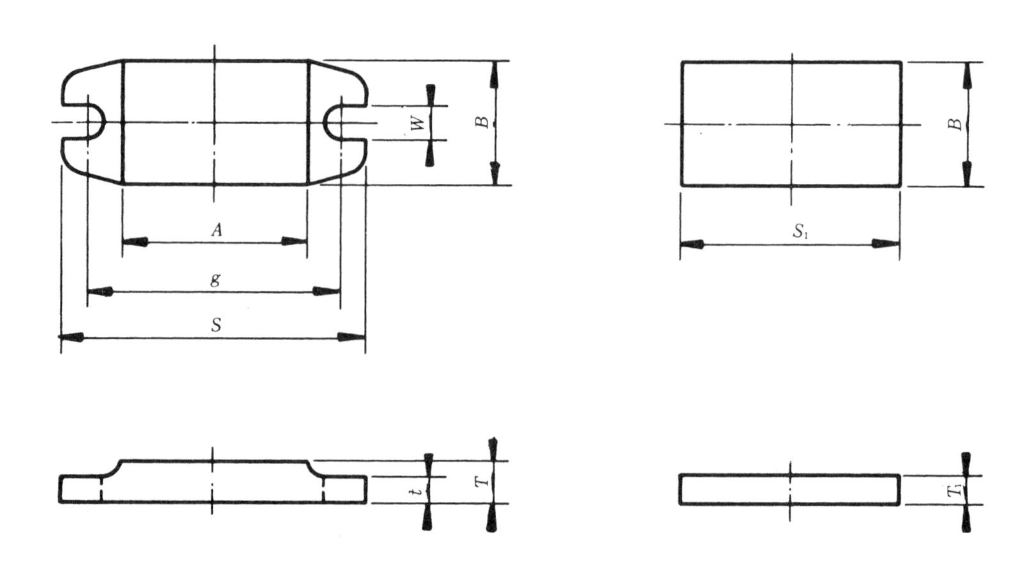

a) 가이드 포스트 없는 다이호울더

단위 : mm

호칭치수	A (최소)	B (최소)	S	S_1	g	T	t	T_1	W
80× 80	80	80	160	125	120	35	20	25	20
100× 80	100	80	180	150	140	35	20	25	20
100×100		100				40	25	28	

125× 80	125	80	205	180	165	40	25	28	20
125×100		100							
125×125		125	215		167		25		22
150×100	150	100	230	210	190	40	25	28	20
150×150		150	240		192				22
180×125	180	125	270	250	222	45	25	34	22
180×180		180							
210×100	210	100	300	250	252	45	25	34	22
210×150		150							
210×210		210							
250×125	250	125	—	300	—	—	—	40	—
250×180		180							
250×250		250							
300×125	300	125		350				50	
300×180		180							
300×250		250							
300×300		300							

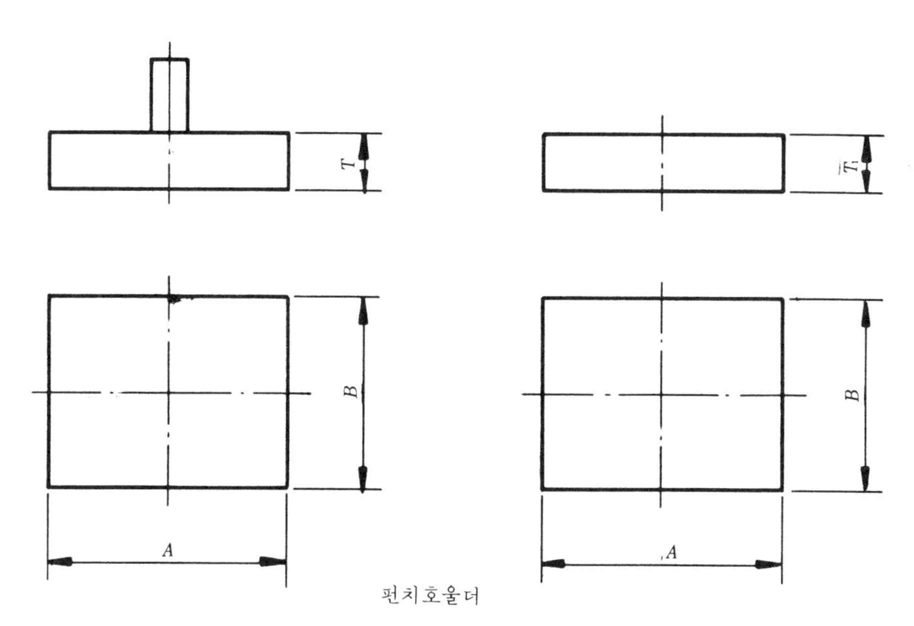

펀치호울더

단위 : mm

호 칭 치 수	A (최소)	B (최소)	T	T_1
80× 80	80	80	25	22
100× 80	100	80		
100×100		100	30	25
125× 80	125	80	30	25
125×100		100		
125×125		125		

150×100	150	100	30	25
150×150		150		
180×125	180	125	30	25
180×180		180		
210×100	210	100	30	25
210×150		150		
210×210		210		
250×125	250	125	—	30
250×180		180		
250×250		250		
300×125	300	125	—	40
300×180		180		
300×250		250		
300×300		300		

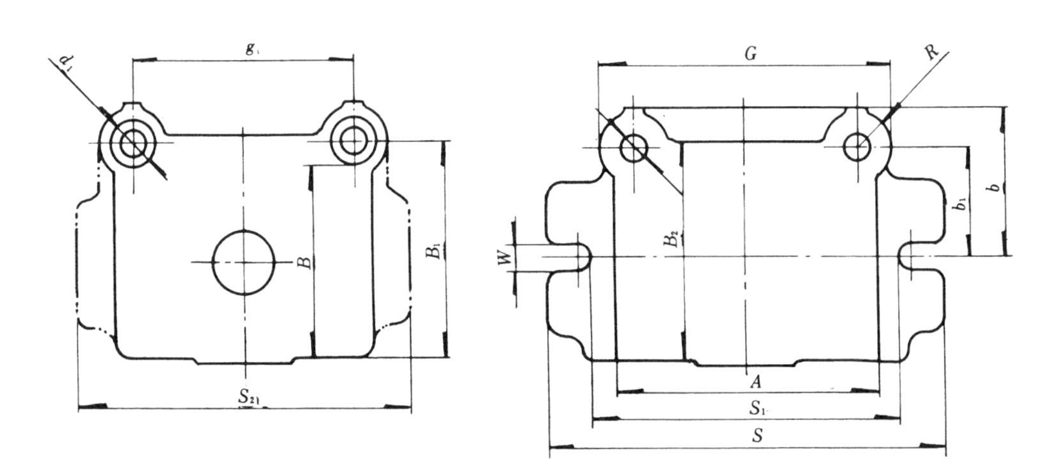

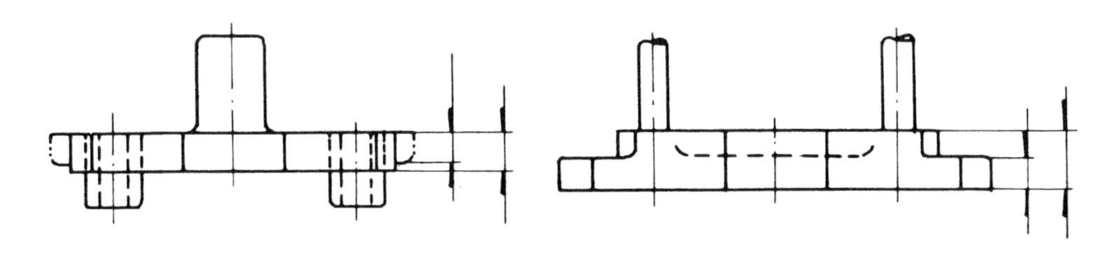

b) 프레스 다이용 다이세트 *BB*형

BB형 다이세트의 각부 치수

단위 : mm

호칭치수	A	B	$T \times t$	T_1 (2)	B_1	B_2	b	b_1	d (1)	d_1	G	g	R	S	S_1	S_2 (2)	W
80× 80	80	80	35×20 50×30	25, 35	95	100	76	50	19	30	121	71	25	160	100	—	20
80×100	80	100	35×20 50×30	25, 35	115	120	91	65	19	30	131	81	25	160	100	—	20
80×125	80	125	40×25 55×30	30, 40	143	147	113	81	22	35	153	93	30	160	100	—	20
100× 80	100	80	35×20 50×30	25, 35	95	100	76	50	19	30	141	91	25	180	120	—	20
100×100	100	100	40×25 55×30	30, 40	118	122	99	67	22	35	148	88	30	180	120	—	20
100×125	100	125	40×25 55×30	30, 40	143	147	114	82	22	35	161	101	30	180	120	—	20
100×150	100	150	40×25 55×30	30, 40	168	172	124	92	22	35	175	115	30	180	120	—	20
125× 80	125	80	40×25 55×30	30, 40	98	102	82	50	22	35	173	113	30	205	145	—	20
125×100	125	100	40×25 55×30	30, 40	118	122	99	67	22	35	173	113	30	205	145	—	20
125×125	125	125	40×25 55×30	30, 40	143	147	114	82	22	35	173	113	30	215	145	—	22
125×180	125	180	45×25 55×35	30, 40	199	203	148	108	25	38	216	140	38	215	145	—	22
150×100	150	100	40×25 55×30	30, 40	118	122	99	67	22	35	198	138	30	230	170	—	20
150×150	150	150	40×25 55×30	30, 40	168	172	124	92	22	35	198	138	30	240	170	—	22
150×210	150	210	45×25 60×35	30, 40	229	236	156	116	25	38	244	168	38	240	170	—	22
180×125	180	125	45×25 55×35	30, 40	144	151	121	81	25	38	241	165	38	270	200	—	22
180×180	180	180	45×25 55×35	30, 40	199	206	146	106	25	38	214	165	38	270	200	—	22
180×250	180	250	50×30 65×35	35, 45	270	276	186	146	28	40	276	200	38	270	200	—	22
210×100	210	100	45×25 60×35	30, 40	119	126	106	66	25	38	271	195	38	300	230	—	22
210×150	210	150	45×25 60×35	30, 40	169	181	131	91	25	38	271	195	38	300	230	—	22
210×210	210	210	45×25 60×35	30, 40	229	236	156	116	25	38	271	195	38	300	230	—	22
210×300	210	300	55×30 70×40	40, 50	323	327	216	172	32	45	321	237	42	320	240	—	28
250×125	250	125	50×30 65×35	35, 45	145	151	121	81	28	40	308	232	38	340	270	—	22
250×180	250	180	50×30 65×35	35, 45	200	206	146	106	28	40	308	232	38	340	270	—	22
250×250	250	250	55×30 70×40	40, 50	273	276	190	146	32	45	312	228	42	360	280	—	28
250×350	250	350	60×35 25×45	45, 55	375	381	254	201	38	50	376	276	50	360	280	320	28
300×125	300	125	55×30 70×40	40, 50	148	149	128	84	32	45	362	278	42	390	320	360	22
300×180	300	180	55×30 70×40	40, 50	203	207	156	112	32	45	362	278	42	410	330	370	28
300×250	300	250	55×30 70×40	45, 55	275	281	204	151	38	50	372	272	50	410	330	370	28
300×300	300	300	60×35 75×45	45, 55	325	331	229	176	38	50	372	272	50	410	330	370	28
350×150	350	150	55×30 70×40	45, 50	173	177	141	97	32	45	412	328	42	460	380	420	28
350×250	350	250	60×35 75×45	45, 55	275	281	204	151	38	50	422	322	50	460	380	420	28
350×350	350	350	60×35 75×45	45, 55	375	381	254	201	38	50	422	322	50	460	380	420	28

400×180	400	180	60×35 75×45	45,55	205	211	164	111	38	50	472	372	50	510	430	470	28
400×250	400	250	60×35 75×45	45,55	275	281	204	151	38	50	472	372	50	510	430	470	28
400×350	400	350	60×35 75×45	45,55	375	381	254	201	38	50	472	372	50	510	430	470	28
450×210	450	210	60×35 75×45	45,55	235	241	179	126	38	50	522	422	50	560	480	520	28
450×300	450	300	60×35 75×45	45,55	325	331	229	176	38	50	522	422	50	560	480	520	28
450×400	450	400	60×35 75×45	45,55	425	431	279	226	38	50	522	422	50	580	480	530	35
500×210	500	210	60×35 75×45	45,55	235	241	179	126	38	50	572	472	50	610	530	570	28
500×300	500	300	60×35 75×45	45,55	325	331	229	176	38	50	572	472	50	630	530	580	35
500×400	500	400	60×35 75×45	45,55	425	431	279	226	38	50	572	472	50	630	530	580	35
600×250	600	250	60×35 75×45	45,55	275	281	204	151	38	50	672	572	50	730	630	680	35
600×400	600	400	60×35 75×45	45,55	425	431	279	226	38	50	672	572	50	730	630	680	35

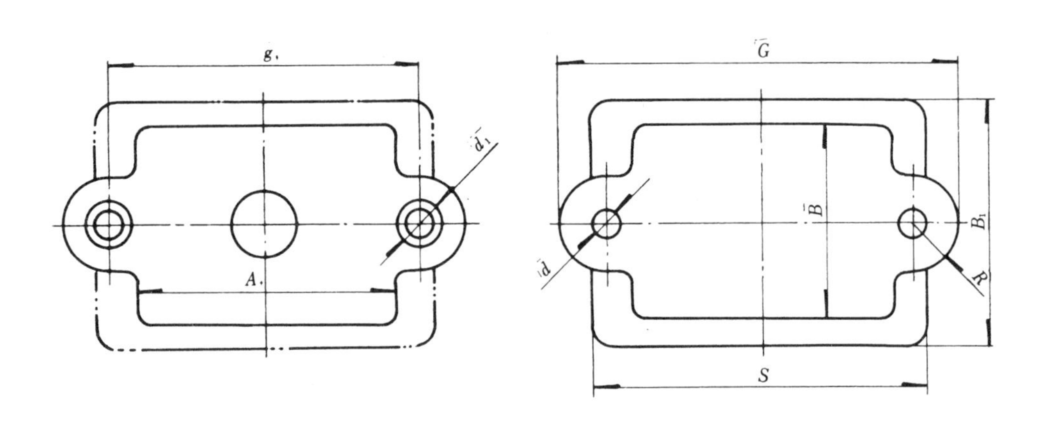

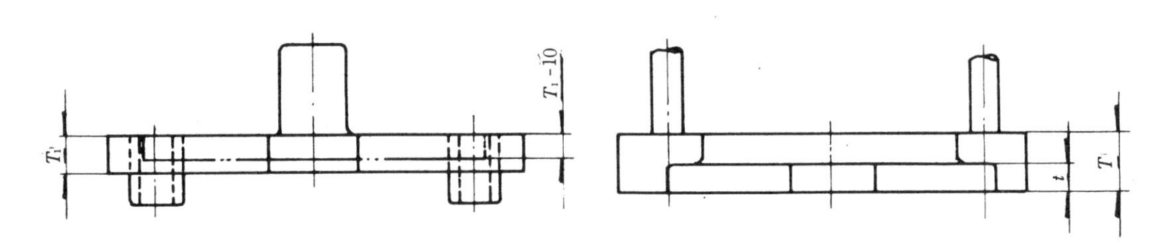

c) 프레스 다이용 다이세트 *CB*형

CB형 다이세트의 각부 치수

단위 : mm

호칭치수	A	B	$T \times t$	T_1 (2)	B_1	d (1)	d_1	G	g	R	S (2)
80× 80	80	80	35×20 50×30	25, 35	110	19	30	160	110	25	130
80×100	80	100	35×20 50×30	25, 35	130	19	30	160	110	25	130
80×125	80	125	40×25 50×30	30, 40	155	22	35	170	110	30	130
100× 80	100	80	30×20 50×30	25, 35	110	19	30	180	130	25	150
100×100	100	100	40×25 55×30	30. 40	130	22	35	195	135	30	150
100×125	100	125	40×25 55×30	30, 40	155	22	35	195	135	30	150
100×150	100	150	40×25 55×30	30, 40	180	22	35	195	135	30	150
125× 80	125	80	40×25 55×30	30, 40	110	22	35	220	160	30	175
125×100	125	100	40×25 55×30	30, 40	130	22	35	220	160	30	175
125×125	125	125	40×25 55×30	30, 40	165	22	35	220	160	30	185
125×180	125	180	45×25 55×35	30, 40	220	25	35	239	163	38	185
150×100	150	100	40×25 55×30	30, 40	130	22	35	245	185	30	200
150×150	150	150	40×25 55×30	30, 40	190	22	35	245	185	30	210
150×210	150	210	45×25 60×35	30, 40	250	25	38	264	188	38	210
180×125	180	125	45×25 50×35	30, 40	165	25	38	294	218	38	240
180×180	180	180	45×25 55×35	30, 40	220	25	38	294	218	38	240
180×250	180	250	50×30 65×35	35, 45	290	28	40	296	220	38	240
210×100	210	100	45×25 60×35	30, 40	140	25	38	324	248	38	270
210×150	210	150	45×25 60×35	30, 40	190	25	38	324	248	38	270
210×210	210	210	45×25 60×35	30, 40	250	25	38	324	248	38	270
210×300	210	300	55×30 70×40	40, 50	350	32	45	339	255	42	280
250×125	250	125	50×30 65×35	35, 45	165	28	40	366	290	38	310
250×180	250	180	50×30 65×35	35, 45	220	28	40	366	290	38	310
250×250	250	250	55×30 70×40	40, 50	300	32	45	379	295	42	320
250×350	250	350	60×35 75×45	45, 55	400	38	50	400	300	50	320
300×125	300	125	55×30 70×40	40, 50	165	32	50	434	350	42	360
300×180	300	180	55×30 70×40	40, 50	230	32	50	434	350	42	370
300×250	300	250	55×30 70×40	45, 55	300	38	50	450	350	50	370
300×300	300	300	60×35 75×45	45, 55	350	38	50	450	350	50	370
300×150	300	150	55×30 70×40	40, 50	200	32	45	479	395	42	420
350×250	350	250	60×35 75×45	45, 55	300	38	50	500	400	50	420

350×350	350	350	60×35 75×45	45, 55	400	38	50	500	400	50	420
400×180	400	180	60×35 75×45	45, 55	230	38	50	550	450	50	470
400×250	400	250	60×35 75×45	45, 55	300	38	50	550	450	50	470
400×350	400	350	60×35 75×45	45, 55	400	38	50	550	450	50	470
450×210	450	210	60×35 75×45	45, 55	260	38	50	600	500	50	520
450×300	450	300	60×35 75×45	45, 55	350	38	50	600	500	50	520
450×400	450	400	60×35 75×45	45, 55	460	38	50	600	500	50	530
500×210	500	210	60×35 75×45	45, 55	260	38	50	650	550	50	570
500×300	500	300	60×35 75×45	45, 55	360	38	50	650	550	50	580
500×400	500	400	60×35 75×45	45, 55	460	38	50	650	550	50	580
600×250	600	250	60×35 75×45	45, 55	310	38	50	750	650	50	680
600×400	600	400	60×35 75×45	45, 55	460	38	50	750	650	50	680

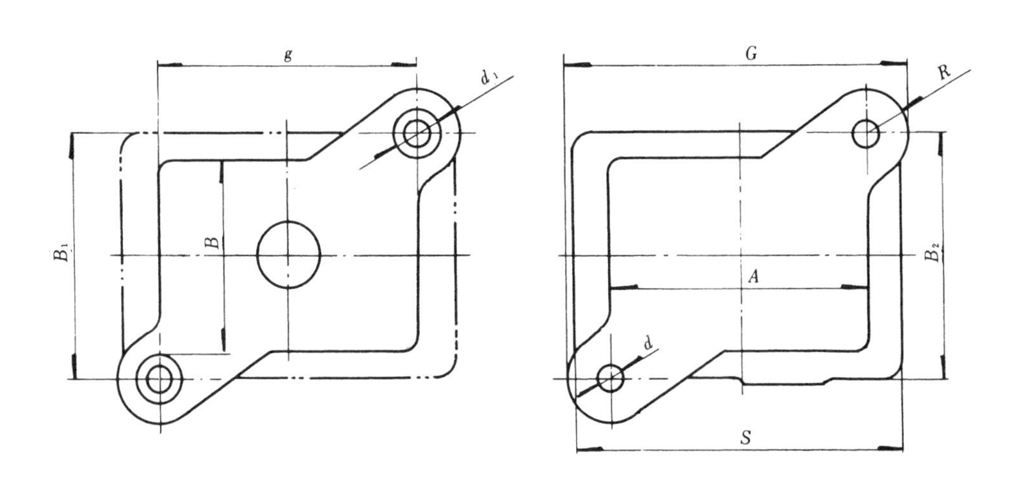

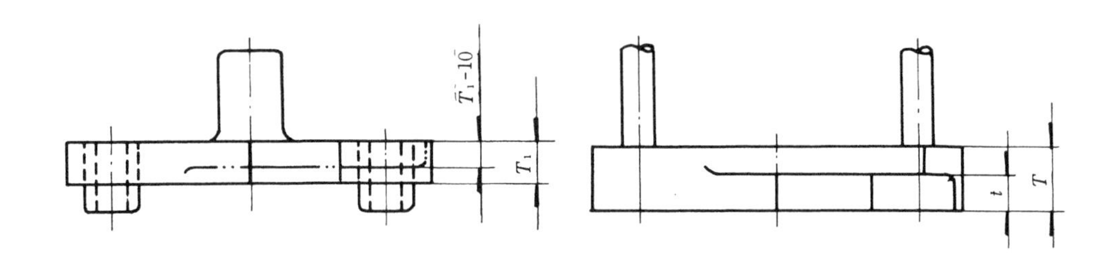

d) 프레스 다이용 다이세트 *DB*형

*DB*형 다이세트의 각부 치수

단위 : mm

호칭치수	A	B	$T \times t$	T_1 (2)	B_1	B_2	d_1	G	g	g	R	S
80× 80	80	80	35×20 50×30	25, 35	110	110	19	30	130	80	25	130
80×100	80	100	35×20 50×30	25, 35	130	130	19	30	130	80	25	130
80×125	80	125	40×25 55×30	30, 40	160	155	22	35	140	80	30	130
100× 80	100	80	35×20 50×30	25, 35	110	110	19	30	150	100	25	150
100×100	100	100	40×25 55×30	30, 40	135	130	22	35	160	100	30	150
100×125	100	125	40×25 55×30	30, 40	160	155	22	35	160	100	30	150
100×150	100	150	55×30 55×30	30, 40	185	180	22	35	160	100	30	150
125× 80	125	80	40×25 55×30	30, 40	115	110	22	35	185	125	30	175
125×100	125	100	40×25 55×30	30, 40	135	130	22	35	185	125	30	175
125×125	125	125	40×25 55×30	30, 40	160	165	22	35	185	125	30	185
125×180	125	180	45×25 55×35	30, 40	218	220	25	38	195	125	35	185
150×100	150	100	40×25 55×30	30, 40	135	230	22	35	210	150	30	200
150×150	150	150	40×25 55×30	30, 40	185	190	22	35	210	150	30	210
150×210	150	210	45×25 60×35	30, 40	248	250	25	38	220	150	35	210
180×125	180	125	45×25 55×35	30, 40	163	165	25	38	250	180	35	240
180×180	180	180	45×25 55×35	30, 40	218	220	25	38	250	180	35	240
180×250	180	250	50×30 65×35	35, 45	290	290	28	40	250	180	35	240
210×100	210	100	45×25 60×35	30, 40	138	140	25	38	280	210	35	270
210×150	210	150	45×25 60×35	30, 40	188	190	25	38	280	210	35	270
210×210	210	210	45×25 60×35	30, 40	248	250	25	38	280	210	35	270
210×300	210	300	55×30 70×40	40, 50	345	350	32	45	290	210	40	280
250×125	250	125	50×30 65×35	35, 45	165	165	28	40	320	250	35	310
250×180	250	180	50×30 65×35	35, 45	220	220	28	40	320	250	35	310
250×250	250	250	55×30 70×40	40, 50	295	300	32	45	330	250	40	320
250×350	250	350	60×35 75×45	45, 50	400	400	38	50	350	250	50	320
300×125	300	125	55×30 70×40	40, 50	170	165	32	50	380	300	40	360
300×180	300	180	55×30 70×40	40, 50	225	230	32	50	380	300	40	370
300×250	300	250	55×30 70×40	45, 55	300	300	38	50	400	300	50	370
300×300	300	300	60×35 75×45	45, 55	350	350	38	50	400	300	50	370
350×150	350	150	55×30 70×40	40, 50	195	200	32	45	430	350	40	420
350×250	350	250	60×35 75×45	45, 55	300	300	38	50	450	350	50	420

350×350	350	350	60×35 75×45	45, 55	400	400	38	50	450	350	50	420
400×180	400	180	60×35 75×45	45, 55	230	230	38	50	500	400	50	470
400×250	400	250	60×35 75×45	45, 55	300	300	38	50	500	400	50	470
400×350	400	350	60×35 75×45	45, 55	400	400	38	50	500	400	50	470
450×210	450	210	60×35 75×45	45, 55	250	260	38	50	550	450	50	520
450×300	450	300	60×35 75×45	45, 55	350	350	38	50	550	450	50	520
450×400	450	400	60×35 75×45	45, 55	450	460	38	50	550	450	50	530
500×210	500	210	60×35 75×45	45, 55	260	260	38	50	600	500	50	570
500×300	500	300	60×35 75×45	45, 55	350	360	38	50	600	500	50	580
500×400	500	400	60×35 75×45	45, 55	450	460	38	50	600	500	50	580
600×250	600	250	60×35 75×45	45, 55	300	310	38	50	700	600	50	680
600×400	600	400	60×35 75×45	45, 55	450	460	38	50	700	600	50	680

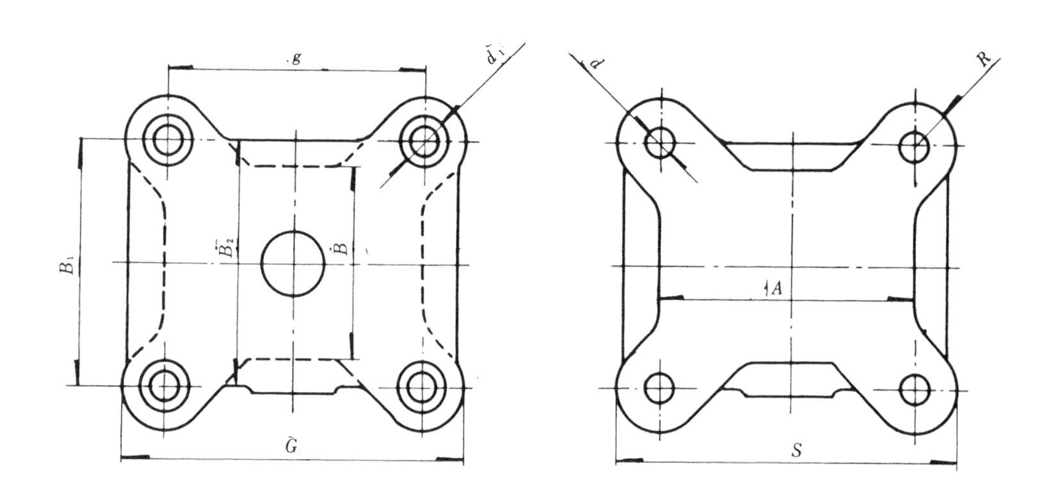

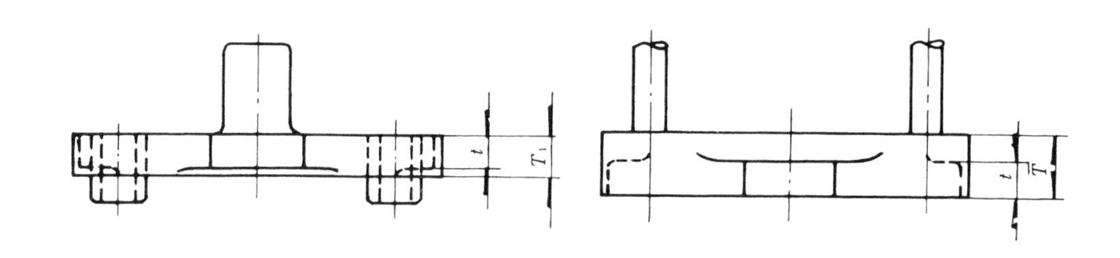

e) 프레스다이용 다이세트 *FB*형

FB형 다이세트의 각부 치수

단위 : mm

호칭치수	A	B	T × t	T_1	B_1	B_2	d (1)	d_1	G	g	R	S
80× 80	80	80	35×20 50×30	25, 35	110	110	19	30	121	71	25	130
80×100	80	100	35×20 50×30	25, 35	130	130	19	30	121	71	25	130
80×125	80	125	40×25 55×30	30, 40	160	155	22	35	131	71	30	130
100× 80	100	80	35×20 50×30	25,35	110	110	19	30	141	91	25	150
100×100	100	100	40×25 55×30	30, 40	135	130	22	35	148	88	30	150
100×125	100	125	40×25 55×30	30, 40	165	155	22	35	148	88	30	150
100×150	100	150	40×25 55×30	30, 40	185	180	22	35	148	88	30	150
125× 80	125	80	40×25 55×30	30, 40	115	110	22	35	173	113	30	175
125×100	125	100	40×25 55×30	30, 40	135	130	22	35	173	113	30	175
125×125	125	125	40×25 55×30	30, 40	160	165	22	35	173	113	30	185
125×180	125	180	45×25 55×35	30, 40	218	220	25	38	180	110	35	185
150×100	150	100	40×25 55×30	30,40	135	130	22	35	198	138	30	200
150×150	150	150	40×25 55×30	30, 40	185	190	22	35	198	138	30	210
150×210	150	210	45×25 60×30	30, 40	248	250	25	38	205	135	35	210
180×125	180	125	45×25 55×35	30, 40	163	165	25	38	235	165	35	240
180×180	180	180	45×25 55×35	30, 40	218	220	25	38	235	165	35	240
180×250	180	250	50×30 65×35	35, 45	290	290	28	40	232	162	35	240
210×100	210	100	45×25 60×35	30, 40	138	140	25	38	265	195	35	270
210×150	210	150	45×25 60×35	30, 40	188	190	25	38	265	195	35	270
210×210	210	210	45×25 60×35	30, 40	248	250	25	38	265	195	35	270
210×300	210	300	55×30 70×40	40, 50	345	350	32	45	268	188	40	280
250×125	250	125	50×30 65×35	35, 45	165	165	23	40	302	232	35	310
250×180	250	180	50×30 65×35	35, 45	220	220	28	40	302	232	35	310
250×250	250	250	55×30 70×40	40, 50	295	300	32	45	308	228	40	320
250×350	250	350	60×35 75×45	45, 55	400	400	38	50	322	222	50	320
300×125	300	125	55×30 70×40	40, 50	170	165	32	50	358	278	40	360
300×180	300	180	55×30 70×40	40, 50	225	230	32	50	358	278	40	370
300×250	300	250	55×30 70×40	45, 55	300	300	38	50	372	272	50	370
300×300	300	300	60×35 75×45	45, 55	350	350	38	50	372	272	50	370
300×150	350	150	55×30 70×40	40, 50	195	200	32	45	408	328	40	420

350×250	350	250	60×35 75×45	45, 55	300	300	38	50	422	322	50	420
350×350	350	350	60×35 75×45	45, 55	400	400	38	50	422	322	50	420
400×180	400	180	60×35 75×45	45, 55	230	230	38	50	472	372	50	470
400×250	400	250	60×35 75×45	45, 55	300	300	38	50	472	372	50	470
400×350	400	350	60×35 75×45	45, 55	400	400	38	50	472	472	50	470
450×210	450	210	60×35 75×45	45, 55	260	260	38	50	522	422	50	520
450×300	450	300	60×35 75×45	45, 55	350	350	38	50	522	422	50	520
450×400	450	400	60×35 75×45	45, 55	450	460	38	50	522	472	50	530
500×210	500	210	60×35 75×45	45, 55	260	260	38	50	572	472	50	570
500×300	500	300	60×35 75×45	45, 55	350	360	38	60	572	472	50	580
500×400	500	400	60×35 75×45	45, 55	450	460	38	50	572	472	50	580
600×250	600	250	60×35 75×45	45, 55	300	310	38	50	672	572	50	680
600×400	600	400	60×35 75×45	45, 55	450	460	38	50	672	572	50	680

그림 2-178 각종 다이세트의 규격

(3) 가이드 포스트(guide post)

가이드 포스트는 정밀 래핑된 핀이며, 다이호울더에 정확히 가공된 구멍에 억지 끼워맞춤된다. 가이드 포스트의 재질은 탄소공구강 STC 4를 쓰며, 경도는 H_{RC} 58 이상으로 내마모성이 크게 요구된다.

그림 2-179는 프레스 금형에서 사용되는 가이드 포스트의 각부 치수를 나타낸다.

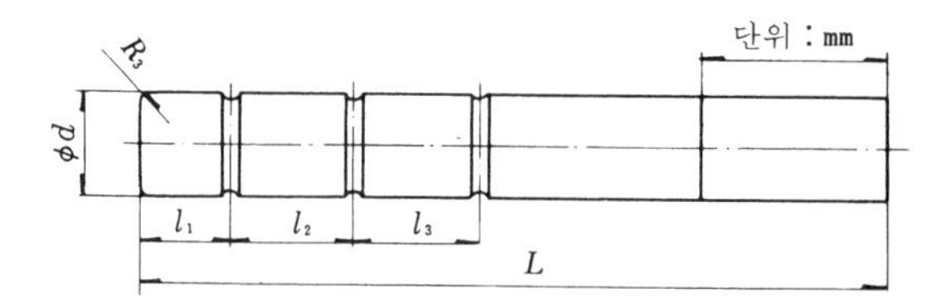

단위 : mm

호칭치수	d	l_1	l_2	l_3	길							이			L			
16	16	15	20	20	100	110	120	130	140	150	165	—	—	—	—	—	—	—
19	19	15	25	25	100	110	120	130	140	150	165	—	—	—	—	—	—	—
22	22	15	25	25	100	110	120	130	140	150	165	180	195	—	—	—	—	—
25	25	15	30	30	100	110	120	130	140	150	165	180	195	210	225	—	—	—
28	28	15	30	30	100	110	120	130	140	150	165	180	195	210	225	—	—	—
32	32	20	30	30	—	110	120	130	140	150	165	180	195	210	225	250	275	300
38	38	20	30	30	—	110	120	130	140	150	165	180	195	210	225	250	275	300

비고 1. 바깥지름 d는 연삭 다듬질 한 후 래핑 다듬질 한다.
2. 때려 박음부의 치수(l)는 다이 세트의 치수에 따른다.
3. 홈의 수는 2개도 좋다.

그림 2-179 가이드 포스트의 치수

가이드 포스트를 분해할 필요가 있는 금형에서는 분해식 가이드 포스트를 사용할 수 있다. 그림 2-180은 분해식 가이드 포스트를 보여주고 있다. 그림 1은 가이드 포스트를 관통하는 축 방향의 구멍이 가공되어 있고 한쪽 끝에는 홈이 있어 가이드 포스트를 다이호울더에 넣고 밑에서 테이퍼 핀 A를 박아 넣으면 포스트가 팽창하여 다이호울더의 구멍에 끼인다. 포스트를 들어내려면 긴 봉을 위로부터 끼워 넣어 테이퍼핀을 밀어낸다.

그림 2는 테이퍼 핀 B가 나사 C에 의하여 밀려 포스트에 고정된다.

그림 3은 부시 D에 슬리브(sleeve)가 맞물리게 되어 이것이 다이호울더에 끼워진다.

육각 홈붙이나사 E가 수용캡 F에 물려 포스트와 부시를 잡아준다.

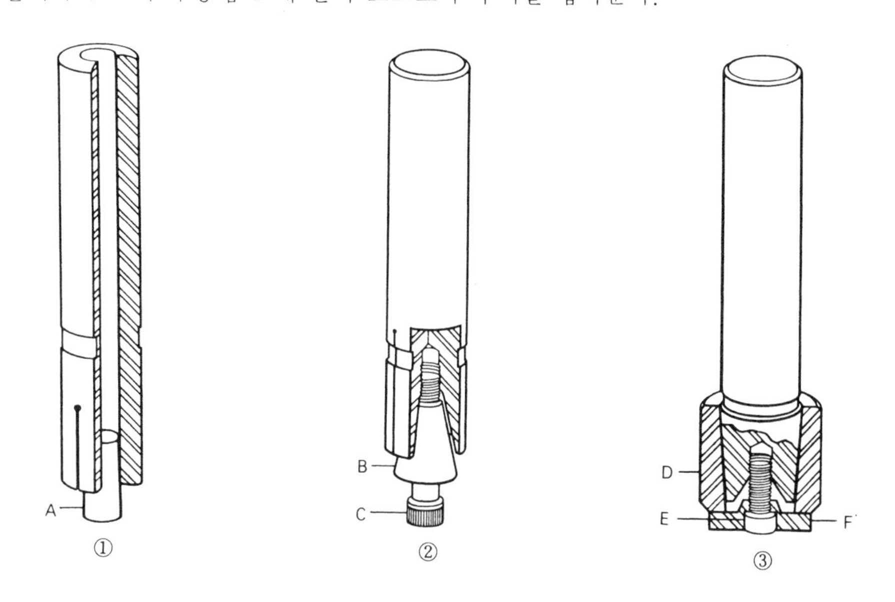

그림 2-180 분해식 가이드 포스트

(4) 가이드 부시(guide bushing)

가이드 포스트와 맞물려 펀치호울더와 다이호울더를 맞춰 준다. 부시로 사용되는 재질은 탄소공구강 STC 4를 표준으로 하나 때로는 청동으로 된 것도 있다. 부시의 종류는 그림 2-181과 같이 두 종류가 있다. 평 부시는 그대로 펀치호울더에 끼우게 되며 턱있는 부시는 턱에 걸릴 때까지 펀치호울더에 밀어 넣는다. 금형의 정밀도에 따라 길이를 선택한다. 부시가 길수록 펀지와 다이 부분품의 맞물림이 정확한 것이다.

그림 2-181은 가이드 부시의 표준치수를 보여준다.

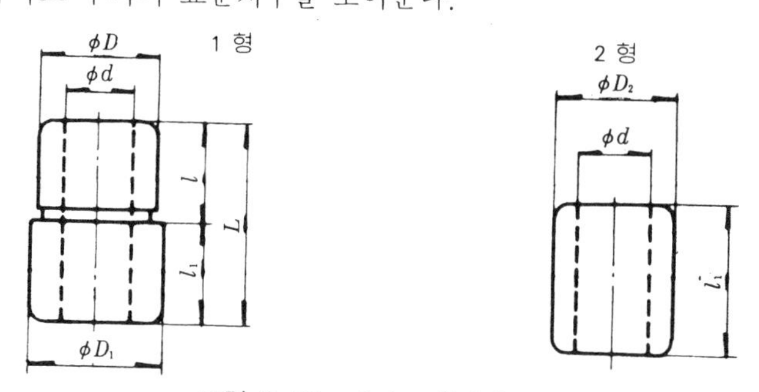

그림 2-181 가이드 부시의 각부치수

호칭치수	1 형					2 형		d
	D	D_1	l	l_1	L	D_2	L_1	
16	25	30	20	25	45	25	40	16
19	30	35	25	30	55	30	45	19
22	35	40	30	30	60	35	45	22
25	38	43	30	30	60	38	50	25
28	40	45	35	35	70	40	55	28
32	45	50	40	35	75	45	65	32
38	50	55	45	35	80	50	75	38

(5) 적절한 다이세트의 선택

다이세트의 선정은 그 용도에 따라 적합한 것을 선택 적용하여야 할 것이다. 표 2-1은 다이세트 선택의 기준을 나타낸다.

표 2-1 다이세트 선택기준

형 식	제 품 정밀도	공정의 종류	클리어 런 스	다이 재료	이 송	용 도
펀치호울더 다이호울더	보통급	단 일 형	0.03이상	탄소강 특수 공구강	수동 이송 자동정지구붙이 수동이송	간이형, 응용형 단일형, 전단형
BB 다이세트	보통급 고 급	단일 또는 복합형	0.02이상	탄소강, 특수공구강, 다이스강	수동 이송, 자동정지구붙이 수동 이송, 자동 이송	간이형, 응용형, 단일형 전단형, 복합형, 순차이송형
CB 다이세트	고 급	단일 또는 복합형	0.01이상	특수 공구강, 다이스강 고속도강	수동 이송 자동 이송	단일형, 전단형, 복합형
DB 다이세트	고 급	단일또는복합 순차이송형	0.01이상	특수 공구강, 다이스강 고속도강	수동 이송 자동 이송	단일형, 전단형 복합형, 순차이송형
FB 다이세트	정밀급	복합형 또는 순차이송형	0.05이상	특수공구강, 다이스강, 고속도강, 초경합금	자동 이송	복합형, 순차이송형
보올들이 다이세트	정밀급	복합형 또는 순차이송형	0.005이상	위와 같음	수동 이송 자동 이송	복합형, 순차이송형
플로우팅 다이세트	정밀급	복합형 또는 순차이송형	0.05이상	위와 같음	수동 이송 자동 이송	복합형, 순차이송형

13-3 프레스의 規格

금형을 대강 설계한 다음에는 사용될 프레스의 규격을 고찰해 보아야 한다.

다이세트의 선택에는 프레스의 공간에 따라 다이세트의 크기와 형태가 좌우되기 때문이다. 금형을 설계할 때 프레스에 잘 맞게 해야 하는 것이 중요하다. 다이세트의 치수를 정하는데 고려할 사항은 다음과 같다.

(1) 펀치생크의 지름

프레스램의 구멍이 선택된 펀치생크를 수용할만한가를 검토해야 한다.

(2) 금형의 최소높이

상형이 아래로 최대로 내려왔을 때 그 높이가 램을 한계까지 끌어올리지 않고도 금형 공간속에 잘 맞도록 검토해야 한다. 이와 관련하여 연삭여유도 함께 고려한다.

(3) 생크중심으로부터 金型 뒷면까지의 거리

이 치수는 램의 중심으로부터 프레스 프레임까지의 거리보다 적어도 5㎜는 작아야 한다. 프레스의 형식과 모델번호를 설계도에 기재하고 기타 규격은 제작회사 규격서에서 확인한다.

(4) 받침판 (볼스터판 : bolster plate) 의 두께

이것은 그림 2-182에서 금형공간 A는 프레스의 베드로부터 램을 끝까지 내려오게 한 램 밑바닥까지의 높이로서 금형의 최소높이에 받침판의 두께를 합한 값이 된다. 그러나 제작자에 따라서는 직접 받침판 윗면으로부터 프레스램의 밑면까지의 거리를 금형공간으로 나타내고 있으므로 주의해야 한다.

(5) 램의 슬라이드 (slide) 조절거리

프레스의 램은 통상 조절할 수 있게 되어 있어 그 범위내에서 금형의 높이를 적용할 수 있게 되어 있다. 슬라이드를 조절하려면 최소높이로부터 그 치수를 빼야 된다. 이것이 프레스가 받아들일 수 있는 가장 짧은 금형의 높이 C가 된다. 그러나 금형의 닫힌 높이는 5㎜ 정도 높게 잡아야 한다. 그렇게 함으로서 펀치의 재연삭이 가능해진다.

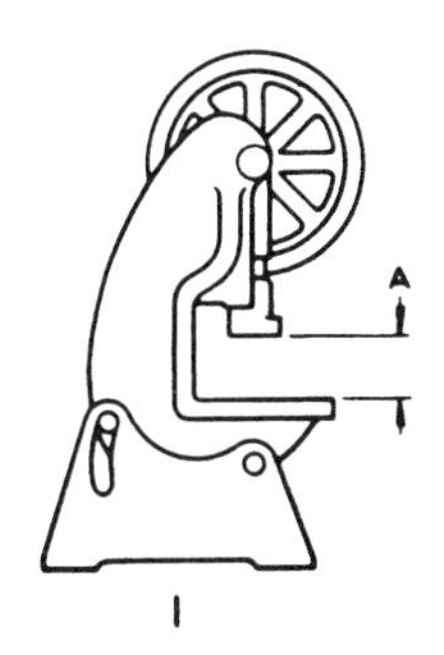

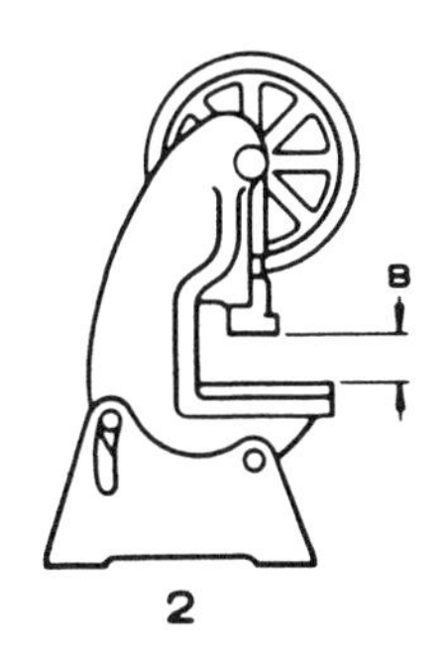

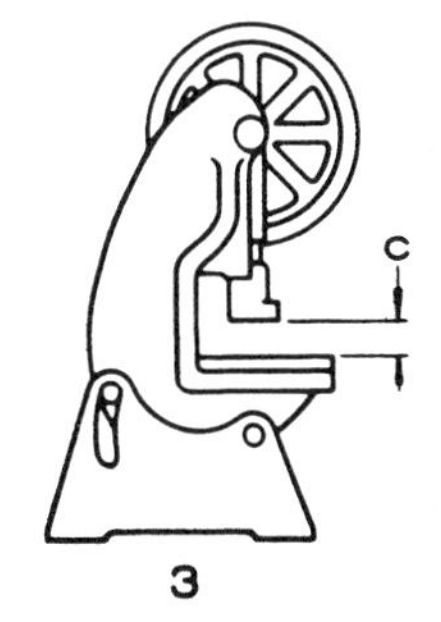

그림 2-182 프레스 공간

13-4 다이세트의 中心

하나의 금형설계에 따른 다이세트의 선택과 적용에 관해서는 열 가지의 설계절차가 있다. 다음의 순서를 면밀히 검토하면 적절한 작업방법이 이해될 것이다.

① 펀치생크의 직경을 정한다. 펀치생크의 규격은 그림 2-177이나 제작자의 캐털로그를 참고로 할 수 있다. 트레이싱지 위에 요구되는 펀치생크의 직경을 그린다.

② 설계도 좌측상단에 표시된 하형의 평면도상에 수직 및 수평중심선을 그린다. 그 교차점이 금형의 이론적 중심이 된다.

③ 이 이론적인 중심을 그것과 상관되는 상형 즉, 설계도면에서 우상단에 그 위치를 잡아 중심선을 그린다.

④ 펀치생크의 원을 펀치호울더 평면도에 맞추어 그린다.

⑤ 펀치호울더에 가공해야 할 모든 구멍들을 검토하고 그것이 펀치생크의 밖으로 뚫릴 것인가 안으로 뚫릴 것인가 조사한다. 설명도에서는 펀치호울더가 뒤집어져 있으므로 펀치생크를 위에서 본 그림이 된다. 두 구멍이 부분적으로 펀치 생크 가장자리에 가공되어 있는 점을

주목해야 한다.

⑥ 이런 경우에 펀치생크의 위치를 조정하므로서 한 구멍은 생크속을 관통하고 또 하나는 완전히 벗어나게 된다.

⑦ 설계도를 다시 참고해 보면 펀치생크가 그려진 새로운 원은 이론적 중심에 가장 가까운 것을 보여주고 있다. 최소치수 A는 적어도 3㎜는 되어야 할 것이다.

⑧ 새로운 중심을 하형의 평면도에 옮긴다. 펀치가 뒤집어 설계되어 있으므로 수평치수는 반대가 되어 있는 것을 염두에 두어야 한다.

⑨ 적합한 다이세트를 선정하고 그 측면도를 그린다. 다이블록이 중심에서 약간 벗어난 위치에 있지만 이론적 중심에는 가장 가깝다는 것을 주목해야 할 것이다.

⑩ 상형의 설계도면을 완성하고 정면도와 측면도를 그려나간다.

실제 설계에 있어서는 이상의 절차를 신속하게 진행할 수 있다. 이것은 어떤 금형설계에서나 가장 적합한 다이세트를 선택하는 합리적 방법이 될 것이다. 그러나 블랭크가 크거나 형상이 복잡한 경우 등에는 절단부하가 크고 균형이 맞지 않을 것이다. 이런 경우에는 블랭킹하중의 중심을 계산하여 그 중심을 펀치호울더 생크의 중심과 일치시켜야 할 것이다.

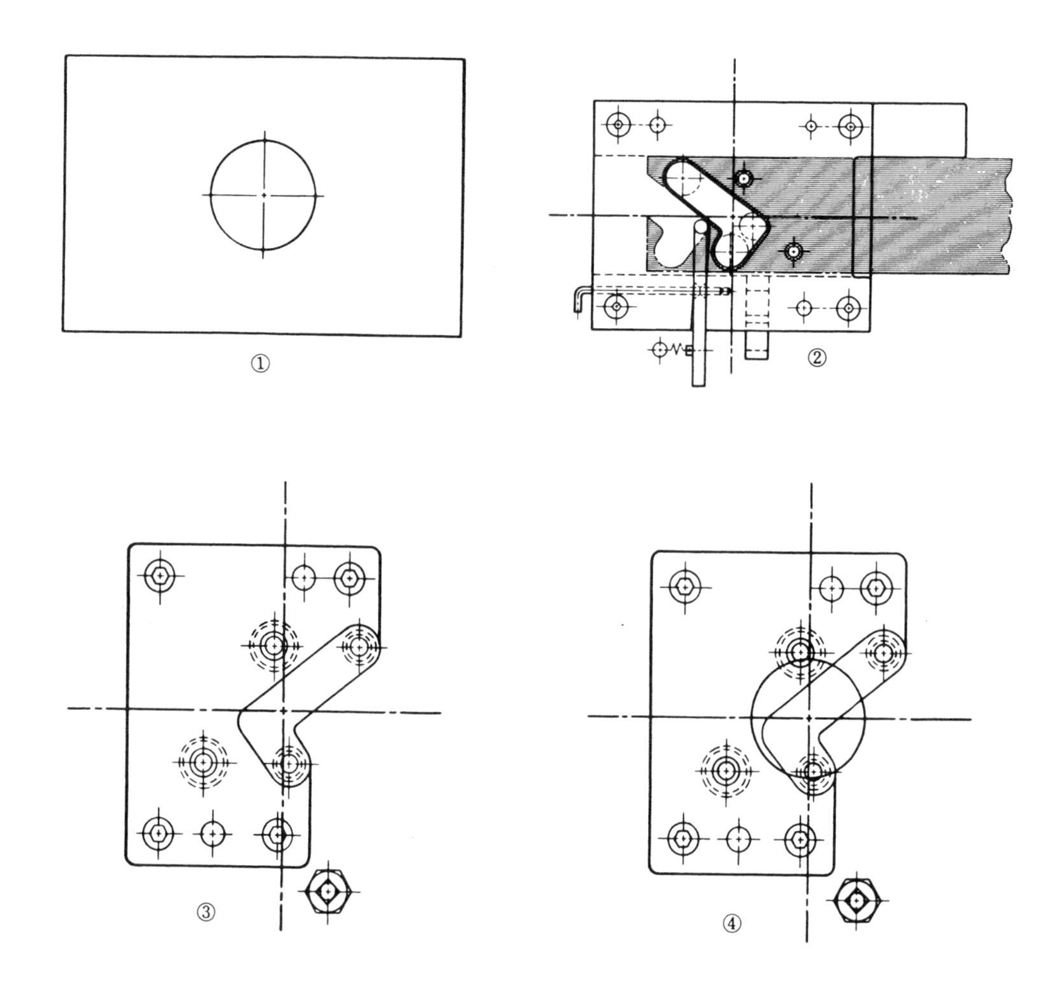

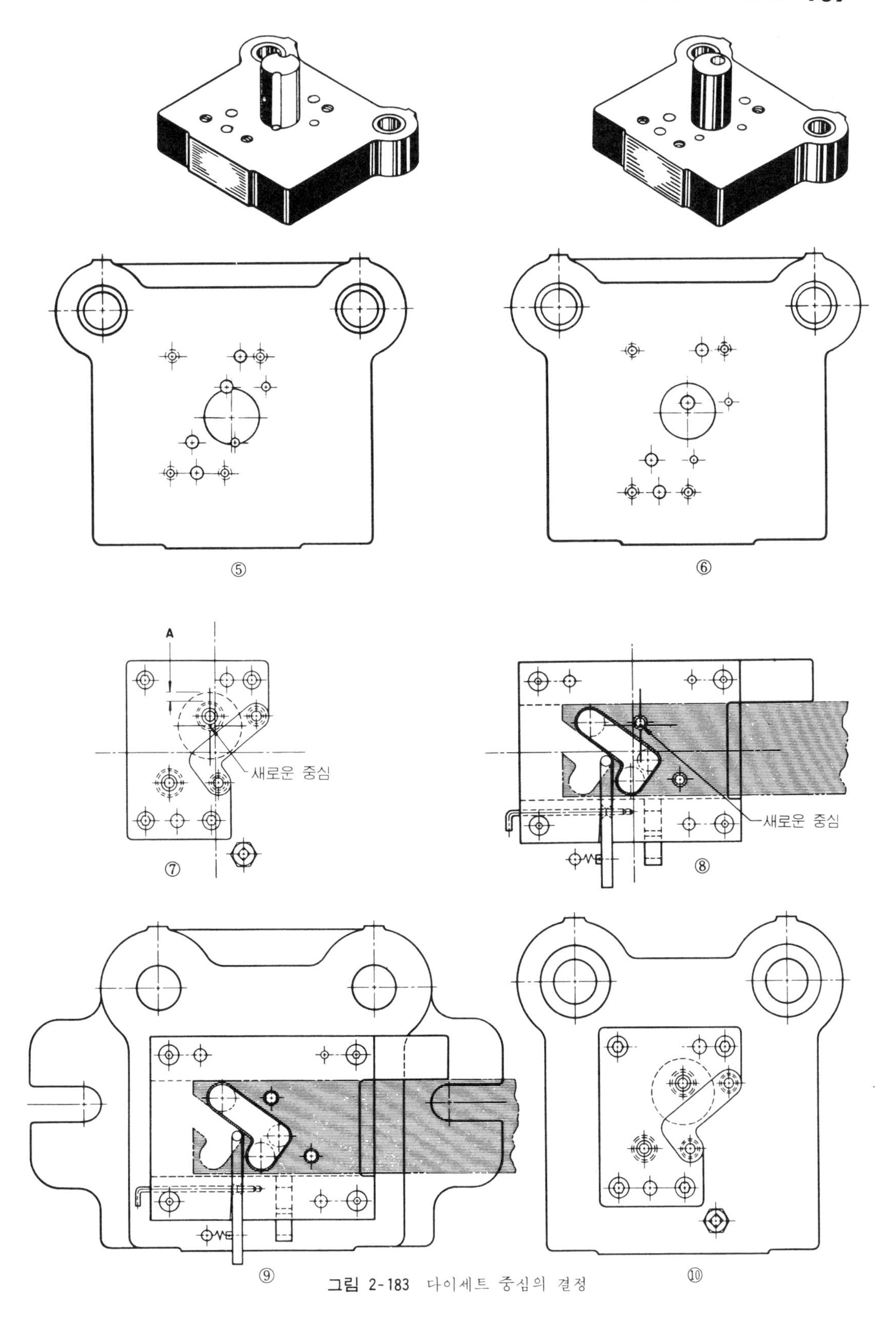

그림 2-183 다이세트 중심의 결정

13-5 다이세트의 製圖

다이세트의 설계도 적절한 순서를 취하면 시간을 절약할 수 있다. 그림 2-184는 다이호울더의 제도 순서를 보여준다.

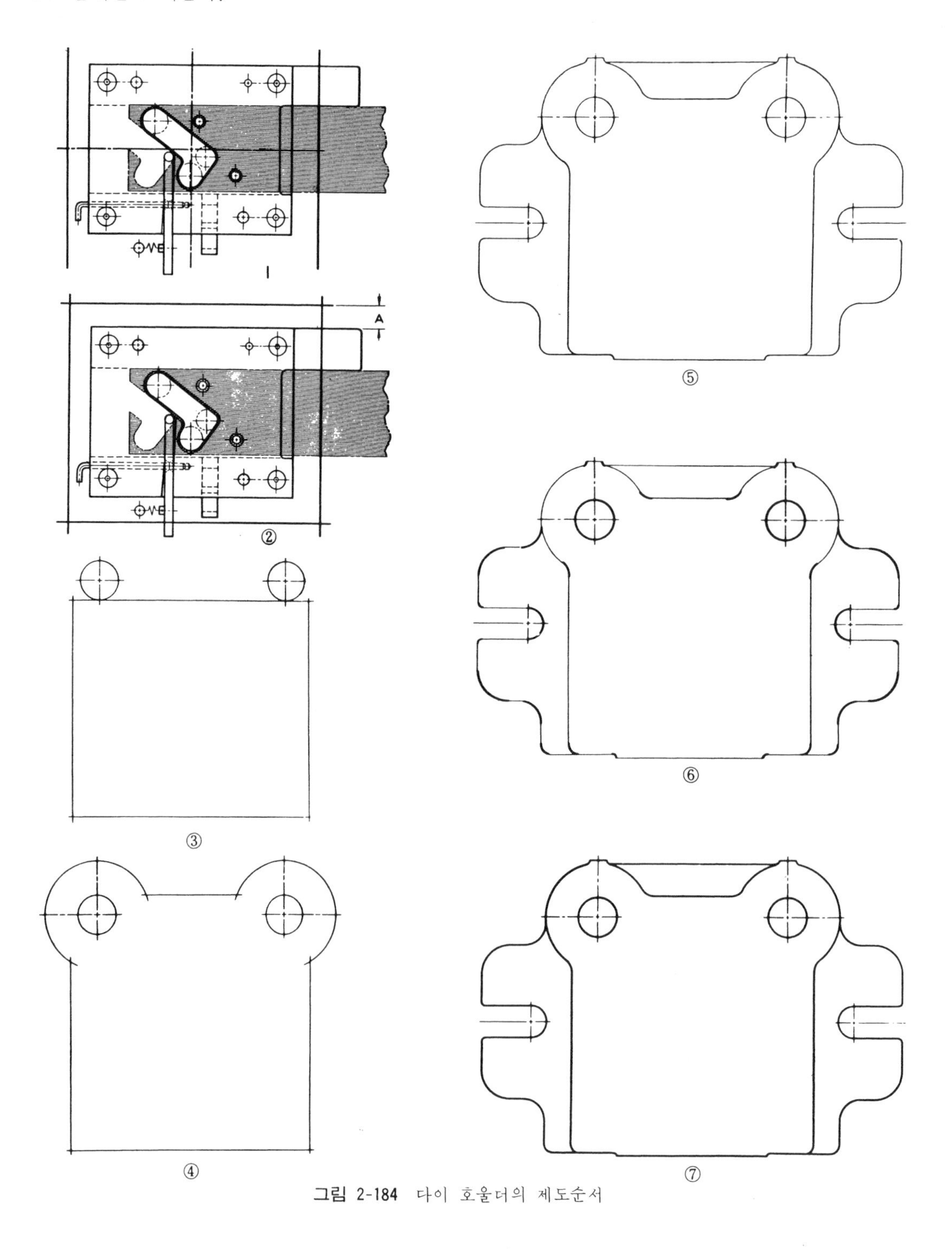

그림 2-184 다이 호울더의 제도순서

① 수직선을 그어 다이호울드의 왼쪽과 오른쪽을 나타낸다.

② 수평선을 그어 포스트의 전면과 다이호울더의 전면을 나타낸다. 이때 다이블록과 포스트의 간격 A는 최소 15mm는 되어야 한다.

③ 포스트를 나타내는 원을 그린다.

④ 포스트 보스(boss)를 나타내는 원을 그린다.

⑤ 가는 선으로 다이호울더의 나머지 부분을 완성한다.

⑥ 원형 템프레이트를 가지고 굵은 선으로 모든 원호부분을 그린다.

⑦ 나머지 선을 계획한 굵기의 선으로 그린다.

펀치호울더도 같은 요령으로 제도한다. 그것에는 클램핑을 위한 플랜지가 없으므로 시간이 덜 걸릴 것이다.

13-6 斷面圖

금형설계도면에서 정면도와 측면도는 단면을 그려서 내부구조를 볼 수 있게 설계하면 해독하는데 상당히 도움을 주게 된다. 단면을 그리는 첫 단계는 그것이 절단되었음을 표시하는 절단면에 접촉한 다이세트면에 45°사선을 그리는 것이다. 펀치호울더와 다이호울더의 단면선의 경사는 그림 2-185에 보이는 바와 같이 반대가 되어야 한다. 이것은 균형상 중요하다. 둘 다 단면선이 같은 방향으로 된다면 시력 착오를 일으켜 측면도가 기울어 보일 것이다.

13-7 다이세트의 機械加工

(1) 블랭크 배출구

다이호울더에 블랭크 또는 슬러그(slug) 통로를 마련하기 위한 구멍을 가공하는 데는 두가지 방법을 쓴다. 그림 2-186의 A에서는 슬러그 퇴출구멍이 수직으로 가공되어 있다. 치수 C는 띠강판의 두께 1.5mm 이하에는 1.5mm 정도로 한다. B 그림은 다이블록의 여유각과 같은 각도로 가공된다.

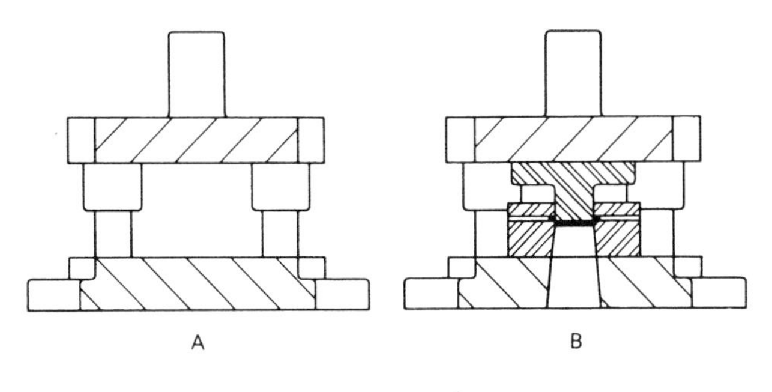

그림 2-185 단 면 도

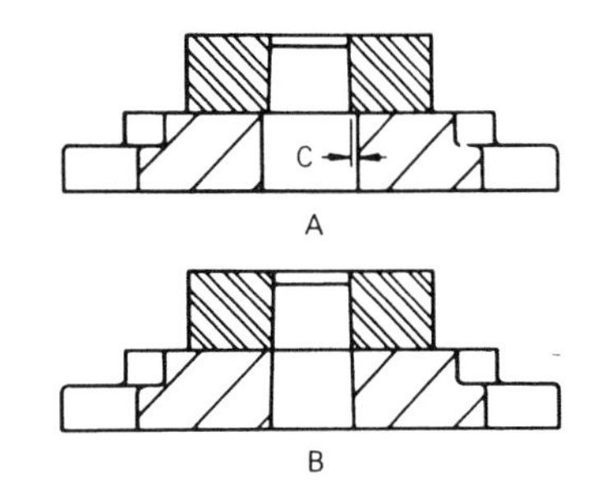

그림 2-186 블랭크 배출구의 형상

(2) 스트리퍼 보울트구멍

스트리퍼 보울트를 위한 구멍은 치수가 정밀해야 하는데 금형이 작동할 때는 상당한 충격이 가하여 지기 때문이다. 또 스프링 스트리퍼는 가끔 달라붙어 말썽을 일으킨다. 이런 때에는 지렛대를 사용하여 떼어낸다. 스프링이 갖는 에너지의 전부가 스트리퍼판을 밀어 올리는데 소모되도록 해야 한다.

다음 그림 2-187에서 치수 A는, 띠강판의 두께에 연삭여유를 합한 값을 적용하고, 치수 B는, 주철에서는 스트리퍼 보울트의 직경 D를, 강에서는 ¾D를 적용한다.

(3) 돌출부

다이블록의 모든 돌출부는 다이호울더에 마련된 해당 돌출부로 받쳐져야 한다. 그림 2-188에서 점선은 다이호울더에 뚫린 블랭크 퇴출용 구멍을 나타낸다. 다이블록 돌출부를 잘 받쳐 압력이 걸렸을 때 파손되지 않도록 고려되어야 한다.

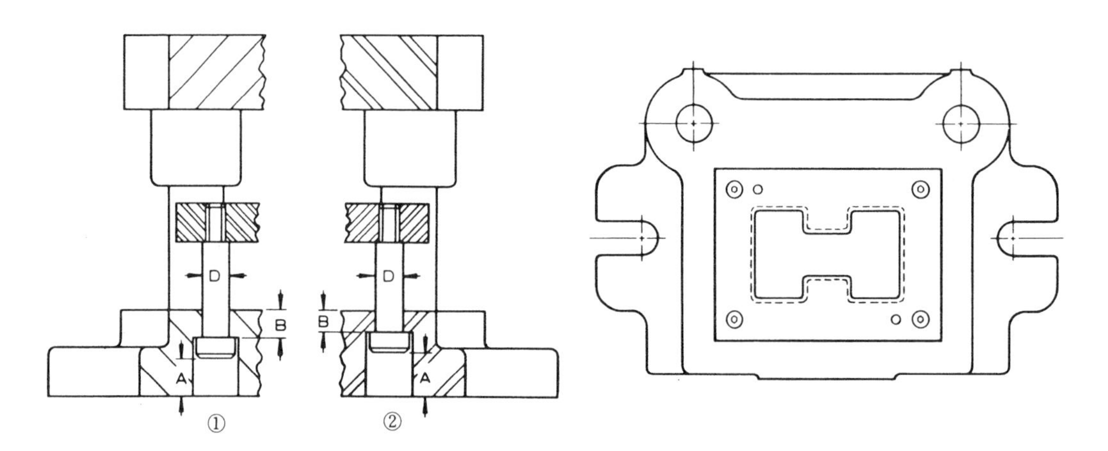

그림 2-187 스트리퍼 보울트 구멍

그림 2-188 돌출부가 표시된 하형의 평면도

(4) 슬러그 퇴출을 위한 홈

받침판(볼스터판)의 구멍이 블랭크보다 작을 때에는 다이호울더의 밑에 슬로트를 파줘야 한다. 블랭크를 프레스 뒷쪽으로 밀어내기 위해 다이호울더 뒷쪽으로는 블랭크의 폭보다 큰 홈을 가공하고 앞쪽은 블랭크를 뒤로 밀어내기 위한 봉이 들어갈 만한 구멍이면 된다.

그림 2-189은 이러한 목적으로 가공된 다이호울더의 그림을 보여준다.

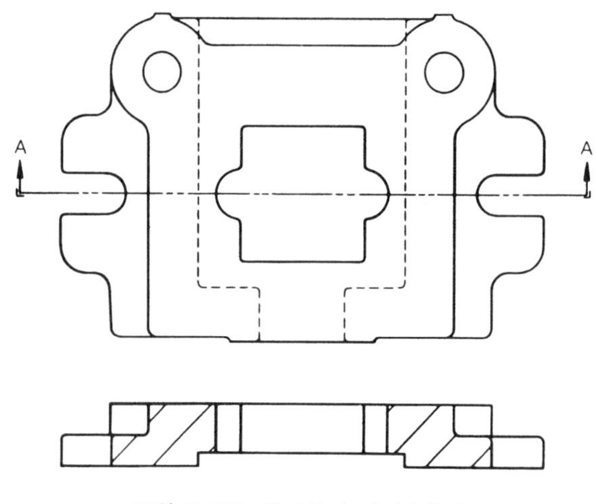

그림 2-189 홈가공된 다이호울더

第14章 치수와 주기

금형의 설계도를 그리고 나면 치수와 주기를 기재해서 설계자가 의도한 바를 금형제작자가 정확하게 만들 수 있는 충분한 정보를 주어야 한다.

어떤 치수는 간단하지만 어떤 것은 상당한 지식과 경험에 의한 계산을 요하는 것도 있다.

14-1 치수의 기재방법

금형도면에 치수를 기입하는 방법은 두 가지가 있다. 조립도에 치수와 주기를 표시하는 방법과 각 부품도에 치수를 기입하는 방법으로 나눌 수 있다.

조립도에 표시하는 방법에는 금형도면이 간단하다거나 각 부분품 간의 상호 관계 치수를 나타내야 할 경우 또는 조립후 작업의 정밀도를 유지하기 위한 치수이고 각 부품도에 치수를 기입하는 방법은 좀 복잡한 금형에 이용되며 금형제작자에게 보다 완전한 정보를 주기 때문에 좋은 방법이다. 금형제작실에서 치수를 계산하는 일이 있어서는 안된다. 왜냐하면 금형제작자가 치수 문제에 매어 달려 있는 동안 고가의 장비가 쉬게 되기 때문이다.

금형의 최소높이는 펀치호울더의 윗면으로부터 다이호울더의 아랫면까지인데 이것은 설계 도면에 표기되어야 한다. 부품설계도에 나오는 분수는 금형제작도면에서는 소수로 환산해서 기재된다. 이렇게 하면 부품이 틀림없이 공차 치수내로 만들어지게 된다. 소수치수는 소수이하 두 자리까지 보통 택한다. 세 자리이하는 사사오입한다.

14-2 金型 三角法

(1) 부품의 치수

금형설계도에 치수를 정하기 위해서는 삼각법을 잘 알아 두어야 한다. 대개의 블랭크는 재료를 절약하기 위해 경사지게 판취전개되어 있기 때문이다. 그림 2-190과 같은 부품에서 치수는 대개 A에서와 같이 수평과 수직으로 표시해서 부품을 간단히 표시한다. B에서와 같이 표시되는 경우도 있는데 이 부품에서 사변은 쉽게 계산될 수가 있을 것이다.

(2) 板取展開

그림 2-191은 상기 부품을 가공하기 위한 판취전개를 보여준다. 절약하기 위해 경사진 위치로 판취전개를 하는 방법은 원형, 사각형, 장방형의 블랭크를 제외한 거의 모든 형태의 부품가공에 적용될 수 있을 것이다.

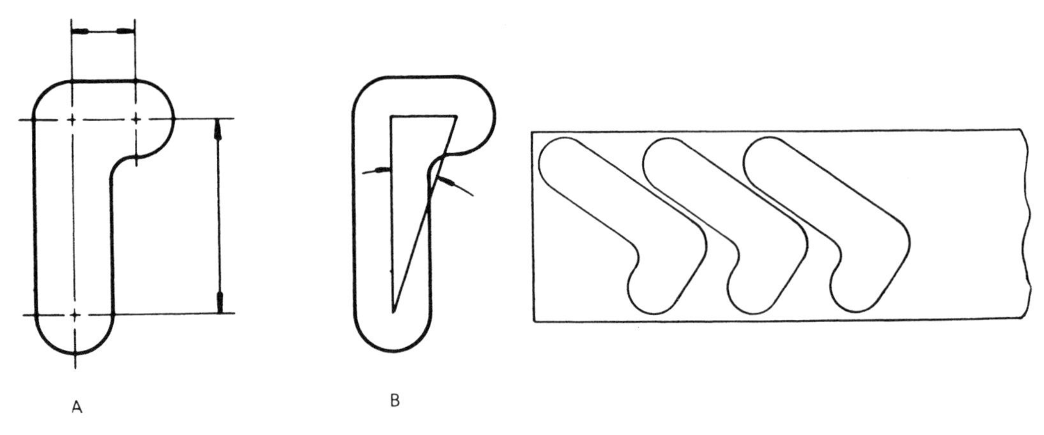

그림 2-190 부품의 치수표시

그림 2-191 재료의 판취전개

(3) 金型製作圖面의 치수표시

금형제작도면에서의 치수표시는 그림 2-192에서와 같이 표시한다. 다이구멍 내부의 원호부분은 점선으로 완전한 원을 그려준다. 이것은 그 위치에 구멍가공이 된다는 것을 말한다. 블랭크가 경사된 위치에 있기 때문에 수평치수 A와 B, 그리고 수직치수 C와 D는 부품설계도에 나온 치수로부터는 직접 구할 수 없다.

(4) 제 2 의 직각삼각형 형성

그림 2-191에서와 같이 띠강판에 부품을 판취전개하였을 때 수평선과 수직선을 삼각형의 예각 정점으로부터 그었을 때 제 2 의 삼각형이 형성된다.

그림 2-193에 나타난 직각 삼각형의 배치와 방향을 주의해 보아야 한다. 그 위치는 소재에서 부품이 위치하는 방향과 경사각에 의해 좌우되는 것이다.

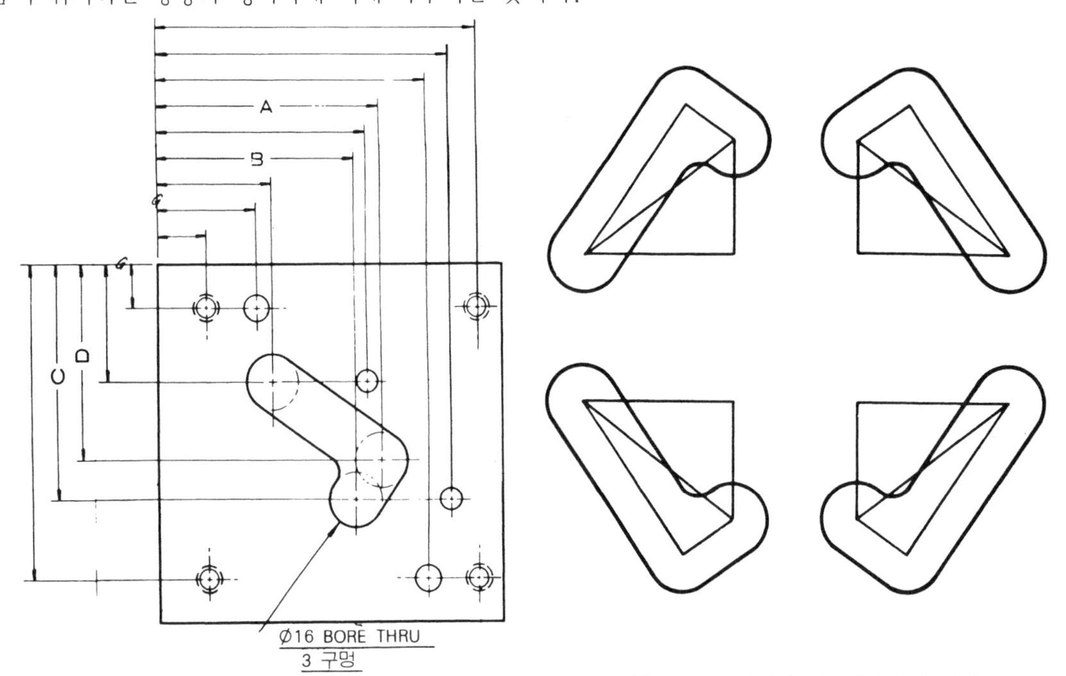

그림 2-192 제작도면에서 다이블록의 치수표시

그림 2-193 인접된 제 2 삼각형의 형성

(5) 인접 삼각형의 해석

그림 2-194는 인접 삼각형을 해석하는데 있어서 중요한 것이다. 이들 식으로 모든 변을 알아낼 수 있고 또 변의 길이를 알고 있을 때 각도 X를 알아낼 수 있다.

도면상에서는 선들이 복잡하고 무수히 많은 삼각형으로 나타내야 하므로 이들 삼각형을 모두 나타내기란 쉽지 않다. 그림에서는 눈으로 보고 편리하게 응용할 수 있도록 삼각형을 여덟가지 위치로 보여주고 있다.

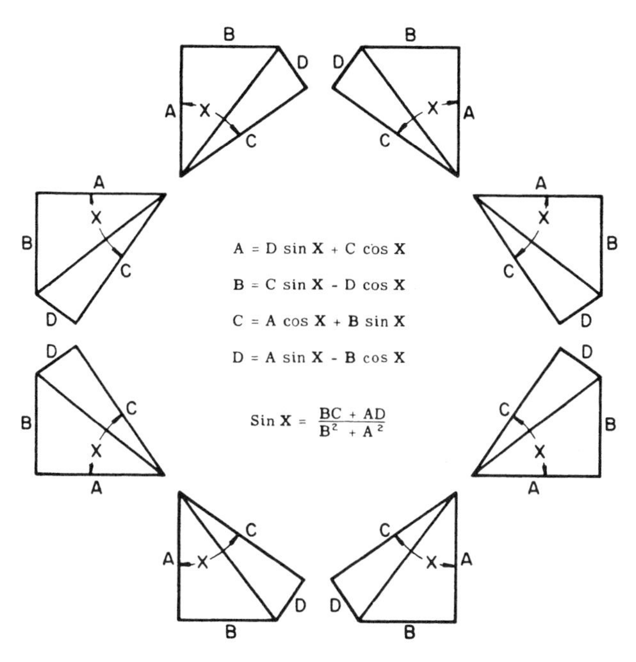

그림 2-194 인접삼각형을 풀기위한 식을 보여주는 도표

(6) 확대된 板取展開圖

부품도를 될수록 크게 그려 작은 삼각형도 잘 나타나게 한다. 경우에 따라 삼각형의 변은 실질상으로는 도면상의 치수로 나타내지 못할 것이나 만일 이것을 무시해 버리면 제작된 금형의 치수는 오차가 많이 생길 것이다.

트레이싱지에 삼각형을 그릴 때는 다음 해석에 의해 그린다.

① 가는 선으로 원의 중심들을 연결한다.

② 각각의 중심으로부터 수평 및 수직 연장선을 그린다.

③ 사선을 연장해서 수평 및 수직선과 만나게 하여 삼각형을 만든다.

④ 수직 및 수평치수를 매겨 긴 선의 길이를 정하면 이것이 큰 삼각형의 변이 된다.

⑤ 두 삼각형이 공통의 변과 각을 갖을 때 한 삼각형을 해석하면 다른 것도 풀 수 있는 기초가 된다.

⑥ 두 원이 서로 정접하면 중심사이의 거리는 반경의 합과 같다.

⑦ 원호의 중심을 해석하면 전체 원을 그리는데 도움이 된다.

⑧ 선이 원에 접할 때는 다음의 두 선을 그려 해석한다.

a) 접촉점까지의 거리(반경)

b) 접촉점과 중심을 통하는 선에 평행한 선. 이 선은 접선으로 된 각을 알고 있을 때 도움이 된다.

⑨ 작은 부품의 경우에는 10배로 확대하여 부품도를 그리는데 부품도면의 위치와 방향으로 그린다. 구멍은 모두 원으로 그리고 부품윤곽에 관련된 원의 부분을 그린다. 이 원의 중심으로부터 긴 수직선 및 수평선을 그린다.

⑩ 종이를 떼고 판취전개에 의해 선택된 경사각으로 기울인다. 그리고 나서 중심을 통해 수평선과 수직선을 그어 해석할 삼각형을 만들어낸다. 그와 동시에 띠강판의 가장자리를 그려(최소 여유폭을 계산할 것) 최종 띠강판의 너비를 정한다.

그림 2-195에서 각 X는 경사각과 같고 각 P는 그 여각임을 알 수 있다.

인접삼각형에서 A와 B의 값을 구하려면 그림 2-194에 나온 식으로 구한다. 형성된 세개의 삼각형에 1, 2, 3의 번호를 부여한다.

다음은 그림 2-195에 형성의 삼각형의 해석법이다.

① 주어진 값 C, D 및 X로 A와 B를 푼다.

② 주어진 값 D와 P로 E와 F를 푼다.

③ 최종치수 T=A－E

④ 최종치수 U=B＋F

(7) 多數의 三角形으로 形成되는 部品의 解析

그림 2-196과 같이 부품의 모서리 반경이 작을 때에는 금형제작도면의 치수를 알기 위하여 다른 삼각형들을 풀어야 한다. 그림 A와 B를 보면 비교적 간단한 형상이라도 삼각형을 배치하는데 상당히 어렵다는 것을 보여주고 있다.

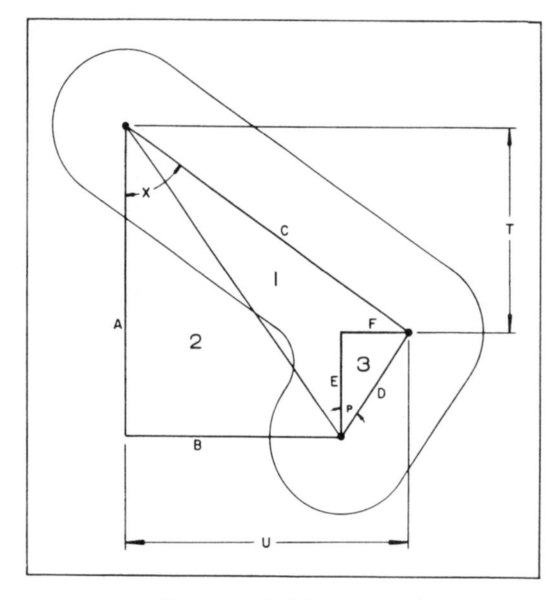

그림 2-195 판취전개도의 확대

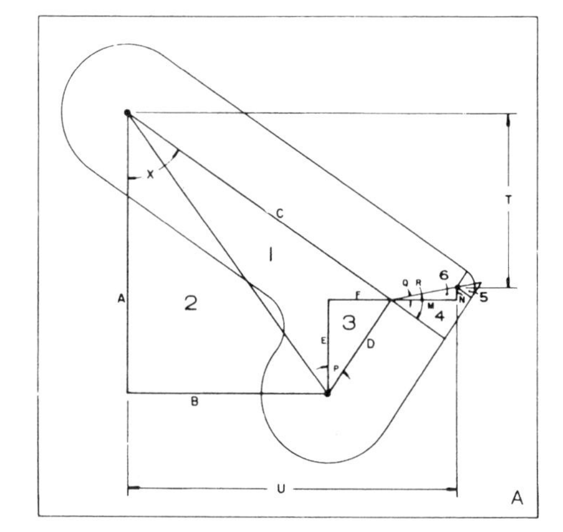

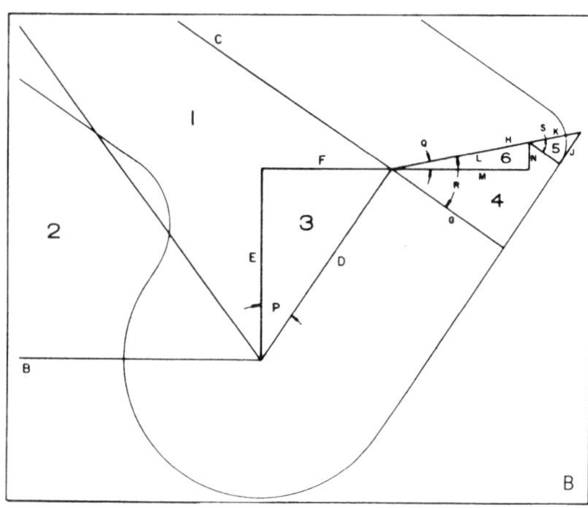

그림 2-196 모서리반경이 작은 부품의 해석

그림 B는 A를 확대한 것으로 작은 삼각형을 보다 명확히 보여주고 있다. 6개의 삼각형이 형성되어 있음을 보여준다. 각 X는 경사각이고 각 P는 그 여각이며, 각 R은 45°가 된다. 각 Q는 R에서 P를 빼면 구해진다.

다음은 그 해석법이다.

① 주어진 값 C, D 및 X로 A와 B를 푼다.

② 주어진 값 D와 P로 E와 F를 푼다.

③ 주어진 값 G와 R로 H를 푼다.

④ 주어진 값 J와 S로 K를 푼다.

⑤ H로부터 K를 빼어 L를 얻는다.

⑥ 주어진 값 L과 Q로 M과 N을 푼다.

⑦ 최종치수 T=A−(E+N)와 같다.

⑧ 최종치수 U=B+F+M와 같다.

14-3 다이 클리어런스

전단가공에서의 클리어런스는 이미 제1편 제2장에서 설명되었으므로 페이지 20의 표 1-3을 적용하면 될 것이다. 이제 실제로 클리어런스를 금형설계에 적용하는 방법을 고찰해 보자. 그림 2-197은 다이구멍 속에 들어가 있는 블랭킹 펀치로서 클리어런스가 크게 확대되어 보였다. A그림과 같은 타발가공에서는 클리어런스를 펀치측에 주어야 하므로 펀치가 클리어런스만큼 작아져야 한다.

치수를 적용할 때는 다음 규칙을 지켜야 한다.

① 클리어런스의 크기는 원호부분 A의 반경치수로부터 뺀다.

② 클리어런스의 크기는 원호부분 B의 반경치수에 가산한다.

③ 중심사이의 거리는 펀치 멤버와 다이구멍에 대해 항상 같다.

그림 B는 피어싱 가공으로 클리어런스를 다이측에 주어야 한다. 위와 같은 사항 ①과 ②에서는 반대로 적용하고 ③은 항상 같은 치수를 적용한다.

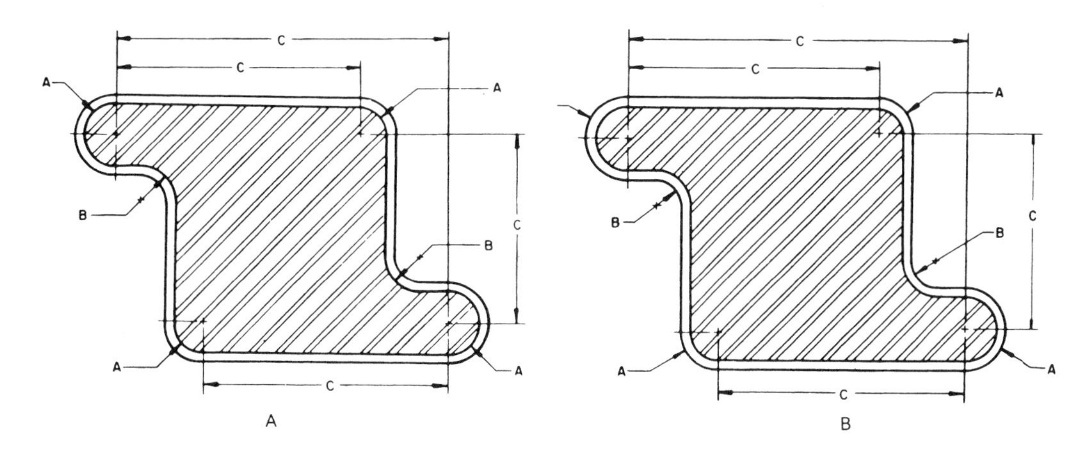

그림 2-197 펀치와 다이의 클리어런스 적용

14-4 주기(note)

설계도와 치수로 나타내는 정보를 보충하기 위하여 주기를 이용한다.

각 회사마다 그들이 제작하는 제품에 적용되는 특별 주기가 있을 수 있는 것이다. 일을 처음 시작할 때 어떠한 특별한 방법을 택하여야 하는 것인가에 깊은 주의가 필요하다.

일반공구 설계도면에서 쓰이는 주기 이외에도 금형설계에서는 금형만에 적용되는 몇가지 특수한 주기가 있다.

(1) 금형번호의 지정

이 주기는 금형번호를 지정하고 이것은 금형에 표시할 것을 지시한다. 이것이 표시될 자리도 대강 지정한다. 이 주기는 MARK란 단어를 써서 기재하며 그 밑에 금형의 번호를 넣게 된다. 완성된 다이세트면에 표시할 자리를 지적해 준다.

(2) 열처리 및 연삭에 관한 주기

이것은 특별히 그 표면에 대해 지정할 필요가 있을 때 「열처리후 연삭」 또는 H & G라는 약자를 부품도면 밑에 써 넣는다.

(3) 조립도에 치수가 표시되어 있지 않은 경우

블랭크나 공작물에 관련되는 펀치 및 다이부분에 대한 치수가 기재되어 있지 않은 조립도에 사용된다. 이 비고는 그러한 모든 치수를 부품도의 청사진으로부터 직접 얻어야 할 때 금형제작자에게 알려 주는 것이다.

(4) 스프링 백(spring-back)에 대한 여유가 없어야 할 때

굽힘 및 성형 금형에서 공작물에 대한 스프링백의 여유가 없어야 한다는 것을 금형제작자에게 알려주는 것이다. 금형을 꾸미고 난 뒤에 시험을 해보고 적당히 교정을 한다.

(5) 블랭크를 전개할 필요가 있을 때

이 주기는 굴곡, 성형 또는 드로오잉형의 설계도에 적용한다.

굴곡, 성형 또는 드로오잉 금형을 타발형보다 먼저 만든다. 견본 블랭크는 손작업으로 절단하고 성형하여 타발형의 최종 치수를 정한다.

(6) 트리밍作業의 여유를 두어야 할 때

이 주기는 드로오잉형의 설계도에 사용되며 그 뜻은 드로오잉이나 성형작업을 한 후에 트리밍 작업을 하기 위한 재료의 여유를 충분히 해 달라는 주기로 「트리밍 작업의 여유를 둘 것」을 도면상에 써 넣는다. 블랭크를 전개한 후에 타발형의 최종치수를 결정하는 과정에서 이 여유를 추가한다.

(7) 전체 윤곽을 쉐이빙할 필요가 있을 때

이 주기는 「전 둘레 쉐이빙할 것」이라 써 넣는다. 타발형에 추가해서 쉐이빙형을 설계할 것과, 쉐이빙 작업에 대한 소재의 치수도 적당히 해 줄 것을 지적하는 것이다.

이상과 같은 주기 이외에도 도면을 다루어보면 수많은 형태의 주기가 있을 것이므로 설계자는 이러한 주기에 특별한 주의를 기울여야 할 것이다. 그것들의 대부분은 짧은 문장 또는 단어로 표기되어 있더라도 금형제작 또는 설계에 있어서 중요한 것들이기 때문이다.

예를 들면 도면상에 흔히 나타나는 「표면을 평탄하게 할 것(must be flat)」이라는 주기는 순차이송형 대신에 복합형을 설계해야 한다는 것을 의미하고 있는데 만일 이러한 주기가 없을 때는 순차이송형으로 제작될 수 있는 것이다.

第15章　材質目録의 作成

재질목록에 필요사항을 기재하려면 상당한 기본지식이 있어야 한다. 그것은 각종 금형부분품을 만들어낼 재료를 최종적으로 확정하는 것이기 때문이다. 이 결정에 따라 완성된 금형이 작업에서 성공하느냐 실패하느냐 하는데 큰 영향을 미치는 것이다.

그 외에 설계자는 금형을 구성하는 여러 부분품의 명칭도 잘 알아야 하며, 먼저 작업에서 같은 부분품에 사용하여 성공한 재료에 대한 지식도 있어야 한다. 또 표준부속, 구매품 및 규격등을 잘 알고 있어야 한다. 금형설계 담당기사는 이와 같은 것을 정확하고 용이하게 할 수 있어야 할 것이다.

재질목록에는 다음 사항이 수록된다.

① 금형의 부품을 제작하는데 필요한 재료의 대체적인 치수

② 재고로부터 사용될 수 있는 표준부품

③ 그 금형을 제작하기 위하여 특별히 구입하여야 할 표준부품

재질목록은 도면에 대한 모든 부분품의 완전한 목록이 되는 것이다.

15-1　部品欄

금형설계도를 작성하는 최종단계는 재질목록을 작성하는 일이다. 거의 모든 도면에서 부품란은 도면의 표제란 위에 마련돼 있으며 위로 읽어 올라간다. 때에 따라서는 도면 상단 오른쪽 구석에 마련되어 아래쪽으로 읽어 내려간다.

부품란은 통상 수직으로는 부품번호. 품명, 재질, 수량, 비고 등의 다섯 난으로 나누어지고 수평으로는 조립에 필요한 부분품의 종류만큼의 숫자로 난을 만든다.

(1) 부품번호

목록번호를 기재하되 1부터 시작하여 목록전체의 번호를 기입한다.

기입요령으로는

① 같은 치수, 같은 형태의 부품은 모두 같은 번호를 부여한다.

② 구매에 의한 조립품은 여러개의 부품으로 구성되지만 한개의 목록번호를 부여한다.

③ 용접물에는 단일 명세번호가 지정된다.

(2) 품　　명

품명을 기재할 때는 먼저 일반명을 기재하고 그 품질을 지정하는 단어 또는 약어를 기재할 수 있다.

(3) 재　　질

재질란에는 부분품을 만들게 될 재료가 수록된다. 재료명은 보통 약어로 기재된다.

(4) 수 량

소요량을 지정하기 전에 어떤 부속이 얼마나 필요한가를 정확히 알아보기 위하여 다각적으로 검토한다.

(5) 비 고

부품란에 마지막으로 기입할 절차는 여러 부분품의 규격을 적어 넣는 것이다. 장방형 또는 정방형의 재료에 대하여는 두께, 폭, 길이 등을 적어 넣는다.

둥근 봉강에 대해서는 직경과 길이가 기입된다. 체결구와 같은 표준부품에 대하여는 나사의 호칭과 길이가 기입된다. 구입부품에 대하여는 카탈로그 번호가 기입된다. 규격을 기입할 공백이 모자랄 때에는 「주기 참조」라고만 기재를 하고 필요한 사항을 도면의 공란에 기재한다.

15-2 材料組織의 方向

대형 다이블록용으로 재료를 주문할 때는 변형이 입자의 방향과 같이 길이를 따라 가장 크게 일어난다는 것을 고려해서 모재를 주문해야 한다. 좁은 다이구멍의 긴쪽이 그림 2-198 B와 같이 입자방향을 가로질러 놓이도록 한다. A에서의 변형은 B보다 더 받게 된다.

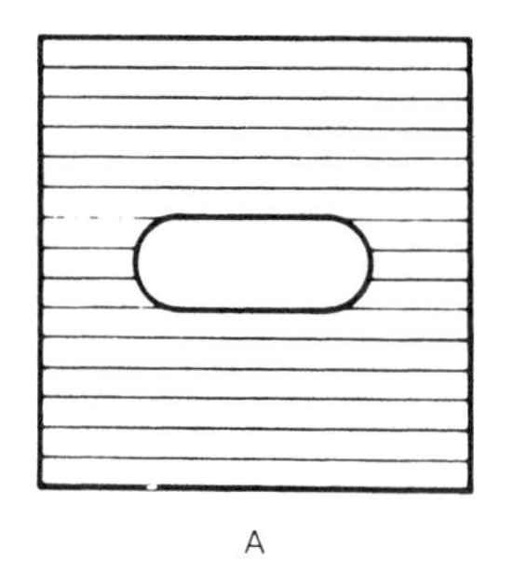

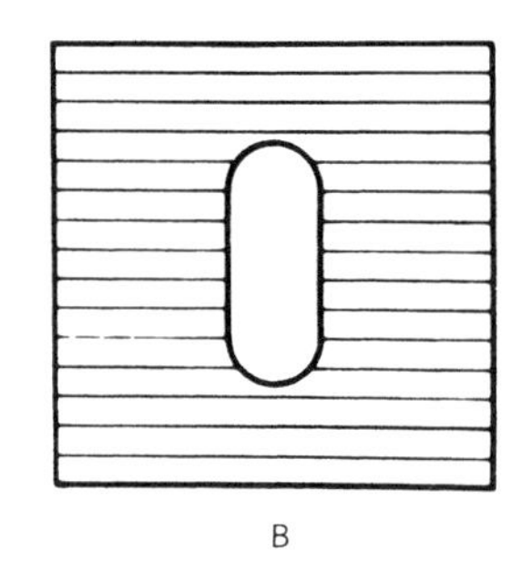

그림 2-198 둥근다이 구멍가공

또한 균열은 재료의 입자를 따라 일어나는 경향이 있다. 다이구멍에 예각부가 있을 때는 재료를 주문할 때 입자의 방향이 그림 2-199의 A에서와 같이 가로질러 놓이도록 주의하고 B에서와 같이 세로로 따라 놓이지 않도록 해야 한다. 날카로운 구석은 균열의 초점이 되며, 입자 방향을 잘 배치하면 이러한 사고를 방지하는데 도움이 된다.

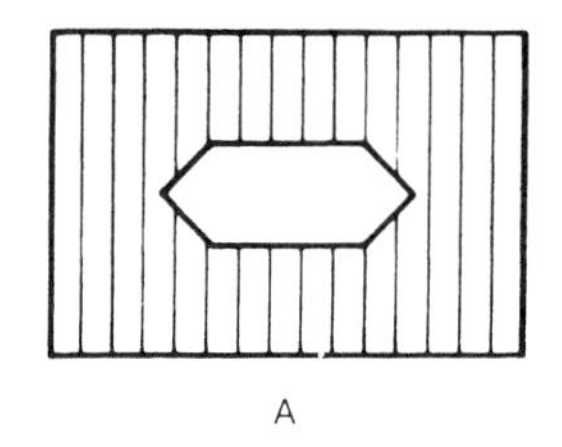

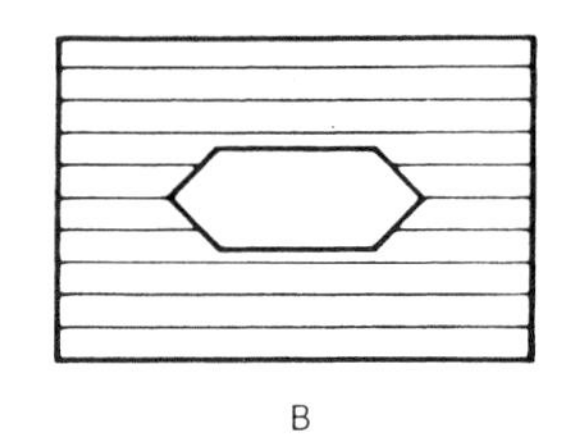

그림 2-199 예각부를 갖는 다이구멍의 가공

15-3 金型의 各 部分品과 使用材料

금형에 사용되는 각 부분품은 기계적 성질이 용도에 적합한 것을 선택 적용하여야 할 것이다. 생산량, 요구정도, 크기, 사용프레스의 용량, 체결구의 종류 및 치수 등의 영향을 받을 것이다. 금형에 사용되는 표준화된 재료는 표 1-28을 참조한다.

15-4 材質目錄欄의 作成例

다음은 재질목록란의 작성예를 보여준다.

27	재료받침	SBC 1	1	
26	맞춤핀	STC 4	2	8×55
25	위치결정게이지	STC 4	1	
24	맞춤핀	STC 4	2	8×19
23	맞춤핀	STC 4	2	8×30
22	육각홈붙이나사	S30C	4	M 8×25
21	육각홈붙이나사	S30C	4	M 8×35
20	맞춤핀	STC 4	2	8×38
19	리베트	SM 10C	2	5×13
18	육각홈붙이나사	SM 30C	6	M 8×55
17	둥근머리나사	SM 30C	6	M 8×19
16	다이블록	STS 3	1	
15	스트리퍼판	SB 41	1	
14	잼너트	SM 25C	1	
13	사각머리나사	SM 35C	1	5×13
12	맞춤핀	STC 4	1	5×13
11	수동정지구	STC 5	1	
10	펀치고정판	SM 20C	1	
9	피어싱펀치	SKH 2	2	
8	파이럿너트	SM 25C	2	
7	파이럿	STC 4	2	
6	타발펀치	STS 3	1	
5	자동정지구	STC 5	1	
4	스프링	PWR 2	1	
3	스프링걸이	SBC 1	1	6×70
2	지레핀	STC 5	1	3×65
1	다이세트	GC 20	1	주기참조
품번	품명	재질	수량	비고

제 3 편

金型圖面의 完成

第1章　各種 프레스金型의 斷面圖

1-1　打拔型(blanking die)

그림 3-1의 A는 타발형을 통과할 소재인 띠강판을 보여준다. B는 펀치를 들어올린 다이의 평면도를 보여주고 있다. C의 단면도에는 금형이 열린 위치에 있고, 상형의 펀치가 올라가 띠강판이 자동정지구까지 밀려 들어가 있다. D에서는 블랭크가 띠강판으로부터 빠져 나오는 것을 보여주고 있다. 이 타발형에서는 E그림에서와 같은 블랭크를 생산한다.

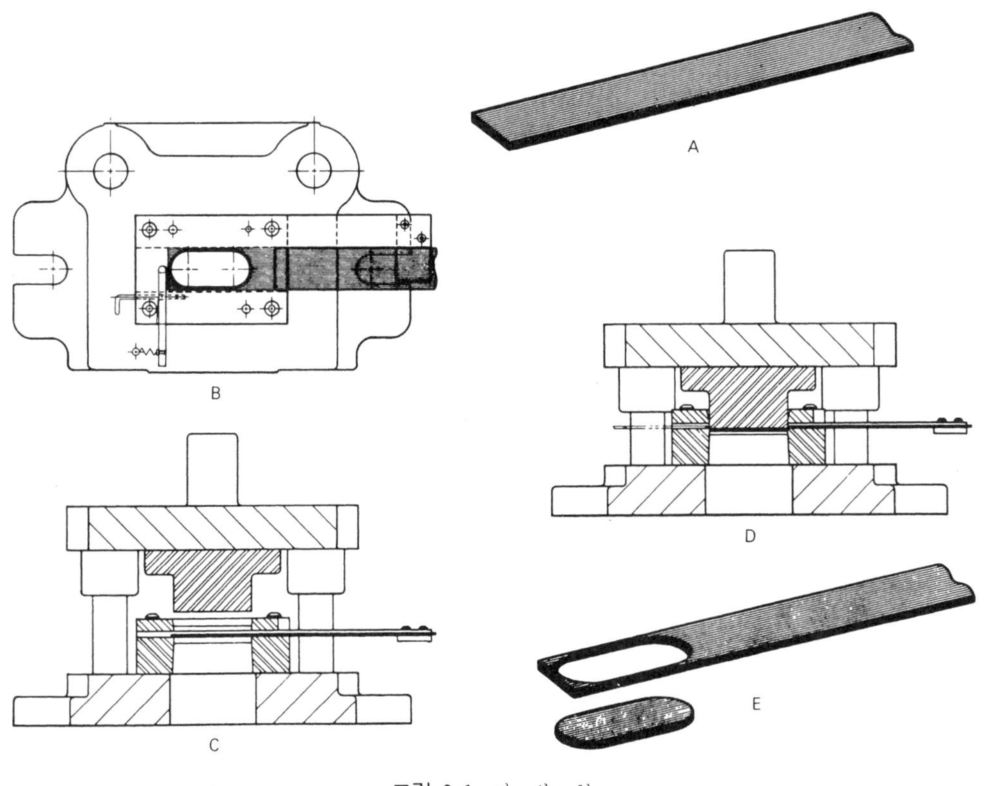

그림 3-1 타 발 형

1-2　切斷型(cut off die)

띠강판 A가 정지구 블록 B에 닿으면 상형이 내려와 펀치 C로 하여금 띠강판을 분리한다. 블록 B는 절단이 이루어지는 동안 펀치를 안내하여 편위을 방지하는 동시에 가이드 포스트와 부시에 심한 마모가 일어나지 않도록 한다. 여기에는 고정식 스트리퍼가 사용되고 있다.

1-3 複合型(compound die)

다이호울더에 설치된 타발펀치 A에 테이퍼 구멍이 뚫려 있어 슬러그를 배출하게 된다. 다이블록 B가 펀치호울더에 고정되어 있고, 피어싱펀치가 들어 있는 스페이서 C로 뒷받침되고 있다.

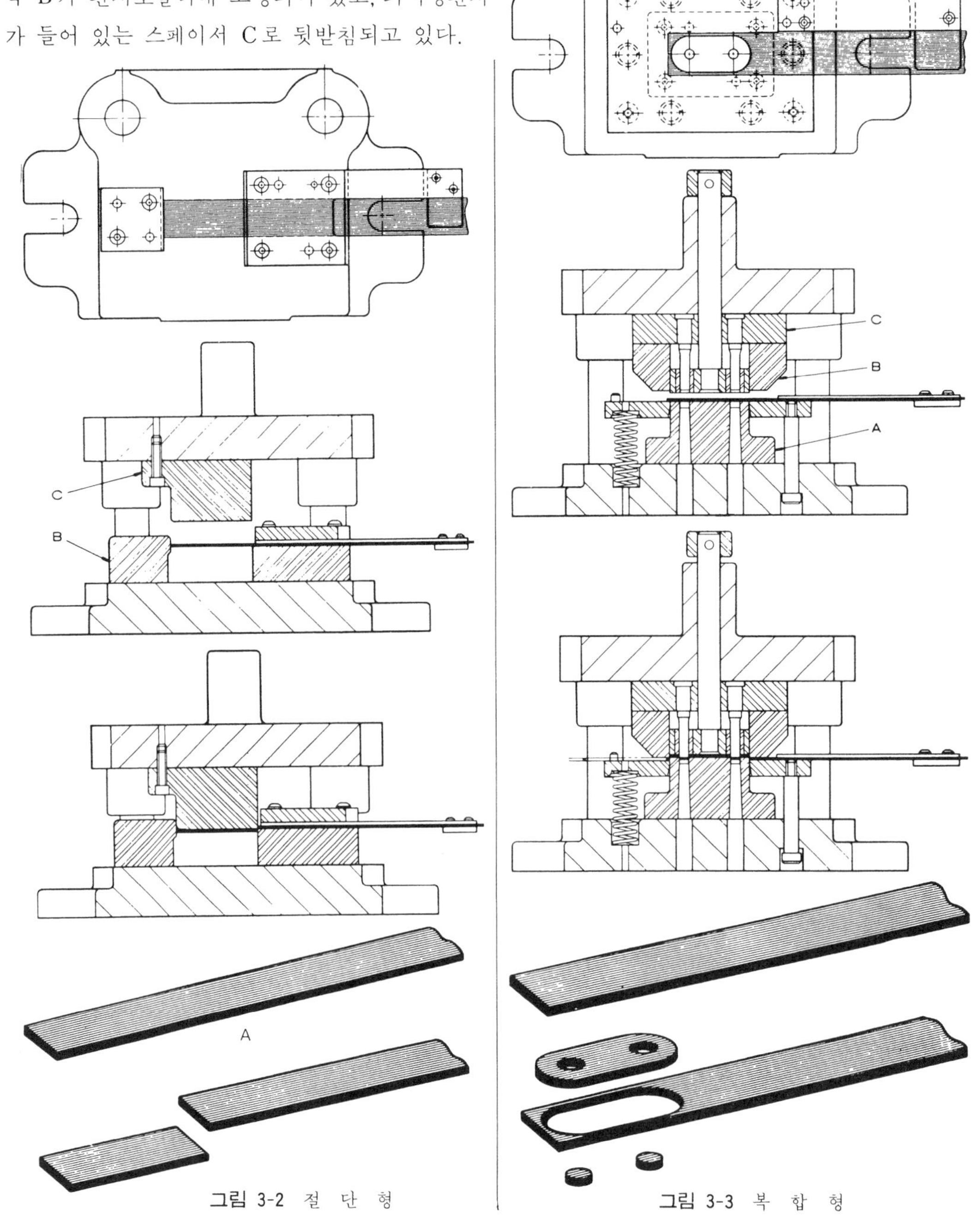

그림 3-2 절 단 형

그림 3-3 복 합 형

녹아웃이 금형 공간으로부터 블랭크를 떼어낸다. 스프링 스트리퍼는 블랭킹 펀치 주변에서 띠강판을 떼어낸다.

1-4 트리밍型(trimming die)

그림 3-4의 A에는 드로오잉한 후에 플랜지가 붙은 용기를 보여주고 있다. 이 플랜지의 불규칙한 가장자리를 제거하는데 트리밍형이 필요하다.

용기는 위치결정 플러그 B 위에 얹히고 상형이 내려오면 플랜지 주위로부터 링이 잘려 나오게 된다. 트리밍이 끝나면 용기는 상형으로 스크랩 링은 금형의 앞뒤에 있는 스크랩 커터 C로 둘로 분할될 때까지 아래쪽 트리밍 펀치 주변으로 밀려 내려간다.

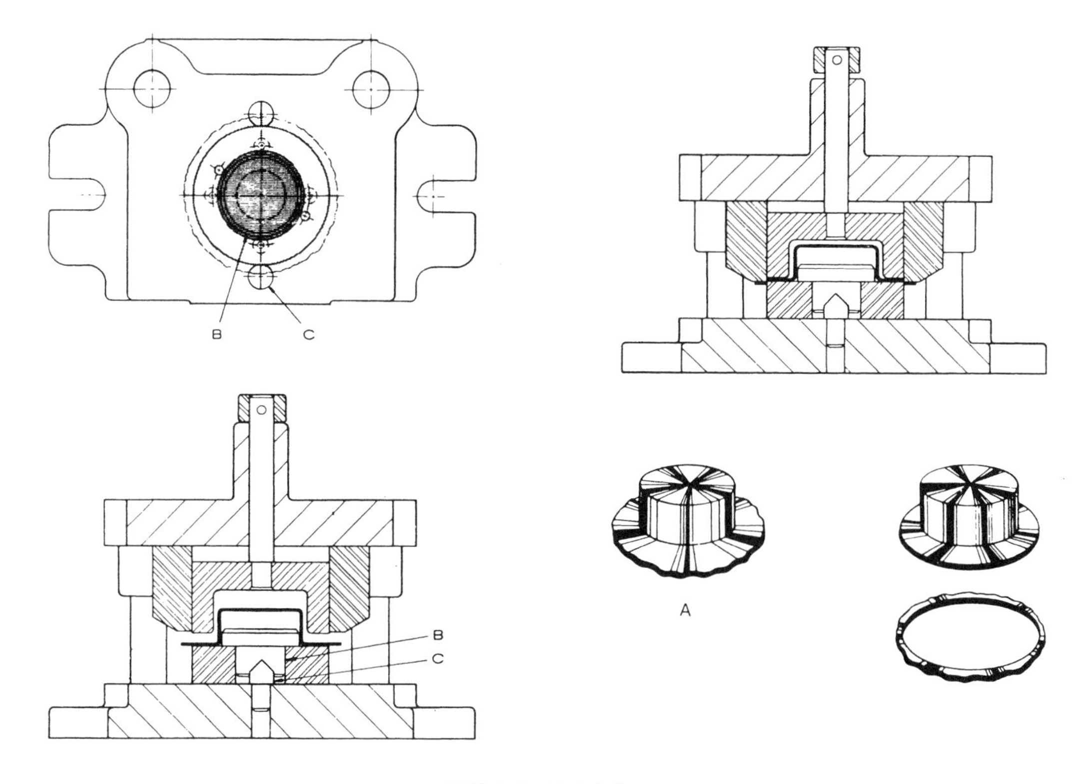

그림 3-4 트리밍형

1-5 피어싱型(piercing die)

부품그림에서는 플랜지에 네개의 구멍을 뚫어야 할 플랜지 있는 용기를 보여주고 있다. 만일 드로오잉 작업보다 먼저 구멍을 뚫으면 드로오잉 과정에서 플랜지에 가해지는 압력때문에 변형될 것이다. 용기는 다이블록의 정밀 태핑된 구멍 위에 놓인다. 피어싱펀치는 펀치호울더에 고정된 펀치고정판에 수용되어 있다. 녹아웃은 구멍이 뚫린 후 스트리핑 작용을 한다.

1-6 쉐이빙型(shaving die)

그림 3-6에서는 블랭크 A의 외곽과 두 구멍내면이 쉐이빙되고 있다. 이러한 공작물에 대한 쉐

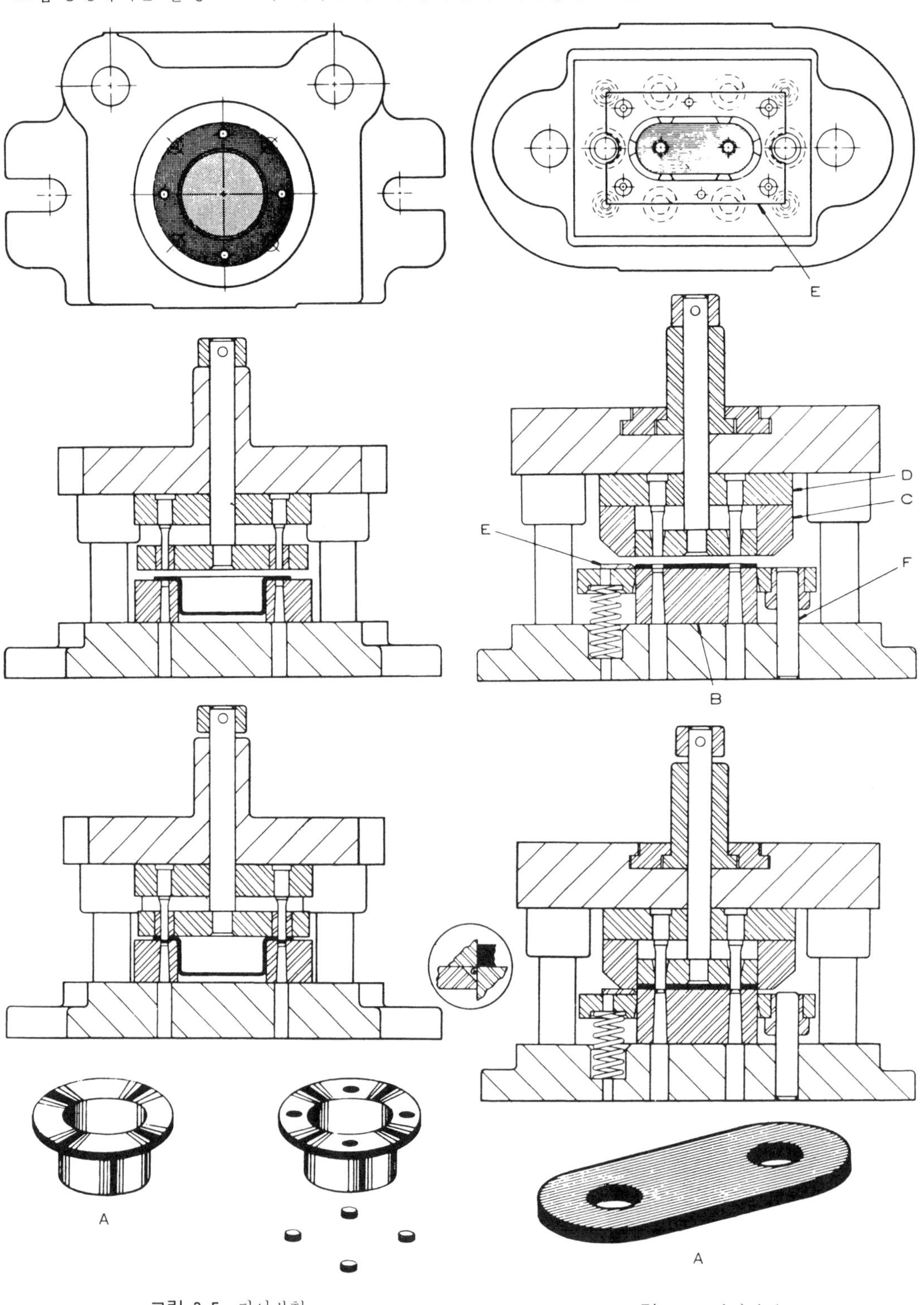

그림 3-5 피어싱형

그림 3-6 쉐이빙형

이빙형은 다이호울더에 고정된 쉐이빙 펀치 B와 펀치호울더에 고정된 다이블록 C로 구성된다. 스페이서 D가 다이블록을 받쳐주고 구멍가공을 위한 쉐이빙펀치를 수용하고 있다. 블랭크는 네스트(nest) E에 들어 있고 네스트 E는 쉐이빙에 의해 말린 칩을 떼어낼 틈을 마련하기 위해 경사 가공되어 있다. 네스트는 두 가이드핀 F로 안내되는 스프링 스트리퍼판에 설치된다. 쉐이빙된 블랭크는 다이블록에 물려 위로 올라가 행정의 정상에서 녹아웃에 의해 배출된다.

1-7 브로우칭型(broaching die)

브로우칭을 필요로 하는 조건은 다음의 두가지가 있다. 즉 블랭크가 너무 두꺼워 쉐이빙을 할 수 없을 때와 많은 양의 금속을 제거해야 할 때 적용된다. 설명도에서 A에 있는 블랭크는 가장자리에 작은 톱니모양을 가공해야 한다.

금형은 두 브로우치 B를 상형에 고정하고 받침블록 C로 받쳐져 가공이 진행된다. 블랭크는 네스트 D에 들어 있고 강한 스프링으로 받쳐진 받침판 E가 절단이 시작되기 전에 블랭크를 견고히 고정하고 있다.

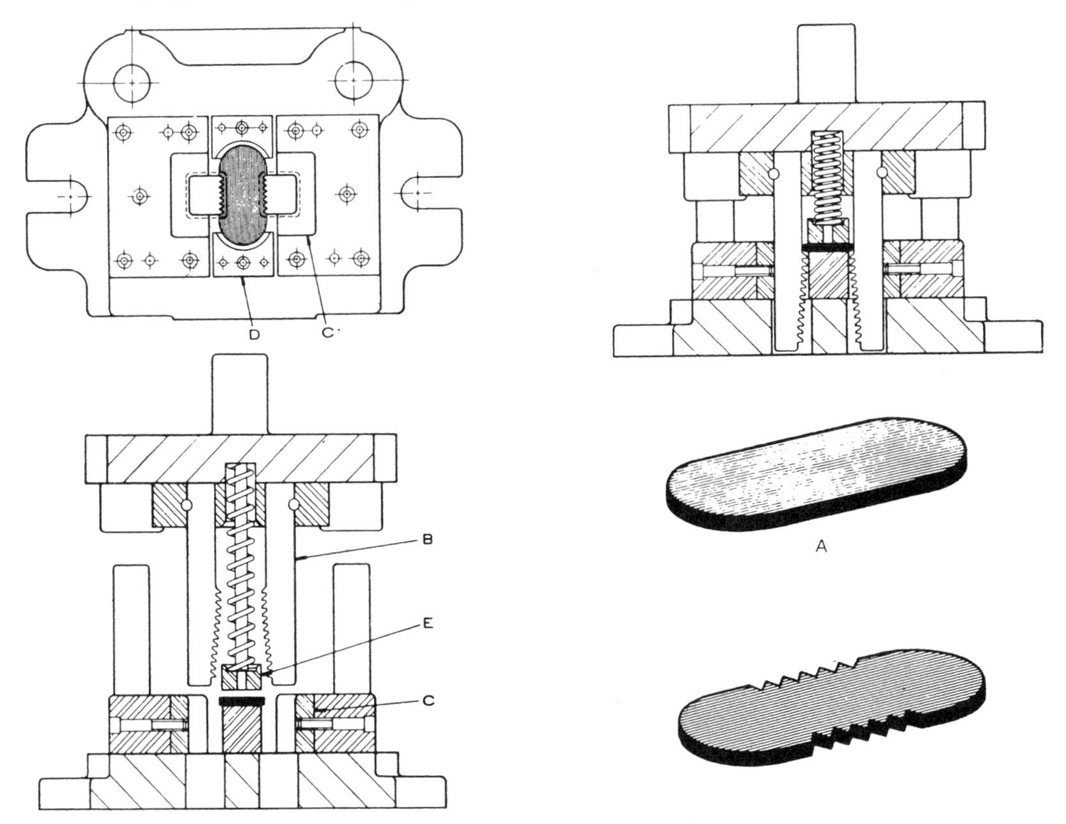

그림 3-7 브로우칭형

1-8 굽힘型(bending die)

그림 3-8에서는 평면 블랭크에 2중의 굽힘을 가하여 U형을 만들고 있다. 블랭크는 굽힘블록B

에 고정된 게이지 A에 끼워 넣는다. 다음 굽힘블록은 다이호울더에 고정된다. 상형이 내려오면 굽힘 펀치 C가 펀치의 밑면과 압력판 D로 블랭크를 잡는다. 핀 E가 프레스의 압력장치에 설치되어 있다. 세더 F가 펀치로부터 공작물을 벗겨낸다.

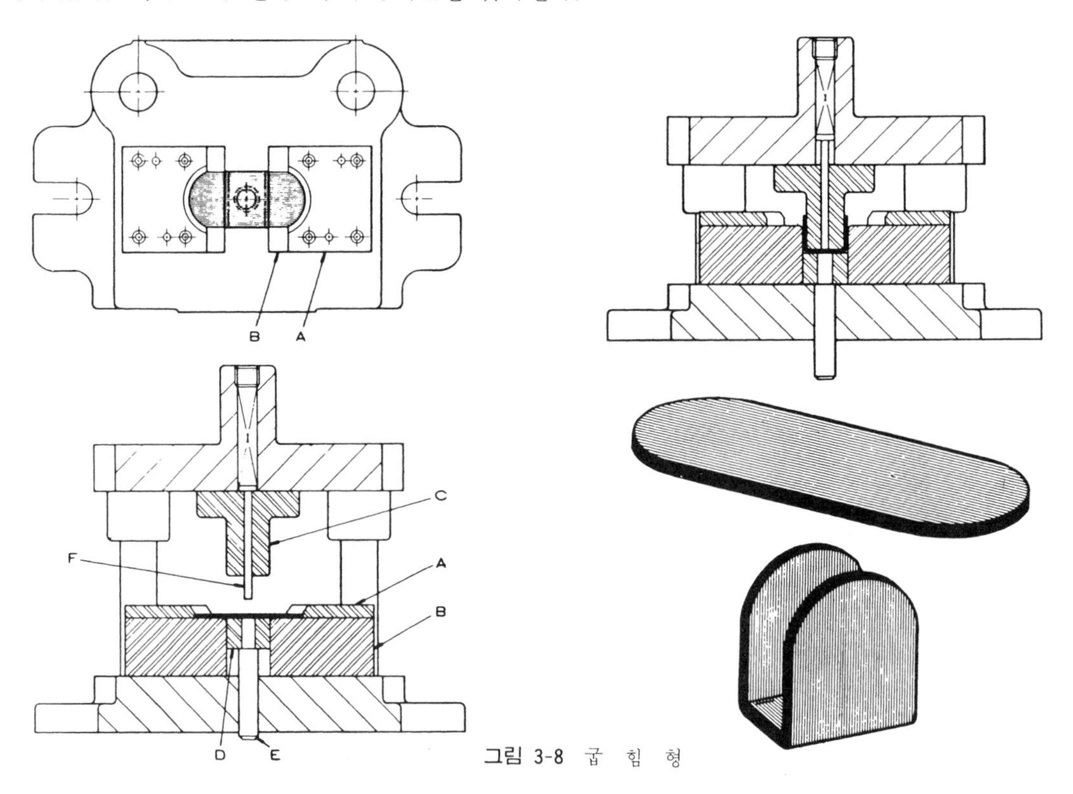

그림 3-8 굽 힘 형

1-9 成形型(forming die)

그림 3-9에서는 평면 블랭크를 굴곡 윤곽을 갖는 부품으로 성형하는 금형의 단면을 보여주고 있다. 블랭크는 압력판 C에 설치된 두 판으로된 네스트 B에 자리를 잡고 있다. 램이 내려오면 성형블록 D와 압력판 C의 표면 사이에 블랭크가 물리게 된다. 더욱 내려오면 블랭크의 측면이 성형블록 D와 성형펀치 E의 형태로 굽혀져 성형된다. 프레스 행정이 최하로 내려왔을 때 녹아웃 블록 F가 최종형태로 성형한다. 상형이 올라가면 부품은 성형블록 D로 옮겨진다. 행정이 최고로 올라왔을 때 녹아웃 F에 의해 부품은 배출된다.

1-10 드로오잉型(drawing die)

그림의 A판을 원통컵으로 드로오잉하려고 한다. 블랭크를 드로오잉형의 압력판 B에 올려 놓고 네개의 스프링식핀 C로 위치를 잡아준다.

상형이 내려오면 블랭크가 압력판 표면과 드로오잉 링 D의 아랫면 사이에 끼워진다. 램이 계속 내려오면 블랭크가 펀치 E 위에서 성형되어 컵모양이 된다. 압력핀 F가 프레스의 압력장치에 설치되어 가공된 부품을 밀어낸다.

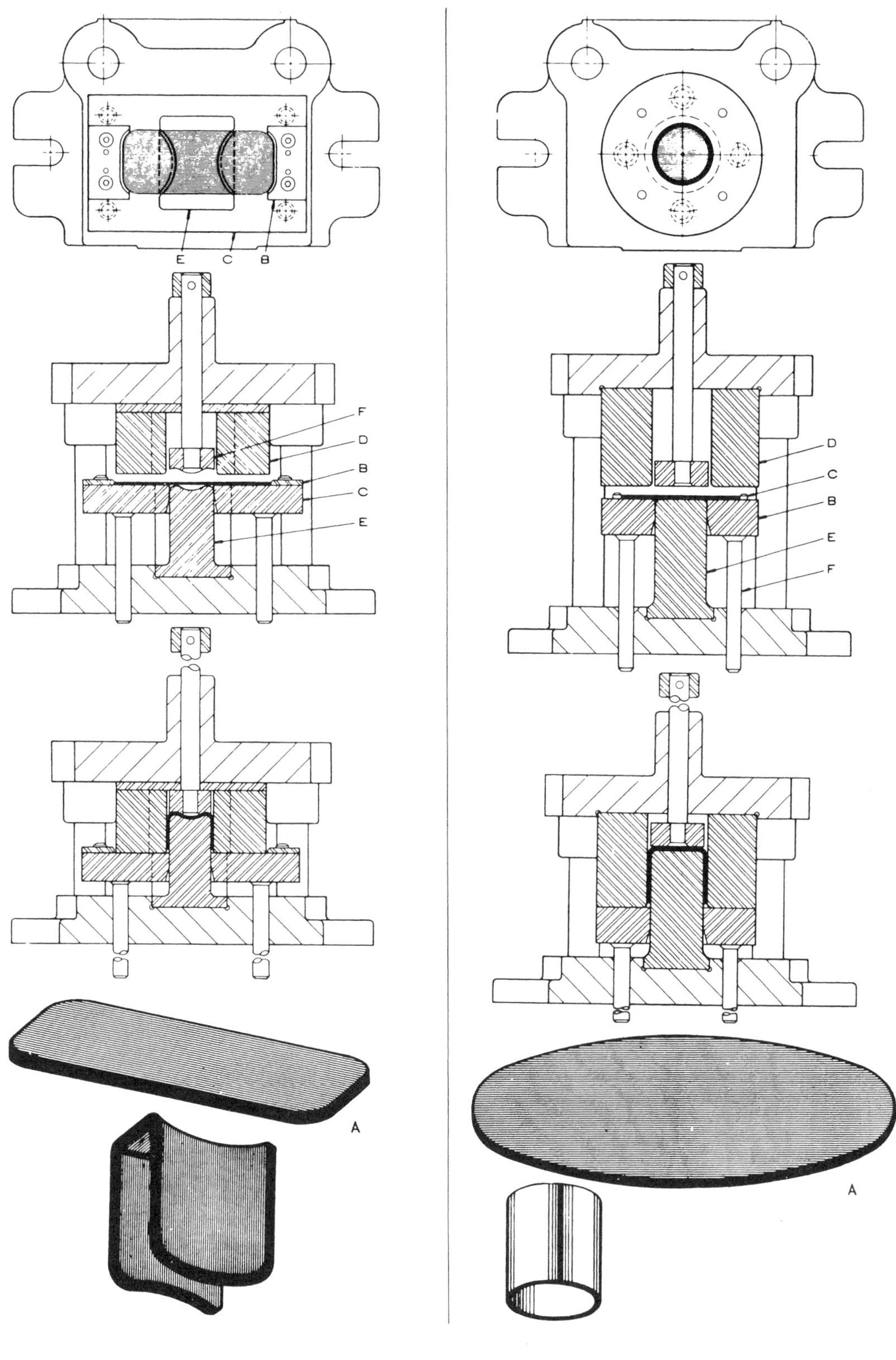

그림 3-9 성 형 형

그림 3-10 드로오잉형

1-11 커어링型(curling die)

그림 3-11에서 드로오잉한 부품 A는 이제 커어링 가공을 할 차례다. 이것을 둥금형의 다이구멍 속으로 넣어 그 밑면이 다이호울더에 닿는다. 더욱 내려오면 커얼링펀치 C가 용기의 가장자리를 둥글게 감는다. 프레스의 행정이 최저점에 가까와지면 재료의 가장자리가 커어링 링 D에 가공된 홈에 접촉하여 커얼이 완성된다. 펀치가 올라가면 녹아웃도 올라가서 용기가 쉽게 빠진다.

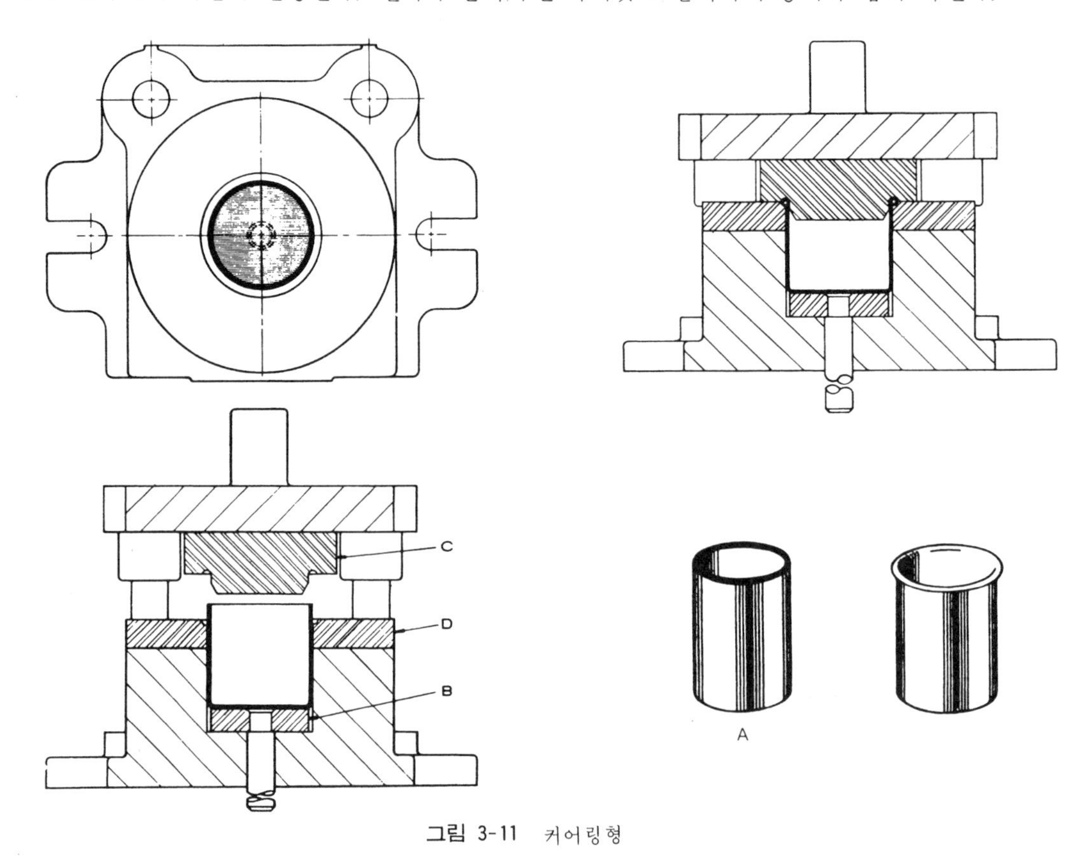

그림 3-11 커어링형

1-12 벌징型(bulging die)

벌징형은 드로오잉한 용기의 일부분을 늘리는 작업을 한다. 팽창 매체로는 물이나 기름을 사용하는 유체형과 고무를 사용하는 고무형이 있다. 벌징형에 의한 가공에서 체적은 가공하기 전의 체적과 같다.

그림 3-12의 A를 우측에 있는 부품으로 벌징가공하려 한다. 용기를 벌징형의 펀치 B 위에 놓고 그 아래 끝이 다이 C에 들어가게 한다.

펀치 B의 상단은 고무링으로서 그 속에 끝이 퍼진 봉 D가 들어 있다. 프레스램이 내려오면 상형이 용기의 바닥에 힘을 가한다. 고무나 유체는 압축되지 않고 밀리면서 용기의 벽을 부풀게 한다.

램이 올라가면 고무는 원래의 모양으로 돌아가고 용기는 금형으로부터 떼어낼 수 있다.

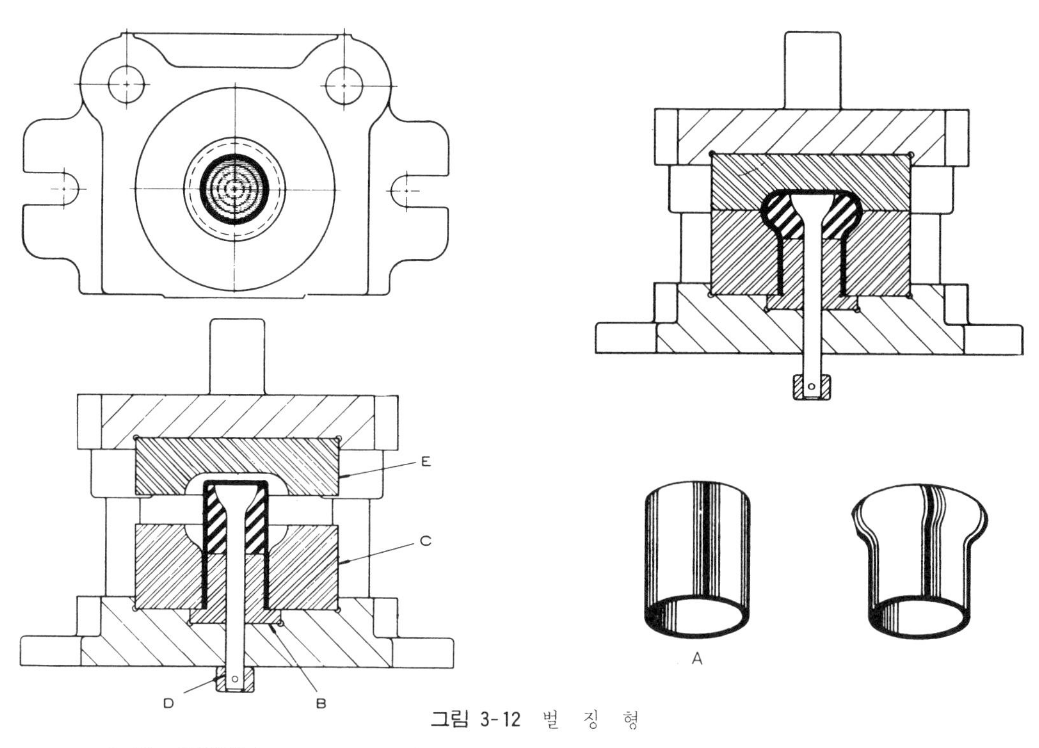

그림 3-12 벌 징 형

1-13 스웨이징型(swaging die)

스웨이징 작업은 때로는 네킹(necking)이라고도 하는데 압축가공법으로 많이 알려져 있다. 그

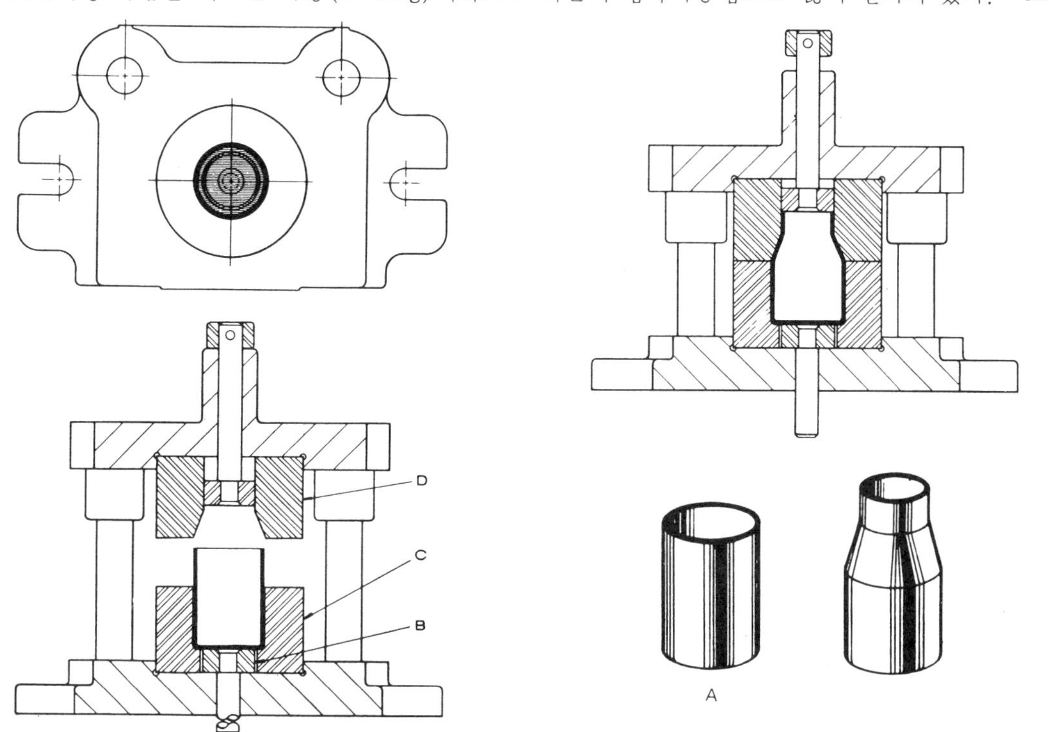

그림 3-13 스웨이징형

림 3-13에서 부품 A는 오른쪽 그림과 같이 가공되기 위해 녹아웃판 B에 있는 스웨이징형의 다이에 끼워 넣고 아랫부분은 블록 C의 벽으로 둘러 싼다. 램이 내려오면 스웨이징 다이 D가 용기의 지름 일부를 압축하여 요구되는 형상으로 가공한다.

1-14 押出型(extrading die)

압출형은 연질금속으로 튜브를 만드는데 사용되는 형으로 그림 3-14의 A와 같은 소재를 경화처리된 판 C에 의해 뒷받침된 다이블록 B에 올려 놓는다. 프레스 램이 내려오면 압축펀치 E가 먼저 재료를 금형공간의 형태로 밀어서 소재는 펀치 끝과 같은 형태로 된다. 계속 펀치가 내려오면 위로 압출되어 펀치의 벽과 다이벽 사이로 밀려 나온다. 이 두 치수의 차, 즉 클리어런스가 바로 압출된 용기의 벽 두께가 된다. 압출펀치는 펀치 고정판에 수용되고 받침판 G가 뒤를 받쳐준다.

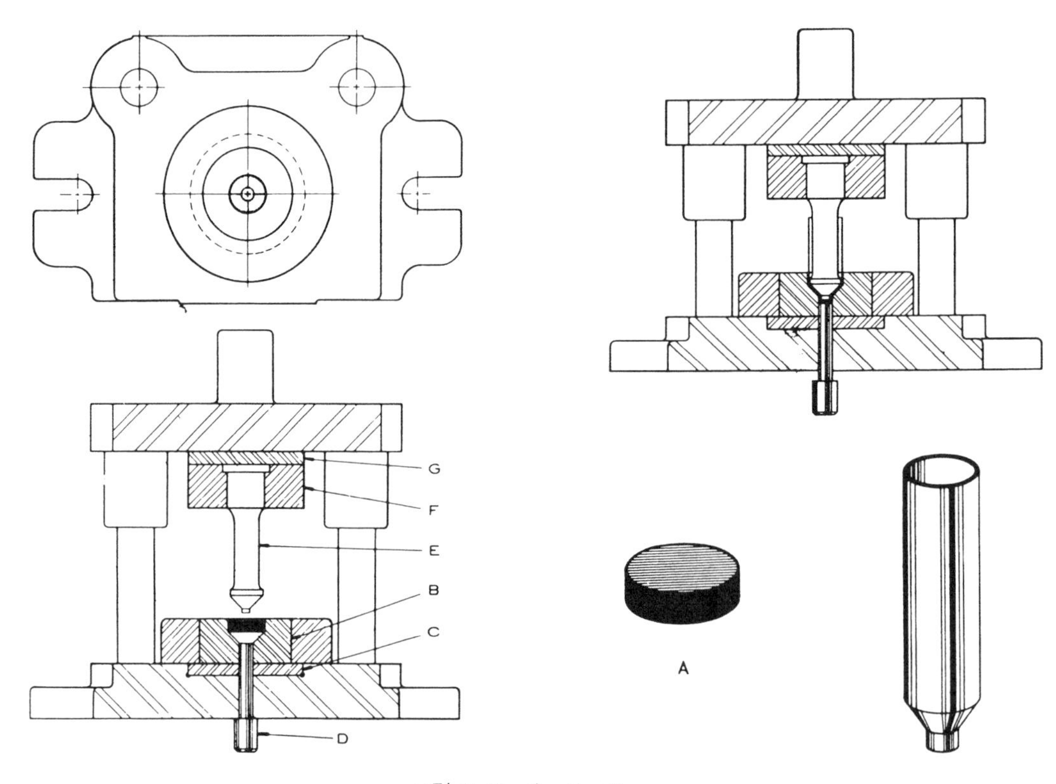

그림 3-14 압 출 형

1-15 冷間 成形型(cold forming die)

그림 3-15에는 소재를 냉간 압축가공하여 플랜지 달린 부품을 성형하는 것을 보여준다.

스프링으로 지지된 브이블록(V-block) C속에 있는 펀치 B위에 부품을 올려 놓는다. 상형이 내려오면 재료가 밖으로 밀려나면서 플랜지를 성형하게 된다. 플랜지의 지름이 커지면 브이블록은 뒤로 밀린다. 상형이 위로 올라가면 그 속에 부품도 들려 올라가고 프레스의 상사점에서 녹아웃 E에 의해 녹아웃 플랜지 D가 부품을 배출하게 된다.

1-16 順次移送型(progressive die)

순차이송형은 최종단계에서 완성된 부품을 배출한다.

그림 3-16의 부품 A를 순차이송형에서 가공하려 한다. 첫단계에서 띠강판은 노치가 가공되고 2단계에서 피어싱 가공을, 3단계에서 절단 및 굽힘가공이 된다.

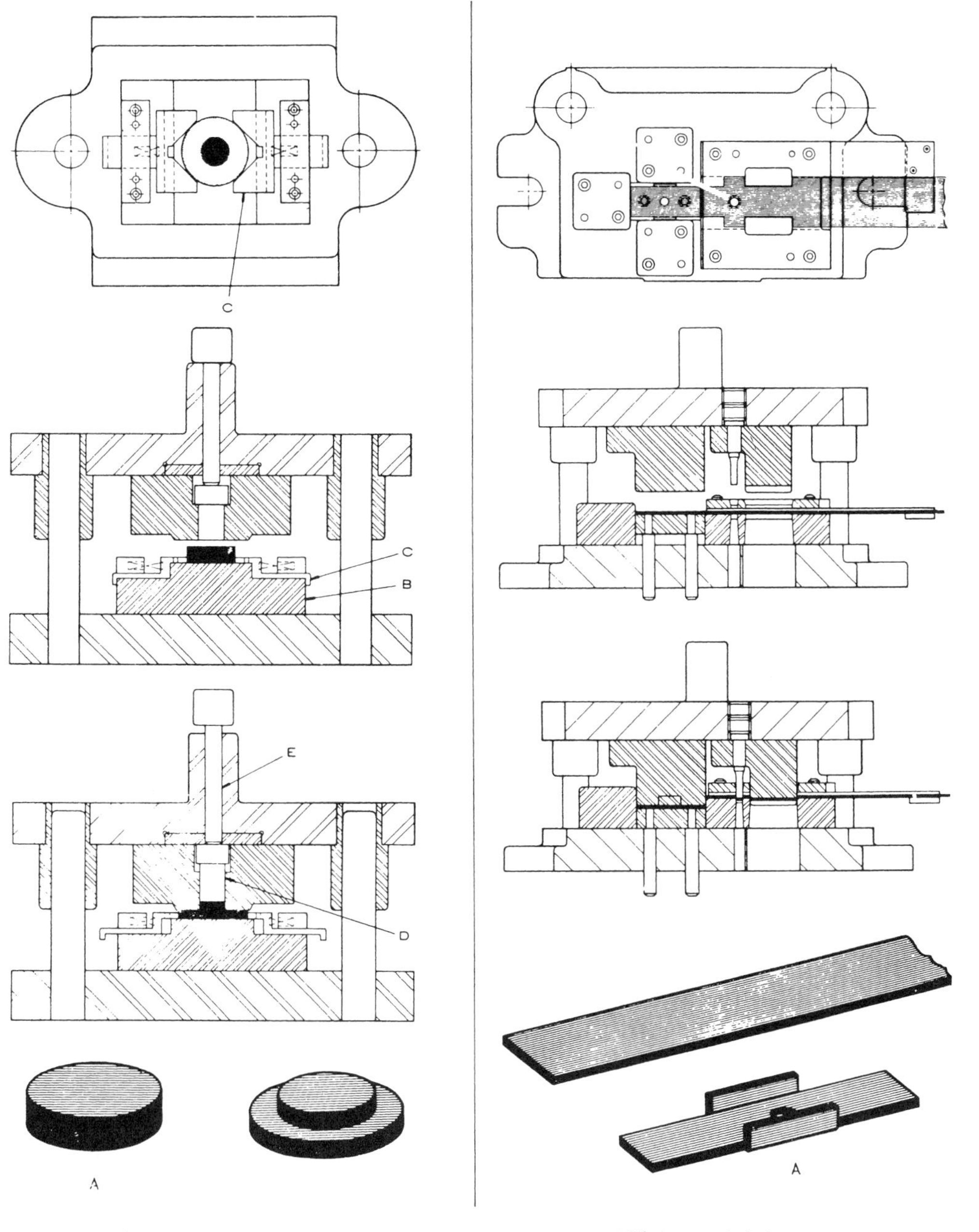

그림 3-15 냉간 성형형

그림 3-16 순차이송형

1-17 組立型(assembly die)

조립형은 둘 이상의 부품을 억지 끼워맞춤, 리베팅 등의 방법으로 조립하는 것이다. 부속들은 신속하게 조립되며 각 부품 사이의 상호관계는 밀접하게 유지할 수 있다.

그림 3-17에 하나의 링크와 두개의 핀이 조립되는 것을 보여준다. 스터드(stud) 핀은 다이블록 A의 구멍속에 있는 플런저 B 위에 위치한다. 스터드의 가공된 끝은 링크에 있는 구멍에 끼워진다. 프레스램이 내려오면 리베팅펀치 C가 스터드 끝을 리베트 머리형태로 변형시킨다. 판 D, E가 펀치와 플런저를 받쳐준다.

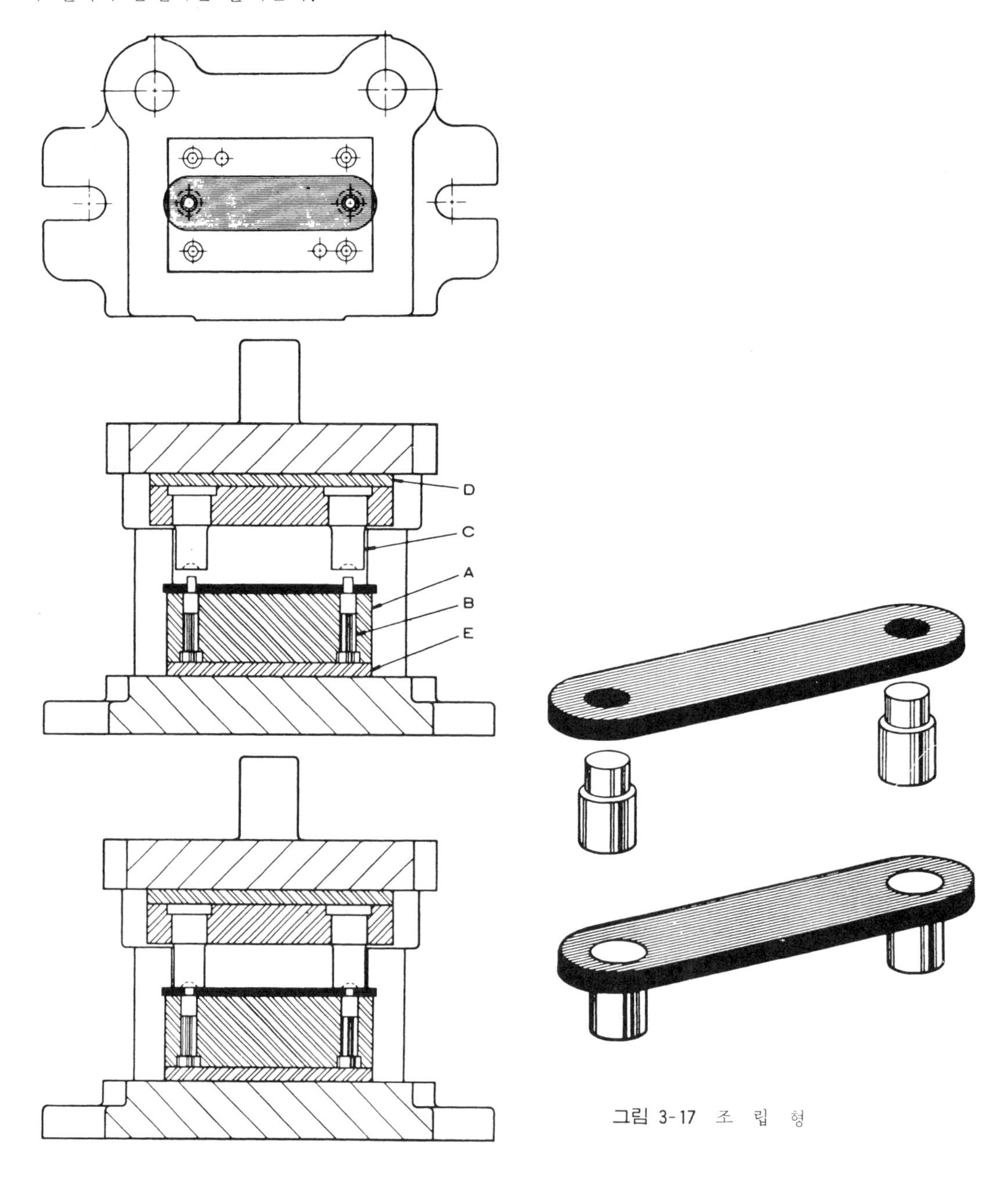

그림 3-17 조 립 형

第2章　金型設計 課題

새로운 제품을 생산하기 위한 금형을 계획하는 경우, 첫째로 고려해야 할 사항은 생산수량이다. 공구비가 전 프레스 비용에서 차지하는 비율은 20% 이내이어야 경제적인 설계라 할 수 있겠다.

둘째로는 제품의 재질, 형상 및 치수정도이다. 금형 각 부분품으로서의 필요한 강도를 충족시켜주는 재질 및 두께이어야 한다. 또한 요구하는 정도에 따라 금형의 적용이 달라지게 된다.

상기의 사항들은 부품도 및 공정작업표에 명시되어 있으므로 설계자는 이들 도표에 나타난 정보를 분석하여야 한다. 특히 공정작업표에는 그 제품을 가공하기 위해 수행되는 모든 작업이 기록되어 있으며 그 작업을 수행하기 위한 장비 및 공구의 명칭 및 번호 등이 나타나 있다. 또한 설계주문서에는 설계에 필요한 사항에 대한 요구를 하게 된다.

프레스 금형의 설계는 제2편에서 설명된 14단계를 순서로 하여 제품의 형상 및 용도에 따라 적용되는 항을 결정해야 할 것이며, 그 금형이 적용되는 프레스의 규격을 참고해야 할 것이다. 그림 3-18은 본장에서 설계하고자 하는 각종 프레스 금형에 대한 프레스 규격의 참고치를 나타낸다.

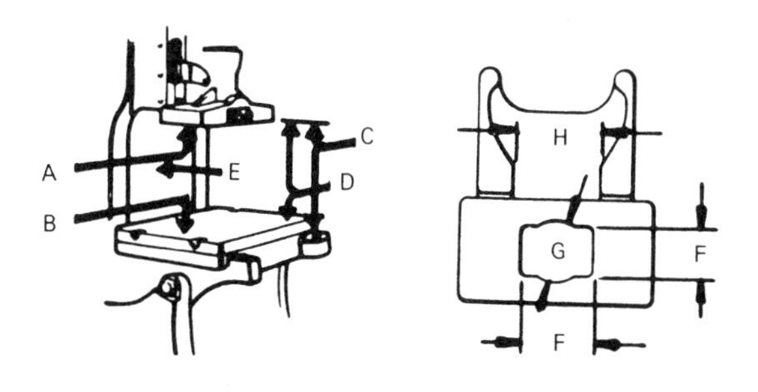

항 목	프 레 스 종 류		항 목	프 레 스 종 류	
	A 형	B 형		A 형	B 형
램 밑면 A의 크기	220×190	215×610	프레스 후부의 개구 H	315	530
볼스터판 B의 크기	370×680	530×840	슬라이드의 조정	63	63
볼스터판의 두께	45	50	스트로우크 (표준치)	75	150
베드↔램간의 금형공간 C	235	250	스트로우크 (최대치)	200	250
볼스터↔램간의 금형공간	190	200	속도 S. P. M (플라이휠식)	120	90
램의 중심↔프레임간 거리E	200	290	속도 S. P. M (백기어식)	240	240
베드의 개구부폭 F	180×300	180×530	용량 톤수	45	45
베드의 개구부 직경 G	10	—	원형 펀치 생크 구멍	40	65

그림 3-18 C형프레임 연방프레스의 규격

도면의 작성은 좌하단에 정면도를 우하단에 측면도를, 좌상단에 하형다이의 평면도를 그리고 우상단에 상형다이의 평면도를 그려 넣으면 도면은 완성될 것이다. 각 부분품을 체결하기 위한 각종 보울트와 맞춤핀의 작도에 특히 주의할 일이다. 도면에는 치수가 기입되어야 하고 적당한 주기가 적용되어야 할 것이다. 재질목록란 및 표제란을 완성시키게 되면 완전한 금형도면이 될 것이다.

도면이 완성되면 다시 결합여부를 검토하여 금형제작실로 보내게 된다.

이제 열 일곱 종류의 각종 프레스 금형에 대하여 열과 성을 다해 설계를 함으로써 유능한 금형설계기사가 될 수 있을 것이다.

〈설계과제 순서〉

설계과제 1	:	피어싱 및 打抜型의 設計
설계과제 2	:	切斷型의 設計
설계과제 3	:	複合型의 設計
설계과제 4	:	트리밍型의 設計
설계과제 5	:	피어싱型의 設計
설계과제 6	:	쉐이빙型의 設計
설계과제 7	:	브로우칭型의 設計
설계과제 8	:	굽힘型의 設計
설계과제 9	:	成形型의 設計
설계과제 10	:	드로오잉型의 設計
설계과제 11	:	커어링型의 設計
설계과제 12	:	벌징型의 設計
설계과제 13	:	스웨이징型의 設計
설계과제 14	:	압출型의 設計
설계과제 15	:	냉간成形型의 設計
설계과제 16	:	순차이송型의 設計
설계과제 17	:	조립型의 設計

✦設計課題 1✦

피어싱 및 打拔型의 設計

첫번째 설계과제는 그림 3-19의 부품 1을 피어싱 및 외형타발하는 금형을 설계하는 것이다. 그림 3-1에 나타낸 금형은 구멍이 없는 블랭크를 떼어내는 아주 단순한 금형도면이다. 이러한 금형은 타발형이라 부른다. 구멍이 없는 평면 블랭크는 거의 없다. 이 과제에서는 피어싱 및 타발형을 설계함으로써 더 많은 것을 배우게 될 것이다. 이 금형에서 두개의 구멍은 첫단계에서 뚫어지게 되고 두번째 단계에서 외형타발된다. 설계주문서 및 공정작업표에는 공구번호 T-1001과 그것이 설계될 연방프레스 A형이 명세되어 있다. 프레스의 규격은 그림 3-18을 적용한다.

블랭크 가공을 위한 재료의 판취전개는 설계의 첫 단계로 이미 전에 설계한 어떤 것보다도 더 높은 수준이 될 수 있도록 아주 주의깊게 설계되고 점검되어야 할 것이다.

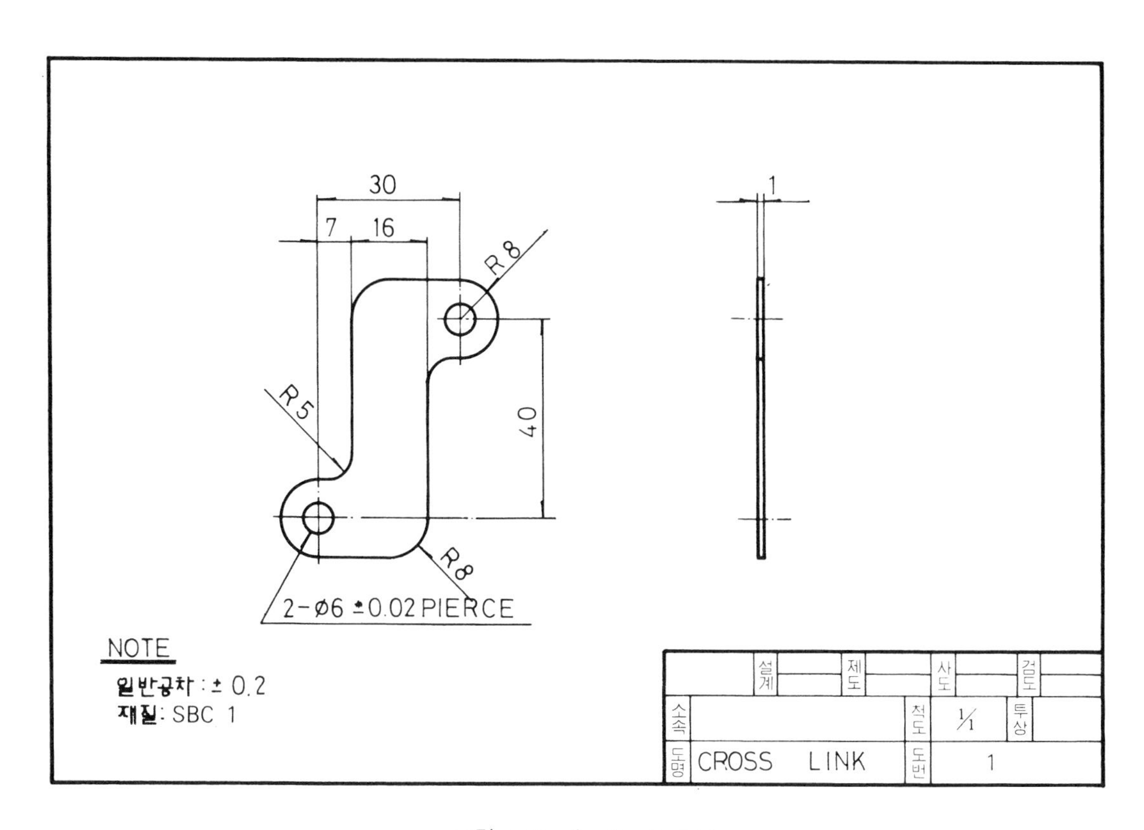

그림 3-19 부 품 도 (1)

설 계 주 문 서

번호 : 80－01　　　　일자 :

요구부서 : 금형 설계과

금형의 명칭 : 피어싱 및 打拔型　　　　공구번호 : T－1001

용　도 : ϕ6 구멍뚫기 및 打拔加工

부 품 명 : CROSS LINK　　　　부품번호 : 1

생 산 량 : 100,000

사용장비 : 연방프레스 A형　　　　장비번호 : 2581

작 성 자 :　　　　검　토 :

공 정 작 업 표

No. 1

공정번호	작 업 명	사 용 장 비	장비번호	공 구 명	공구번호	비 고
10	원 자 재 절 단	통 일 전 단 기	1071			
20	피어싱 및 打拔加工	연방프레스 A형	2581	피어싱 및 打拔型	T－1001	
30	텀 블 링	동양텀블링바렐機	4206			
40	운 반 및 저 장	트 럭				

부 품 명 : CROSS LINK	부품번호 : 1	재　질 : SBC 1
수　량 : 100,000	일　자 :	회 사 명 :
설　계 :	검　토 :	

✦設計課題 2✦

切斷型의 設計

두번째 설계과제는 그림 3-20의 부품가공을 위한 절단형을 설계하는 것이다. 그림 3-2에 나타낸 금형은 전가공으로 구멍뚫기, 노치가공, 또는 다른 작업을 하지 않은 단지 절단작업을 수행하는 기본적인 절단형이다. 다이블록은 장방형의 공구강 블록으로 다이호울더에 보울트와 맞춤핀으로 체결되어 있다. 다이블록과 스트리퍼판은 노치가공용 펀치를 도와주기 위해 넓게 설계되어야 할 것이다. 스톱블록 B의 상면은 절단이 이루어지기 전의 재료상면보다 적어도 5㎜ 정도는 높게 설계되어야 한다.

이러한 금형이 경사된 프레스에서 작동되면 절단된 후의 블랭크는 중력에 의해 프레스의 뒷면으로 미끄러 떨어진다.

펀치의 플랜지는 나사와 맞춤핀으로 펀치호울더에 고정하기 위해 3면으로 퍼져 있다. 도면을 시작하기 전에 노치가공용 펀치의 체결방법을 보여주는 그림 2-82를 참조하여라.

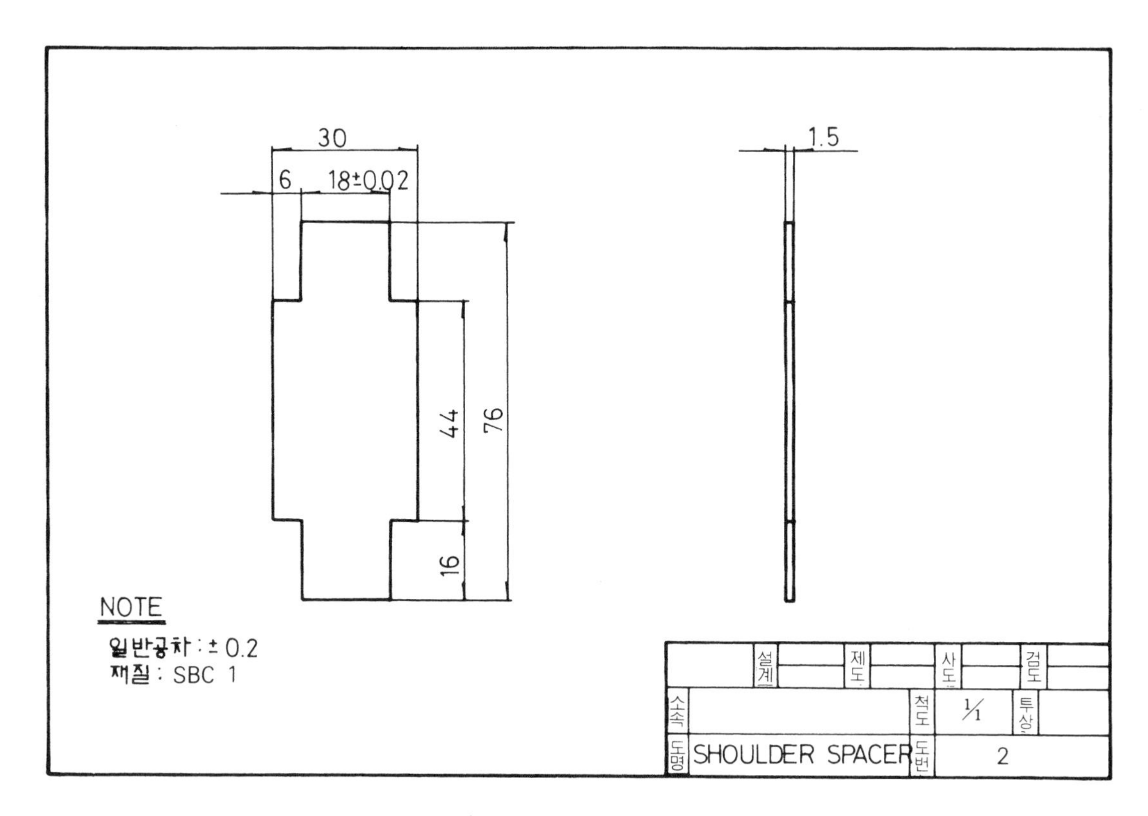

그림 3-20 부 품 도 (2)

설 계 주 문 서

번호 : 80-02 　　　　　　　　　　일자 :

요구부서 : 금형 설계과

금형의 명칭 : 절단형 　　　　　　공구번호 : T-1002

용 도 : 노치가공 및 절단

부 품 명 : SHOULDER SPACER 　　　부품번호 : 2

생 산 량 : 200,000

사용장비 : 연방프레스 A형 　　　　장비번호 : 2582

작 성 자 : 　　　　　　　　　　　검 토 :

공 정 작 업 표

No. 2

공정번호	작 업 명	사 용 장 비	장비번호	공 구 명	공구번호	비 고
10	원 자 재 절 단	통 일 전 단 기	1072			
20	노치가공 및 절단	연방프레스 A형	2582	절 단 형	T-1002	
30	텀 블 링	동양텀블링바렐機	4207			
40	운 반 및 저 장	트 럭				

부 품 명 : SHOULDER SPACER	부품번호 : 2	재 질 : SBC 1
수 량 : 200,000	일 자 :	회 사 명 :
설 계 :	검 토 :	

✦設計課題 3✦

複合型의 設計

세번째 설계과제에서는 그림 3-21의 부품생산을 위한 복합형을 설계하는 것이다. 그림 3-3의 금형은 블랭크 중심에 구멍이 없기 때문에 직접 녹아웃이 설치된 단순한 복합형이다. 녹아웃의 동작을 알려면 그림 1-24를 보자. 녹아웃봉 30은 프레스램 27의 홈에 헐겁게 끼워맞춤되어 있다. 브라켙 20과 28은 프레임에 고정되어 있다. 그것들은 상하로 조정되어 나사로 고정된다. 타발된 부품은 다이구멍과 펀치둘레를 꽉 잡게 된다. 녹아웃봉의 끝이 브라켙에 닿을 때까지 올라가면 녹아웃은 다이구멍의 외부로 블랭크를 밀어낸다. 이러한 금형은 경사된 프레스에서 작동되면 자유상태의 블랭크가 중량에 의해 뒷쪽으로 떨어진다.

그림 3-3의 금형에서 피어싱펀치는 녹아웃판 속으로 압입된 경화부시의 안내를 받는다. 이 과제에서는 피어싱펀치가 충분한 강도를 갖고 있다고 판단되므로 불필요할 것이다.

그림 2-149에서 A에 보여준 방법에 의해 녹아웃판에 녹아웃봉을 고정시켜야 할 것이다. 또한 그림 2-97에서 스트리퍼와 위치결정게이지를, 그림 2-133에서 스프링을, 그림 2-136에서 스트리핑력을, 그리고 그림 2-147에서 압력핀과 스톱칼라(stop collar)를 검토해 볼 일이다.

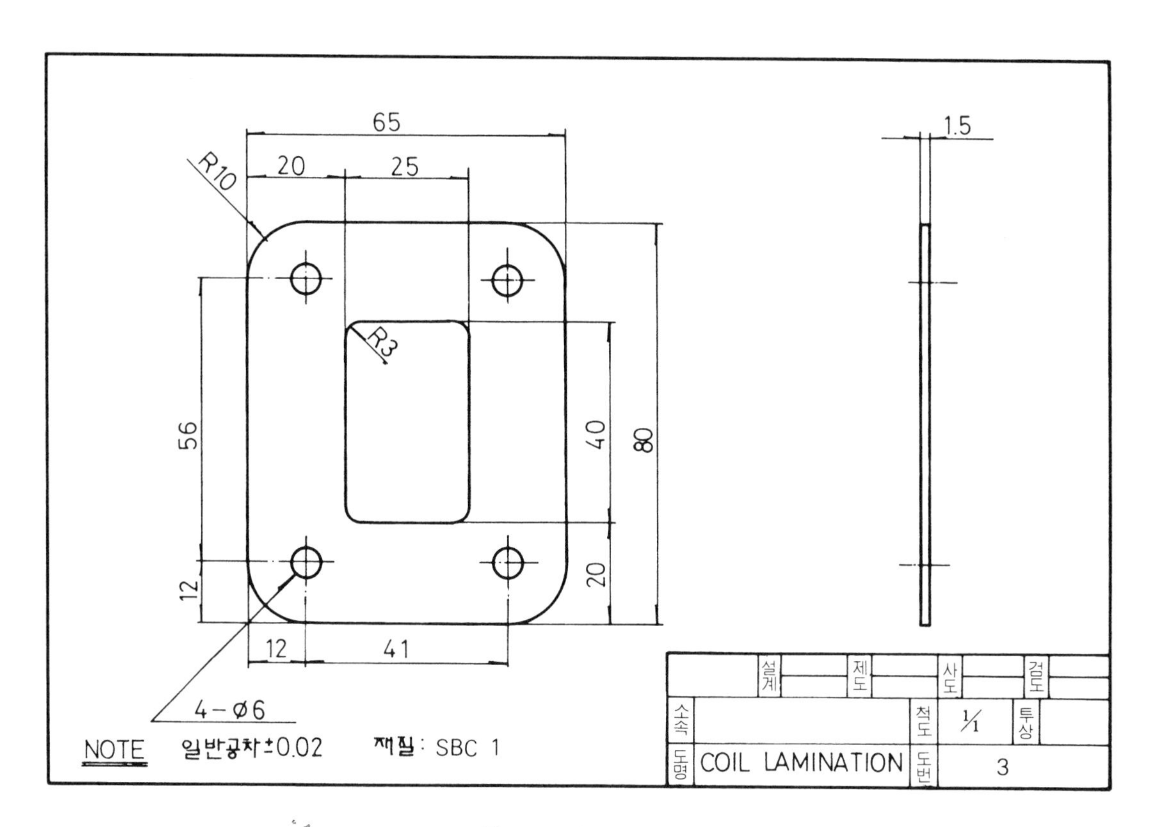

그림 3-21 부 품 도 (3)

설 계 주 문 서

번호 : 80-03 일자 :

요구부서 : 금형 설계과

금형의 명칭 : 複 合 型 공구번호 : T-1003

용 도 : φ6 구멍뚫기 및 打拔加工

부 품 명 : COIL LAMINATION 부품번호 : 3

생 산 량 : 200,000

사용장비 : 연방프레스 A형 장비번호 : 2583

작 성 자 : 검 토 :

공 정 작 업 표

No. 3

공정번호	작 업 명	사 용 장 비	장비번호	공 구 명	공구번호	비 고
10	원 자 재 절 단	통 일 전 단 기	1073			
20	피어싱 및 打拔加工	연방프레스 A형	2583	複 合 型	T-1003	
30	텀 블 링	동양텀블링바렐機	4208			
40	운 반 및 저 장	트 럭				

부 품 명 : COIL LAMINATION	부품번호 : 3	재 질 : SBC 1
수 량 : 200,000	일 자 :	회 사 명 :
설 계 :	검 토 :	

✦設計課題 4✦

트리밍型의 設計

네번째 설계과제는 그림 3-22에 나타낸 용기의 플랜지를 트리밍하는 트리밍형을 설계하는 것이다. 우선 그림 3-4의 참고도면을 보자. 이것은 원통용기를 위한 트리밍형이다. 이같은 작업은 원형의 윤곽을 갖는 용기보다는 다른 윤곽을 갖는 용기에 더 많이 사용될 수 있다. 위치결정 플러그, 다이블록, 트리밍펀치 및 이젝터(ejector)는 트리밍된 용기와 같은 윤곽으로 설계될 것이다.

녹아웃블록의 상면과 펀치호울더의 하면 사이에, 그리고 위치결정 플러그의 하면과 다이호울더의 상면 사이에 연삭을 위한 여유를 6mm 정도 두는 것이 좋다.

위치결정 플러그에 대하여는 불규칙형상의 판 또는 핀을 적용할 수 있고 트리밍시 용기의 변형을 방지하기 위해 플랜지를 녹아웃으로 잡고 트리밍하는 경우도 있다.

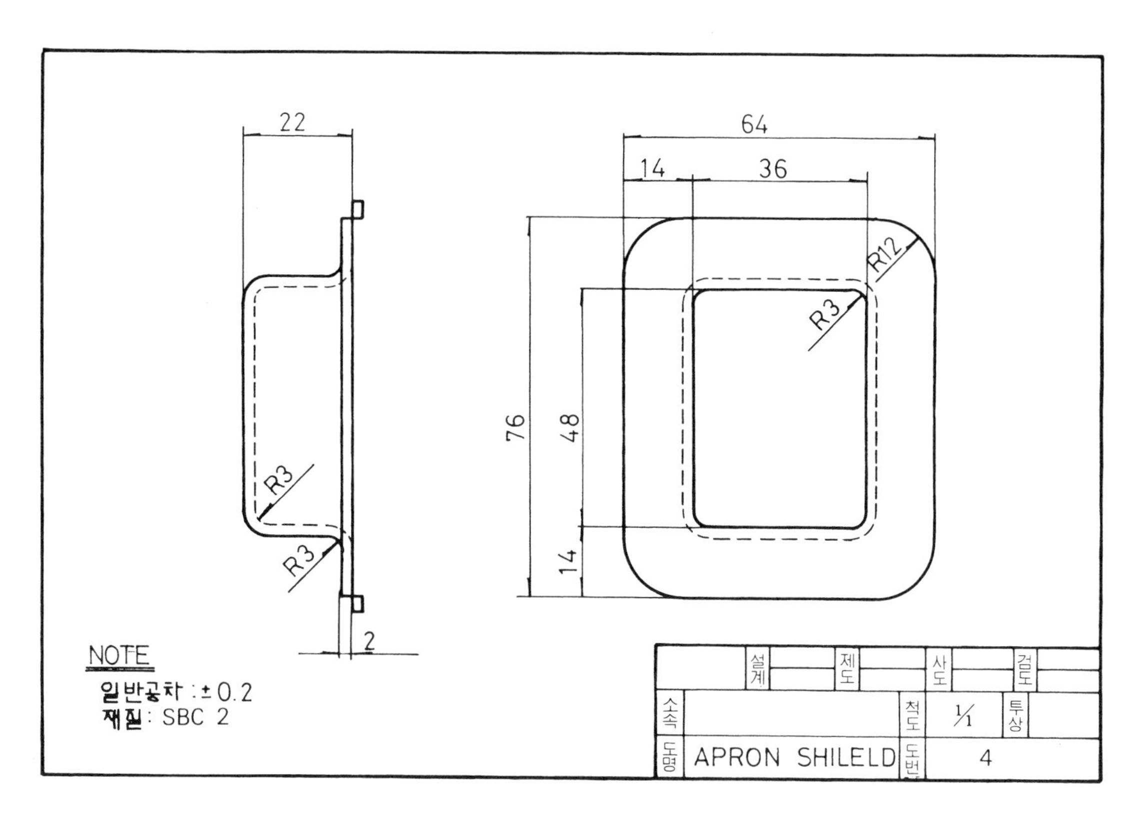

그림 3-22 부 품 도 (4)

설 계 주 문 서

번호 : 80-04 일자 :

요구부서 : 금형 설계과

금형의 명칭 : 트리밍型 공구번호 : T-1004

용 도 : 용기의 플랜지 부분 트리밍

부 품 명 : APRON SHIELD 부품번호 : 4

생 산 량 : 100,000

사용장비 : 연방프레스 A형 장비번호 : 2584

작 성 자 : 검 토 :

공 정 작 업 표

No. 4

공정번호	작 업 명	사 용 장 비	장비번호	공 구 명	공구번호	비 고
10	원 자 재 절 단	통 일 전 단 기	1074			
20	打拔 및 드로오잉	연방프레스 B형	2587	트리밍型	T-1004	
30	트 리 밍	연방프레스 A형	2584			
40	운 반 및 저 장	트 럭				

부 품 명 : APRON SHIELD	부품번호 : 4	재 질 : SBC 2
수 량 : 100,000	일 자 :	회 사 명 :
설 계 :	검 토 :	

✦設計課題 5✦

피어싱型의 設計

다섯번째 설계과제는 그림 3-23에 나타낸 용기의 플랜지에 4개의 구멍을 뚫기 위한 피어싱형을 설계하는 것이다. 그림 3-5는 이번 과제와 아주 흡사한 금형일 것이다. 다이블록의 구멍은 용기의 외측이 끼워지도록 기계가공되어 있어 용기의 플랜지 부분이 다이블록의 윗면에 놓여진다. 상형이 하강되면 펀치는 구멍을 뚫는다. 상승할 때 용기는 위로 따라 붙는다. 뚫어진 구멍의 벽이 펀치의 외주를 꽉 붙들기 때문이다. 녹아웃이 행정의 상사점 부근에서 용기를 벗겨 버린다. 경사프레스가 이 금형에 적용되므로 용기는 프레스 뒷면으로 떨어져 상자속으로 들어간다.

용기의 하면과 다이호울더의 윗면 사이에 6mm 정도의 연삭여유가 적용된다.

그림 2-76은 소형펀치 고정판의 고정방법을 보여준다. 설계과제에서는 4개의 펀치를 설치해야 하므로 구석에 4개의 나사를 적용하는 방법을 원할 것이다. 스트리핑력의 값, 나사의 안전강도 및 정확한 펀치고정판의 두께를 결정해야 한다.

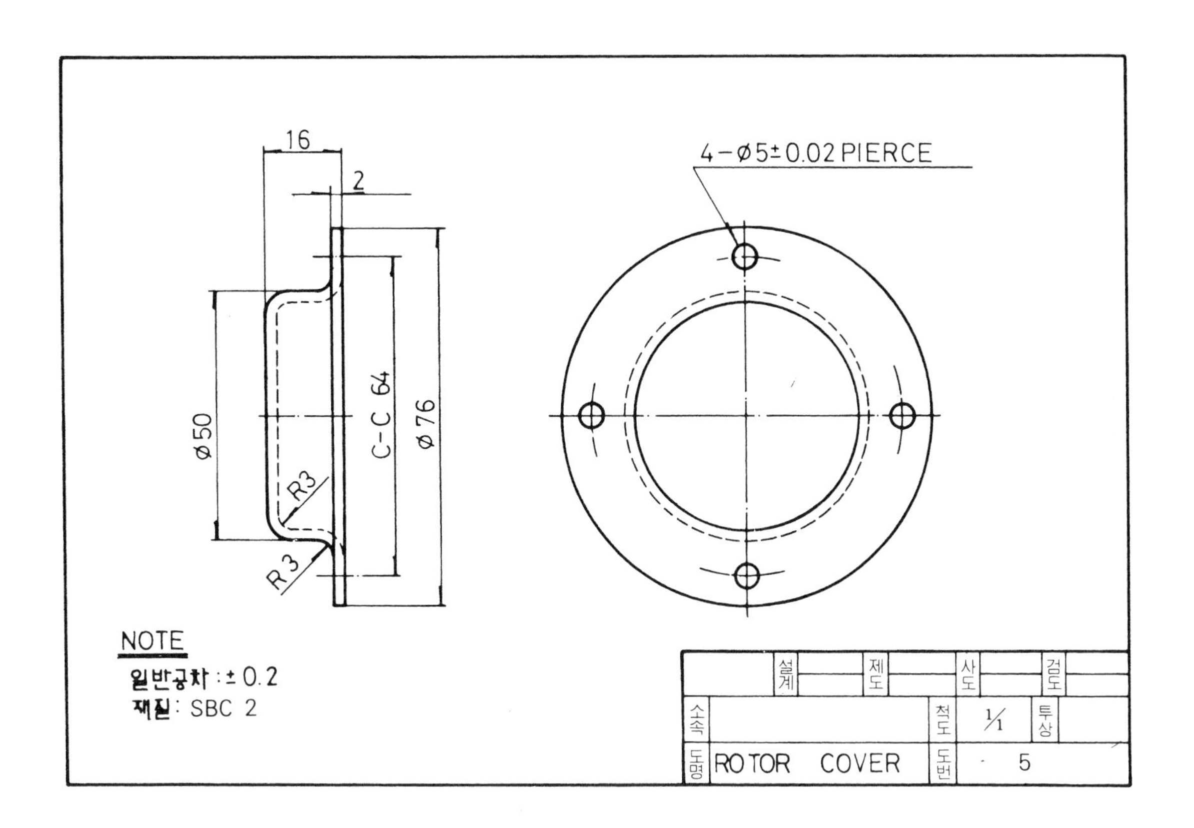

설 계 주 문 서

번호 : 80-05　　　　　　　　　　　일자 :

요구부서 : 금형 설계과

금형의 명칭 : 피어싱(구멍뚫기)型　　　　공구번호 : T-1005

용　도 : ϕ5 구멍뚫기

부 품 명 : ROTOR COVER　　　　　　부품번호 : 5

생 산 량 : 100,000

사용장비 : 연방프레스 A형　　　　　　장비번호 : 2585

작 성 자 :　　　　　　　　　　　　검　토 :

공 정 작 업 표

No. 5

공정번호	작 업 명	사 용 장 비	장비번호	공 구 명	공구번호	비 고
10	원 자 재 절 단	통 일 전 단 기	1075			
20	打拔 및 드로오잉가공	연방프레스 B형	2590			
30	트 리 밍	연방프레스 A형	2581			
40	구 멍 뚫 기	연방프레스 A형	2585	피어싱型	T-1005	
50	운 반 및 저 장	트 럭				

부 품 명 : ROTOR COVER	부품번호 : 5	재 질 : SBC 2
수 량 : 100,000	일 자 :	회 사 명 :
설 계 :	검 토 :	

✦設計課題 6✦

쉐이빙型의 設計

여섯번째 설계과제에서는 그림 3-24에 나타낸 부품의 구멍 및 외측면을 쉐이빙하기 위한 쉐이빙형을 설계하는 것이다. 그림 3-6의 금형도면은 이번 설계과제와 매우 유사한 금형일 것이다.

쉐이빙 가공될 부품은 도면상에 규정된 치수보다 외측면에서는 전주에 걸쳐 0.1mm 정도 크게 타발가공되고, 구멍은 같은 양으로 작게 가공된다. 이 치수들은 직각면, 정밀도 높은 측면가공을 위해 쉐이빙형에서 제거된다.

이 금형은 복합쉐이빙형이다. 구조는 그림 3-3에서 설계된 복합형과 유사하다. 블랭크는 스트리퍼판 윗면에 고정된 네스트 또는 게이지 E속에 넣어지고 프레스램의 하강으로 다이C와 펀치들은 블랭크의 둘레로부터 작은 칩을 깎아낸다. 게이지는 칩을 위한 여유를 내측에 설치하여야 한다.

블랭크의 위치결정을 위한 게이지 또는 네스트를 설계하는 방법을 잘 검토해야 할 것이다.

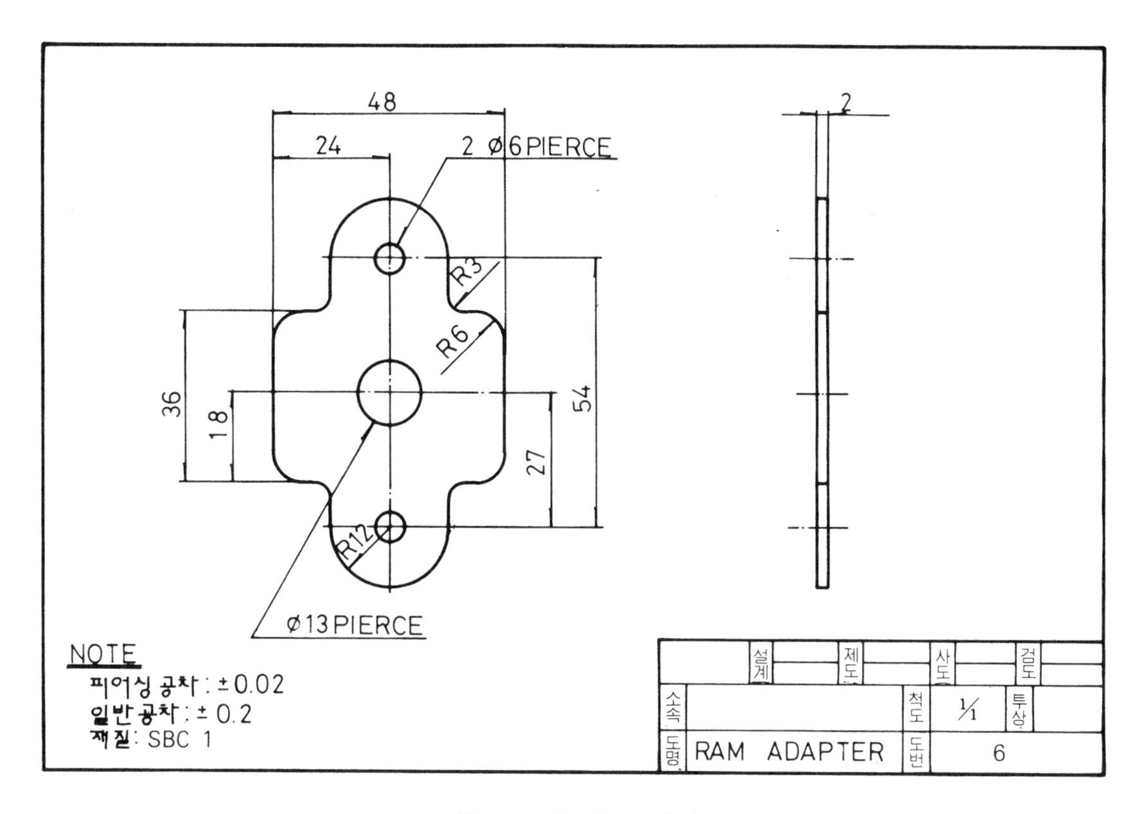

그림 3-24 부 품 도 (6)

설 계 주 문 서

번호:	80-06	일자:	
요구부서:	금형 설계과		
금형의 명칭:	쉐이빙型	공구번호:	T-1006
용 도:	구멍 및 외형 쉐이빙		
부 품 명:	RAM ADAPTER	부품번호:	6
생 산 량:	100,000		
사용장비:	연방프레스 A형	장비번호:	2586
작 성 자:		검 토:	

공 정 작 업 표

No. 6

공정번호	작 업 명	사 용 장 비	장비번호	공 구 명	공구번호	비 고
10	원자재절단	통일전단기	1076			
20	피어싱 및 打拔加工	연방프레스A형	2582			
30	쉐이빙加工	연방프레스A형	2586	쉐이빙형	T-1006	
40	운반 및 저장	트 럭				

부 품 명: RAM ADAPTER	부품번호: 6	재 질: SBC 1
수 량: 100,000	일 자:	회 사 명:
설 계:	검 토:	

✦設計課題 7✦

브로우칭型의 設計

일곱번째 설계과제에서는 그림 3-25에 나타낸 블랭크의 양측면을 톱니모양으로 브로우칭하기 위한 브로우칭형을 설계하는 것이다. 그림 3-7은 이번 설계과제와 아주 유사한 도면일 것이다.

브로우칭은 더 많은 재료가 쉐이빙에 의해 효과적으로 절삭할 필요가 있을 때 사용한다.

피치 또는 이 사이의 거리를 결정하고 브로우치날의 치수를 결정한다. 브로우치 선단에 3개의 안전인선을 추가하여야 할 것이다. 이것들은 절삭에는 가담하지 않으나 실수로 금형내에 치수가 큰 블랭크가 들어올 때의 파손방지를 위한 것이다. 또한 두개의 다듬질용 인선이 마모에 대한 대책으로 브로우치의 뒷면에 추가된다.

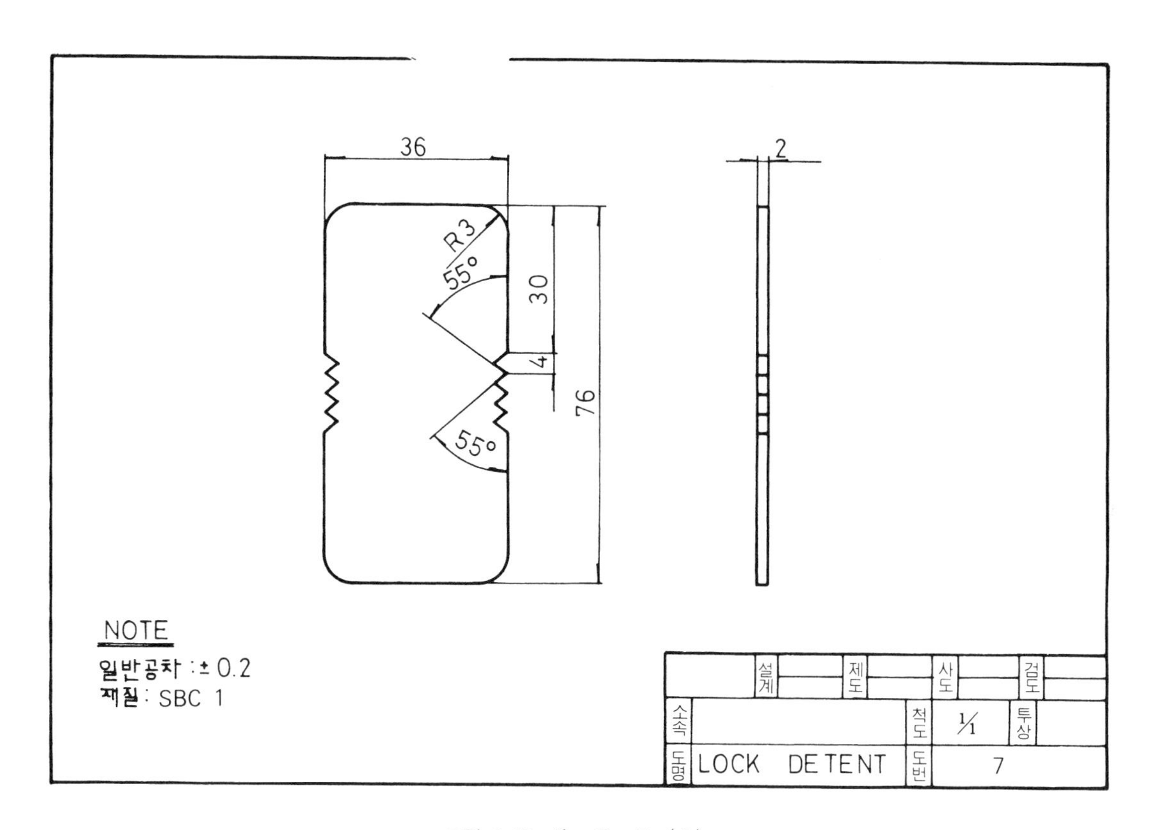

그림 3-25 부 품 도 (7)

설 계 주 문 서

번호 : 80-07 일자 :

요구부서 : 금형 설계과

금형의 명칭 : 브로우칭型 공구번호 : T-1007

용 도 : 톱니 모양의 측면가공

부 품 명 : LOCK DETENT 부품번호 : 7

생 산 량 : 100,000

사용장비 : 연방프레스B형 장비번호 : 2587

작 성 자 : 검 토 :

공 정 작 업 표

No. 7

공정번호	작 업 명	사 용 장 비	장비번호	공 구 명	공구번호	비 고
10	원 자 재 절 단	통 일 전 단 기	1071			
20	打 拔 加 工	연방프레스 A형	2583			
30	브로우치 加工	연방프레스 B형	2587.	브로우칭형	T-1007	
40	운 반 및 저 장	트 럭				

부 품 명 : LOCK DETENT	부품번호 : 7	재 질 : SBC 1
수 량 : 100,000	일 자 :	회 사 명 :
설 계 :	검 토 :	

✦設計課題 8✦

굽힘型의 設計

이번 설계과제는 그림 3-26에 나타낸 부품의 굽힘작업을 위한 굽힘형을 설계하는 것이다. 그림 3-8의 참고도는 게이지가 각 작업에 따른 특정 블랭크의 윤곽으로 기계가공된 것을 제외하고는 이번 설계과제와 아주 유사한 것이다.

참고도의 설명에서 핀 E는 프레스압력장치에서 볼스터판을 관통하여 설치되어 있다. 볼스터판의 두께는 그림 3-18을 참조한다. 또한 다이쿠션(die cushion) 또는 압력장치에 대하여는 그림 1-59를 참조한다.

굽힘형을 설계하기 전에 소재는 타발가공을 거쳐야 할 것이다. 평면블랭크의 치수는 게이지의 치수결정과 설계에 있어서 특히 중요한 것이다. 굽힘을 위한 블랭크의 전개는 제 1 편의 제 2 장 「프레스가공의 특성」 중 굽힘가공편을 참고한다.

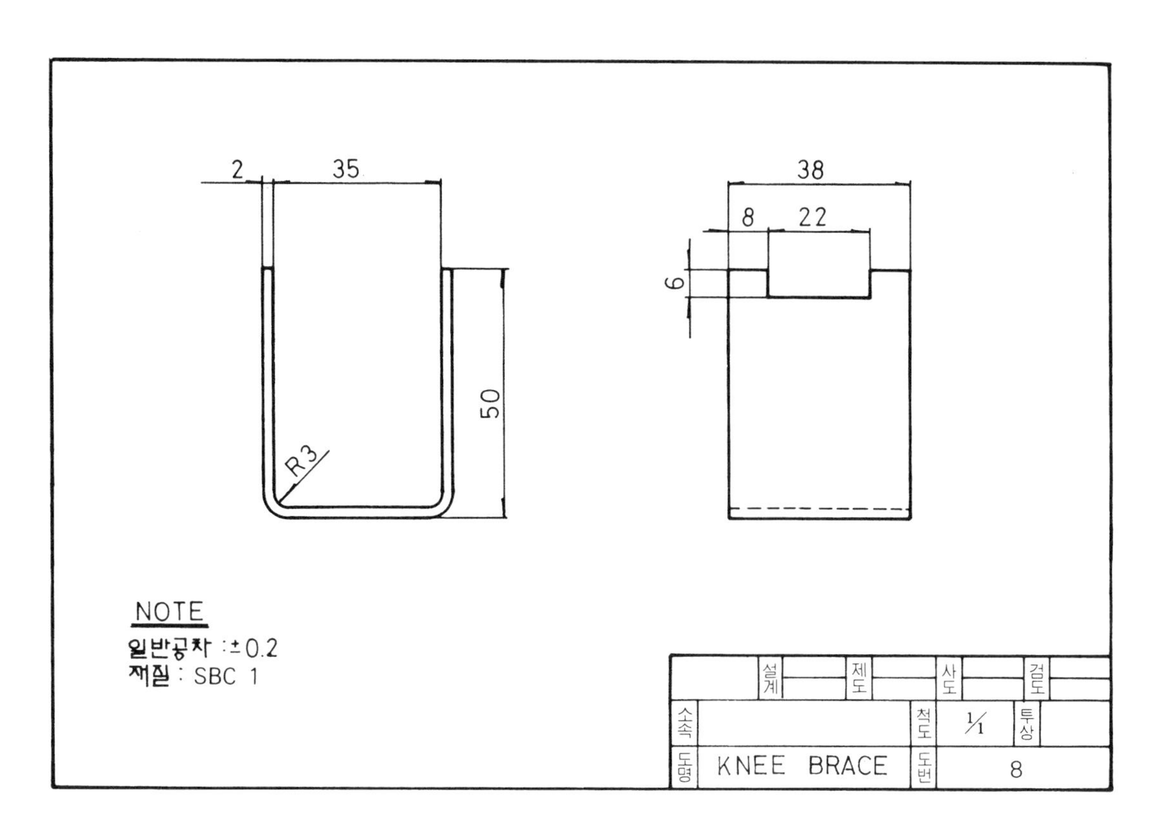

그림 3-26 부 품 도 (8)

설 계 주 문 서

번호 : 80－08　　　　일자 :

요구부서 : 금형 설계과

금형의 명칭 : 굽 힘 型　　　　공구번호 : T－1008

용　　도 : 굽힘가공

부 품 명 : KNEE BRACE　　　　부품번호 : 8

생 산 량 : 100,000

사용장비 : 연방프레스 B형　　　　장비번호 : 2590

작 성 자 :　　　　검　　토 :

공 정 작 업 표

No. 8

공정번호	작 업 명	사 용 장 비	장비번호	공 구 명	공구번호	비 고
10	원 자 재 절 단	통 일 전 단 기	1072			
20	노치가공 및 절단	연방프레스 A형	2584			
30	굽힘가공	연방프레스B형	2590	굽 힘 型	T－1008	
40	운 반 및 저 장	트 럭				

부 품 명 : KNEE BRACE	부품번호 : 8	재 질 : SBC 1
수 량 : 100,000	일 자 :	회 사 명 :
설 계 :	검 토 :	

✦設計課題 9✦

成形型의 設計

이번 과제는 그림 3-27에 나타낸 것과 같은 부품생산을 위한 성형형을 설계하는 것이다. 우선 그림 3-9의 참고도면을 검토해 보면 이번 설계과제와 유사점을 발견할 것이다. 이것은 펀치호울더에 다이블록을 고정시키고 다이호울더에 성형 펀치를 고정시킨 역식금형이다.

성형작업에서 중요한 것은 금형요소로부터 만들어질 블랭크와 재료에서는 심한 소성변형이 발생하게 된다. 모든 금형요소는 그것에 놓여지는 공작물에 대해 견고하여야 하고 각 부분품은 마모에 대한 대책이 서 있어야 한다. 이 금형에서 위치결정게이지 B, 압력패드 C, 성형다이 D, 펀치 E, 녹아웃 F 및 스페이서는 강성과 마모에 대한 대책으로 공구강을 사용한다.

성형형을 설계하기 전에 평면 블랭크의 판취전개를 하여 타발형에 의한 블랭크의 치수를 기준으로 하여 성형형 위치결정게이지의 형상 및 치수를 결정한다.

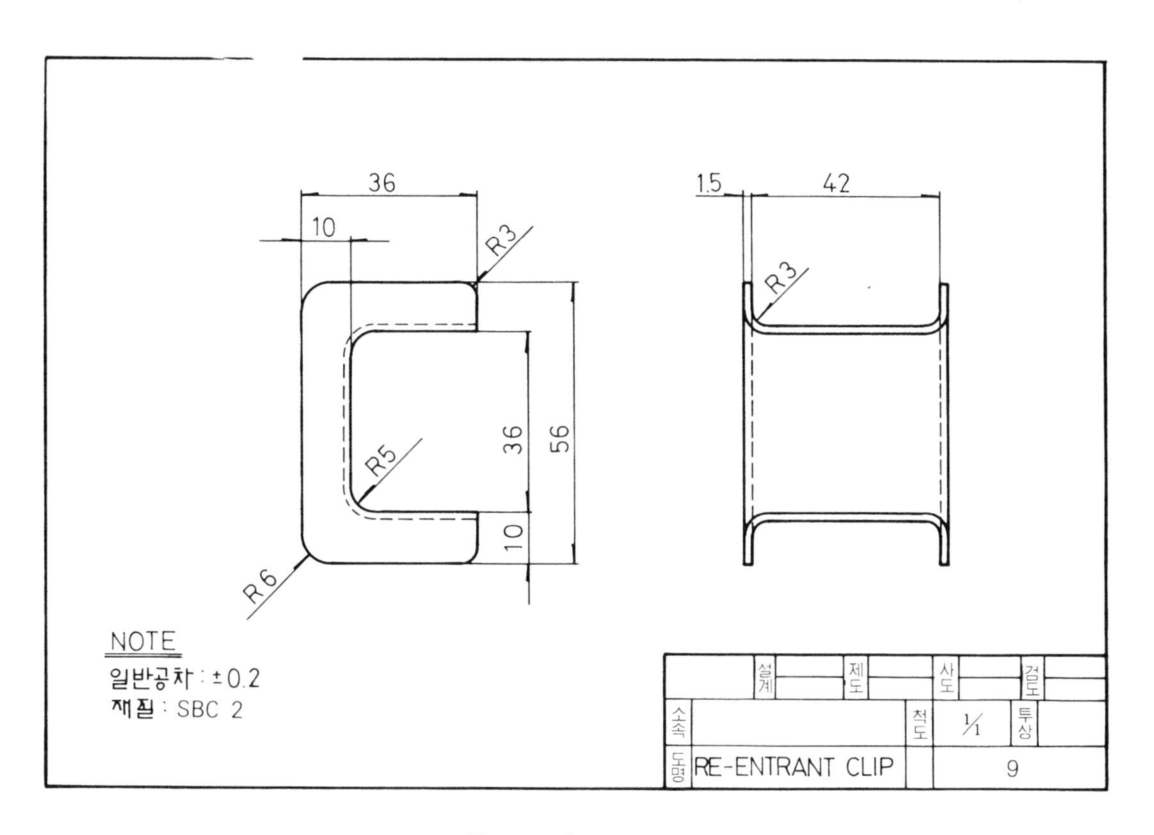

그림 3-27 부 품 도 (9)

설 계 주 문 서

번호 : 80-09　　　　일자 :

요구부서 : 금형 설계과

금형의 명칭 : 成 形 型　　　　공구번호 : T-1009

용 도 : 측면성형

부 품 명 : RE-ENTRANT CLIP　　　　부품번호 : 9

생 산 량 : 100,000

사용장비 : 연방프레스 B형　　　　장비번호 : 2591

작 성 자 :　　　　검 토 :

공 정 작 업 표

No. 9

공정번호	작 업 명	사 용 장 비	장비번호	공 구 명	공구번호	비 고
10	원 자 재 절 단	통 일 전 단 기	1073			
20	노치가공 및 절단	연방프레스 A형	2585			
30	성 형	연방프레스 B형	2591	성 형 형	T-1009	
40	운 반 및 저 장	트 럭	/			

부 품 명 : RE-ENTRANT CLIP	부품번호 : 9	재 질 : SBC 2
수 량 : 100,000	일 자 :	회 사 명 :
설 계 :	검 토 :	

✦設計課題 10✦

드로오잉型의 設計

이번 설계과제는 그림 3-28과 같이 평면블랭크로부터 용기를 드로오잉하기 위한 드로오잉형을 설계하는 것이다. 참고도 그림 3-10을 보면 이번 설계과제와 유사할 것이다. 펀치호울더에 드로오잉다이가 고정되어 있고 하형에 드로오잉펀치가 고정된 역식금형이다. 이 구조는 프레스의 하부에 압력장치를 설치할 수 있는 장점이 있다. 관통되어 설치된 핀 F는 드로오잉되는 용기의 벽을 성형할 때 주름이 생기는 것을 방지하기 위해 힘을 일정하게 조절해 준다.

드로오잉형을 설치하기 전에 평면블랭크의 판취전개를 하여야 한다. 이러한 사항은 제 1 편의 제 2 장 「프레스가공의 특성」에서 드로오잉가공편을 참조한다. 또한 블랭크의 위치결정을 위해 그림 2-106 및 그림 2-110을 참조한다.

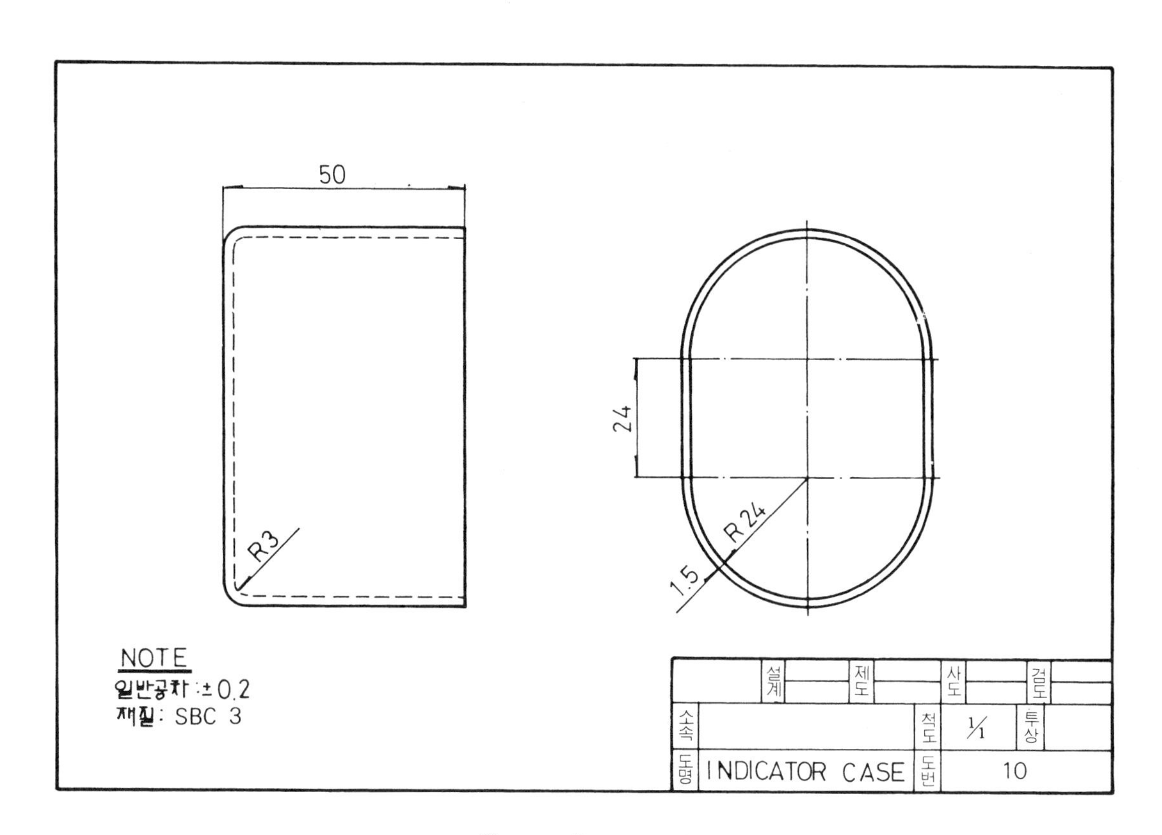

그림 3-28 부 품 도 (10)

설 계 주 문 서

번호 : 80-10　　　　일자 :

요구부서 : 금형 설계과

금형의 명칭 : 드로오잉型　　　　공구번호 : T-1010

용　　도 : 용기의 드로오잉

부 품 명 : INDICATOR CASE　　　　부품번호 : 10

생 산 량 : 100,000

사용장비 : 연방프레스 B형　　　　장비번호 : 2592

작 성 자 :　　　　검　　토 :

공 정 작 업 표

No. 10

공정번호	작 업 명	사 용 장 비	장비번호	공 구 명	공구번호	비 고
10	원 자 재 절 단	통 일 전 단 기	1074			
20	打 抜 加 工	연방프레스 A형	2586			
30	드로오잉 가공	연방프레스B형	2592	드로오잉型	T-1010	
40	운 반 및 저 장	트　럭				

부 품 명 : INDICATOR CASE	부품번호 : 10	재　질 : SBC 3
수　량 : 100,000	일　자 :	회 사 명 :
설　계 :	검　토 :	

✦設計課題 11✦

커얼링型의 設計

이번 설계과제는 그림 3-29에 나타낸 용기의 에지부분을 커어링하기 위한 커어링형을 설계하는 것이다. 그림 3-11의 금형도면은 이번 설계과제와 유사할 것이다. 이 금형은 큰 원통용기가 들어가 자리잡을 수 있는 특수한 다이호울더의 형태를 갖추고 있다. 커어링펀치 C와 다이에 해당되는 커어링 링 D는 재질선택에 특히 주의를 해야 할 것이다.

작업이 끝난 후 용기의 제거를 위하여 다이호울더에 설치되어 있는 녹아웃봉은 다이쿠션 또는 압력장치에 의해 작동된다.

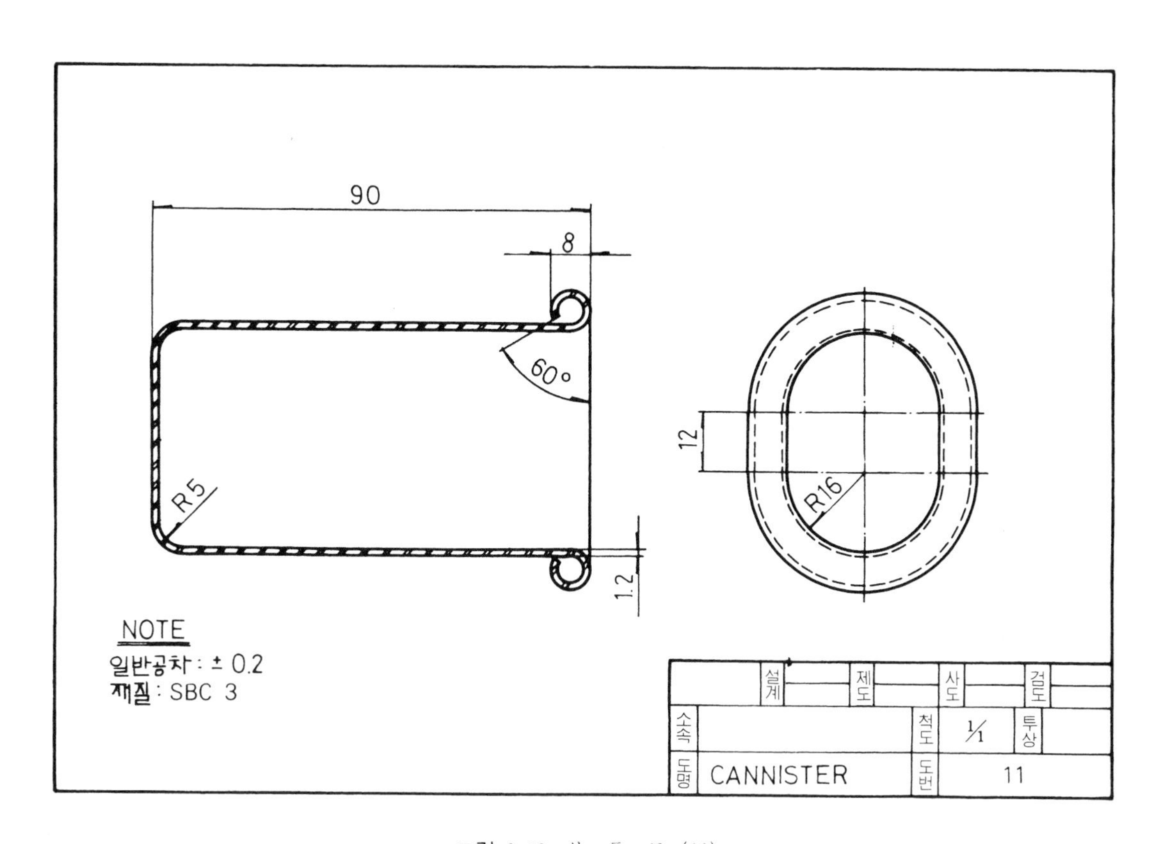

그림 3-29 부 품 도 (11)

설 계 주 문 서

번호 : 80-11　　　　일자 :

요구부서 : 금형 설계과

금형의 명칭 : 커어링型　　　　공구번호 : T-1011

용　도 : 용기의 커어링

부 품 명 : CANNISTER　　　　부품번호 : 11

생 산 량 : 100,000

사용장비 : 연방프레스 B형　　　　장비번호 : 2593

작 성 자 :　　　　검　토 :

공 정 작 업 표

No. 11

공정번호	작 업 명	사 용 장 비	장비번호	공 구 명	공구번호	비 고
10	원 자 재 절 단	통 일 전 단 기	1075			
20	打 拔 加 工	연방프레스 A형	2588			
30	드로오잉및트리밍가공	연방프레스 B형	2594			
40	커 어 링 가 공	연방프레스 B형	2593	커어링型	T-1011	
50	운 반 및 저 장	트　럭				

부 품 명 : CANNISTER	부품번호 : 11	재　질 : SBC 3
수　량 : 100,000	일　자 :	회 사 명 :
설　계 :	검　토 :	

✦設計課題 12✦

벌징型의 設計

이번 설계과제는 그림 3-30에 나타낸 바와 같이 용기의 밑부분을 팽창시키기 위한 벌징형을 설계하는 것이다. 참고도면 3-12는 과제와 유사한 도면이다. 고무는 벌징가공의 매체로 사용된다.

상형이 내려오면 용기의 밑부분은 변형이 시작되어 프레스의 하사점에서 성형이 완료된다. 상형이 올라가면 녹아웃의 작동으로 고무는 본래의 상태가 된다.

벌징가공을 하기 전에 드로오잉 공정이 선행되므로 설계자는 부품가공을 위한 공정설계표를 잘 검토하여야 할 것이다. 또한 드로오잉공정의 전개는 블랭킹공정을 거쳐야 하므로 제품의 높이를 맞추기 위해서는 블랭크의 치수, 용기의 높이를 먼저 결정하여야 할 것이다. 제 1 편의 제 2 장「프레스가공의 특성」에서 드로오잉가공편을 참조하면 결론을 얻을 수 있을 것이다.

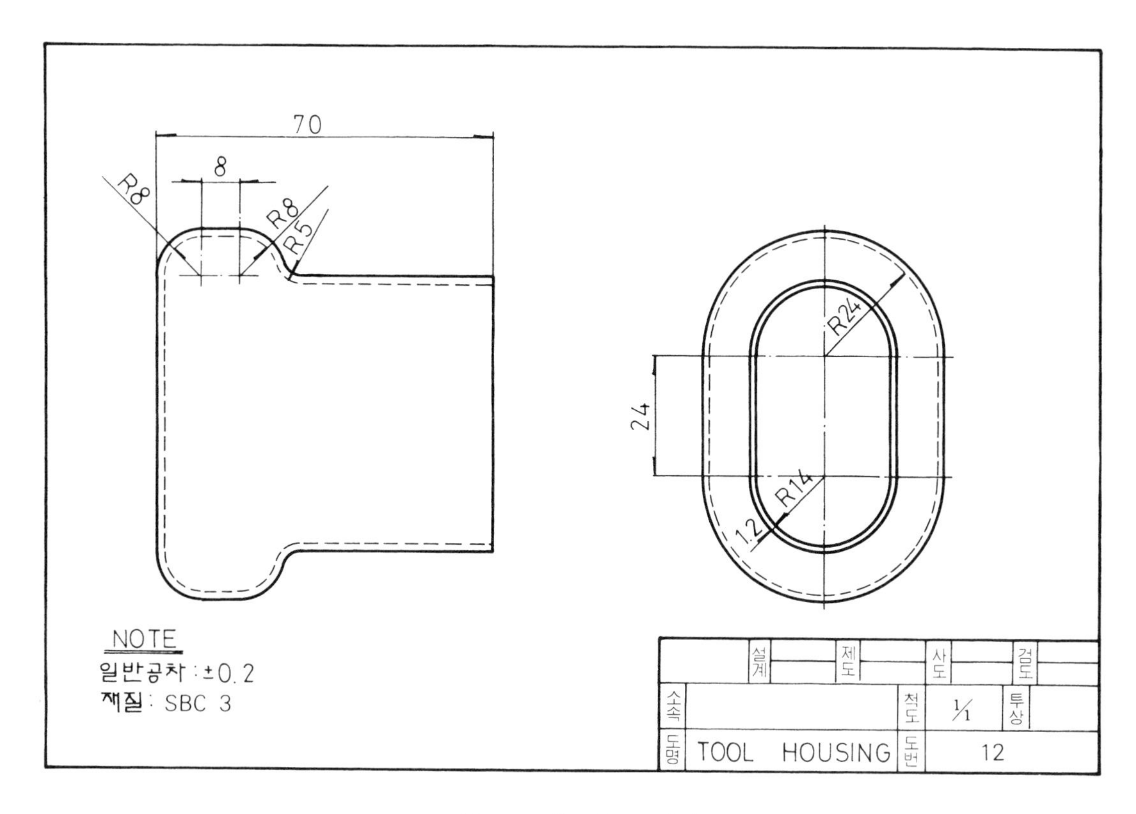

그림 3-30 부 품 도 (12)

설 계 주 문 서

번호 : 80-12　　　　일자 :

요구부서 : 금형 설계과

금형의 명칭 : 벌 징 型　　　　공구번호 : T-1012

용　도 : 원형용기의 벌징가공

부 품 명 : TOOL HOUSING　　　　부품번호 : 12

생 산 량 : 120,000

사용장비 : 연방프레스 B형　　　　장비번호 : 2594

작 성 자 :　　　　검　토 :

공 정 작 업 표

No. 12

공정번호	작 업 명	사 용 장 비	장비번호	공 구 명	공구번호	비 고
10	원 자 재 절 단	통 일 전 단 기	1076			
20	打 拔 加 工	연방프레스 A형	2589			
30	드로오잉 및 트리밍	연방프레스 B형	2595			
40	벌 징 가 공	연방프레스 B형	2594	벌 징 型	T-1012	
50	운 반 및 저 장	트 럭				

부 품 명 : TOOL HOUSING	부품번호 : 12	재　질 : SBC 3
수　량 : 120,000	일　자 :	회 사 명 :
설　계 :	검　토 :	

✦設計課題 13✦

스웨이징型의 設計

이번 설계과제는 그림 3-31에 나타낸 바와 같은 용기의 개방된 부분을 축소시키기 위한 스웨이징형을 설계하는 것이다. 그림 3-13은 과제와 유사한 도면이다.

공정계획표를 보면 최초의 재료판취전개는 용기를 만들기 위한 블랭크의 치수를 결정하여야 할 것이다. 이 블랭크의 치수는 드로오잉가공의 특성에서 용기를 제작하기 위한 블랭크의 치수는 커야하므로 용기의 높이를 맞추기 위해서는 트리밍작업을 수반하게 된다. 이때 용기의 높이는 스웨이징작업을 통해 제작되는 제품치수를 만족하는 것이어야 한다.

다시 참고도면을 살펴보면 녹아웃은 상형과 하형에 모두 설치되어 있다. 하형에 설치되어 있는 녹아웃은 다이쿠션 또는 압력장치에 의해서, 상형의 녹아웃은 프레스 스트로크의 상사점 근처에서 작동되어 제품을 제거하게 된다.

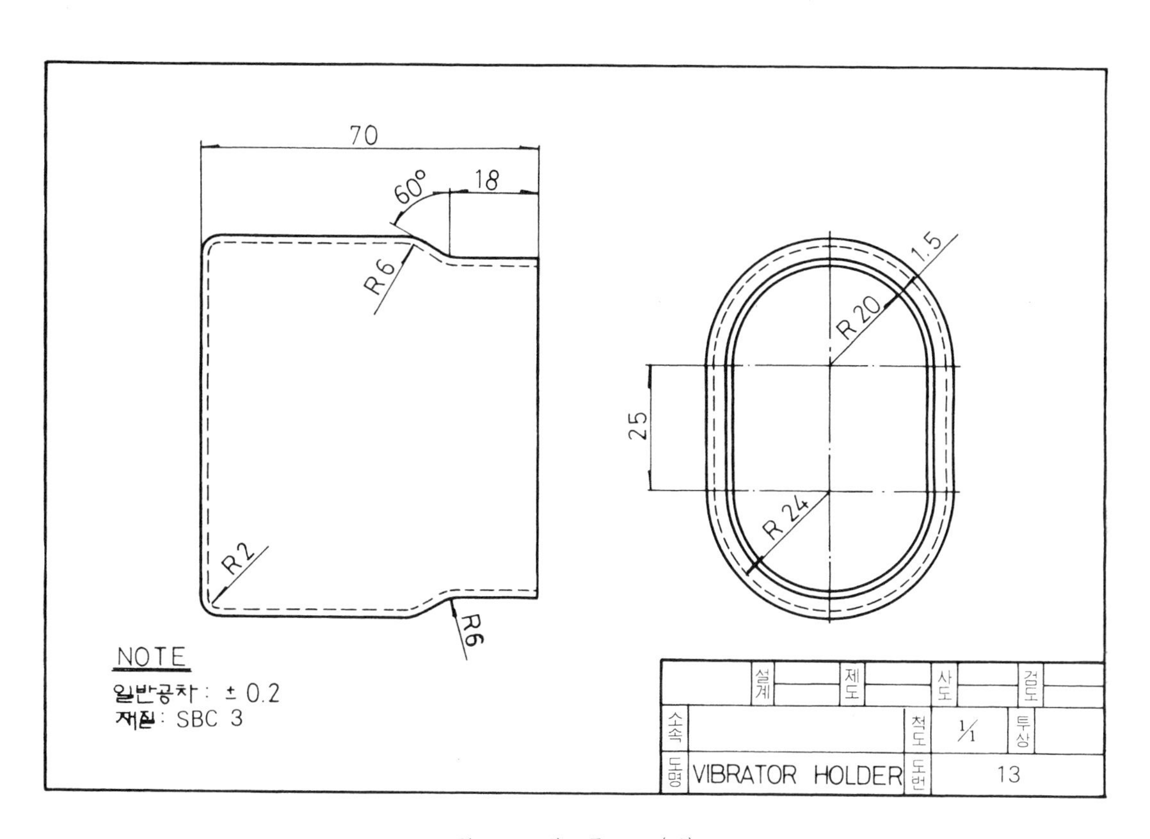

그림 3-31 부 품 도 (13)

설 계 주 문 서

번호 : 80－13　　　　　　　　　　일자 :

요구부서 : 금형 설계과

금형의 명칭 : 스웨이징型　　　　　공구번호 : T－1013

용　　도 : 용기의 개구부 스웨이지 가공

부 품 명 : VIBRATOR HOLDER　　　부품번호 : 13

생 산 량 : 100,000

사용장비 : 연방프레스 B형　　　　　장비번호 : 2595

작 성 자 :　　　　　　　　　　　　검　　토 :

공 정 작 업 표

No. 13

공정번호	작 업 명	사 용 장 비	장비번호	공 구 명	공구번호	비 고
10	원 자 재 절 단	통 일 전 단 기	1071			
20	打 拔 加 工	연방프레스 A형	2588			
30	드로오잉 및 트리밍	연방프레스 B형	2596			
40	스 웨 이 징	연방프레스 B형	2595	스웨이징型	T－1013	
50	운 반 및 저 장	트 럭				

부 품 명 : VIBRATOR HOLDER	부품번호 : 13	재　질 : SBC 3
수　량 : 100,000	일　자 :	회 사 명 :
설　계 :	검　토 :	

✦設計課題 14✦

押出型의 設計

이번 설계과제는 평면소재를 그림 3-32와 같이 압출성형하기 위한 압출형을 설계하는 것이다. 그림 3-14의 과제와 매우 유사한 도면이 될 것이다.

도면작성을 하는 첫단계는 압출되어 용기가 만들어질 평면소재의 치수를 결정하는 일일 것이다. 이것은 용기를 몇 부분으로 나누고 각 부분을 형성하는 소재의 용적을 계산함으로써 해결할 수 있다.

소재의 직경은 제작될 용기의 단면치수와 같게 만들어지게 된다. 따라서 소재의 두께는 용기의 용적을 계산함으로써 결정할 수 있다.

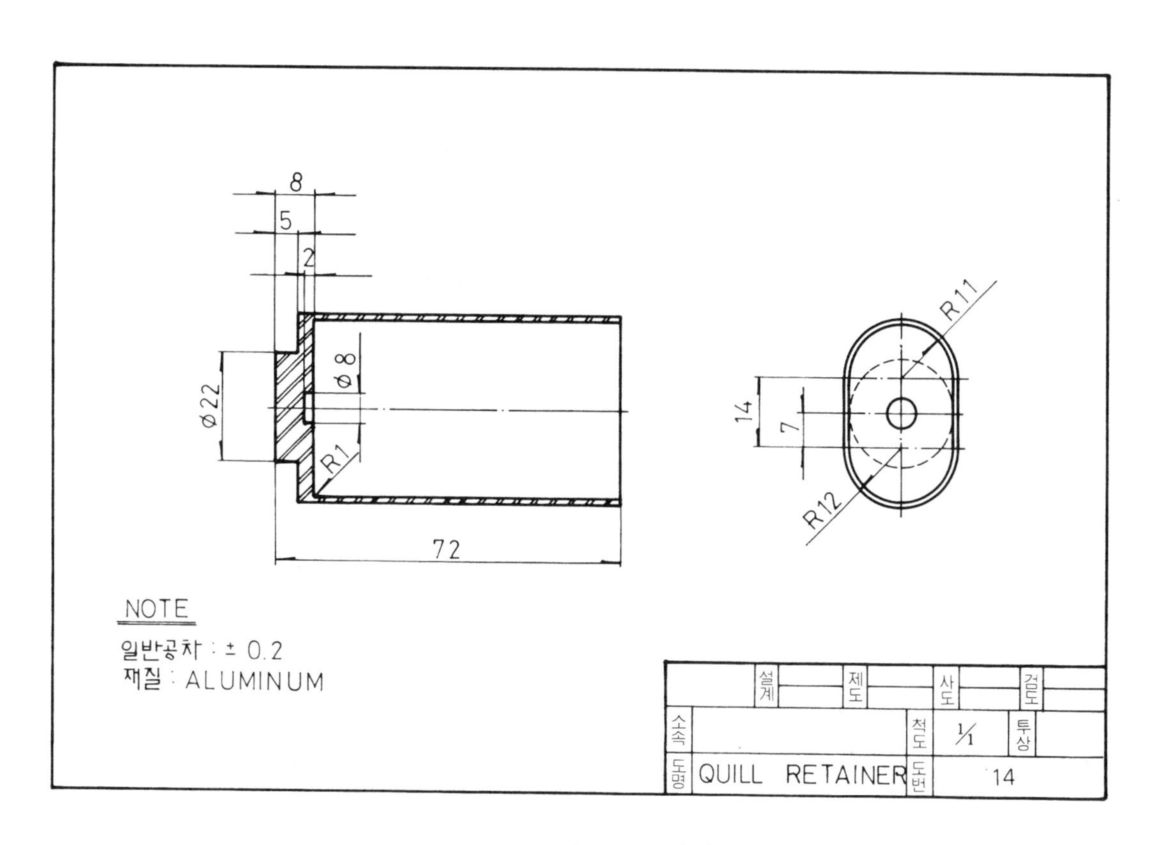

그림 3-32 부 품 도 (14)

설 계 주 문 서

번호 : 80 - 14　　　　일자 :

요구부서 : 금형 설계과

금형의 명칭 : 압 출 형　　　　공구번호 : T - 1014

용　　도 : 용기의 압출

부 품 명 : QUILL RETAINER　　　　부품번호 : 14

생 산 량 : 80,000

사용장비 : 연방프레스B형　　　　장비번호 : 2596

작 성 자 :　　　　검　　토 :

공 정 작 업 표

No. 14

공정번호	작 업 명	사 용 장 비	장비번호	공 구 명	공구번호	비 고
10	원 자 재 절 단	통 일 전 단 기	1072			
20	打 拔 加 工	연방프레스 A형	2589			
30	압 출 가 공	연방프레스 B형	2596	압 출 형	T - 1014	
40	트 리 밍 가 공	연방프레스 B형	2595			
50	운 반 및 저 장	트 럭				

부 품 명 : QUILL RETAINER	부품번호 : 14	재　　질 : ALUMINUM
수　　량 : 80,000	일　　자 :	회 사 명 :
설　　계 :	검　　토 :	

✦設計課題 15✦

冷間成形型의 設計

이번 설계과제는 냉간가공으로 부품의 플랜지부분을 성형하기 위한 냉간성형형을 설계하는 것이다. 그림 3-33의 부품은 참고도 그림 3-15와는 차이점이 있으나 기본적인 금형의 형태는 아주 유사한 것이다.

설계를 시작하기 전에 플랜지 있는 부품이 성형될 소재의 치수를 결정해야 한다. 이것은 부품을 분할하여 용적을 계산하기 쉬운 몇 개의 단면으로 나누어 용적을 계산함으로써 해결할 수 있다.

부품도에서서는 소재의 직경을 ∅16으로 정하고 있으므로 두께를 구하는 것은 용이할 것이다.

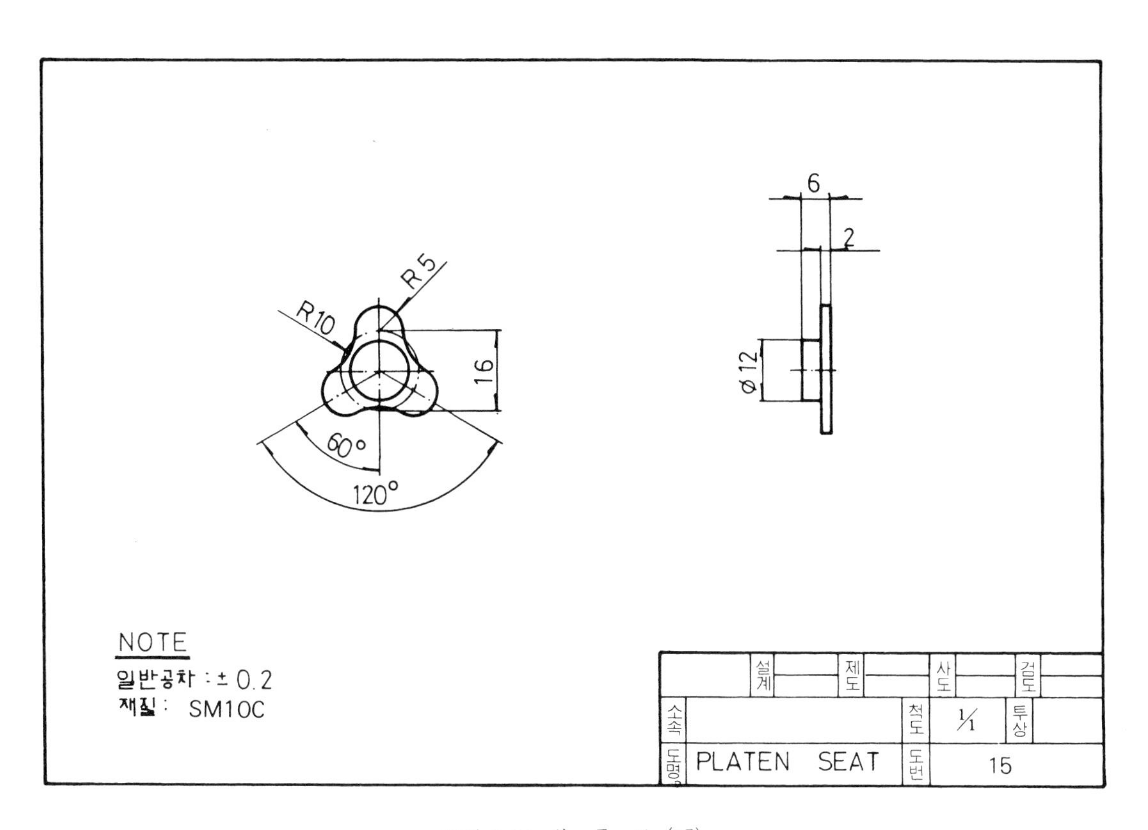

그림 3-33 부 품 도 (15)

설 계 주 문 서

번호 : 80 - 15　　　　　　　　일자 :

요구부서 : 금형 설계과

금형의 명칭 : 냉간성형형　　　　　　공구번호 : T - 1015

용 도 : 플랜지의 냉간성형

부 품 명 : PLATEN SEAT　　　　　　부품번호 : 15

생 산 량 : 80,000

사용장비 : 연방프레스 A 형　　　　　장비번호 : 2597

작 성 자 :　　　　　　　　　　　검 토 :

공 정 작 업 표

No. 15

공정번호	작 업 명	사 용 장 비	장비번호	공 구 명	공구번호	비 고
10	원 자 재 절 단	통 일 전 단 기	1073			
20	打 拔 加 工	연방프레스 A형	2599			
30	냉간 성형 가공	연방프레스 A 형	2597	냉간성형형	T - 1015	
40	트 리 밍	연방프레스 A 형	2598			
50	운 반 및 저 장	트 럭				

부 품 명 : PLATEN SEAT	부품번호 : 15	재 질 : SM10C
수 량 : 80,000	일 자 :	회 사 명 :
설 계 :	검 토 :	

✦設計課題 16✦

順次移送型의 設計

이번 설계과제는 소재에 구멍뚫기, 엠보싱, 노치가공, 굽힘가공 및 절단을 위한 순차이송형을 설계하는 것이다. 부품도 3-34가 참고도면 그림 3-16에 나타낸 제품과 다른 것은 네 개의 엠보싱 작업되어 돌출된 부분을 갖는 것 뿐이므로 금형의 형태는 매우 유사하게 될 것이다. 참고도에서 금형은 2단계로 작업된다. 첫단계에서 구멍뚫기 및 노치가공을, 2단계에서 굽힘가공 및 절단가공을 함으로써 제품의 정도를 높힐 수 있다. 수동 및 자동정지구가 설치되어 있지 않은 것에 주의할 일이다.

엠보싱펀치는 재료를 쑥 들어가게 하기 위하여 그 선단부를 둥글게 만드는 것을 제외하고는 피어싱펀치와 같다.

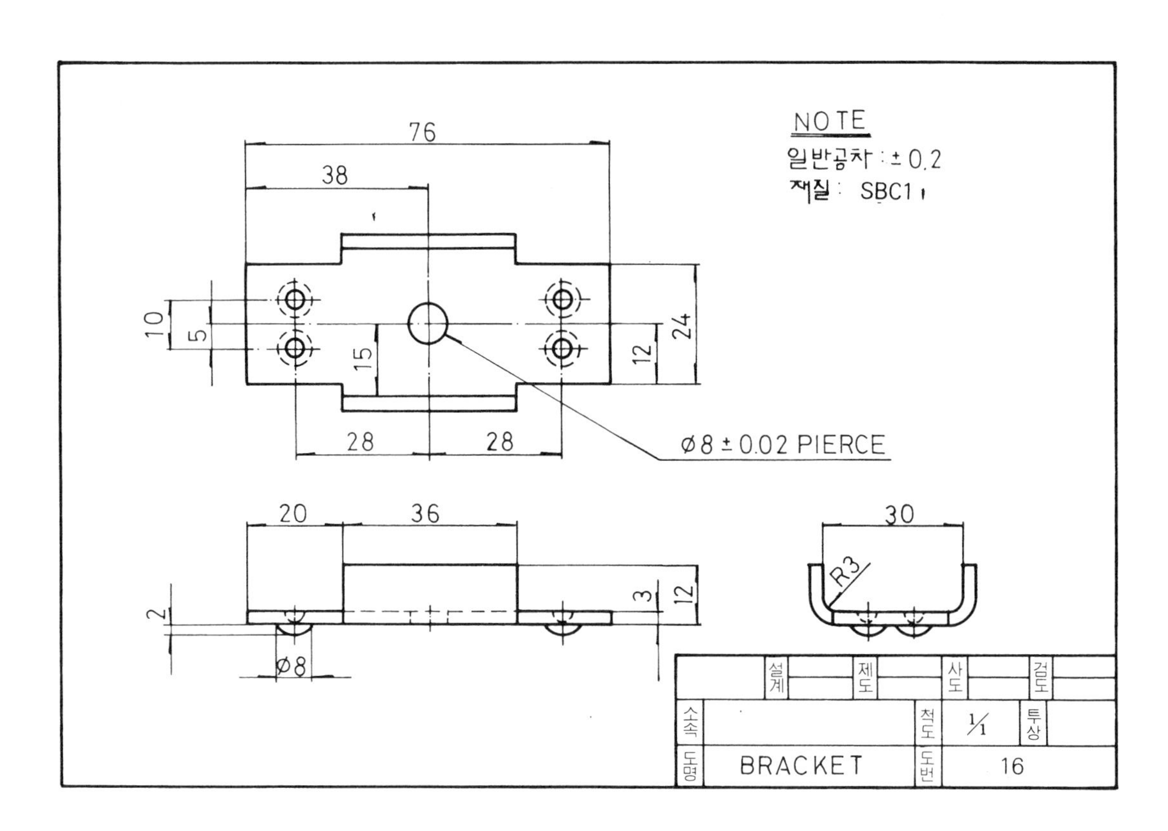

그림 3-34 부 품 도 (16)

설 계 주 문 서

번호 : 80-16　　　　일자 :

요구부서 : 금형 설계과

금형의 명칭 : 순차이송형　　　　공구번호 : T-1016

용　도 : 구멍뚫기, 엠보싱, 노치가공, 굽힘 및 절단가공

부 품 명 : BRACKET　　　　부품번호 : 16

생 산 량 : 100,000

사용장비 : 연방프레스 A형　　　　장비번호 : 2598

작 성 자 :　　　　검　토 :

공 정 작 업 표

No. 16

공정번호	작 업 명	사 용 장 비	장비번호	공 구 명	공구번호	비 고
10	원 자 재 절 단	통 일 전 단 기	1074			
20	구멍뚫기, 엠보싱, 노치가공, 굽힘 및 절단가공	연방프레스 A형	2598	순차이송형	T-1016	
30	운 반 및 저 장	트　럭				

부 품 명 : BRACKET	부품번호 : 16	재　질 : SBC 1
수　량 : 100,000	일　자 :	회 사 명 :
설　계 :	검　토 :	

✦設計課題 17✦

組立型의 設計

마지막 설계과제는 피어싱가공된 부품에 핀을 리베팅하기 위한 조립형을 설계하는 것이다. 우선 그림 3-17의 참고도면을 검토하여 볼 일이다.

과제에서는 더 많은 플런저와 리베팅펀치를 설치해야 한다는 것을 제외하고는 참고도와 유사할 것이다.

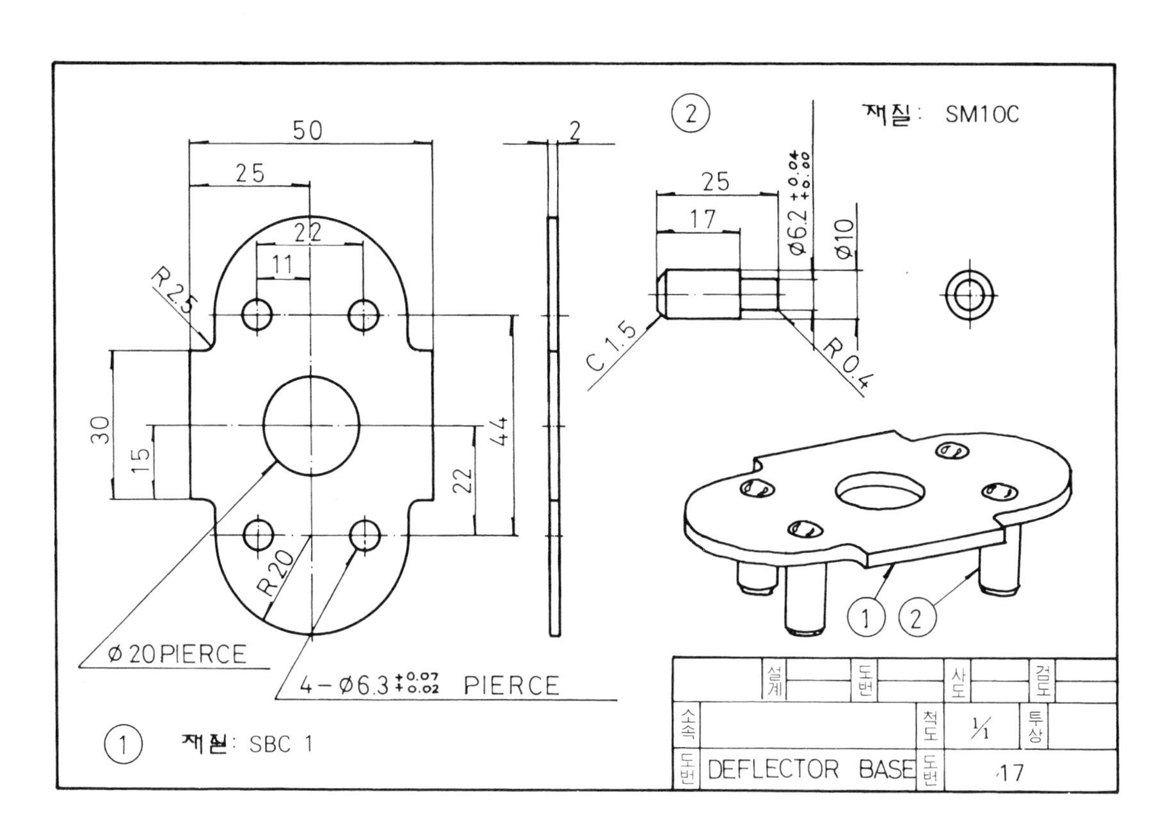

그림 3-35 부 품 도 (17)

설 계 주 문 서

번호 : 80-17　　　　일자 :

요구부서 : 금형 설계과

금형의 명칭 : 조 립 형　　　　공구번호 : T-1017

용　도 : 판에 핀을 억지 끼워맞춤으로 조립

부 품 명 : DEFLECTOR BASE　　　　부품번호 : 17

생 산 량 : 50,000

사용장비 : 연방프레스 A형　　　　장비번호 : 2600

작 성 자 :　　　　검　토 :

공 정 작 업 표

No. 17

공정번호	작 업 명	사 용 장 비	장비번호	공 구 명	공구번호	비 고
10	원 자 재 절 단	통 일 전 단 기	1075			
20	피어싱 및 打拔加工	연방프레스 A형	2581			
30	판 에 핀 조 립	연방프레스 A형	2600	조 립 형	T-1017	
40	운 반 및 저 장	트 럭				

부 품 명 : DEFLECTOR BASE	부품번호 : 17	재 질 : ① SBC 1 ② SM 10C
수 량 : 50,000	일 자 :	회 사 명 :
설 계 :	검 토 :	

第3章　金型設計의 實際

조립체를 설계하는 데는 일정한 순서를 지켜야 쉽게 문제를 해결할 수 있다. 부품 D－O를 가공하기 위한 금형을 설계순서에 의하여 설계해 보고자 한다.

첫번째 단계에서는 가장 적합한 판취전개를 하고 브릿지 여유를 고려하여 재료의 폭과 피치를 정하였다.

두번째 단계에서는 다이블록의 각부 치수를 결정하였는데 블랭크를 위한 구멍의 치수는 제품의 치수와 같음을 알 수 있고 피어싱 펀치를 위한 구멍의 치수는 제품치수보다 큰 것을 보여준다.

세번째 단계에서는 블랭킹을 위한 타발펀치를 보였는데 플랜지의 일부가 절단된 것은 피어싱 펀치고정을 위해 자리를 마련해 주기 위해서이다.

네번째 단계에서는 플랜지 있는 원통형 피어싱 펀치의 각부 치수를 보여준다.

다섯번째 단계에서는 펀치고정판의 각부 치수를 보여준다.

여섯번째 단계에서는 탄환형 파이럿의 각부 치수를 보여준다. 이 파이럿은 세번째 단계에서 치수가 결정된 파이럿을 위한 구멍에 들어가 파이럿 고정나사로 체결되게 된다.

일곱번째 단계에서는 위치결정 게이지의 각부 치수를 보여준다. 이것은 다이블록 윗면에 설치되는데 뒷면에 설치된다 하여 백 게이지(back gauge)라고도 불리운다. 이때 앞쪽에는 전면 스페이서가 설치되는데 도번 D－7에서는 생략하였다.

여덟번째 단계에서는 수동 정지구의 각부 치수를 결정하였다.

아홉번째 단계에서는 자동 정지구의 각부 치수를 결정하였다.

열번째 단계에서는 스트리퍼판의 각부 치수를 보여주고 있는데 평면도의、좌측 하단부에 자동 정지구를 위한 홈이 가공되어 있음을 알 수 있다.

열한번째 단계에서는 자동정지구를 작동시키기 위한 사각머리 고정나사를 보여주고 있는데 스트리퍼 보울트, 맞춤핀, 육각 홈붙이 나사, 납작머리 나사 및 리베트 등은 표준규격품으로 도면화하지 않았다.

열두번째 단계에서는 가장 적합한 형태의 다이세트의 선정은 물론이려니와 상기의 각 부분품들을 체결하기 위한 체결구의 구멍, 블랭크와 슬러그의 퇴출을 위한 구멍의 치수가 결정되어야한다.

열세번째 단계에서는 완성된 도면에서의 각부 치수를 나타내었고 마지막으로

열네번째 단계에서는 각 부분품에 대한 재질목록을 열거하였다.

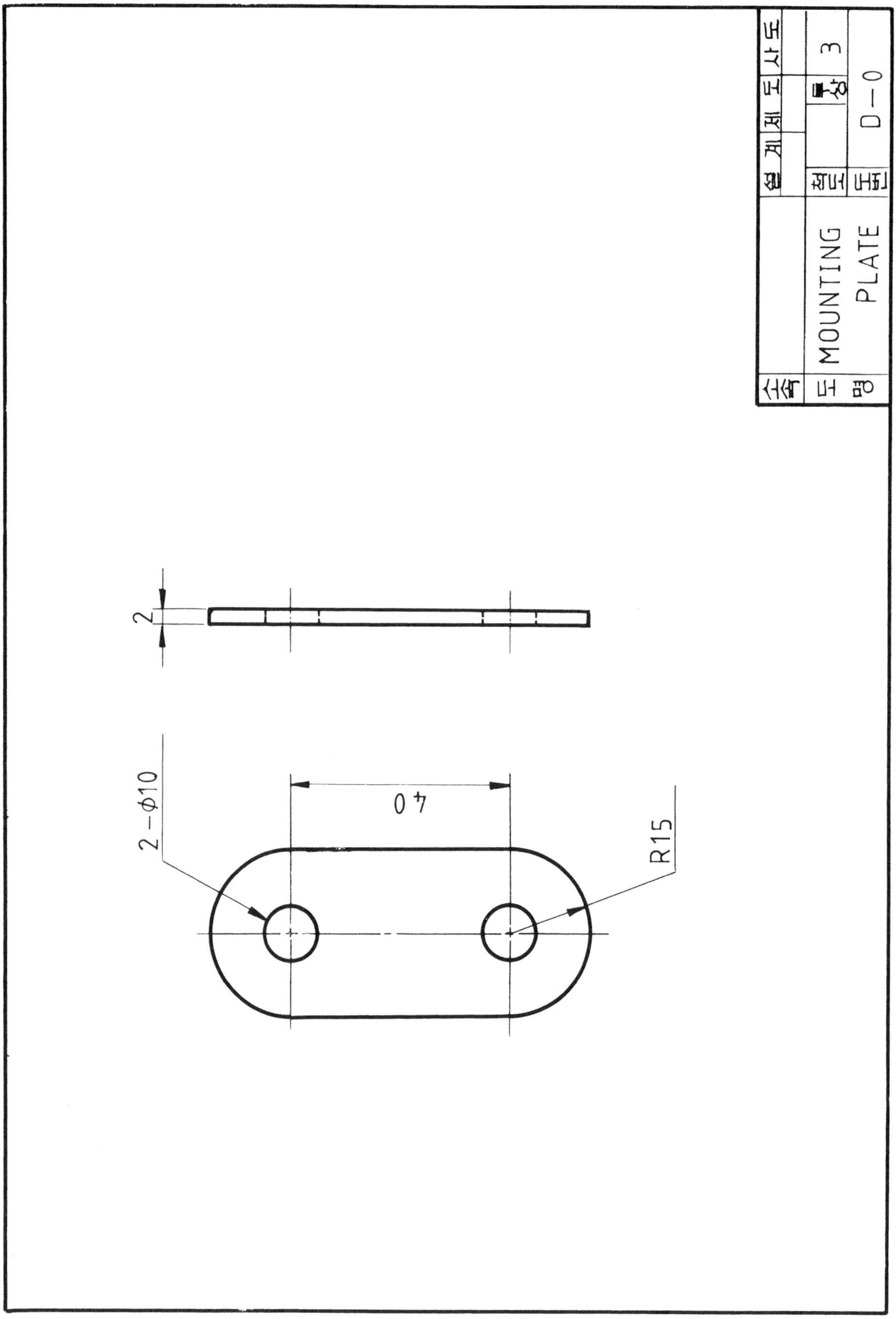

MOUNTING PLATE

D－0

3

2－φ10

40

R15

2

설 계 주 문 서

번호 : 80-00　　　　일자 :

요구부서 : 금형 설계과

금형의 명칭 : 피어싱 및 打拔型　　　　공구번호 : D-11001

용　　도 : ϕ10 구멍뚫기 및 打拔

부 품 명 : MOUNTING PLATE　　　　부품번호 : 0

생 산 량 : 100,000

사용장비 : 연방프레스 A형　　　　장비번호 : 2580

작 성 자 :　　　　검　　토 :

공 정 작 업 표

No. 80-00

공정번호	작 업 명	사 용 장 비	장비번호	공 구 명	공구번호	비 고
10	원 자 재 절 단	통 일 전 단 기	1070			
20	피어싱 및 打拔加工	연방프레스 A형	2580	피어싱 및 打拔型	D-11001	
30	텀 블 링	동양텀블링바렐機	4200			
40	운 반 및 저 장	트 럭				

부 품 명 : MOUNTING PLATE	부품번호 : 0	재 질 :
수 량 : 100,000	일 자 :	회 사 명 :
설 계 :	검 토 :	

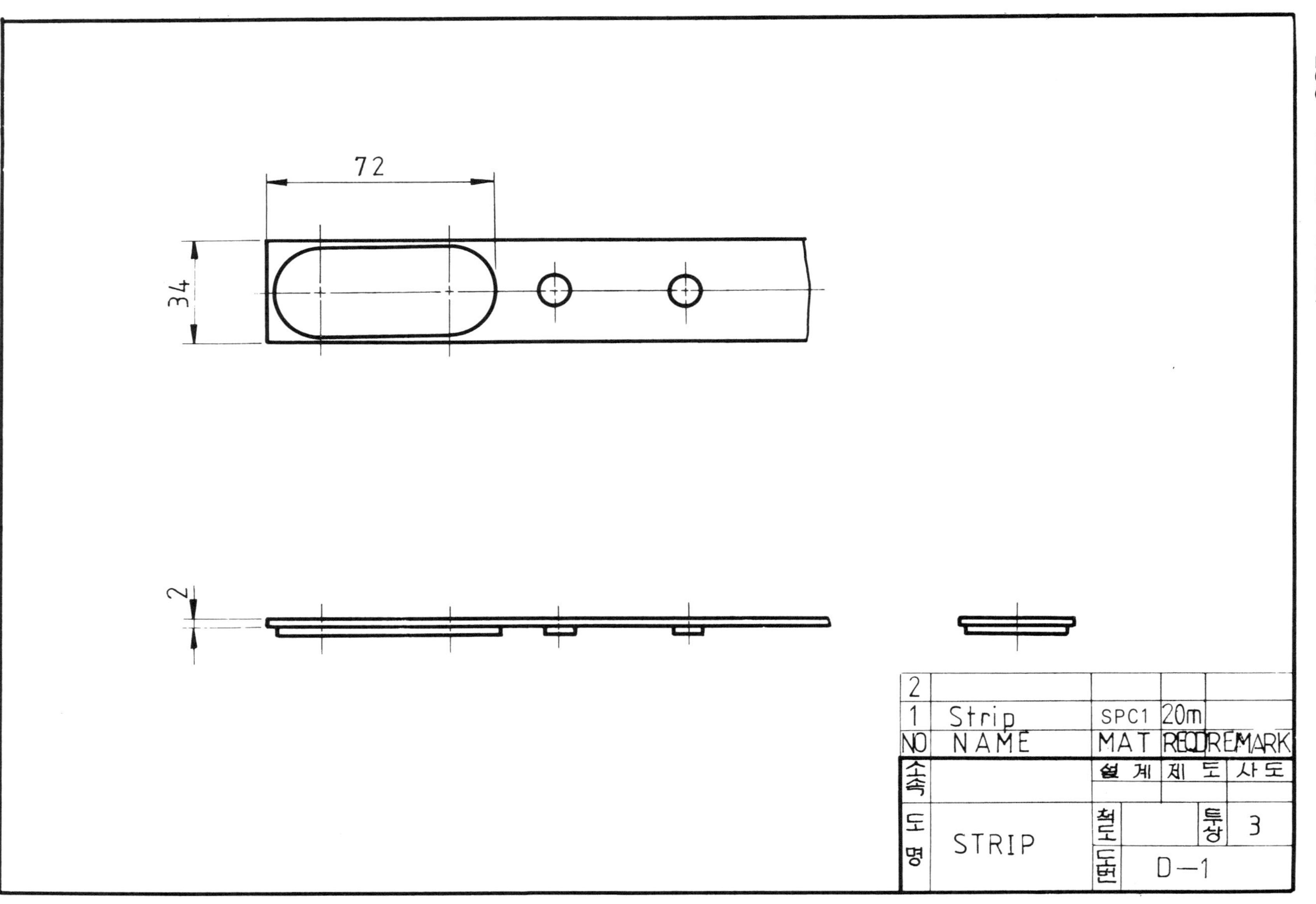

72
34
2
2
1
Strip
SPC1
20m
NO
NAME
MAT
REQD
REMARK
소속
설계
제도
사도
도명
STRIP
척도
투상
3
도번
D-1

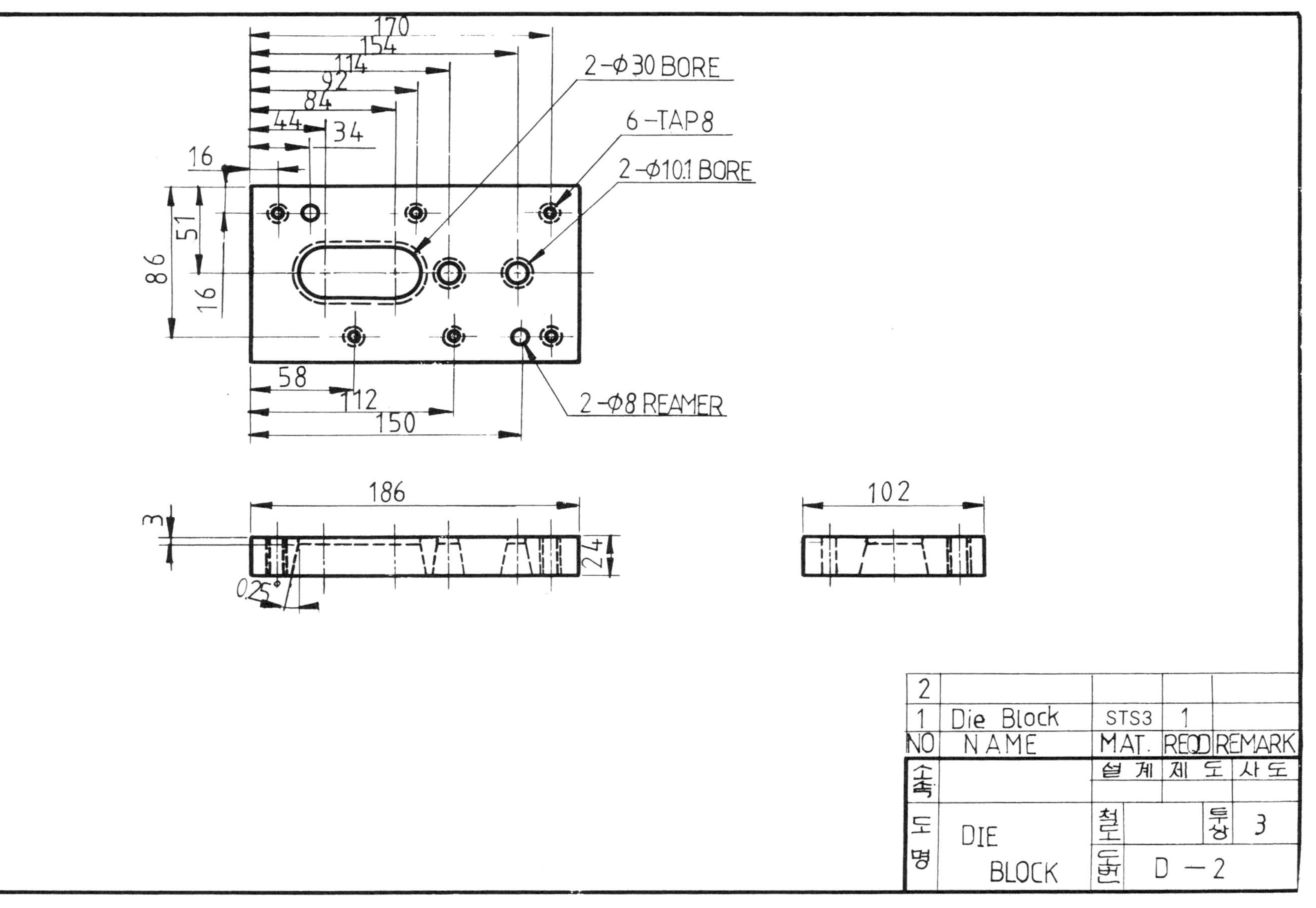
170
154
114
92
84
44
34
16
2-Φ30 BORE
6-TAP8
2-Φ10.1 BORE
86
51
16
58
112
150
2-Φ8 REAMER
186
3
24
0.25
102
2
1 Die Block STS3 1
NO NAME MAT. REQD REMARK
소속 설계 제도 사도
도명 DIE BLOCK 척도 투상 3
도번 D-2

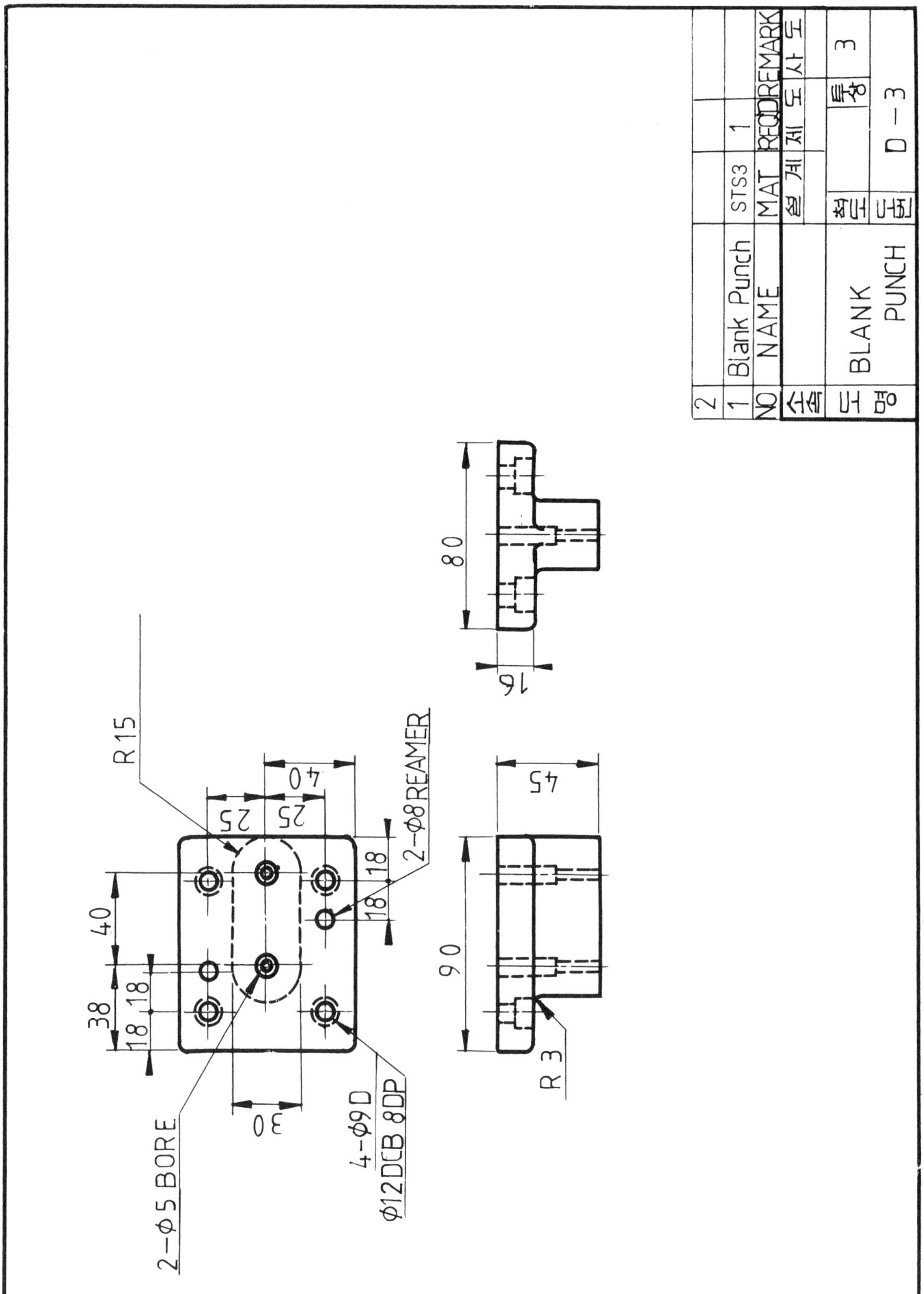

38
40
18 18
R15
2-φ5 BORE
30
25
25
40
4-φ9D
φ12DCB 8DP
18 18
2-φ8REAMER
90
80
16
R 3
45

2				
1	Blank Punch	STS3	1	
NO	NAME	MAT	REQD	REMARK
소속		설 계	제 도	사 도
도명	BLANK PUNCH	척도	투상	3
		도번	D - 3	

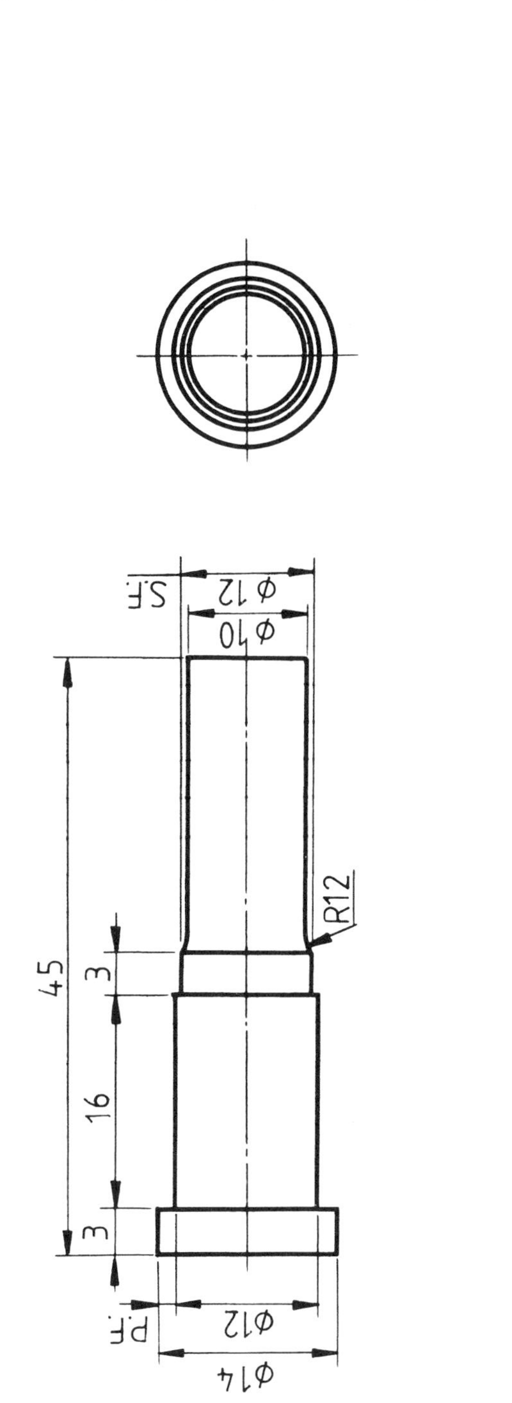

2				
1	Pierce Punch	SKH2	2	
NO	NAME	MAT	REQD	REMARK
소속		설계	제도	사도
도명	PIERCE. PUNCH	척도	투상	3
		D－4		

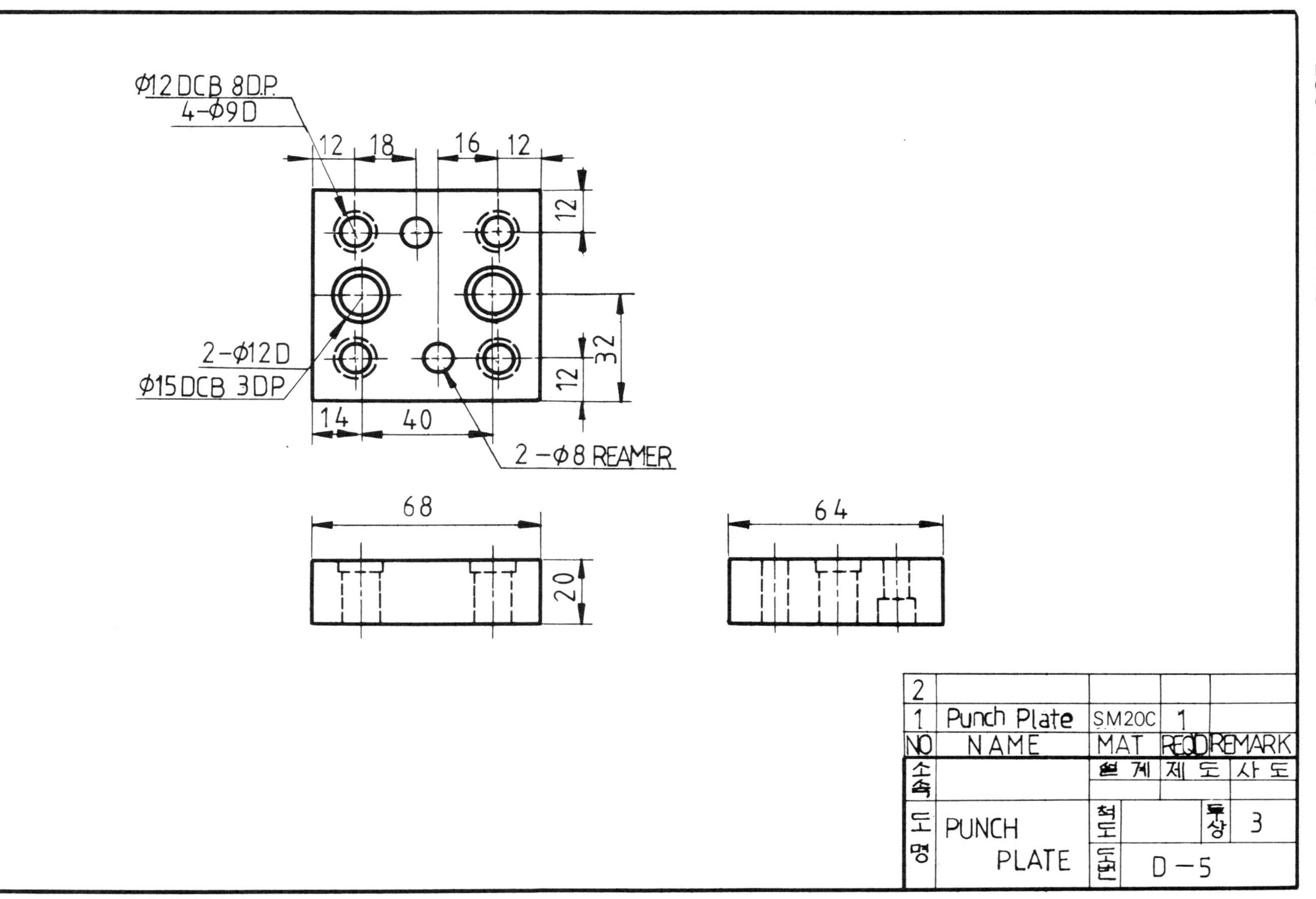

φ12 DCB 8D.P.
4-φ9D
12
18
16
12
32
2-φ12D
φ15 DCB 3DP
14
40
2-φ8 REAMER
68
64
20
2
1
Punch Plate
SM20C
1
NO
NAME
MAT
REQD
REMARK
소속
설계
제도
사도
도명
PUNCH PLATE
척도
도번
D-5
투상
3

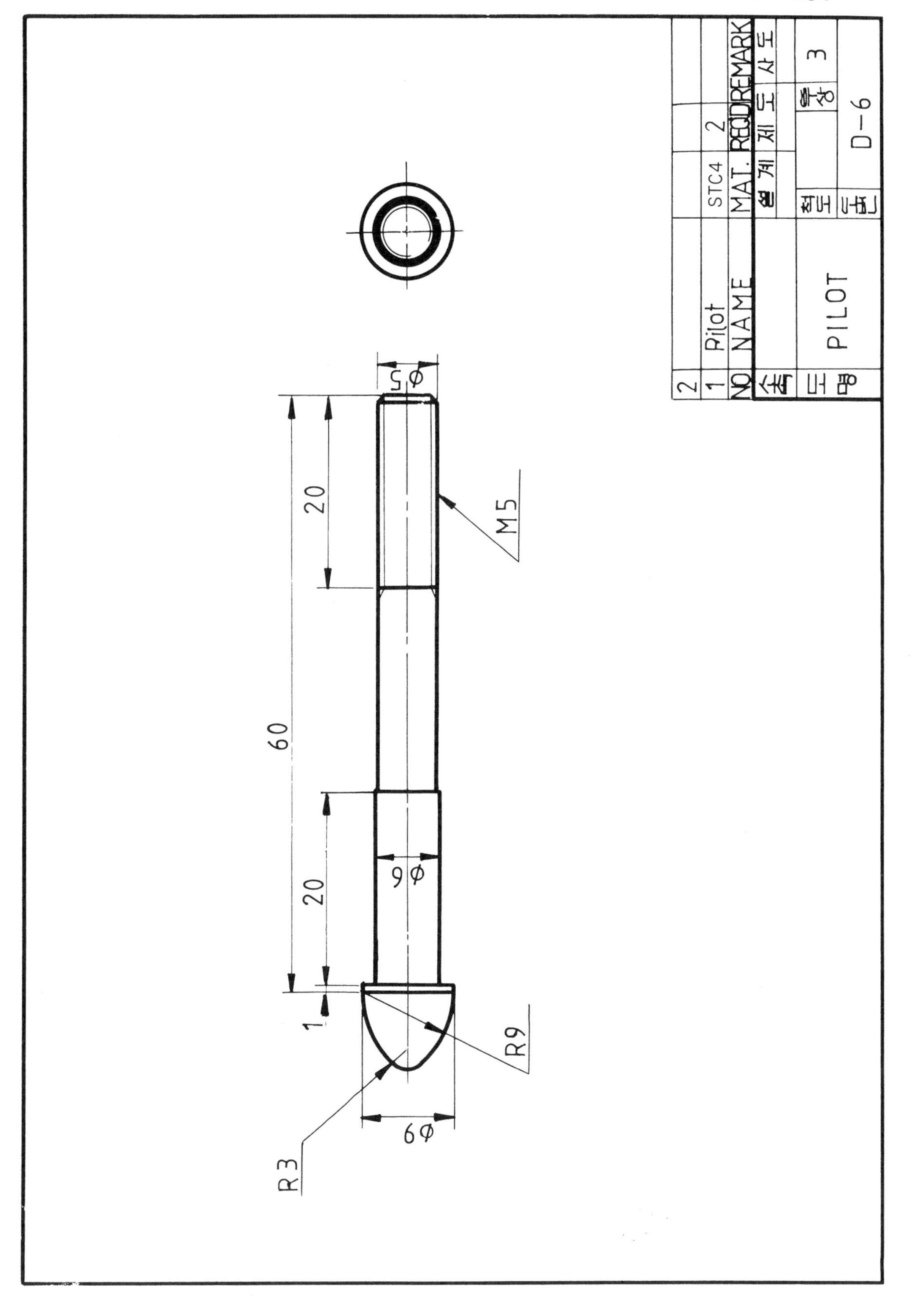
2
1 Pilot STC4 2
NO NAME MAT. REQD REMARK
설계 제도
척도 3
투상
도명 PILOT 도번 D-6
φ5
20
M5
60
φ6
20
1
R9
φ9
R3

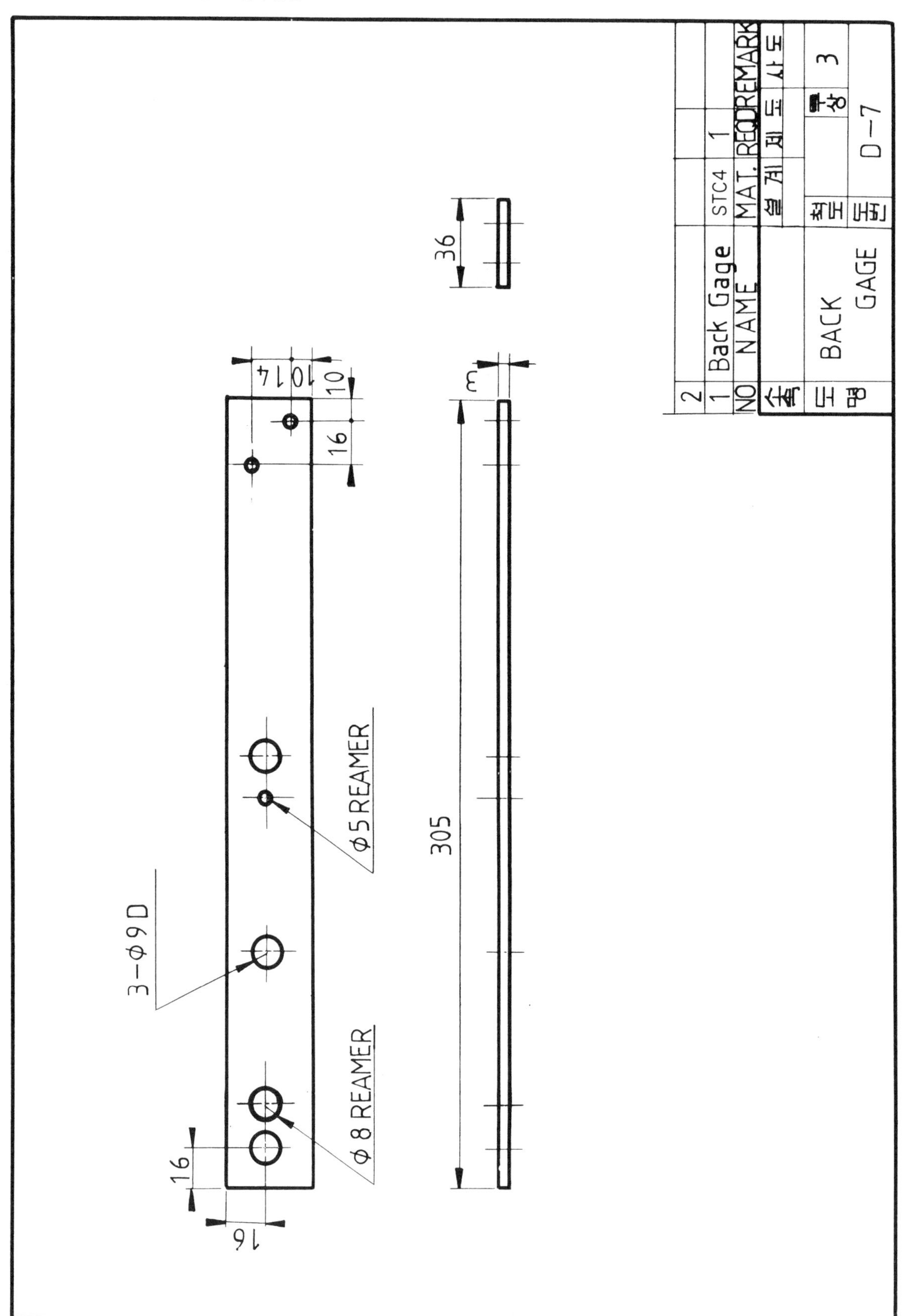

2
1 Back Gage STC4 1
NO NAME MAT. REQD REMARK
BACK GAGE
D-7
3
3-φ9D
φ5 REAMER
φ8 REAMER
305
36
16
10
14
3

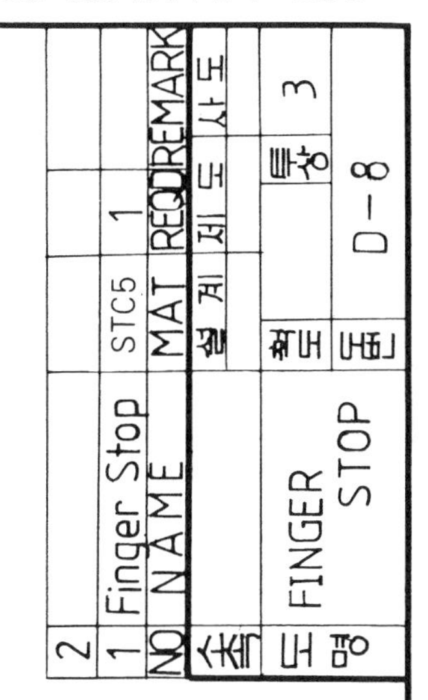
2
1
Finger Stop
STC5
1
NO
NAME
MAT
REQD
REMARK
설계
제도
사도
척도
투상
3
도번
D-8
도명
FINGER STOP

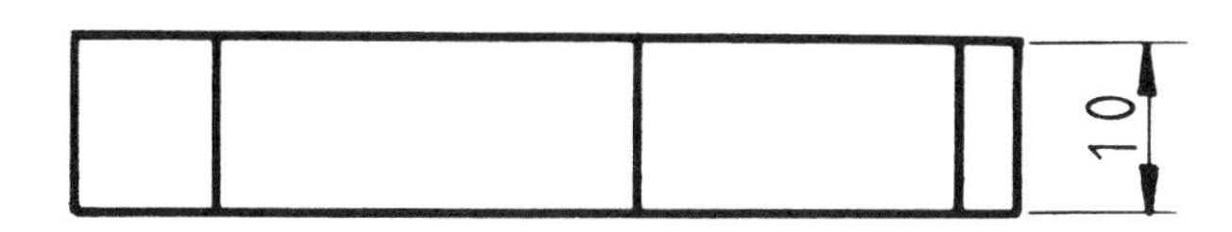
10

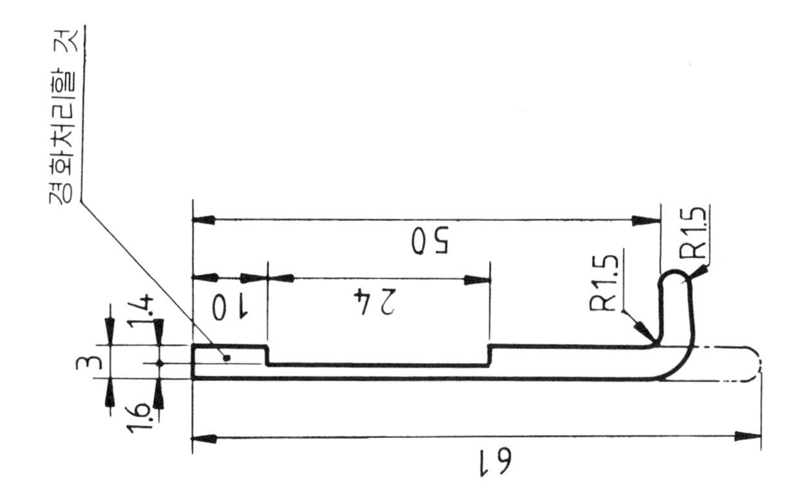
경화처리할 것
50
10
24
R1.5
R1.5
3
1.4
1.6
61

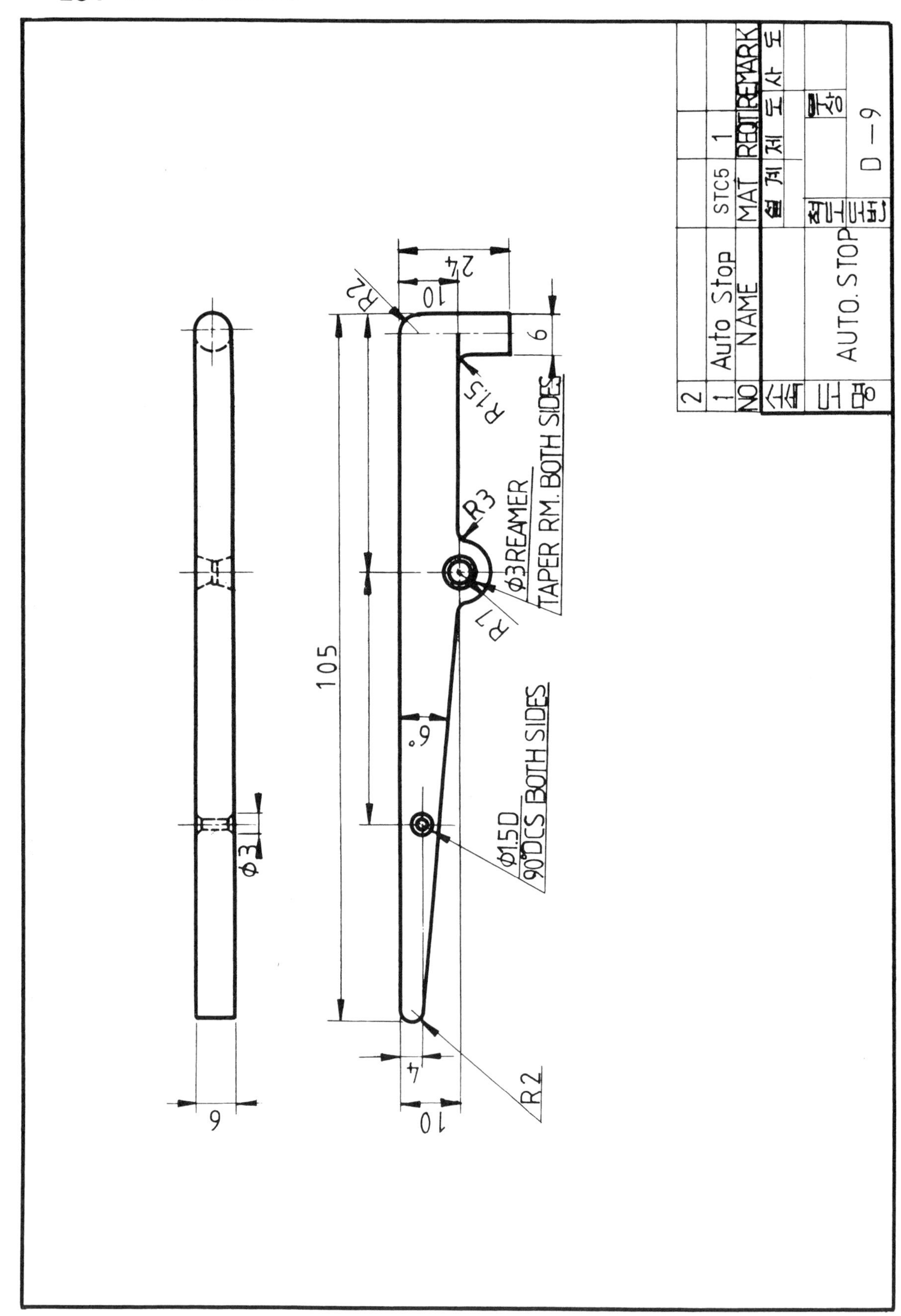
Auto Stop
STC5
1
NAME
MAT
AUTO. STOP
D — 9
105
φ3REAMER
TAPER RM. BOTH SIDES
φ1.5D
90°DCS BOTH SIDES
R2
R3
R7
R1.5
24
10
6
4
9
φ3

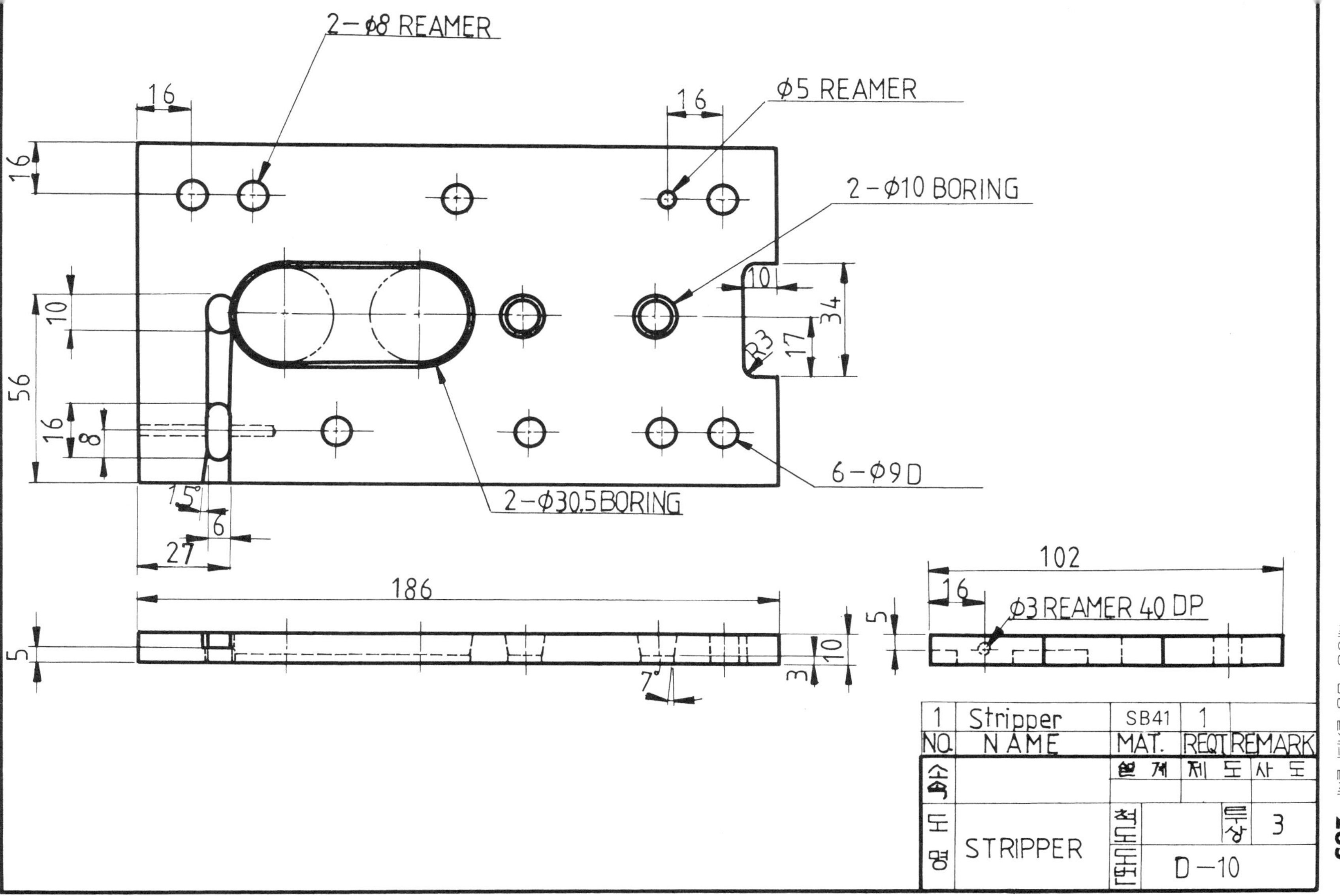

2−ϕ8 REAMER
ϕ5 REAMER
2−ϕ10 BORING
6−ϕ9D
2−ϕ30.5 BORING
ϕ3 REAMER 40 DP
R3
186
102
1 Stripper SB41 1
NO. NAME MAT. REQ'T REMARK
설계 제도 사도
소속
도명 STRIPPER
척도
투상 3
도번 D−10

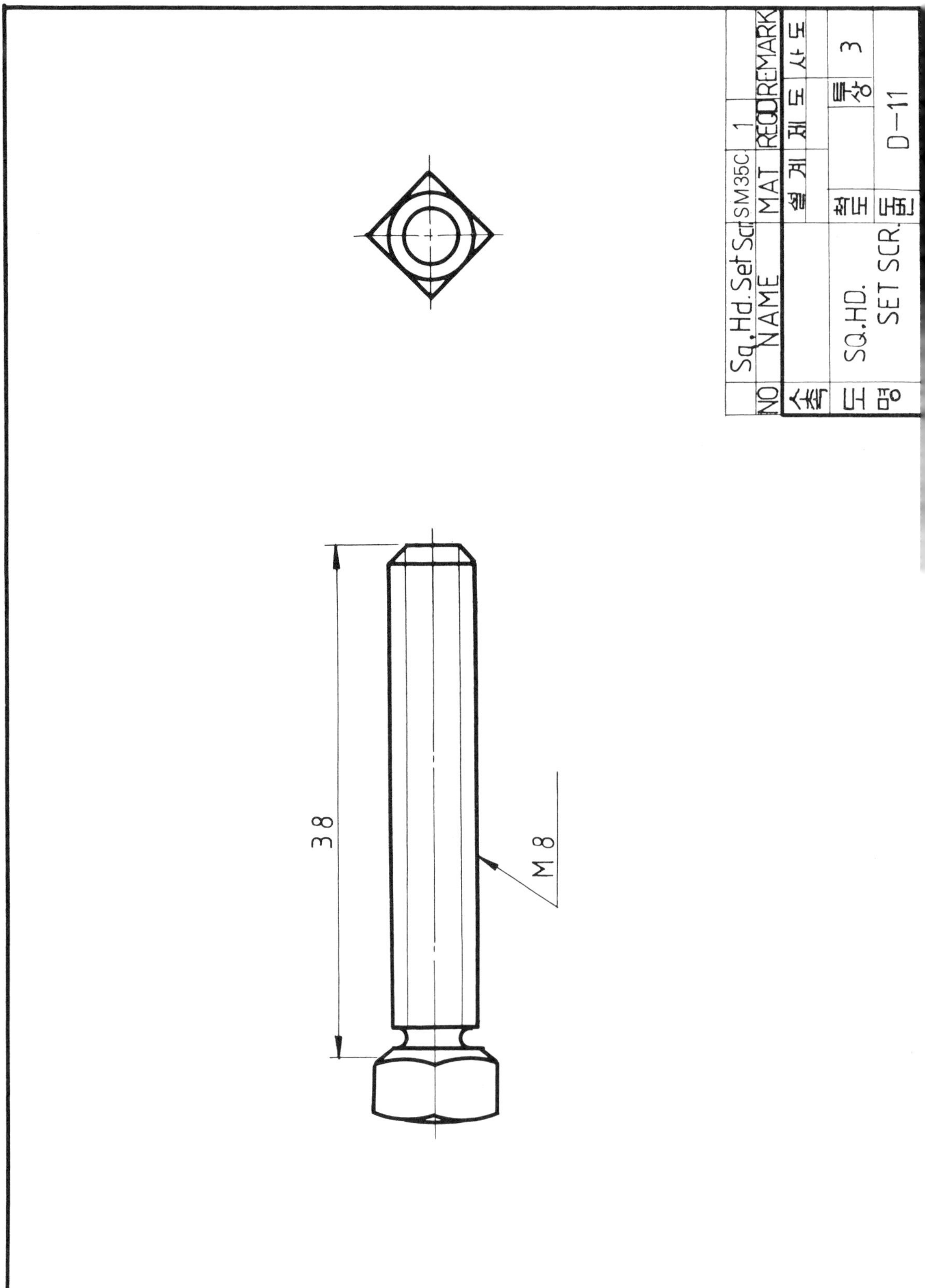

38

M 8

	Sq.Hd.Set Scr	SM35C	1	
NO	NAME	MAT	REQD	REMARK
소속		설계	제도	사도
도명	SQ.HD. SET SCR.	척도	투상	3
		도번	D-11	

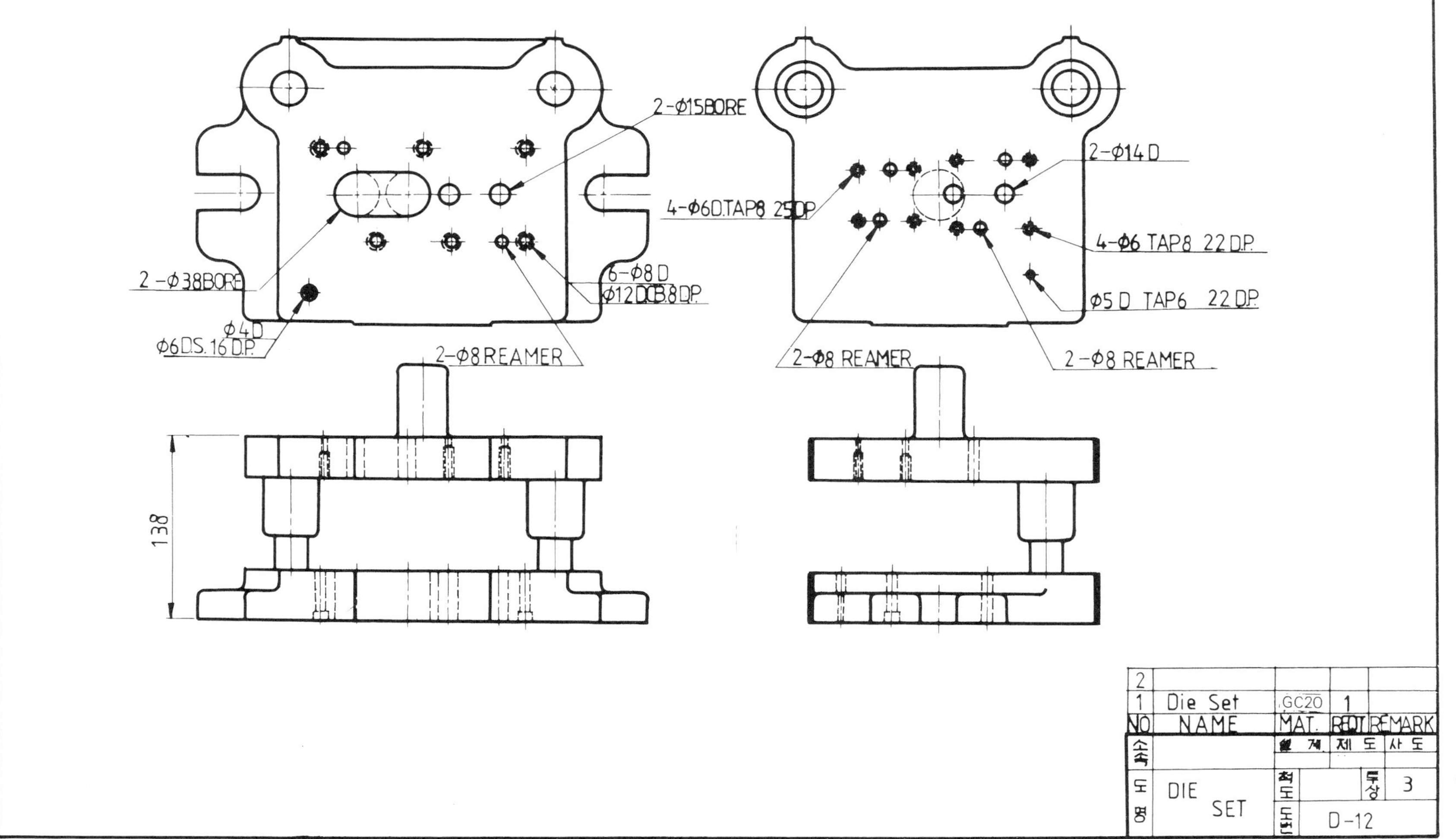
2-φ15BORE
2-φ14 D
4-φ6D.TAP8 25D.P.
4-φ6 TAP8 22 D.P.
φ5 D TAP6 22 D.P.
2-φ38BORE
6-φ8 D
φ12DCB.8D.P.
φ4 D
φ6D.S.16 D.P.
2-φ8 REAMER
2-φ8 REAMER
2-φ8 REAMER
138
2
1
Die Set
GC20
1
NO
NAME
MAT.
REQT
REMARK
DIE
SET
3
D-12

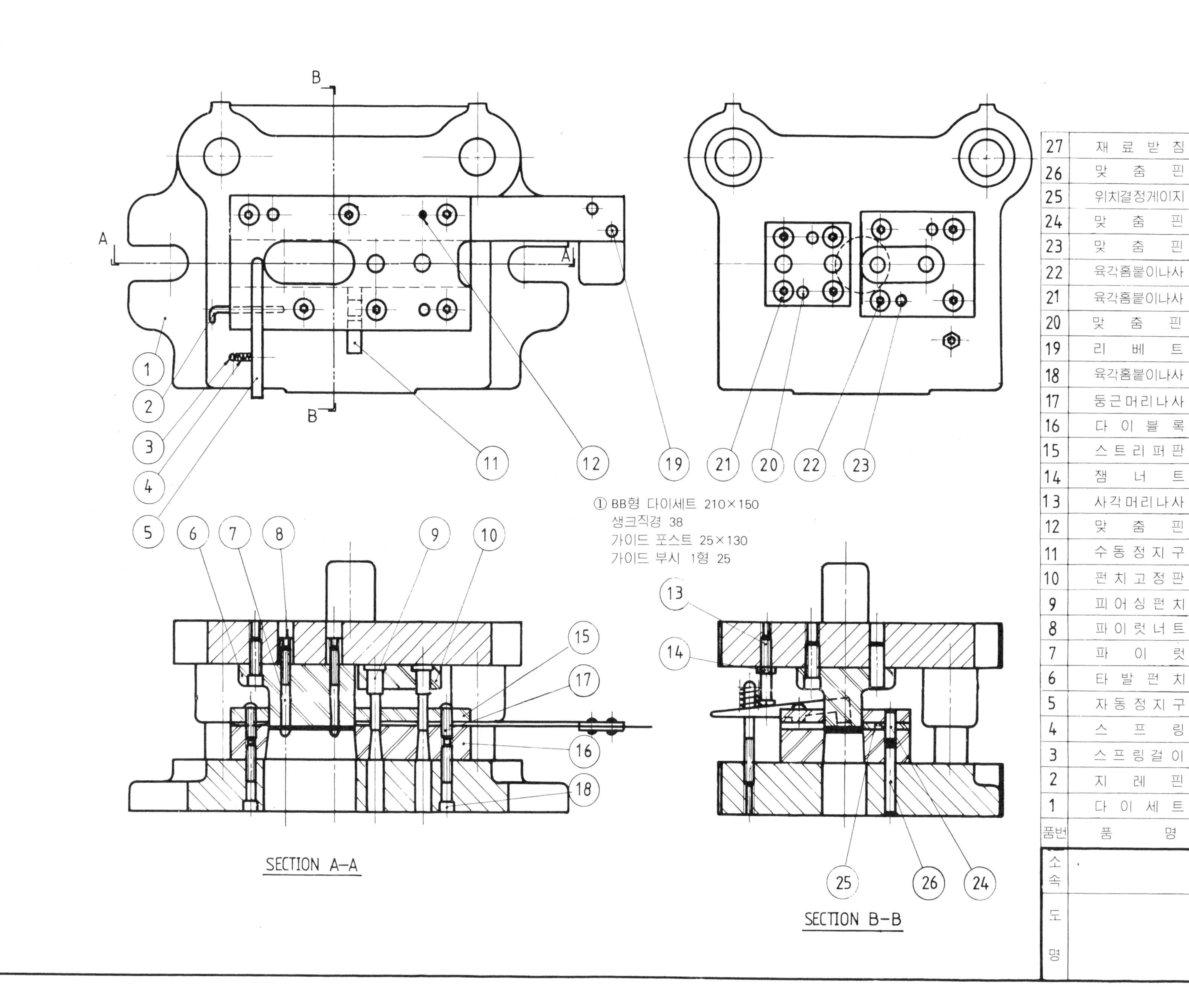

품번	품 명	재질	수량	비 고
27	재 료 받 침	SBC1	1	
26	맞 춤 핀	STC4	2	M8×55
25	위치결정게이지	STC4	1	
24	맞 춤 핀	STC4	2	8×19
23	맞 춤 핀	STC4	2	8×30
22	육각홈붙이나사	S30C	4	M8×25
21	육각홈붙이나사	S30C	4	M8×35
20	맞 춤 핀	STC4	2	8×38
19	리 베 트	SM10C	2	5×13
18	육각홈붙이나사	SM30C	6	8×55
17	둥근머리나사	SM30C	6	M8×19
16	다 이 블 록	STS3	1	
15	스트리퍼판	SB41	1	
14	잼 너 트	SM25C	1	
13	사각머리나사	SM35C	1	
12	맞 춤 핀	STC4	1	5×13
11	수동정지구	STC5	1	
10	펀치고정판	SM20C	1	
9	피어싱펀치	SKH2	2	
8	파이럿너트	SM25C	2	
7	파 이 럿	STC4	2	
6	타 발 펀 치	STS3	1	
5	자동정지구	STC5	1	
4	스 프 링	PWR2	1	
3	스프링걸이	SBC1	1	6×70
2	지 레 핀	STC5	1	3×65
1	다 이 세 트	GC20	1	주기참조

소속		설계	제도	사도
도명		척도	투상	
		도번		

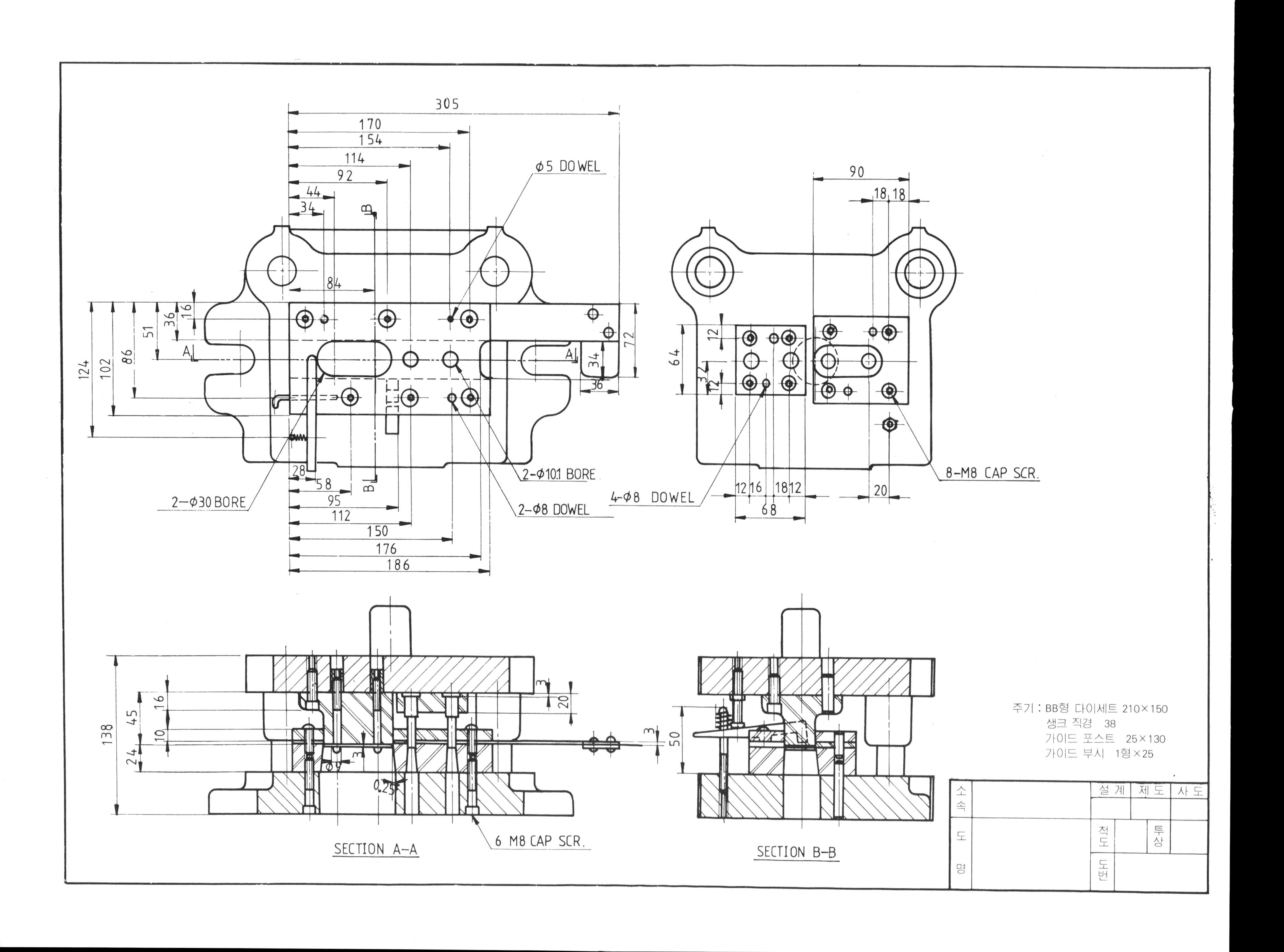

305
170
154
114
92
44
34
84
φ5 DOWEL
2-φ30 BORE
2-φ10.1 BORE
2-φ8 DOWEL
4-φ8 DOWEL
8-M8 CAP SCR.
6 M8 CAP SCR.
SECTION A-A
SECTION B-B
주기 : BB형 다이세트 210×150
생크 직경 38
가이드 포스트 25×130
가이드 부시 1형×25
소속
도명
설계
제도
사도
척도
투상
도번

附錄

圖解式 用語 解說

도해식 용어 해설

용　　어	설　　명	그　　림
beading	판이나 용기의 일부에 장식 또는 보강의 목적으로 좁은 폭의 비이드를 만드는 가공을 말한다.	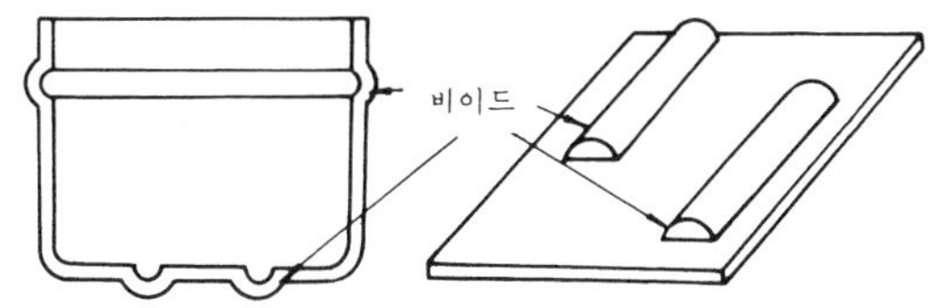 비이드
bending	굽히기 작업의 총칭으로 V자, U자, 채널굽힘, Hemming, curling, seaming 등도 이에 속한다.	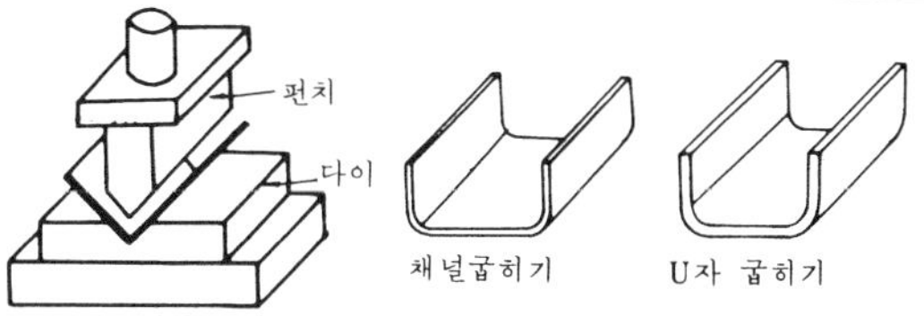 펀치 다이 채널굽히기 U자 굽히기
blanking	프레스 작업에서 다이 구멍속으로 떨어지는 쪽이 제품으로 외부쪽에 남아 있는 부분은 스크랩이 되는 가공을 말한다.	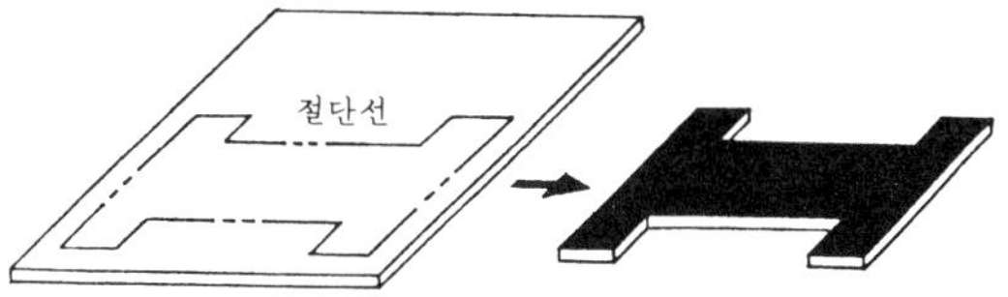 절단선
bulging	원통 용기나 관재의 일부를 넓혀서 직경을 크게 하기 위한 가공을 말한다.	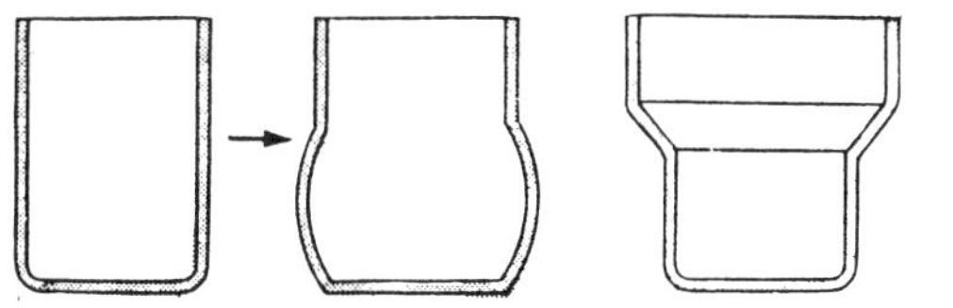
burring	평판에 구멍을 뚫고 그 구멍보다 큰 직경을 가진 펀치를 밀어 넣어서 구멍에 플랜지를 만드는 가공을 말한다.	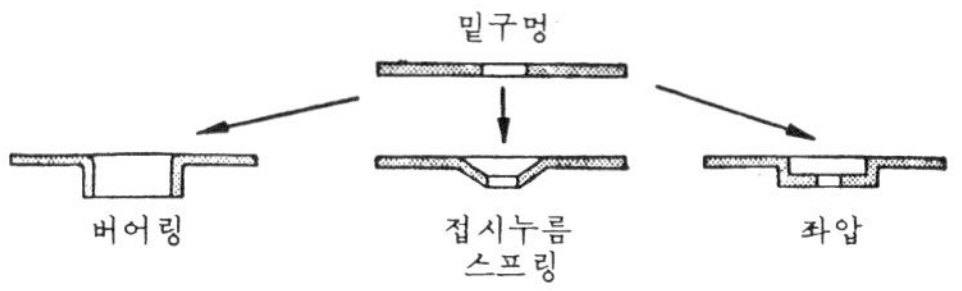 밑구멍 버어링 접시누름 스프링 좌압
coining	재료를 밀폐된 型속에서 강하게 눌러 型과 같은 凹凸을 재료의 표면에 만드는 가공을 말한다.	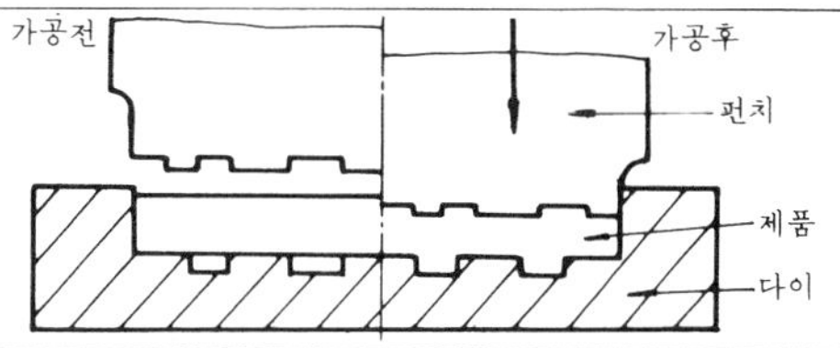 가공전 가공후 펀치 제품 다이
cold extrusion	다이속에 금속재료를 넣고 펀치로 재료를 눌러 붙이면 다이의 구멍(전방압출) 또는 펀치와 다이의 틈새(후방압출)로 재료가 이동하여 형상을 만드는 가공을 말한다.	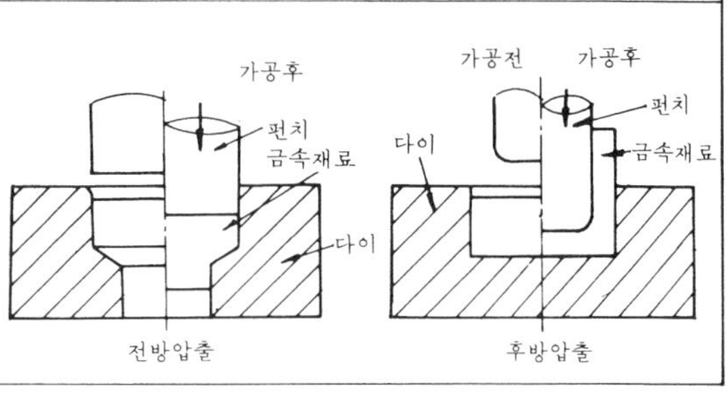 가공후 펀치 금속재료 다이 전방압출 가공전 가공후 다이 펀치 금속재료 후방압출

Curling	판 또는 용기의 가장자리 부분에 원형단면의 테두리를 만드는 가공을 말한다.	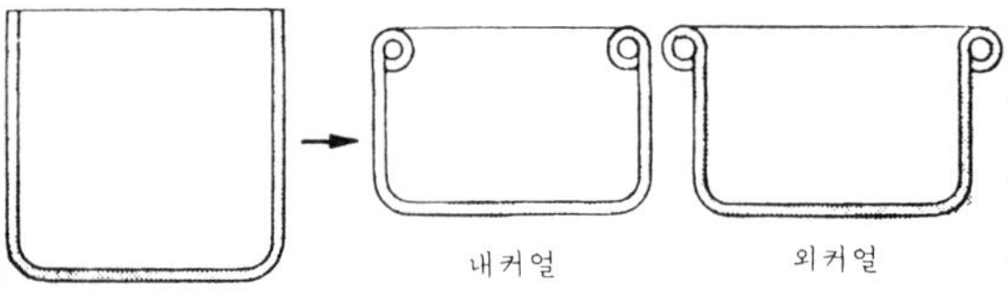 내커얼 외커얼
Cutting	프레스를 사용하여 절단하는 가공이다. 완성된 제품은 shearing의 경우와 같다.	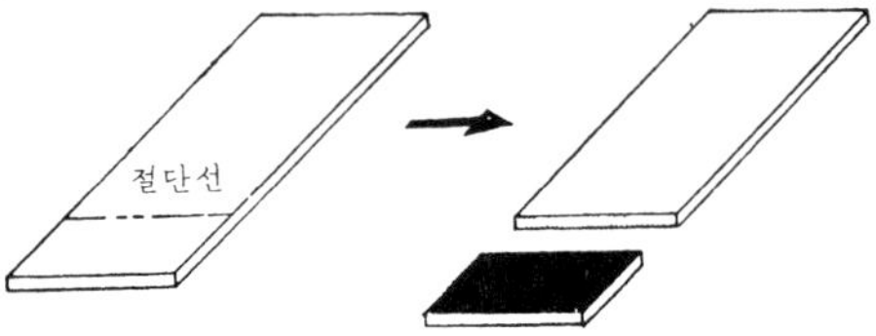 절단선
dinking	고무, 가죽, 금속박판 등의 blanking 또는piercing가공을 할 때 그림과 같은 구조의 금형을 사용한다. 펀치의 절삭날 각은 20° 이하의 예각으로 하며 다이는 목재, 화이버 등의 평평한 판을 사용한다.	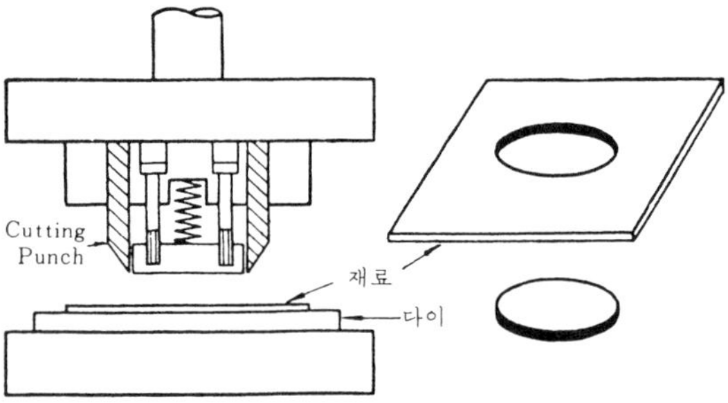 Cutting Punch 재료 다이
drawing	평판에서 형을 사용하여 용기를 만드는 가공을 말한다.	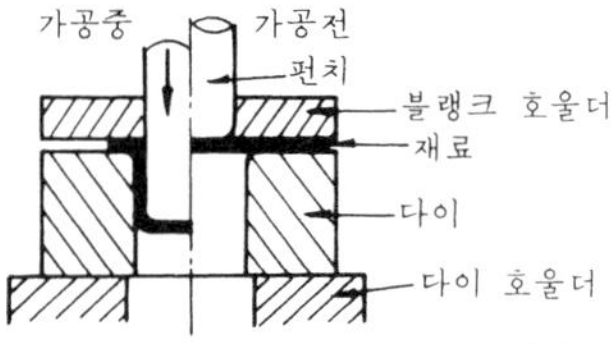 가공중 가공전 펀치 블랭크 호울더 재료 다이 다이 호울더
embossing	재료의 판 두께를 변화하지 않고 여러가지 형태의 얕은 凹凸을 만드는 가공을 말한다.	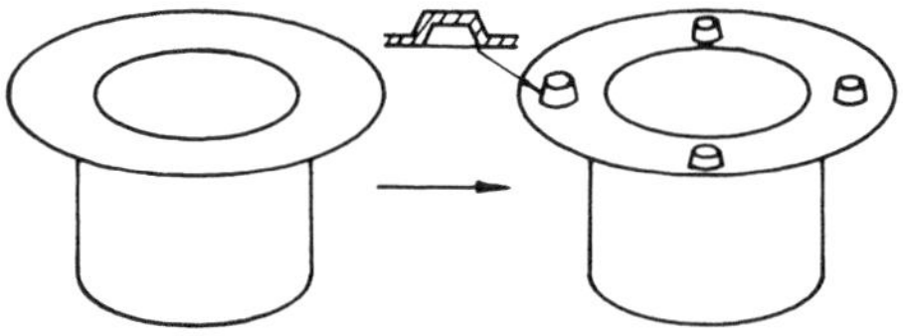 (a) (b)
flanging	그릇 따위의 에지부분에 型을 사용하여 플랜지를 만드는 가공을 말한다.	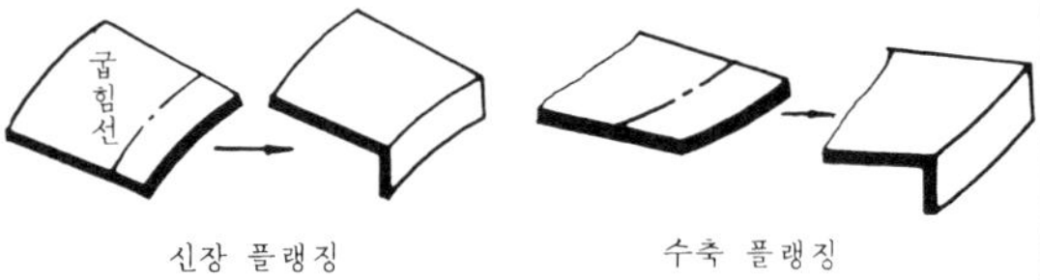 굽힘선 신장 플랜징 수축 플랜징
flattening	재료의 표면을 평활하게 고르는 작업을 말한다.	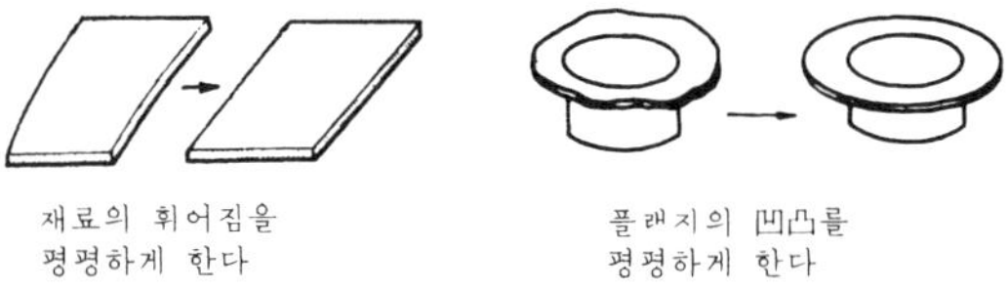 재료의 휘어짐을 평평하게 한다 플랜지의 凹凸를 평평하게 한다
forming	forming이란 drawing, bending, Flanging 등의 가공을 모두 포함하나 협의의 forming은 판두께의 변화없이 용기를 만드는 가공을 말한다.	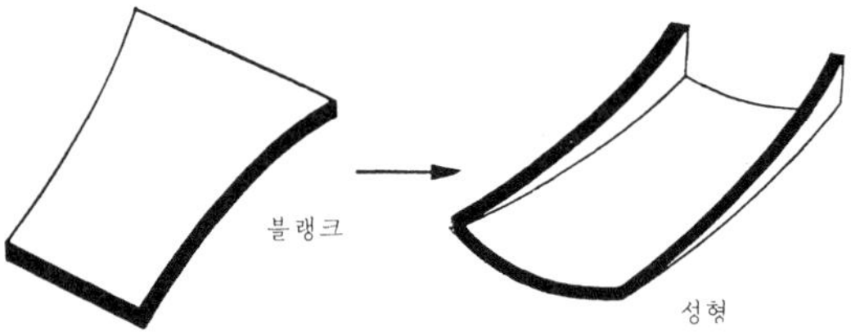 블랭크 성형

half blanking	타발가공의 일종으로, 재료의 타발을 도중에서 정지하면, 펀치 하면의 재료는 펀치가 먹어든 양만큼 밀려난다. 이와 같이 절반쯤 타발하는 것을 반타발이라 한다.	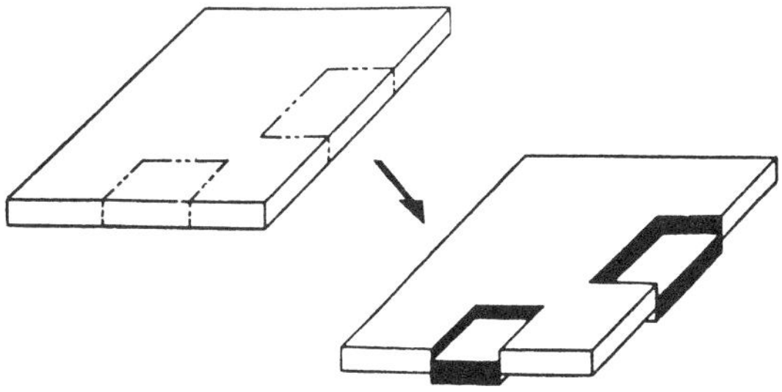
heading	막대모양의 재료의 일부를 상하로 압축하여 볼트, 리베트 등과 같은 부품의 두부를 만드는 일종의 upsetting가공을 말한다.	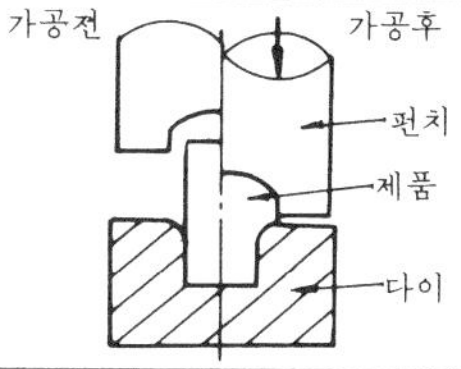 가공전 가공후 펀치 제품 다이
hemming	제품 가장자리를 약간 젖혀서 눌러 접어두는 가공을 말한다. 전가공으로 재료는 90° 굽힘가공이 된다.	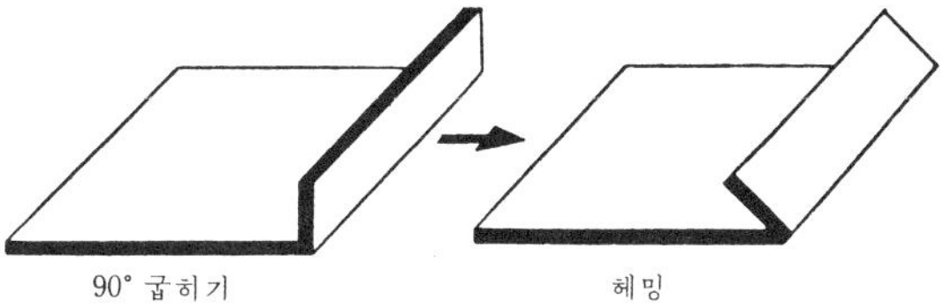 90° 굽히기 헤밍
impact extrusion	치약튜브와 같은 얇은 벽의 깊은 용기를 만들때 적용되는 일종의 후방 압출가공을 말한다. 다이에 경금속을 넣고 펀치가 고속으로 하강하면 재료는 그 충격으로 신장된다.	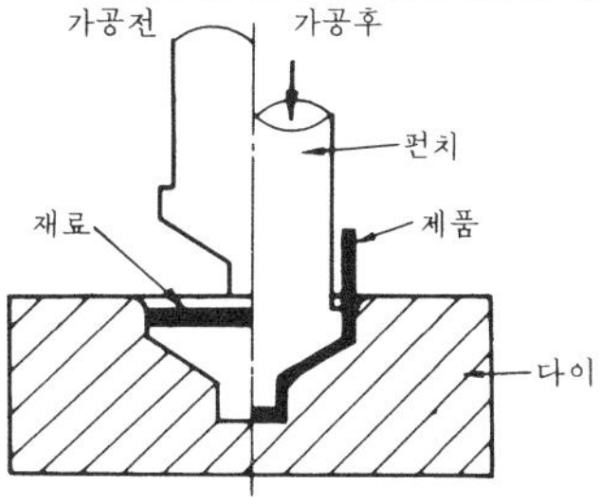 가공전 가공후 펀치 재료 제품 다이
marking	재료의 일부분에 凹만의 마아크 또는 문자를 각인하는 가공을 말한다.	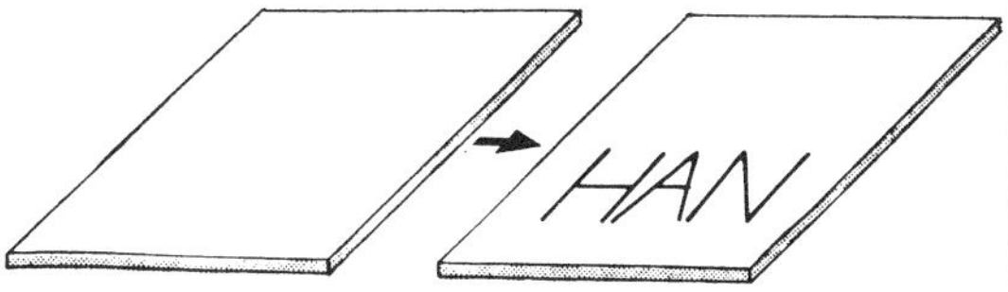 HAN
necking	통 또는 원통용기의 단부 부근의 직경을 감소시키는 가공을 말한다.	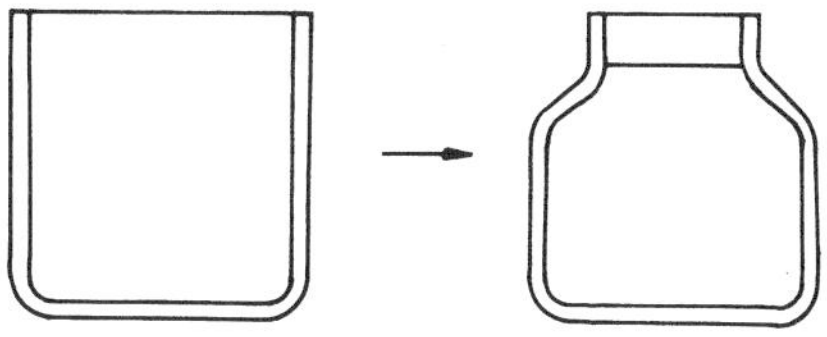
notching	재료 또는 부품의 가장자리를 여러 모양으로 따내는 가공을 말한다.	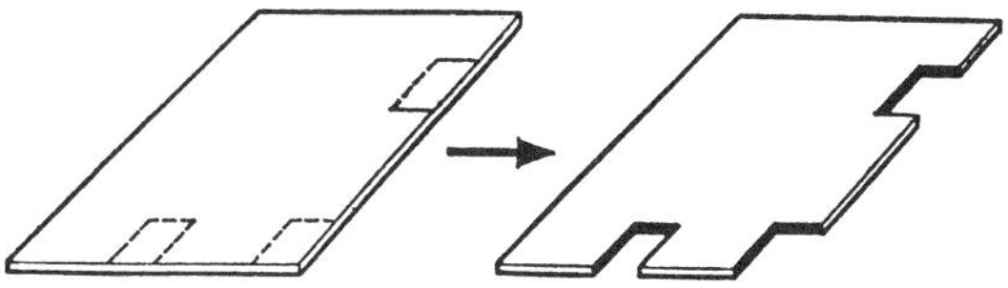
perforating	동일 치수의 구멍을 미리 정해져 있는 배열에 따라 순차적으로 다수의 구멍뚫기를 하는 가공을 말한다.	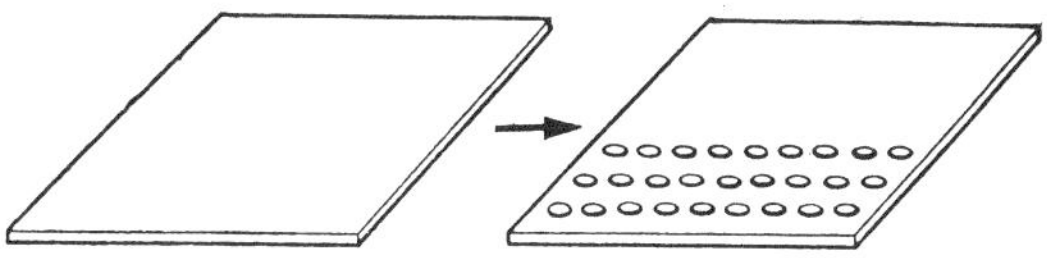

piercing	재료에 구멍을 뚫는 작업으로 타발된 쪽이 스크랩이 되는 것으로 blanking과는 반대이다.	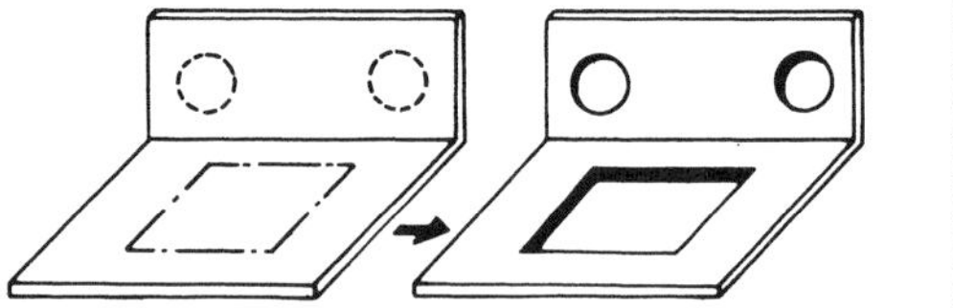
Redrawing	용기의 직경을 감소시키면서 깊이를 증가시키는 가공이다.	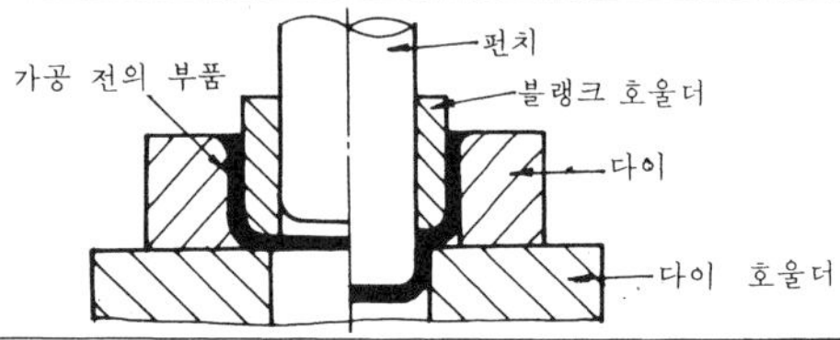
Restriking	전공정에서 만들어진 제품의 형상이나 치수를 정확하게 하기 위해 변형된 부분을 밀어 교정하는 마무리 작업을 말한다.	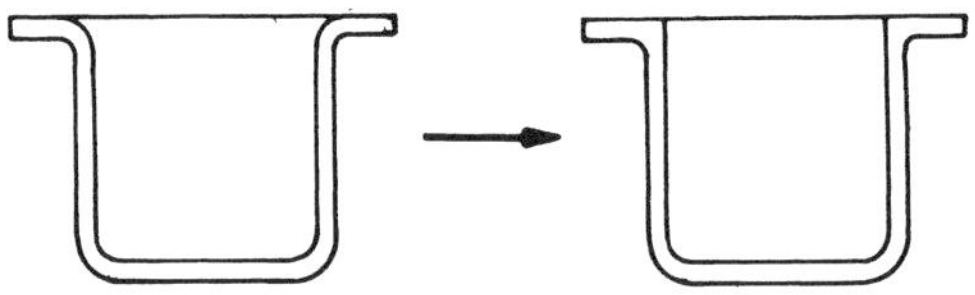
Roning	제품의 측벽 두께를 얇게 하면서 제품의 높이를 높게 하는 훑기 가공을 말한다.	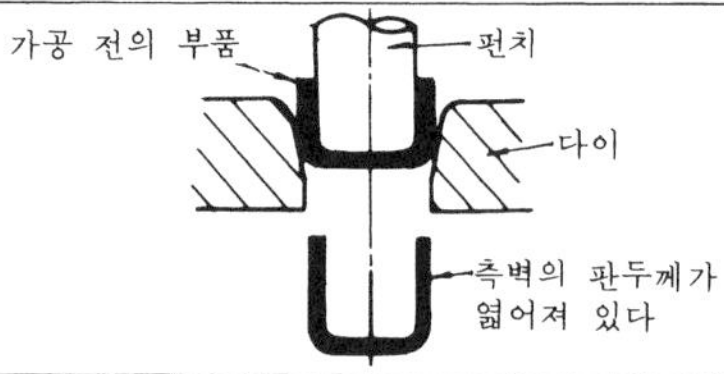
Seaming	2장의 판재의 단부를 굽혀 겹쳐서 눌러 접합하는 가공을 말한다.	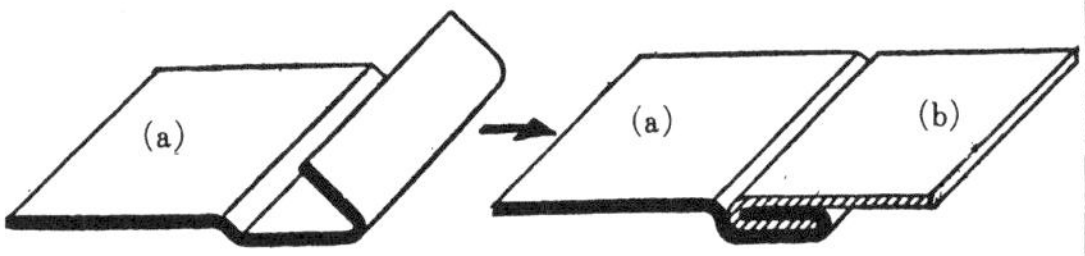
Shaving	프레스 가공에 의한 제품의 절단면은 절단면, 파단면 등으로 이루어졌으며 약간의 경사를 갖고 있다. 제품의 용도에 따라서는 이점이 곤란할 때가 있다. 경사면을 깎아서 재료를 수직으로 가공하여 양호한 절단면을 얻는 방법으로 shaving을 한다.	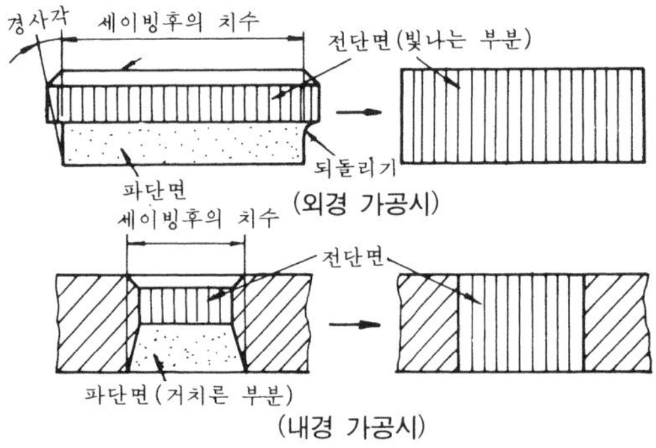
Shearing	직선 또는 회전날을 사용한 각종 전단기를 사용하여 재료를 직선 또는 곡선에 맞춰 전단하는 가공을 말한다.	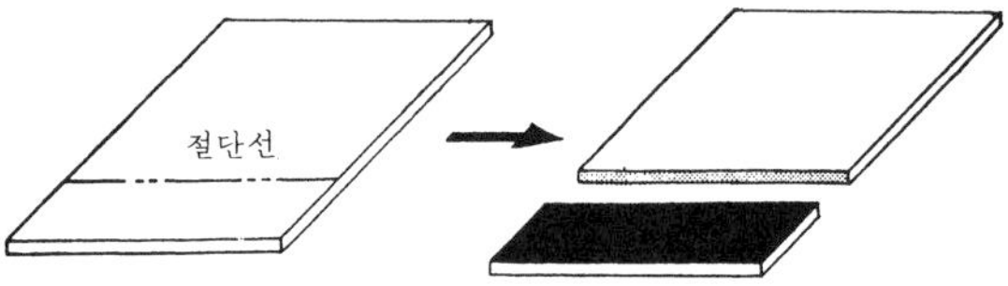

slit forming	재료의 일부에 slit를 내거나 그 slit를 냄과 동시에 성형하는 가공을 말한다. Lancing은 이에 속하는 가공이다.	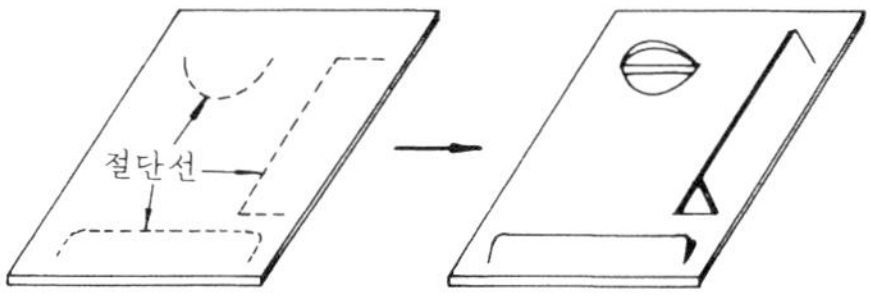
Slitting	둥근 칼날을 회전하여 연속 전단하는 기계를 사용하여 장척의 판재를 일정한 쪽으로 잘라내는 가공을 말한다.	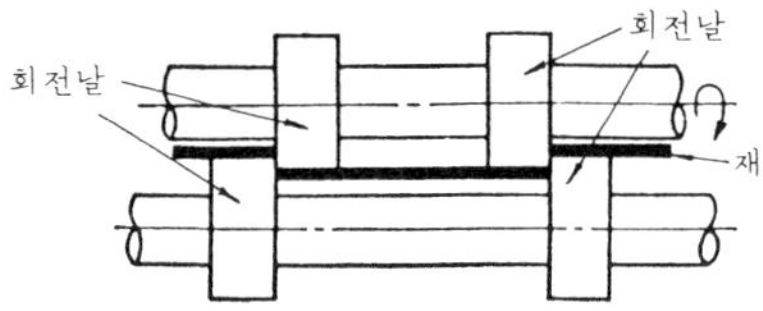
Swaging	재료를 상하방향으로 압축하여 직경이나 두께를 줄여서 길이나 폭을 넓히는 가공을 말한다.	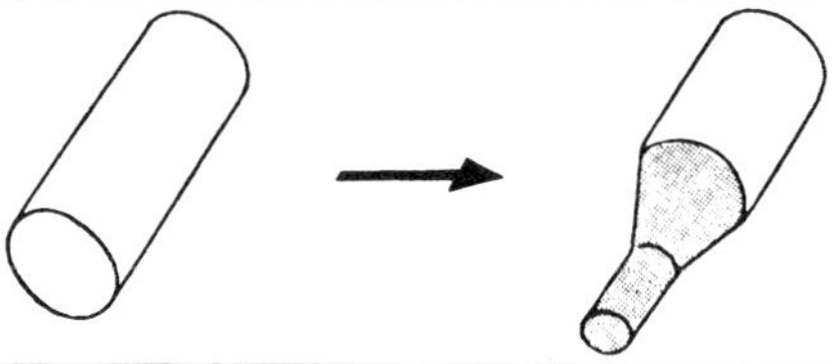
trimming	드로오잉된 용기의 나머지 살을 잘라내기 위한 가공을 말한다.	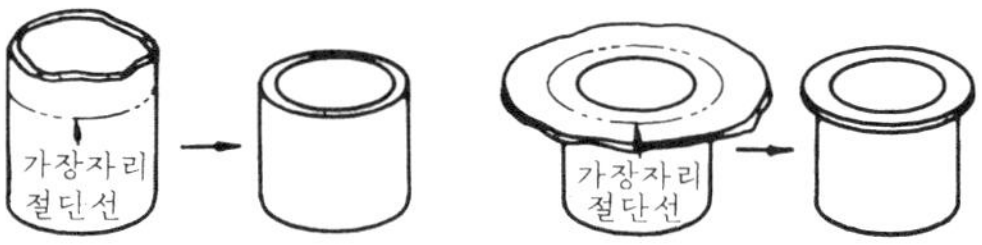
upsetting	재료를 상하방향으로 눌러 붙여서 높이를 줄이고 단면을 넓히는 가공을 말한다.	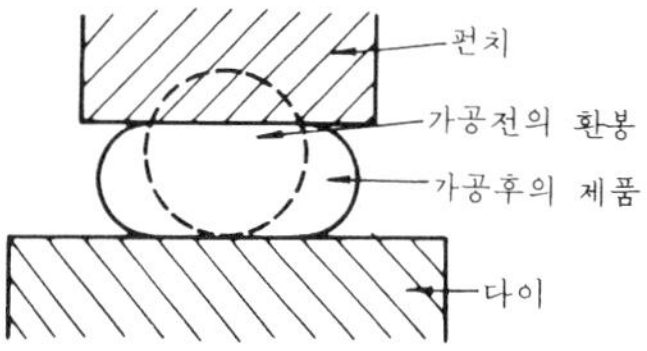

BM 성안당

국가기술자격 수험서는 44년 전통의 성안당 책이 좋습니다.

만화로 쉽게 배우는 열역학

Harada Tomohiro 저 | 이도희 역 | 4 · 6배변형판 | 208쪽 | 14,500원

이 책은 역학의 지식이 거의 없는 독자도 읽을 수 있도록 구성하였습니다. 먼저 만화 부분을 속독하기만 해도 충분합니다. 열역학의 기본 법칙은 수식이 아니라 전부 문장으로 표현되어 있으므로, 수식이 나오면 질겁해버리는 이도 부담 없이 볼 수 있습니다.

만화로 쉽게 배우는 유체역학

Takei Masahiro 저 | 김영탁 역 | 4 · 6배변형판 | 200쪽 | 14,500원

유체역학은 베르누이의 법칙, 질량보존의 법칙, 레이놀즈수 등 수식도 매우 많고 눈으로 움직임을 확인할 수 없는 기체나 액체를 다루는 학문이기 때문에 어렵게 느껴질 수 있습니다. 그러나 비행기는 어떻게 하늘을 나는 걸까? 어째서 배는 가라앉지 않는 걸까? 와 같은 소박한 질문에도 답할 수 있는 학문입니다. 이 책은 유체역학을 이해할 좋은 기회를 잃어버린 학생이 학문 자체를 단념해버리지 않도록 유체역학의 본질을 충분히 이해시키기 위한 책입니다.

만화로 쉽게 배우는 반도체

Michio Shibuya 저 | 강창수 역 | 4 · 6배변형판 | 196쪽 | 14,500원

이 책은 물리학의 입장에서 반도체라는 물질이 지닌 성질을 해설하고 전자회로로서 어떻게 활용되고 있는지를 해설하여, 단순한 잡학으로서의 지식이 아니라 더 깊이 파고드는 수준의 지식으로 탐구심을 더욱 자극하고 있습니다. 또한 입문서에 흔히 있는 평범한 예제를 만들지 않고 가능하면 현실의 물질을 포착하기 위해 필요한 개념을 해설하고 있습니다.

만화로 쉽게 배우는 허수 · 복소수

Oochi Masashi 저 | 강창수 역 | 4 · 6배변형판 | 234쪽 | 14,500원

복소수는 전기회로 중에서 특히 교류회로를 취급할 때 매우 강력한 계산 방법으로 실제 전압파형과 전류파형을 계산하는 것에 이용되고 있습니다. 또한 전기에 관련된 자격시험에서도 교류이론, 즉 허수, 복소수를 이용하여 푸는 문제가 많습니다. 이에 이 책은 허수, 복소수의 입문서로서 이를 이용한 전기회로의 이론과 계산까지 이해할 수 있도록 하였습니다.

만화로 쉽게 배우는 우주

Ishikawa Kenji 저 | 양나경 역 | 4 · 6배변형판 | 248쪽 | 13,000원

이 책은 태양계를 살펴보는 데서 시작하여 '우주론'에 이르기까지 최신 주요 관측결과와 이론적 성과 등을 충실히 살펴서 정리하고 있습니다. 또한 천문학이나 우주물리학의 기초적인 사항도 빠뜨림 없이 정성껏 설명을 하고 있으며, 우주에 관한 수수께끼도 저자의 높은 관심과 함께 풀어가고 있어, 이 책은 역동적이고도 독특하며 건전한 우주 해설서로서의 역할을 다하고 있습니다.

만화로 쉽게 배우는 전기

Kazuhiro Fujitaki 저 | 홍희정 역 | 4 · 6배변형판 | 228쪽 | 15,000원

이 책은 우리가 전기에 대해 알아야 할 내용을 큰 틀에서 만화로 설명한 후, 본문에서 자세한 설명을 덧붙이는 방식으로 구성하였습니다. 전기에 대해서 어려운 설명보다는 전기의 원리를 보다 쉽게 이해할 수 있도록 예슬이를 등장시켜 기본적인 원리를 익혀나가도록 하였습니다.

http://www.cyber.co.kr
04032 서울시 마포구 양화로 127 첨단빌딩 5층(출판기획 R&D 센터) TEL: 02)3142-0036
10881 경기도 파주시 문발로 112(제작 및 물류) TEL: 031) 950-6300

※본사의 사정에 따라 책표지와 정가는 변동될 수 있습니다.

금형설계

1982. 8. 31. 초 판 1쇄 발행
2007. 1. 2. 초 판 26쇄 발행
2009. 1. 5. 초 판 27쇄 발행
2014. 8. 11. 초 판 28쇄 발행
2016. 8. 25. 초 판 29쇄 발행

지은이 | 이하성
펴낸이 | 이종춘
펴낸곳 | **BM 주식회사 성안당**
주소 | 04032 서울시 마포구 양화로 127 첨단빌딩 5층(출판기획 R&D 센터)
10881 경기도 파주시 문발로 112(제작 및 물류)
전화 | 02) 3142-0036
031) 950-6300
팩스 | 031) 955-0510
등록 | 1973. 2. 1. 제406-2005-000046호
출판사 홈페이지 | **www.cyber.co.kr**
ISBN | 978-89-315-1879-5 (93550)
정가 | 23,000원

이 책을 만든 사람들
기획 | 최옥현
진행 | 이희영
교정·교열 | 문 황
전산편집 | 이지연
표지 디자인 | 박현정
홍보 | 박연주
국제부 | 이선민, 조혜란, 고운채, 김해영, 김필호
마케팅 | 구본철, 차정욱, 나진호, 이동후, 강호묵
제작 | 김유석

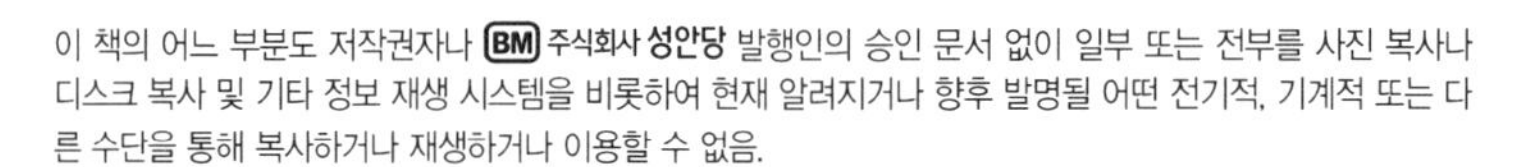